全国技工院校"十二五"系列规划教材·高级工
中国机械工业教育协会推荐教材

单片机应用技术（汇编语言）

（任务驱动模式）

主　编　高玉泉
副主编　陈琨韶　李英辉　王计波
参　编　邓海丽　胡江潮　白振林　张子波
　　　　朱志良　郝素军　王志璞　初　俐
主　审　胡长胜

机械工业出版社

本书以任务驱动教学法为主线,以应用为目的,以具体的任务为载体,讲解了单片机技术及其应用。本书的主要内容包括单片机结构及开发设计流程、单片机指令系统及汇编语言程序设计、单片机应用电路的设计及制作、单片机内部三大功能、单片机接口电路及其应用等。

本书可作为技工院校、职业院校的电类专业教材,也可作为成人高校、广播电视大学、本科院校举办的二级职业技术学院和民办高校的电类专业教材,还可作为单片机爱好者的自学用书。

图书在版编目(CIP)数据

单片机应用技术:汇编语言:任务驱动模式/高玉泉主编. —北京:机械工业出版社,2012.8(2025.9重印)

全国技工院校"十二五"系列规划教材.高级工
ISBN 978-7-111-38819-7

Ⅰ.①单… Ⅱ.①高… Ⅲ.①单片微型计算机-技工学校-教材 Ⅳ.① TP368.1

中国版本图书馆 CIP 数据核字(2012)第 164193 号

机械工业出版社(北京市百万庄大街 22 号 邮政编码 100037)
策划编辑:陈玉芝 责任编辑:陈玉芝 王振国
版式设计:霍永明 责任校对:姜艳丽
封面设计:张 静 责任印制:常天培
河北虎彩印刷有限公司印刷
2025 年 9 月第 1 版第 6 次印刷
184mm×260mm・21.25 印张・526 千字
标准书号:ISBN 978-7-111-38819-7
定价:50.00 元

电话服务 网络服务
客服电话:010-88361066 机 工 官 网:www.cmpbook.com
         010-88379833 机 工 官 博:weibo.com/cmp1952
         010-68326294 金 书 网:www.golden-book.com
封底无防伪标均为盗版 机工教育服务网:www.cmpedu.com

全国技工院校"十二五"系列规划教材编审委员会

顾　问： 郝广发
主　任： 陈晓明　李　奇　季连海
副主任：（按姓氏笔画排序）
　　　　丁建庆　王　臣　刘启中　刘亚琴　刘治伟　李长江
　　　　李京平　李俊玲　李晓庆　李晓毅　佟　伟　沈炳生
　　　　陈建文　徐美刚　黄　志　章振周　董　宁　景平利
　　　　曾　剑　魏　葳
委　员：（按姓氏笔画排序）
　　　　于新秋　王　军　王　珂　王小波　王占林　王良优
　　　　王志珍　王栋玉　王洪章　王惠民　方　斌　孔令刚
　　　　白　鹏　乔本新　朱　泉　许红平　汤建江　刘　军
　　　　刘大力　刘永祥　刘志怀　毕晓峰　李　华　李成飞
　　　　李成延　李志刚　李国诚　吴　岭　何立辉　汪哲能
　　　　宋燕琴　陈光华　陈志军　张　迎　张卫军　张廷彩
　　　　张敬柱　林仕发　孟广斌　孟利华　荆宏智　姜方辉
　　　　贾维亮　袁　红　阎新波　展同军　黄　樱　黄锋章
　　　　董旭梅　谢蔚明　雷自南　鲍　伟　潘有崇　薛　军
总策划： 李俊玲　张敬柱　荆宏智

序

"十二五"期间,加速转变生产方式,调整产业结构,将是我国国民经济和社会发展的重中之重。而要完成这种转变和调整,就必须有一大批高素质的技能型人才作为后盾。根据《国家中长期人才发展规划纲要(2010—2020年)》的要求,至2020年,我国高技能人才占技能劳动者的比例将由2008年的24.4%上升到28%(目前一些经济发达国家的这个比例已达到40%)。可以预见,作为高技能人才培养重要组成部分的高级技工教育,在未来的10年必将会迎来一个高速发展的黄金期。近几年来,各职业院校都在积极开展高级工培养的试点工作,并取得了较好的效果。但由于起步较晚,课程体系、教学模式都还有待完善与提高,教材建设也相对滞后,至今还没有一套适合高级技工教育快速发展需要的成体系、高质量的教材。即使一些专业(工种)有高级工教材也不是很完善,或是内容陈旧、实用性不强,或是形式单一、无法突出高技能人才培养的特色,更没有形成合理的体系。因此,开发一套体系完整、特色鲜明、适合理论实践一体化教学、反映企业最新技术与工艺的高级工教材,就成为高级技工教育亟待解决的课题。

鉴于高级技工教材短缺的现状,机械工业出版社与中国机械工业教育协会从2010年10月开始,组织相关人员,采用走访、问卷调查、座谈等方式,对全国有代表性的机电行业企业、部分省市的职业院校进行了历时6个月的深入调研。对目前企业对高级工的知识、技能要求,各学校高级工教育教学现状、教学和课程改革情况以及对教材的需求等有了比较清晰的认识。在此基础上,他们紧紧依托行业优势,以为企业输送满足其岗位需求的合格人才为最终目标,组织了行业和技能教育方面的专家精心规划了教材书目,对编写内容、编写模式等进行了深入探讨,形成了本系列教材的基本编写框架。为保证教材的编写质量、编写队伍的专业性和权威性,2011年5月,他们面向全国技工院校公开征稿,共收到来自全国22个省(直辖市)的110多所学校的600多份申报材料。在组织专家对作者及教材编写大纲进行了严格的评审后,决定首批启动编写机械加工制造类专业、电工电子类专业、汽车检测与维修专业、计算机技术相关专业教材以及部分公共基础课教材等,共计80余种。

本系列教材的编写指导思想明确,坚持以达到国家职业技能鉴定标准和就业能力为目标,以各专业的工作内容为主线,以工作任务为引领,由浅入深,循序渐进,精简理论,突出核心技能与实操能力,使理论与实践融为一体,充分体现"教、学、做合一"的教学思想,致力于构建符合当前教学改革方向的,以培养应用型、技术型、创新型人才为目标的教材体系。

本系列教材重点突出了如下三个特色:一是"新"字当头,即体系新、模式新、内容新。

体系新是把教材以学科体系为主转变为以专业技术体系为主；模式新是把教材传统章节模式转变为以工作过程的项目为主；内容新是教材充分反映了新材料、新工艺、新技术、新方法。二是注重科学性。教材从体系、模式到内容符合教学规律，符合国内外制造技术水平实际情况。在具体任务和实例的选取上，突出先进性、实用性和典型性，便于组织教学，以提高学生的学习效率。三是体现普适性。由于当前高级工生源既有中职毕业生，又有高中生，各自学制也不同，还要考虑到在职人群，教材内容安排上尽量照顾到了不同的求学者，适用面比较广泛。

此外，本系列教材还配备了电子教学课件，以及相应的习题集、实验、实习教程、现场操作视频等，初步实现教材的立体化。

我相信，本系列教材的出版，对深化职业技术教育改革，提高高级工培养的质量，都会起到积极的作用。在此，我谨向各位作者和所在单位及为这套教材出力的学者表示衷心的感谢。

原机械工业部教育司副司长
中国机械工业教育协会高级顾问
郝广发

前言

为贯彻全国职业技术学校坚持以就业为导向的办学方针，实现课程对接岗位、教材对接技能的目的，更好地适应"工学结合、任务驱动模式"教学的要求，特编写了本书。

在本书的编写过程中，始终坚持以下原则：

1. 坚持以应用为目的，精选任务内容，有利于对学生进行全面训练。

2. 教学内容切实本着"够用、适用"的指导思想，体现了理论与技能训练一体化的教学模式，有利于提高学生分析问题和解决问题的能力，有利于提高学生的动手能力和对工作的适应能力。

3. 根据单片机技术的发展，尽可能地在教材中充实新知识、新技术等方面的内容，较全面地反映行业的技术发展趋势，缩短学校教育与企业需要的距离，更好地满足企业用人的需求。同时，构建符合当前教学改革方向的，以培养应用型、技术型、革新型人才为目标的教材体系。

4. 在编写过程中，采用大量的图片将知识点直观地展示出来，以降低学生的学习难度，提高其学习兴趣。

本书全部模块的参考学时为120学时，其中理论知识授课约60课时，实训授课约60学时。各院校可以根据各自专业教学的要求和实验室配置对内容进行取舍。

本书由高玉泉统稿并任主编，胡长胜主审。陈琨韶编写了模块1，高玉泉编写了模块2和模块3，李英辉编写了模块4，高玉泉、王计波编写了模块5，邓海丽、胡江潮、白振林、张子波、朱志良、郝素军、王志璞、初俐负责全书附图的绘制和附录的编写。

由于编者水平有限，书中难免存在错误和疏漏之处，恳请广大读者批评指正。

编 者

目 录

序
前言
模块 1　单片机结构及开发设计流程 ······ 1
　单元 1　单片机结构 ······ 1
　　任务 1　认识单片机的引脚 ······ 1
　　任务 2　认识单片机的结构 ······ 7
　单元 2　单片机的工作条件 ······ 11
　　任务　设计单片机最小系统并绘制仿真电路 ······ 11
　单元 3　单片机输入/输出端口的结构 ······ 19
　　任务　认识单片机输入/输出端口的结构 ······ 19
　单元 4　单片机开发设计流程 ······ 23
　　任务 1　按键左移亮灯电路的设计和制作 ······ 24
　　任务 2　按键左移亮灯程序的设计和仿真 ······ 30
　　任务 3　按键左移亮灯程序的下载 ······ 46
模块 2　单片机指令系统及汇编语言程序设计 ······ 65
　单元 1　程序设计基础 ······ 65
　　任务 1　认识存储器 ······ 65
　　任务 2　掌握寄存器的寻址方式 ······ 76
　单元 2　延时程序 ······ 84
　　任务 1　设计延时程序 ······ 85
　　任务 2　计算延时时间 ······ 97
　单元 3　算术运算程序 ······ 107
　　任务 1　设计加法程序 ······ 108
　　任务 2　设计减法程序 ······ 116
　单元 4　代码转换程序 ······ 121
　　任务 1　设计二进制数转换为 BCD 码的程序 ······ 122
　　任务 2　设计 BCD 码转换为七段码的程序 ······ 129
　单元 5　输入/输出程序的设计及制作 ······ 143
　　任务 1　按键控制的两种 LED 亮灯方式的制作 ······ 143
　　任务 2　LED 点阵显示器的设计及制作 ······ 153
模块 3　单片机应用电路的设计及制作 ······ 167

单元1　彩灯控制器的设计及制作 …… 167
　任务　多种彩灯控制器的设计及制作 …… 167
单元2　加法运算器的设计及制作 …… 175
　任务　个位数加法运算器的设计及制作 …… 175
单元3　数显抢答器的设计及制作 …… 185
　任务　独立式键盘抢答器的设计及制作 …… 185
单元4　篮球比赛计分器的设计及制作 …… 192
　任务　两位数篮球比赛计分器的设计及制作 …… 193

模块4　单片机内部三大功能 …… 201
单元1　中断系统及其应用 …… 201
　任务　中断控制彩灯控制器的制作 …… 201
单元2　定时器/计数器及其应用 …… 217
　任务　定时器/计数器控制的方波发生电路设计及制作 …… 218
单元3　单片机通信控制系统的设计 …… 234
　任务　单片机双机通信的实现 …… 234

模块5　单片机接口电路及其应用 …… 248
单元1　键盘接口电路及其应用 …… 248
　任务1　多功能LED灯光控制器的设计及制作 …… 248
　任务2　密码锁控制器的设计及制作 …… 262
单元2　显示器接口电路及其应用 …… 275
　任务　数码管动态显示及数字电子钟的设计及制作 …… 275
单元3　模-数及数-模转换接口电路的应用 …… 293
　任务　单片机控制的自控温度调节器电路的设计及制作 …… 294

附录 …… 315
附录A　ASCII码字符表 …… 315
附录B　单片机指令系统 …… 317
附录C　单片机伪指令 …… 326
附录D　指令机器码表 …… 327

参考文献 …… 330

模块 1　单片机结构及开发设计流程

单元 1　单片机结构

知识目标

1. 熟悉 MCS-51 系列单片机的引脚功能图。
2. 掌握 MCS-51 系列单片机各引脚的功能。
3. 掌握 MCS-51 系列单片机的基本结构。
4. 理解 MCS-51 系列单片机各组成部分的功能。

技能目标

1. 作出 AT89S51 单片机的引脚功能图。
2. 明确 AT89S51 单片机各引脚的功能。
3. 作出 MCS-51 系列单片机的基本结构图。

任务 1　认识单片机的引脚

任务描述

认识图 1-1 所示的单片机引脚并了解单片机的功能。

相关知识

1. 单片机的概念

单片微型计算机简称单片机。单片机就是把中央处理器（Central Processing Unit，CPU）、只读存储器（Read Only Memory，ROM）、随机存储器（Random Access Memory，RAM）、定时器/计数器以及输入/输出（Input/Output，I/O）接口电路等主要功能部件集成在一块电路芯片上的微型计算机。由于其设计主要面向控制对象的需要，又称为微控制器（Micro Controller Unit，MCU）。

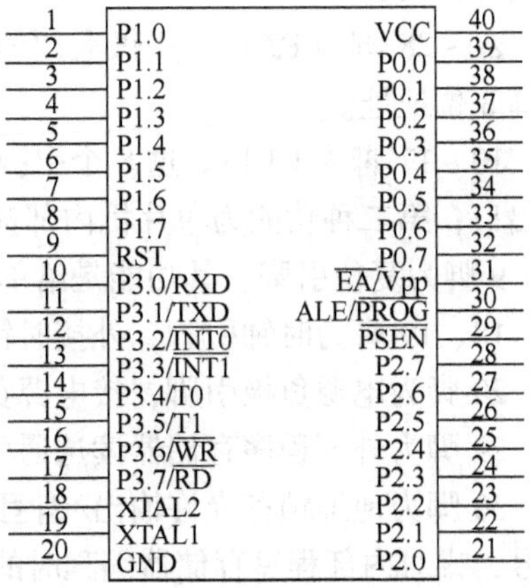

2. 单片机的应用

单片机作为目前应用比较典型的嵌入式控制系

图 1-1　AT89S51 单片机引脚排列

统,推动了嵌入式控制系统的发展。由于它具有良好的控制性能,并且体积小、性价比高、配置形式丰富,在多个领域得到了广泛的应用。

(1)单片机在家用电器中的应用　家用电器诸如电视机、录像机、洗衣机、电风扇和空调器等已普遍采用了单片机或专用单片机集成电路控制器。随着家用电器功能的日趋多功能化和节能化,单片机在家用电器中的应用会更加广泛。

(2)单片机在机电一体化中的应用　机电一体化是未来机械工业发展的方向。单片机的出现促进了机电一体化技术的发展,它作为机电产品中的控制器,极大地增强了机器的功能,提高了设备的自动化、智能化程度。

(3)单片机在仪器仪表中的应用　仪器仪表是单片机广泛应用的领域。目前常将具有单片机的仪器仪表称为智能仪器仪表。智能仪器仪表最主要的特点是提高了测量精度和测量速度,改善了人-机界面,简化了操作。

(4)单片机在实时测控系统中的应用　在工业控制系统中,单片机被广泛地应用于各种实时检测与控制系统中。

3. MCS-51 系列单片机引脚的排列

MCS-51 系列单片机常见的封装形式为 40 脚双列直插式塑料封装 DIP-40,其引脚排列识别为:正面面向用户,缺口向上,左上角第一脚为 1 脚,然后沿逆时针方向依次为 2～40 脚,如图 1-2 所示。通常第一脚都有标志符号。

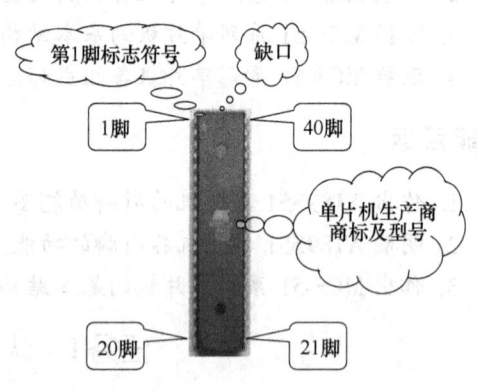

图 1-2　MCS-51 系列单片机引脚识别图

MCS-51 系列单片机有 4 个 8 位输入/输出口(I/O 口)P0、P1、P2、P3。每个 I/O 口既可以按位操作,又可以作为一个整体按字节操作。

32～39 脚为 P0 口,用做输入/输出口,在扩展外部存储器或外部接口电路时,分时输出低 8 位地址和 8 位数据。

1～8 脚为 P1 口,用做通用输入/输出口。其功能为接收外部设备的输入信号或输出信号给外部设备。

21～28 脚为 P2 口,用做通用输入/输出口,在扩展外部存储器或外部接口电路时,输出高 8 位地址。

10～17 脚为 P3 口。这 8 个引脚都有两种功能:第一种功能与 P1 口相同,作通用输入/输出口;第二种功能为单片机内部提供三大控制功能及片外数据存储器读/写选通。

9 脚为复位引脚,其功能是给单片机提供一个复位信号。

18、19 脚为时钟引脚,外接时钟电路,给单片机提供时钟信号。

20 脚为电源负极引脚,接电源负极。

29 脚为外部程序存储器读选通引脚,在读外部程序存储器时产生一个负脉冲信号。

30 脚为地址锁存允许输出/编程脉冲输入端,用于访问外部存储器时的低 8 位地址锁存信号,或对内部程序存储器编程时的编程脉冲(低电平有效)。

31 脚为内部、外部程序存储器的选择控制引脚,或为对内部程序存储器编程时的电源输入端。

40 脚为电源引脚，接 +5V 电源正极。

4. MCS-51 系列单片机概述

MCS-51 系列单片机是 Intel 公司于 20 世纪 80 年代生产的高性能 8 位单片机。属于这一系列的单片机有多种，如：8051/8751/8031、8052/8752/8032、80C51/87C51/80C31 和 80C52/87C52/80C32 等。

在功能上，该系列单片机有基本型和增强型两大类：以数字 1 结尾的为基本型，如 8051/8751/8031、80C51/87C51/80C31；以数字 2 结尾的为增强型，如 8052/8752/8032、80C52/87C52/80C32。

在片内程序存储器的配置上，该系列单片机有三种形式，即掩膜 ROM、EPROM 和 ROMLess（无片内程序存储器），如 80C51 有 4KB 的掩膜 ROM，87C51 有 4KB 的 EPROM，80C31 在芯片内无程序存储器。

MCS-51 系列单片机以其典型的结构和完善的总线专用寄存器集中管理，众多的逻辑位操作功能及面向控制的丰富指令系统，为以后其他单片机的发展奠定了基础。正因为其优越的性能和完善的结构，导致后来的许多厂商沿用或参考其体系结构。

世界上许多厂商丰富和发展了 MCS-51 系列单片机，如 PHILIPS、Dallas、ATMEL、SST、华邦等著名的半导体公司都推出了与 MCS-51 系列单片机兼容的产品，使产品型号不断增加、品种不断丰富、功能不断增强。从系统结构上看，所有 MCS-51 系列单片机都是以 Intel 公司的 8051 单片机为核心，增加了一定的新功能部件后构成的。

近年来 MCS-51 系列单片机获得了飞速的发展，生产厂家推出了许多适用于不同应用领域的新型系列，其中最典型的是 PHILIPS、ATMEL 公司的产品。

PHILIPS 公司主要是改善了其性能，在原来的基础上发展了高速 I/O 口、A/D 转换器、PWM 脉宽调制、WDT 看门狗等增强功能，并在低电压、微功耗、扩展串行总线 I^{2}C 和控制网络总线 CAN 等方面加以完善。ATMEL 公司推出了具有 FLASH 型和 EEPROM 型 MCS-51 系列单片机，在我国得到非常广泛的应用。

从单片机诞生至今，生产厂家已推出几百个系列上万个机种的单片机。除了 MCS-51 系列单片机以外，其他一些公司如 Motorola 公司、德州仪器 TI 公司、ST 公司、美国微芯公司等都推出了一些各具特色的单片机。但 MCS-51 系列单片机曾在世界单片机市场上占有 50% 以上的份额，因此本书仍以 MCS-51 系列单片机为教学机型。ATMEL 公司的 AT89C51 在我国市场占有较大的份额，与它配套的教学设备也很多。为方便教学，本书以 AT89C51 的升级产品 AT89S51 为例介绍单片机原理及应用技术。若无特殊说明，则 AT89C51 和 AT89S51 是通用的，在后面的介绍中不再一一说明。

任务准备

1）材料准备：

① AT89S51 单片机，每人一片。

② 霓虹灯控制的实物焊接模拟教学演示板一块，并下载有霓虹灯闪烁程序。

2）多媒体教学平台。

3）倒计时系统（用单片机仿真软件设计）。

任务实施

1. 认识 AT89S51 单片机引脚功能

AT89S51 单片机的引脚排列如图 1-3 所示。

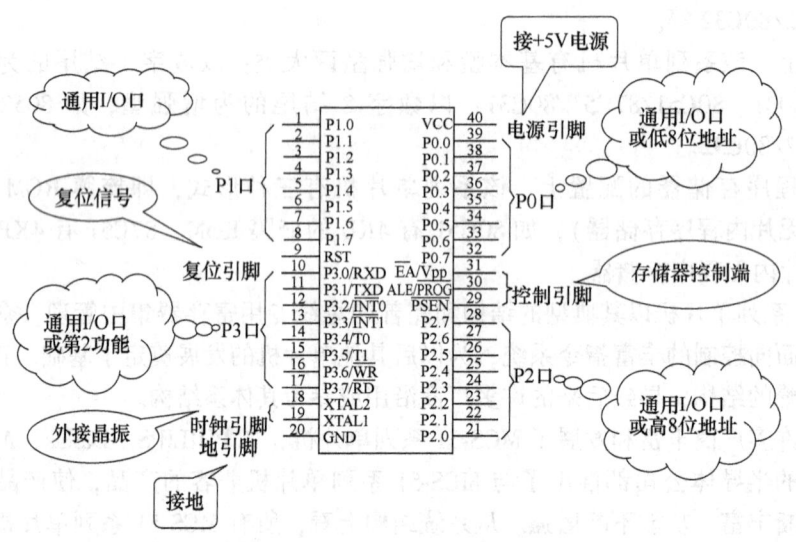

图 1-3　AT89S51 单片机的引脚排列

（1）电源引脚 VCC 和 GND

1）VCC（40 脚）：工作电源，接 +5V 直流电源正极。

2）GND（20 脚）：接地，通常接电源负极。

（2）时钟引脚 XTAL1 和 XTAL2　XTAL1（19 脚）为晶体振荡电路输入端，XTAL2（18 脚）为晶体振荡电路输出端。在使用内部振荡电路时，这两个端子用来外接石英晶体，振荡频率为晶振频率，振荡信号送至内部时钟电路，产生时钟脉冲信号。若采用外部振荡电路，则 XTAL2 用于输入外部振荡脉冲，该信号直接送至内部时钟电路，而 XTAL1 必须接地。

（3）复位引脚 RST　复位信号输入引脚 RST（9 脚），当 RST 引脚保持 2 个机器周期（24 个时钟周期）以上的高电平时，使单片机完成复位操作。

（4）控制信号引脚 ALE/$\overline{PROG}$、$\overline{PSEN}$、$\overline{EA}$/Vpp

1）ALE/$\overline{PROG}$（30 脚）：地址锁存允许输出/编程脉冲输入端。当访问外部存储器时，ALE 的输出用于锁存扩展低 8 位地址（P0）的地址信号；当不访问外部存储器时，ALE 也以 1/6 时钟振荡频率的脉冲信号输出，这个信号可以用于识别单片机时钟电路是否工作的标志，也可以用做外部时钟信号输出或其他需要。第 2 功能$\overline{PROG}$是对内部程序存储器编程时的编程脉冲输入端，低电平有效。

【注意】：名称字母上带上画线的，表示低电平有效，不带上画线的，表示高电平有效。

2）$\overline{PSEN}$（29 脚）：外部程序存储器 ROM 的读选通控制信号端。当访问外部 ROM 时，$\overline{PSEN}$产生负脉冲作为外部 ROM 的读选通信号。

3）$\overline{EA}$/Vpp（31 脚）：内、外部程序存储器选择/编程电源输入端，也是第 1 功能。对 AT89C51/AT89S51 单片机而言，它们的片内有 4KB 的 FLASH 程序存储器。当 $\overline{EA}$ = 1 为高电平（接 VCC）时，CPU 访问程序存储器有两种情况：第 1 种情况是，当访问的地址空间在 0～4KB 范围内时，CPU 访问片内程序存储器；第 2 种情况是，当访问的地址超出了 4KB 时，CPU 将自动执行外部程序存储器的程序，即访问外部 ROM。当 $\overline{EA}$ = 0 为低电平（接地）时，只能访问外部程序存储器。该引脚的第 2 功能是用做编程电源输入端（Vpp），在对片内程序存储器编程时，用于施加编程电压（不同型号的单片机其编程电压大小不同）。

（5）输入/输出（I/O）引脚

1）P0 口：8 位双向数据 I/O 口。在不接片外存储器与不扩展 I/O 口时，P0 可作为准双向输入/输出口；在接有片外存储器或扩展 I/O 口时，P0 口分时输出低 8 位地址数据和双向 I/O 数据。

2）P1 口：8 位准双向数据 I/O 口。作为通用 I/O 口使用。

3）P2 口：8 位准双向数据 I/O 口。在不接外部存储器时，P2 口作为 8 位通用 I/O 口使用；在接有片外存储器或扩展 I/O 口且寻址范围超过 256B 时，P2 口用作输出高 8 位地址数据。

4）P3 口：8 位准双向数据 I/O 口。除作为通用 I/O 口使用外，它的 8 个引脚还有各自的第 2 功能，见表 1-1。

表 1-1　P3 口各引脚的第 2 功能

引脚		第 2 功能
P3.0	RXD	串行口输入端
P3.1	TXD	串行口输出端
P3.2	$\overline{INT0}$	外部中断 0 请求输入端，低电平有效
P3.3	$\overline{INT1}$	外部中断 1 请求输入端，低电平有效
P3.4	T0	定时器/计数器 0 计数脉冲输入端
P3.5	T1	定时器/计数器 1 计数脉冲输入端
P3.6	$\overline{WR}$	外部数据存储器写选通信号输出端，低电平有效
P3.7	$\overline{RD}$	外部数据存储器读选通信号输出端，低电平有效

2．了解单片机的作用

观察图 1-4 所示霓虹灯闪烁的实物焊接图。从图中可以看到实现控制需要的所有元器件及其连接方式，除了常用的电阻器、电容器、发光二极管、按键外，还有一块电子芯片 AT89S51，编写的控制程序存储在芯片中。单片机芯片既能存储程序又能执行程序，既能输出控制信号又能接收外界的信号，具有智能控制的功能。

 检查评议

单片机引脚认识考核表见表 1-2。

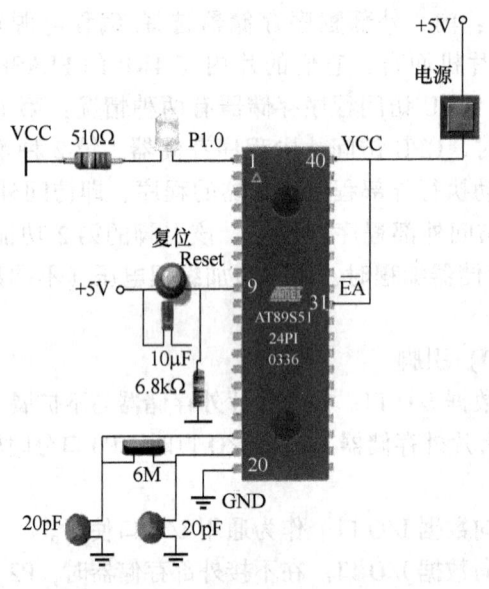

图1-4 霓虹灯闪烁的实物焊接图

表1-2 单片机引脚认识考核表

评价项目	评价内容	配分/分	评价标准		得分
认识单片机	识别单片机	30	认知单片机的名称、序号	每项2分	
			理解单片机的功能	每项2分	
单片机引脚	识别单片机引脚	30	识别单片机各引脚	每项5分	
单片机的应用	举例说明单片机的应用	10	联系生活、生产说明单片机的应用	每项5分	
安全文明生产	设备、材料和工具	10	正确使用设备、材料及工具	酌情给分	
团结协作	集体意识	20	各成员分工协作，积极参与	酌情给分	

 问题及防治

因为单片机的引脚细小并且坚硬易折断，所以识别时不要把引脚折断。

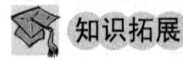 知识拓展

单片机基础知识

1. 单片机的发展概况

1970年微处理器研制成功之后不久，就出现了单片机。

第一阶段（1974—1978）：单片机初级阶段。

第二阶段（1978—1982）：低性能单片机阶段。

第三阶段（1982—1990）：高性能单片机阶段。

第四阶段（1990—至今）：8位单片机巩固发展及16位、32位单片机推出阶段。

2. 单片机的发展趋势

（1）低功耗CMOS化　MCS-51系列的8031单片机推出时的功耗达630mW，而现在的

单片机功耗普遍都在 100mW 左右。由于要求单片机的功耗越来越低，现在各个单片机制造商基本都采用 CMOS 工艺（互补金属氧化物半导体工艺）。

（2）微型单片化　现在常规的单片机普遍都是将中央处理器（CPU）、随机存取器（RAM）、只读存储器（ROM）、并行接口和串行通信接口、中断系统、定时电路、时钟电路集成在一块芯片上。增强型的单片机集成了如 A/D 转换器、PMW（脉宽调制电路）、WDT（看门狗）技术，有些单片机将 LCD（液晶）驱动电路都集成在芯片上，这样单片机包含的单元电路就更多，功能就更强大。

（3）主流与多品种共存　虽然现在单片机的品种繁多且各具特色，但是目前以 80C51 为核心的单片机仍占主流，兼容其结构和指令系统的有 PHILIPS、ATMEL 公司生产的单片机和中国台湾华邦公司生产的单片机。Microchip 公司的 PIC 精简指令集（RISC）也有着强劲的发展势头。近年中国台湾 HOLTEK 公司的单片机产量也与日俱增，并以其低价质优的优势，占有了一定的市场份额。此外，还有美国 Motorola 公司及日本几大公司的专用单片机等。

3. MCS-51 系列单片机引脚记忆窍门

将 40 个引脚的功能按分类效果进行记忆将事半功倍，可将 40 个引脚分为以下三大类：

1）单片机工作条件 5 个引脚：电源引脚（40 脚）、接地引脚（20 脚）、复位引脚（9 脚）、时钟引脚（18、19 脚）。

2）控制引脚 3 个（29～31）：ALE、$\overline{PSEN}$、$\overline{EA}$。

3）输入/输出引脚 32 个：P0.0～P0.7（39～32 脚）、P1.0～P1.7（1～8 脚）、P2.0～P2.7（21～28 脚）、P3.0～P3.7（10～17 脚）。

说明：利用网络可对 AT89S2051 单片机进行信息检索，下载其资料手册并进行学习，便于认识 AT89S2051 单片机的引脚及功能。

 考证要点

作图：作出 AT89S51 单片机引脚功能图。

任务 2　认识单片机的结构

 任务描述（见表 1-3）

表 1-3　任务描述

工作任务	要　　求
了解单片机两种结构类型	掌握单片机两种结构类型的分类方法
认识 AT89S51 单片机的基本特征	理解 AT89S51 单片机的基本特征
了解 AT89S51 单片机内部各组成部分的功能	掌握 AT89S51 单片机内部各组成部分的功能
认识单片机总体组成	明确单片机总体组成

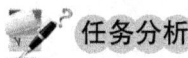 任务分析

单片机应用系统的设计过程是一个软件、硬件相结合的过程，不仅要进行电路设计，还要进行程序设计。在设计单片机程序时，要根据单片机硬件结构，设计出有关程序。

本任务目的是使学生初步掌握单片机软、硬件系统，掌握 MCS-51 系列单片机的基本结

构，熟悉各部分的功能。

 相关知识

单片机的结构有两种类型：一种是程序存储器和数据存储器分开的结构，即哈佛（Harvard）结构；另一种是程序存储器与数据存储器合二为一的结构，即普林斯顿（Princeton）结构。

MCS-51系列单片机采用的是哈佛结构，而后续产品16位96系列单片机则采用普林斯顿结构。

MCS-51系列单片机由CPU、存储器、并行I/O口、定时器/计数器、串行口及中断系统等组成，其各组成部分通过内部三总线相连。

 任务准备

1）材料准备：AT89S51单片机，每人一片。
2）多媒体教学平台。
3）倒计时系统（用单片机仿真软件设计）。

 任务实施

1. 认识MCS-51系列单片机的基本结构

以AT89S51单片机为例对其各组成部分进行介绍。

单片机的基本结构包括：中央处理器CPU、程序存储器、数据存储器、并行输入/输出（I/O）口、定时器/计数器、中断系统等部分，各组成部分由地址总线、数据总线和控制总线相连。MCS-51系列单片机的典型芯片是80C51，其特性和本书选择作为例子的AT89S51单片机完全相同。AT89S51单片机的基本结构框图如图1-5所示。

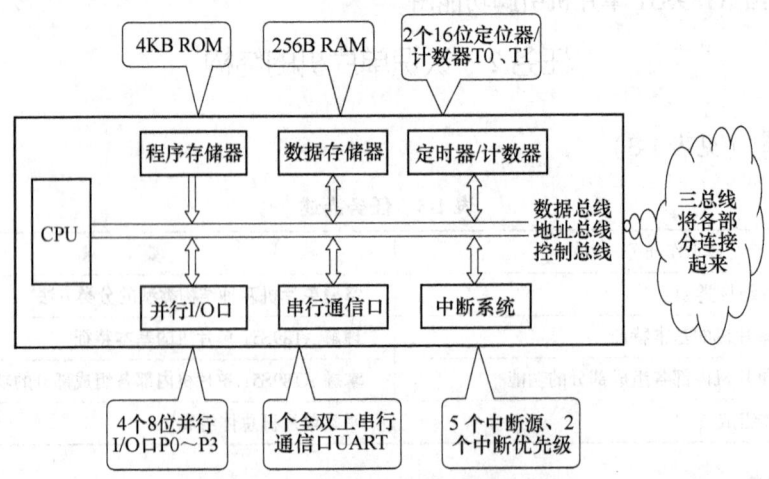

图1-5　AT89S51单片机的基本结构框图

AT89C51/AT89S51单片机是目前应用比较广泛的MCS-51系列兼容单片机中的代表产品，是一种8位（数据线是8位）单片机，片内有128B RAM及4KB ROM。

近些年ATMEL公司又开发出了AT89S51系列高档单片机，它最突出的特点是：片内采用FLASH存储器（可擦除1000000次）技术。该公司把FLASH存储器技术巧妙地运用于单片机，使单片机能够通过微型计算机串行口（也可以用USB口或并行口）或用通用的非易失性存储器编程器进行改写，实现程序的在线升级。这一特点使AT89S51成为一种高效的单片机，它的应用范围很广，可用于解决复杂的控制问题，且成本较低，非常适合初学者使用。

以后的论述中将重点介绍AT89C51/AT89S51单片机，并使用MCS-51和AT89C51/AT89S51两个术语，前者泛指MCS-51系列单片机，后者特指AT89C51/AT89S51单片机。

2. 认识AT89S51单片机内部各组成部分的功能

（1）中央处理器CPU　MCS-51系列单片机典型产品资源配置见表1-4。

表1-4　MCS-51系列单片机典型产品资源配置

分类		芯片型号	存储器类型及字节数		片内其他功能单元数量			
			ROM	RAM	并行口	串行口	定时器/计数器	中断源
总线型	基本型	80C31	无	128B	4个	1个	2个	5个
		80C51	4KB 掩膜	128B	4个	1个	2个	5个
		87C51	4KB EPROM	128B	4个	1个	2个	5个
		89C51	**4KB Flash**	128B	4个	1个	2个	5个
	增强型	80C32	无	256B	4个	1个	3个	6个
		80C52	8KB 掩膜	256B	4个	1个	3个	6个
		87C52	8KB EPROM	256B	4个	1个	3个	6个
		89C52	**8KB Flash**	256B	4个	1个	3个	6个
非总线型		89C2051	2KB Flash	128B	2个	1个	2个	5个
		89C4051	**4KB Flash**	128B	2个	1个	2个	5个

注：表中加黑的ATMEL公司AT89系列产品应用方便，应优先选用。

中央处理器CPU是单片机中的核心部分。AT89S51单片机的CPU是8位数据处理器，能处理8位二进制数据或代码，由控制器和运算器组成。

运算器包含算术逻辑部件ALU、控制器、寄存器B、累加器A、程序计数器PC、程序状态字寄存器PSW、堆栈指针SP、数据指针寄存器DPTR以及逻辑运算部件等。

算术逻辑部件ALU的功能是完成算术运算和逻辑运算。算术运算包括加法、减法、加1、减1等操作。逻辑运算包括"与"、"或"、"异或"等操作。ALU还有一些直接按位操作的功能，如置位、清零、求补、条件判断与转移、逻辑"与"、逻辑"或"等。

控制器包括指令寄存器、指令译码器、控制逻辑阵列等。控制器的功能是按时间顺序协调各部分的工作，在控制器的控制下，单片机可对指令进行读取、译码，形成各种操作动作，使各个部分之间能协调工作。

程序计数器PC是专门用来控制指令执行顺序的一个寄存器，可以存放16位二进制数码，用来存放指令在内存中的地址，具有自动加1功能。

累加器A是8位寄存器，它和算术逻辑部件ALU一起完成各种算术逻辑运算，既可以存放运算前的原始数据，又可以存放运算的结果。它是使用最为频繁的一个器件。

寄存器B是8位寄存器，用于乘除法运算。在进行乘法运算时，B是一个操作数，积存于AB中；在进行除法运算时，A是被除数，B是除数，运算结果的商存于A，余数存于B。

程序状态字PSW是一个8位寄存器，是一个标志寄存器，用来保存指令执行结果的标志，供程序查询和判别。

数据指针寄存器 DPTR 是一个 16 位寄存器，由 DPH、DPL 高低两个字节组成，在访问外部数据存储器时，用 DPTR 作为地址指针。

（2）数据存储器（内部 RAM）　AT89C51/AT89S51 内部有 256B RAM，其中包含 128B 用户数据存储单元（地址为 00H～7FH）和 128B 特殊功能寄存器单元（地址为 80H～FFH），它们是统一编址的。特殊功能寄存器只能用于存放控制指令数据，而不能用于存放用户数据，所以用户能使用的 RAM 只有 128B，可存放读写的数据和运算的中间结果等。

（3）程序存储器（内部 ROM）　AT89C51/AT89S51 内部有 4KB FLASH 存储器。程序存储器用于存放用户程序和运算的数据等。

（4）定时器/计数器　AT89C51/AT89S51 有 2 个 16 位可编程序定时器/计数器 T0 和 T1，实现定时或计数功能。

（5）并行输入/输出（I/O）口　MCS-51 系列单片机有 4 个 8 位并行 I/O 口（P0、P1、P2 和 P3），用于单片机与外部设备之间的数据并行输入/输出。

（6）串行口　MCS-51 系列单片机内置一个全双工异步串行通信口，用于单片机与其他具有相应接口的设备之间的异步串行数据传送。

（7）时钟电路　MCS-51 系列单片机内置一个高增益反相放大器，用于产生整个单片机工作的时序脉冲，需外接晶振和电容。

（8）中断系统　AT89C51/AT89S51 具备较完善的中断功能，有 5 个中断源，其中 2 个外部中断、2 个定时器/计数器中断和 1 个串行口中断，可满足不同的中断控制要求，并具有两级中断优先级别供选择。

检查评议

单片机的总体组成和结构考核表见表 1-5。

表 1-5　单片机的总体组成和结构考核表

评价项目	评价内容	配分/分	评价标准		得分
单片机的类型	识别单片机的类型	10	识别单片机的类型	每小项 5 分	
AT89S51 的基本特征	理解 AT89S51 的基本特征	20	理解 AT89S51 的基本特征	每小项 5 分	
AT89S51 的内部功能	识别单片机的内部功能	30	识别单片机的内部功能	每小项 5 分	
单片机的组成	说明单片机的组成	10	说明单片机的组成	每小项 5 分	
安全文明生产	设备、材料和工具	10	正确使用设备、材料及工具	酌情给分	
团结协作	集体意识	20	各成员分工协作，积极参与	酌情给分	

知识拓展

单片机的主要特点

单片机在一块半导体芯片上集成了微型计算机的各个功能部件，因此它在硬件结构以及指令功能方面有很多特点。其主要特点如下：

1）单片机的引脚多为复用引脚。P0 口既是双向输入/输出端口，又是数据/地址的复用引脚；P2 口既是双向输入/输出端口，又是单片机的高 8 位地址线；P3 口是双向输入/输出端口，并且其各个引脚均有第 2 功能。

2）单片机内部集成有小容量的存储器。由于受到单片机集成度的限制，单片机的内部存储器容量很有限，如果容量不够用，那么必须扩展外部存储器容量。

3）单片机的程序存储器和数据存储器严格分工。程序存储器存放程序和数据表格，数据存储器存放参与运算的参数或者结果。

4）单片机有很强的位处理功能，可以满足工业控制的需要。单片机的内部数据存储器中有一个 16B 共 128bit 的位寻址区，这 128bit 数据每一位都可以单独寻址。

 考证要点

1. 简答

1）AT89S51 单片机的基本特征是什么？

2）AT89S51 单片机各部分组成有哪些？

2. 作图

作出 AT89S51 单片机基本结构框图。

单元 2　单片机的工作条件

知识目标

1. 熟悉单片机正常工作的基本条件。
2. 掌握 MCS-51 系列单片机的复位电路和时钟电路。
3. 掌握单片机最小系统的电路接线图。

技能目标

1. 能独立设计单片机正常工作的最小系统。
2. 熟练绘制单片机最小系统的电路接线图。
3. 能够检测单片机系统时钟电路和复位电路能否正常工作。

任务　设计单片机最小系统并绘制仿真电路

 任务描述

认识图 1-12 所示 AT89S51 单片机最小系统，并绘制仿真电路。

 相关知识

单片机正常工作的基本条件是：正确的电源、时钟电路、复位信号、控制电路，这四部分组成一个单片机最小系统。

（1）电源　MCS-51 系列单片机第 40 脚接 +5V 电源，第 20 脚接电源负极。电压过高或过低均会引起单片机 CPU 不工作。

（2）时钟电路　单片机的指令执行是在时钟脉冲控制下进行的。时钟脉冲信号是由单片机内部时钟电路及 18 脚、19 脚外接晶体振荡器和电容组成的时钟电路产生的，如图 1-6 所示。

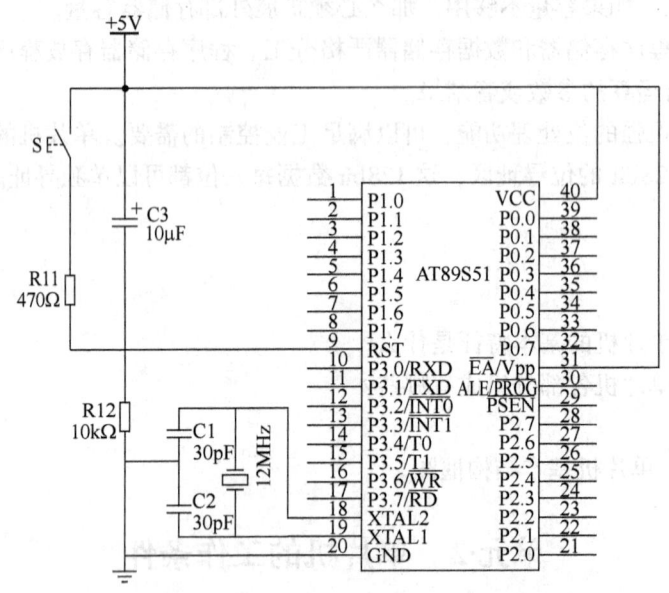

图 1-6　AT89S51 单片机最小系统电路接线图

根据是否使用外部程序存储器，正确设置 $\overline{EA}$（31 脚）。当使用内部程序存储器时，设置 $\overline{EA}$ 为高电平，即 $\overline{EA}=1$，可使 $\overline{EA}$ 接电源 VCC 获得高电平。

1）内部时钟方式：这种方式需要在 18 脚和 19 脚外接晶体振荡器（或陶瓷谐振器）和电容，晶体振荡器或陶瓷谐振器的频率可在 2～24MHz（具体型号有差别）范围内选取。为了获得可靠稳定的时钟频率，常采用晶体振荡器来产生振荡信号。当外接晶体振荡器时，电容的值一般取 30pF，如图 1-7 所示；当外接陶瓷谐振器时，电容的值一般取 47pF。

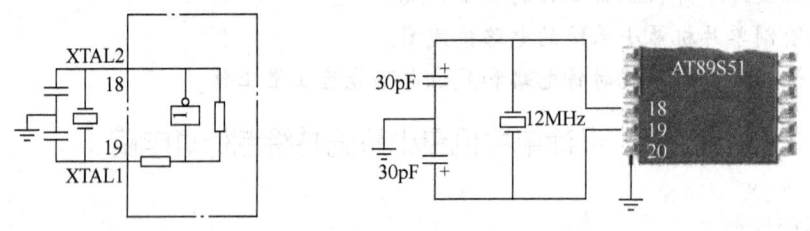

图 1-7　内部时钟接法

2）外部时钟方式：对 HMOS（高密度短沟道金属氧化物半导体）型单片机，XTAL1 接地，外部时钟信号从 XTAL2 脚输入，如图 1-8 所示；对 CHMOS（互补金属氧化物的 HMOS）型单片机，外部时钟信号从 XTAL1 脚输入，XTAL2 悬空，如图 1-9 所示。

【教你一招】：判断时钟电路异常的方法：时钟电路异常，会引起单片机 CPU 不工作，可通过测量 30 脚（ALE）是否有六分频信号输出来判断振荡电路是否起振。

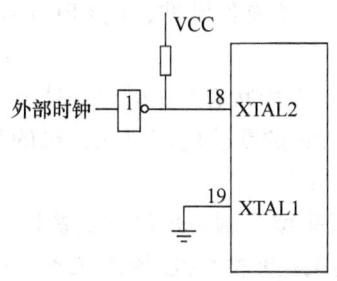
图1-8　HMOS型单片机外部时钟接法

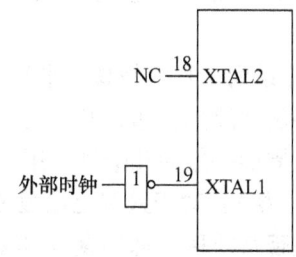
图1-9　CHMOS型单片机外部时钟接法

（3）复位电路　复位是单片机的初始化操作。单片机在启动运行时，都需要先复位。复位的作用是使CPU和系统中其他部件处于一个确定的初始状态，并从这个状态开始工作。

执行复位后，内部各寄存器的状态见表1-6，内部数据存储器（RAM）中的数据保持不变。

表1-6　复位后内部各寄存器的状态

寄存器	复位状态	寄存器	复位状态
PC	0000H	TCON	00H
A	00H	T2CON	00H
B	00H	TH0	00H
PSW	00H	TL0	00H
SP	07H	TH1	00H
DPTR	0000H	TL1	00H
P0～P3	FFH	SCON	00H
IP	××000000B	SBUF	××H
IE	0×000000B	PCON	(0×××0000B)
TMOD	00H		

注：×表示取值不定。

MCS-51系列单片机一般不能自动进行复位，必须配合相应的外部电路才能实现。当MCS-51系列单片机的复位引脚RST出现两个机器周期以上的高电平时，单片机就执行复位操作。如果RST持续为高电平，那么单片机就处于循环复位状态。

复位操作通常有两种基本形式，即上电复位和按键复位，如图1-10和图1-11所示。

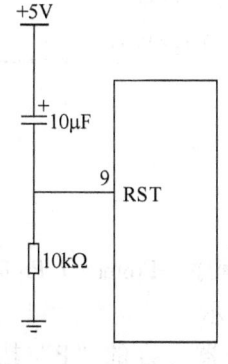
图1-10　上电复位电路

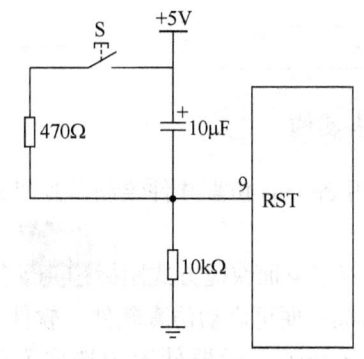
图1-11　按键复位电路

复位电路是在 CPU 通电后，给复位端 9 脚（RST）一个复位脉冲，使 CPU 内部处于初始工作状态。

MCS-51 系列单片机是高电平复位，在正确复位后（工作状态）9 脚应保持低电平。如果复位电路出现故障，那么 CPU 也将无法工作。由于 CPU 的复位电路只在开机的瞬间产生复位脉冲，周期一般为几毫秒，用万用表无法鉴别正常与否。

【教你一招】：对于只有上电复位的复位电路，可以采取强制复位的方法快速判断 CPU 复位电路是否有故障，即将复位端瞬时接电源正端，如果此时 CPU 恢复工作，那么说明 CPU 的复位电路有故障。对于只有按键复位的复位电路，可按下复位键，通过测量复位端是否有高电平产生来判断复位电路工作是否正常。

（4）控制电路 $\overline{EA}$/Vpp 引脚为复用引脚，其中 $\overline{EA}$（External Access）是访问程序存储器控制信号。当 EA 端为高电平时，CPU 访问片内程序存储器，即从片内 ROM 中取指令并执行，但当程序计数器 PC 值超过 0FFFH（4KB）时，CPU 将自动转向外部 ROM 的 1FFFH ~ FFFFH（高 60KB）中取指令。当 EA 端为低电平时，CPU 仅访问外部程序存储器。V_{pp} 是编程电源输入，在对 E^2PROM 型单片机进行编程时，此端加 5V 的编程电压。

任务准备

1) 电工常用工具、仪表仪器各一套。
2) 多媒体教学平台一套。
3) 倒计时系统（用单片机仿真软件设计）。
4) 材料准备：单片机最小系统电子元器件明细表见表 1-7。

表 1-7 单片机最小系统电子元器件明细表

序号	符号	名称	规格型号	数量/只
1	R1	电阻	10kΩ	1
2	C1、C2	电容	30pF	2
3	C3	电解电容	10μF	1
4	Y1	晶振	12MHz	1
5	S1	按钮	轻触开关	1
6	U1	单片机	AT89C51	1
7		IC 座	DIP-40	1
8		万能电路板	7cm×15cm	1

任务实施

1. 用 Proteus 仿真软件绘制单片机的最小系统

1) 双击桌面快捷方式图标 或者单击开始→所有程序→Proteus 7 Professional→ISIS 7 Professional 便可启动仿真软件，软件工作界面如图 1-12 所示。

2) 从 Proteus 元器件库中选取元器件。单击对象选择器上方的"P"按钮（快捷键〈P〉），进入元器件选择窗口，输入元器件的关键字，选取相应的元器件。单片机最小系统

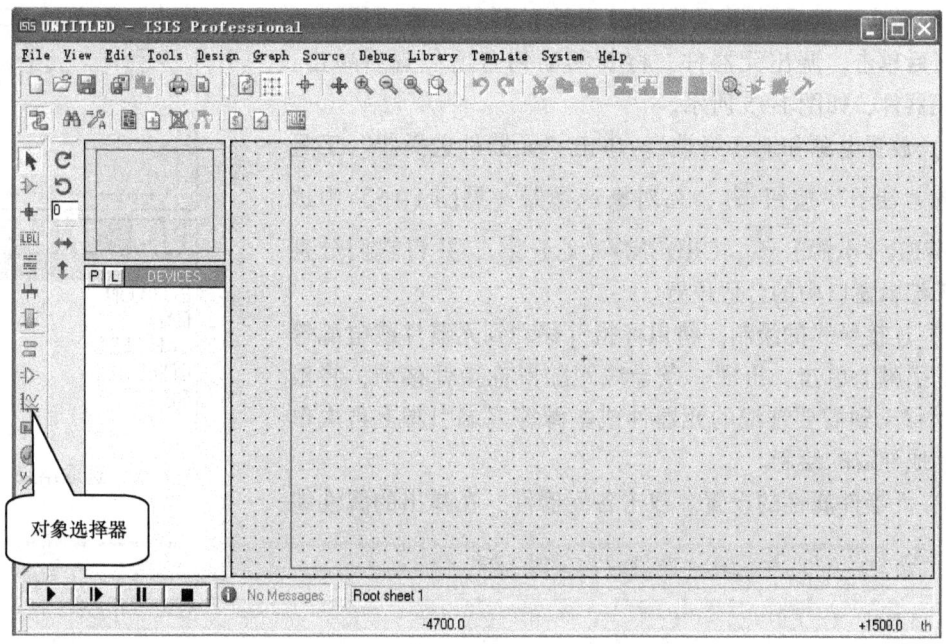

图 1-12　Proteus 仿真软件工作界面

所需元器件的关键字分别为：AT89C51 单片机、RES 电阻、CAP 电容、CAP-ELEC 电解电容、CRYSTAL 晶振、BUTTON 按钮。元器件选择窗口如图 1-13 所示，选取结果如图 1-14 所示。

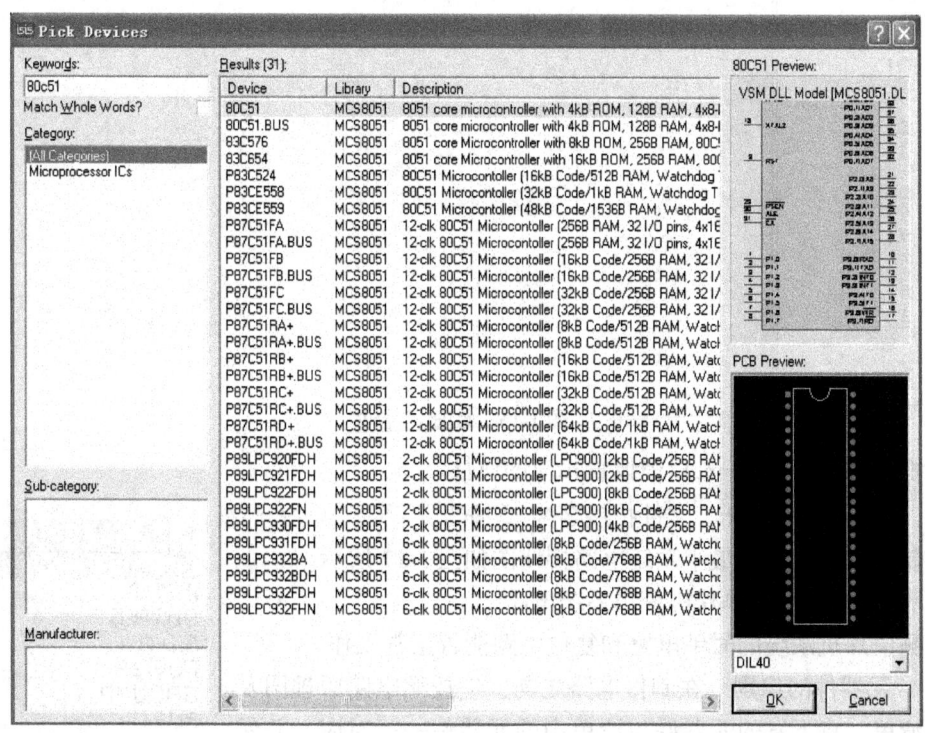

图 1-13　元器件选择窗口

3）单击"对象选择器"窗口中的元器件，移动鼠标到绘图区后单击，调出元器件，将其移动到合适位置后单击，放置元器件，如图1-15所示。

4）放置电源和地（终端）。单击"元器件选择器"工具栏中的"端子"按钮，在对象选择器（见图1-16）中选取POWER（电源）、GROUND（地），并将它们分别放置于编辑窗口中的合适位置。

5）连接导线的绘制。将鼠标指针移动到元器件或电源等终端的引脚上单击，出现一条导线跟随鼠标指针移动，将鼠标指针移动到需要连线的元器件或电源等终端引脚上再次单击，完成导线的绘制。

6）元器件属性的设置。双击各元器件，在弹出的属性编

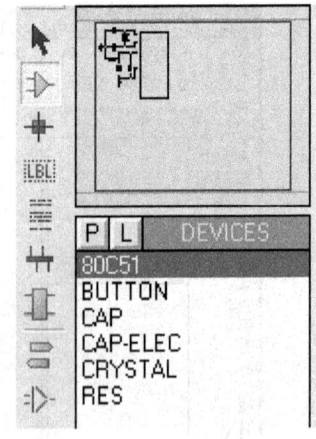

图1-14 选取结果

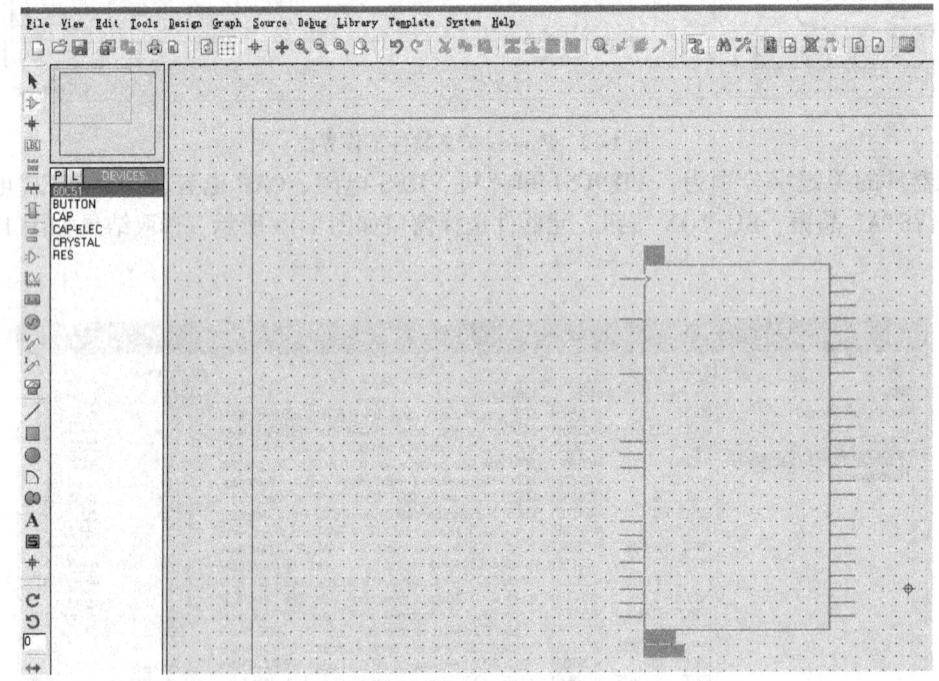

图1-15 放置元器件

辑对话框（Edit Component）中设置相应的属性。

7）完成后保存设计，文件扩展名为"dsn"。
绘制完成的单片机最小系统电路接线图如图1-17所示。

2. 制作AT89C51单片机最小系统电路

检测单片机系统的时钟电路和复位电路能否正常工作。

（1）元器件的识别　在制作电路之前，应按照电路原理图及元器件清单，将下发的元器件与清单中的元器件一一对应，并保证所用元器件的性能良好。

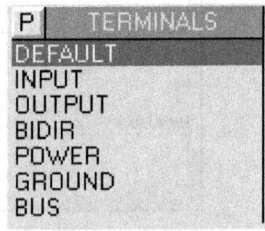

图1-16 对象选择器

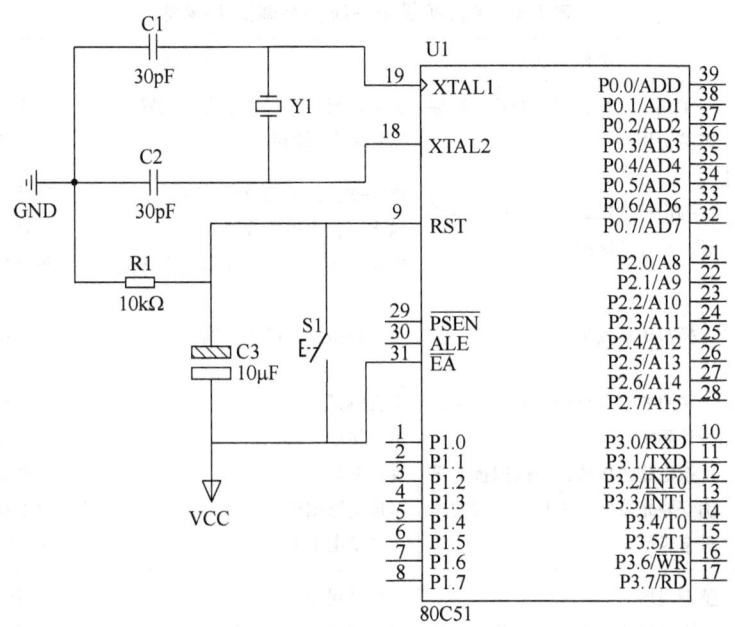

图 1-17　单片机最小系统电路接线图

（2）元器件布局和布线　通常，应根据电路板的尺寸及元器件的型号、规格等进行布局和布线。

电路板上所有元器件的排列应均匀、整齐、紧凑，位于电路板边缘的元器件与边缘之间的距离应大于 2mm。

信号的走向应为左进右出，电源方向为上正下负。

元器件的布局应使走线方便，不出现交叉，方便电路的调试。

初学者在学习元器件的布局时，可以按电路原理图中元器件的排列方式布放元器件。为了使元器件布局合理，效率高，初学者可以在草稿纸上绘制元器件布局图。

在元器件布局完成后，应按照电路原理图进行布线，走线时应注意横平竖直，走线最短，不走斜线，不能交叉。元器件布局和布线可能需要经过多次调整。

元器件布局设计好后，按照布局图将元器件整形后插入相应位置，并用电烙铁焊接固定好。

插放元器件时应注意元器件的参数、极性，不能接错。相似元器件（如电阻与电阻，电容与电容等）的高度应保持一致。反面过长的引脚可剪掉，将元器件插放好后，根据实物布线图将各元器件引脚用铜线连接，在焊接好连线后，需要对电路进行检查。检查是保证电路正常工作必不可少的步骤！检查的主要内容包括：元器件的参数，极性是否正确，走线是否正确、合理，焊点是否良好等。

（3）单片机系统时钟电路和复位电路的检测　电路静态检查无误后，插上单片机，通电检测单片机系统的时钟电路和复位电路能否正常工作。

检查评议

单片机最小系统安装调试考核表见表 1-8。

表 1-8 单片机最小系统安装调试考核表

内容/分数	考核要求	评分标准		得分
实训准备/10 分	工具、材料、仪表准备完好穿戴劳保用品	工具、材料、仪表未准备完好 未穿戴劳保用品	一项扣 2 分 扣 5 分	
电路设计/25 分	列出单片机最小系统；根据任务，设计电路图	电路图设计不全或设计有错 输入、输出遗漏或错误 电路图表达不正确或画法不规范	每处扣 2 分 每处扣 1 分 每处扣 2 分	
Proteus 模拟仿真 /20 分	模拟仿真效果	不会模拟仿真或不正确	扣 3 分	
调试与安装 /35 分	按照要求进行模拟调试，达到设计要求 按电路图接线，在模拟板上正确安装元器件，工具、仪表使用符合规范	不会调试 不会接线 焊点松动 不按电路图接线 一次试电不成功	扣 3 分 扣 3 分 每处扣 1 分 每处扣 2 分 扣 15 分	
安全文明生产 /10 分	整理现场 设备仪器无损坏，未遗忘工具 遵守课堂纪律，尊重老师	未整理现场 设备仪器损坏，遗忘工具 不遵守课堂纪律，不尊重老师	扣 10 分 每项 10 分 取消实训	

 问题及防治

1) 在安装芯片时不要将其插反，否则将会烧坏芯片。
2) 在将芯片安装到电路板上时，应注意手上的静电，手不要太干燥，应潮湿些。
3) 在通电检测前，一定要用万用表检查 VCC 与 GND 是否存在短路现象，否则会使电源不能正常工作。
4) 在检测时钟电路时，注意保证示波器探头可靠接地，若其接地不良，则对时钟信号的检测有影响。
5) 应在关闭实验电路板电源的情况下进行有关插拔和连线，在将全部元器件连接好后，再接通电源。

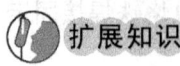 **扩展知识**

MCS-51 系列单片机的生产工艺

MCS-51 系列单片机有两种生产工艺，一种是 HMOS（高密度短沟道 MOS）工艺，另一种是 CHMOS（互补金属氧化物的 HMOS）工艺。

CHMOS 是 CMOS 和 HMOS 的结合，既保持了 HMOS 高速度和高密度的特点，又具有 CMOS 低功耗的特点。在产品型号中，凡带有字母"C"的即为 CHMOS 芯片。CHMOS 芯片的电平既与 TTL 电平兼容，又与 CMOS 电平兼容。

 考证要点

1. 作图

(1) 作出 MCS-51 系列单片机内部时钟和外部时钟电路接线图。

(2) 作出 MCS-51 系列单片机上电复位电路和按键复位电路接线图。
(3) 作出 MCS-51 系列单片机工作条件接线图。
2. 填空题
(1) 单片机最小系统中提供单片机工作脉冲信号的是（　　）。
A. 电源　　　　B. 控制电路　　　C. 时钟电路　　　D. 复位电路
(2) MCS-51 系列单片机复位操作的主要功能是把程序计数器初始化为（　　）。
A. 0100H　　　B. 2080H　　　　C. 0000H　　　　D. 8000H
(3) 单片机 8051 的 XTAL1 和 XTAL2 引脚是（　　）引脚。
A. 外接定时器　B. 外接串行口　　C. 外接中断　　　D. 外接晶振
(4) 8051 单片机的 GND（20）引脚是_____引脚。
A. 主电源 +5V　B. 接地　　　　　C. 备用电源　　　D. 访问片外存储器
(5) 8051 单片机的 VCC（40）引脚是_____引脚。
A. 主电源 +5V　B. 接地　　　　　C. 备用电源　　　D. 访问片外存储器

单元 3　单片机输入/输出端口的结构

知识目标

1. 了解 MCS-51 系列单片机输入/输出（I/O）端口的结构。
2. 理解 MCS-51 系列单片机输入/输出（I/O）端口的工作原理。
3. 掌握 MCS-51 系列单片机输入/输出（I/O）端口的使用方法和注意事项。

技能目标

用 Protel 99 SE 软件绘制电路原理图。

任务　认识单片机输入/输出端口的结构

 任务描述（见表 1-9）

表 1-9　任务描述

工作任务	要　　求
了解 MCS-51 系列单片机输入/输出（I/O）端口的结构	熟悉 MCS-51 系列单片机输入/输出（I/O）端口的结构
理解 MCS-51 系列单片机输入/输出（I/O）端口的工作原理	掌握 MCS-51 系列单片机输入/输出（I/O）端口的工作原理
理解 MCS-51 系列单片机输入/输出（I/O）端口的使用方法和注意事项	掌握 MCS-51 系列单片机输入/输出（I/O）端口的使用方法和注意事项
使用 Protel 99 SE 软件	熟练使用 Protel 99 SE 软件绘制按键左移亮灯电路原理图

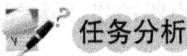 任务分析

在单片机应用系统中，外部设备信号都要通过 I/O 端口与单片机进行数据传送；在电路

硬件设计和软件设计中，需要清楚单片机输入/输出端口的结构及使用方法和注意事项，以设计出符合要求的电路及程序，保证系统正常工作。

1. P0 口

图 1-18 所示为 P0 口的位结构图。

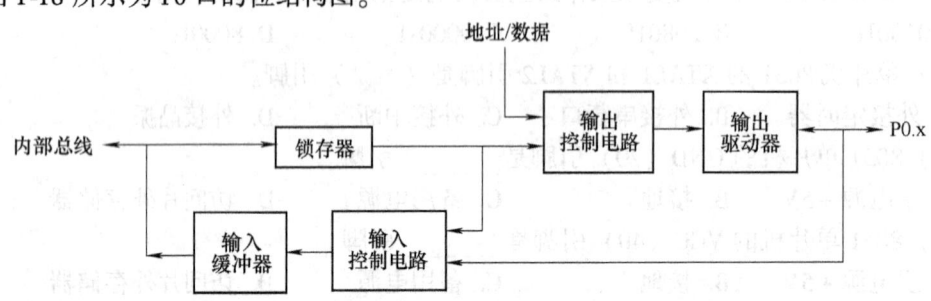

图 1-18　P0 口的位结构图

（1）P0 口用做通用 I/O 口　　写端口时，在内部控制信号的作用下，输出控制电路接通锁存器输出端，将数据由内部总线经锁存器、输出控制电路和输出驱动器送到 P0.x 引脚。

读端口时，在内部控制信号的作用下，输入控制电路接通引脚或锁存器输出端，将 P0.x 引脚或锁存器的数据经输入缓冲器送到内部总线。

读端口时有两种情况：一是读引脚，此时端口数据无需作运算修改，在内部控制信号的作用下，输入控制电路接通 P0.x 引脚，将数据由 P0.x 引脚经输入缓冲器送到内部总线；二是读锁存器，此时端口数据需作运算修改，在内部控制信号的作用下，输入控制电路接通锁存器，将数据经输入缓冲器送到内部总线，再作某一运算修改后，重新写入端口。在读端口数据时，数据是取自于引脚还是取自于锁存器，是由单片机自动判别的。

（2）P0 口既作输入口又作输出口　　当 P0 口既用做输入口又用做输出口时，若上一次输出一个数据"0"（低电平），则会使输出驱动器的场效应晶体管饱和导通，将引脚电平拉低，致使引脚高电平"1"误读为低电平"0"。所以在输出转输入时，只有先给端口送出一个"1"（高电平），使输出驱动器的场效应晶体管截止，然后再读端口数据，才能正确读入端口数据"1"（高电平）。即当 P0 口既用做输入口又用做输出口时，在输出转输入时要先写"1"，然后再读。当 P0 口只用做输入口时，无需进行先写"1"操作。其他 3 个端口 P1、P2 和 P3 也同样要遵守该规则。

P0 口输出驱动器为漏极开路电路，即漏极没有电阻接至电源，若要输出高电平，则必须在 P0 口外部接一个上拉电阻，即在 P0.x 引脚接一个电阻至电源。其他 3 个端口 P1、P2 和 P3 的输出驱动器内部已有上拉电阻，所以无需外接上拉电阻。

在扩展外部程序存储器或外部设备时，P0 口作地址/数据总线用。此时，在内部控制信号的作用下，输出控制电路接通内部地址/数据端，将地址/数据端输出的数据经输出驱动器送到 P0.x 引脚，其中地址（16 位地址中的低 8 位地址）或数据（8 位数据）在内部控制信号的作用下分时传送，先传地址后传数据；输入数据从 P0.x 引脚经输入缓冲器被送入内部总线。

2. P1 口

与 P0 口相比较，P1 口少一个输出控制电路，其余组成相同。P1 口只用做通用 I/O 口，其数据输入/输出过程与 P0 口用做通用 I/O 口时数据输入/输出过程相同。P1 口的位结构图如图 1-19 所示。

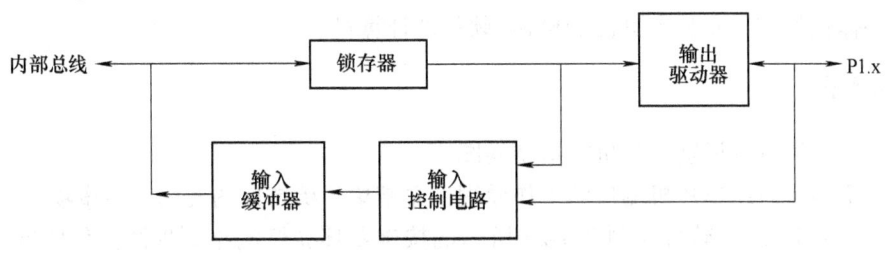

图 1-19　P1 口的位结构图

3. P2 口

与 P0 口相比较，P2 口在扩展外部存储器或外部设备时只用做地址总线，其余两者相同。在用做通用 I/O 口时，其数据传送与 P0 口相同。在扩展外部存储器或外部设备时，输出控制电路接通内部地址信号端，高 8 位地址经输出驱动器送到 P2.x 引脚。P2 口的位结构图如图 1-20 所示。

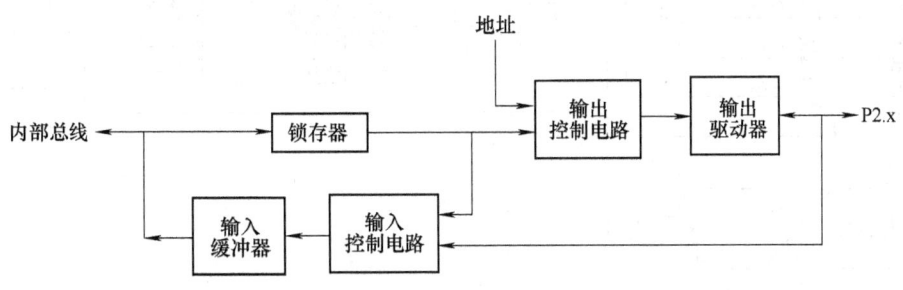

图 1-20　P2 口的位结构图

4. P3 口

与 P0 口相比较，P3 口除用做通用 I/O 口外，还有第 2 功能（见表 1-1）。在用做通用 I/O 口时，其数据传送与 P0 口相同。在作第 2 功能输出时，输出控制电路接通内部第 2 功能输出端，将第 2 功能信号经输出驱动器送到 P3.x 引脚；在作第 2 功能输入时，P3.x 引脚第 2 功能信号经 H2 输入缓冲器到达第 2 输入功能端口。P3 口的位结构图如图 1-21 所示。

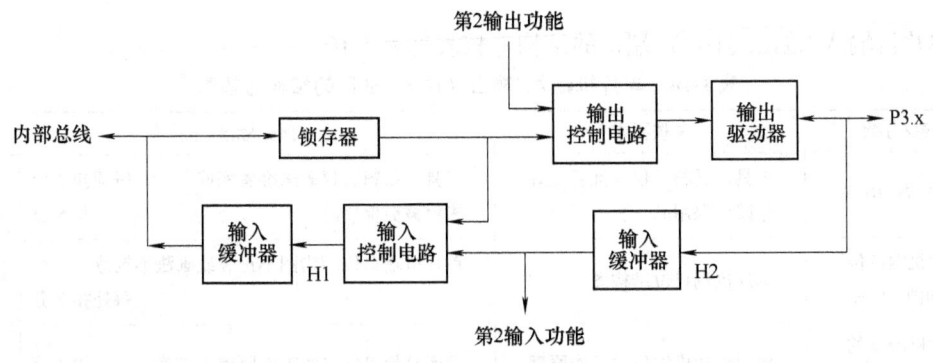

图 1-21　P3 口的位结构图

任务准备

1）多媒体教学平台一套。
2）一体化教室，安装有 Protel 99 SE 软件的计算机。

任务实施

1）每个学生认真识别单片机端口结构图。
2）每个学生总结单片机端口的工作原理，总结单片机端口的使用注意事项。
3）用 Protel 99 SE 软件绘制图 1-22 所示的按键左移亮灯电路原理图。作图方法可参照《电子CAD（任务驱动模式）》中的详细介绍，这里不再赘述。

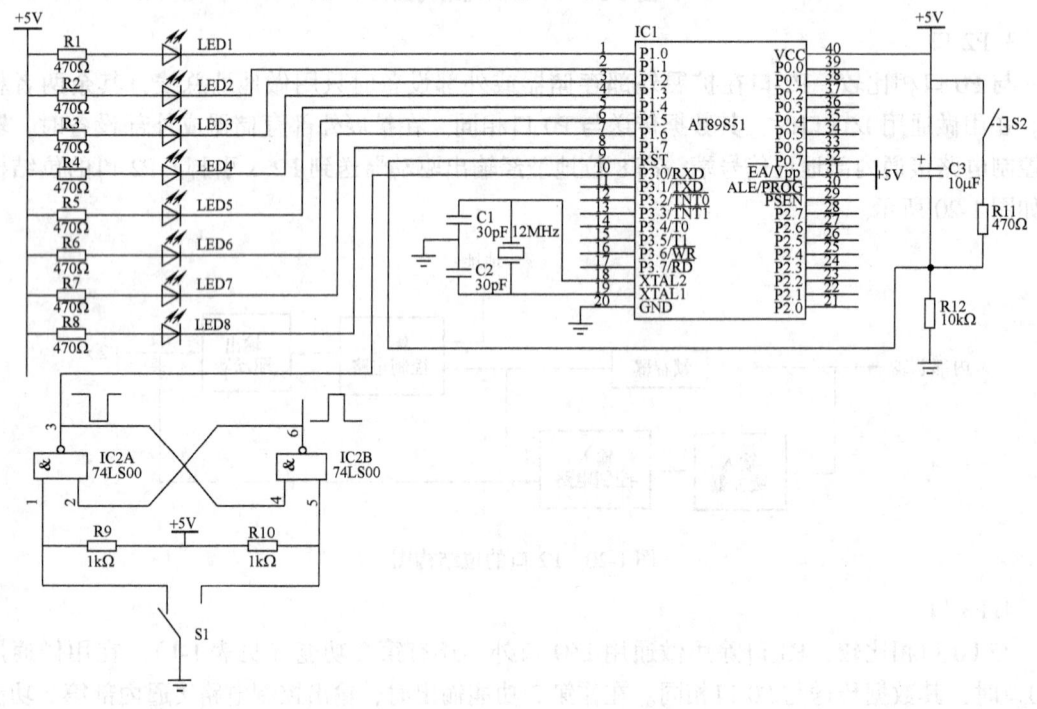

图 1-22　按键左移亮灯电路原理图

检查评议

单片机输入/输出（I/O）端口的结构考核表见表 1-10。

表 1-10　单片机输入/输出（I/O）端口的结构考核表

内容/分数	考核要求	评分标准		得分
实训准备/10分	工具、材料、仪表准备完好 穿戴劳保用品	工具、材料、仪表未准备完好 未穿戴劳保用品	每项扣2分 扣5分	
单片机端口位结构图/10分	单片机端口位结构图	单片机端口位结构图不正确或画法不规范	每处扣2分	
单片机端口的工作原理/15分	理解单片机端口的工作原理	理解单片机端口的工作原理不正确	扣3分	

(续)

内容/分数	考核要求	评分标准	得分
单片机端口的使用注意事项/10 分	掌握单片机端口使用注意事项	掌握单片机端口使用注意事项　　每项扣 2 分	
用 Protel 99 SE 软件绘制电路图/35 分	Protel 99 SE 软件绘制电路图	不会用 Protel 99 SE 软件绘制电路图或绘图不正确　　　　　　　　　　　　　　　　每项扣 5 分	
安全文明生产/10 分	整理现场 设备仪器无损坏、未遗忘工具 遵守课堂纪律，尊重老师	未整理现场　　　　　　　　　　　扣 10 分 设备仪器损坏、遗忘工具　　　　每项 10 分 不遵守课堂纪律，不尊重老师　　取消实训	
团结协作/10 分	集体意识	各成员分工协作，积极参与　　　　酌情扣分	

 知识拓展

MCS-51 系列单片机输入/输出端口知识

MCS-51 系列单片机有 4 个 8 位双向输入/输出端口 P0、P1、P2 和 P3，并且端口的每一位都包括锁存器、输出驱动器和输入缓冲器，每一位均可用做双向通用 I/O 端口。

当 P0~P3 作通用 I/O 口时，若端口既用做输入口又用做输出口使用，则在输出转输入时应先给端口写 "1"，然后再读；若端口只作输入口，则因为单片机上电复位时 4 个端口均置为 FFH，即每一位均置为 "1"，所以读数时不必再向端口先写 "1"。

P0 口在用做通用输出口时，由于输出驱动电路为漏极开始电路，所以只有外接上拉电阻，才有高电平输出；在用做地址/数据总线时，无需外接上拉电阻，此时不能再用做通用 I/O 口。P1~P3 驱动电路内部已有上拉电阻，所以无需外接上拉电阻。

P0 口每位可驱动 8 个 LSTTL 负载，每一位的最大吸收电流为 3.2mA。P1~P3 口每位可驱动 4 个 LSTTL 负载，每一位的最大吸收电流为 1.6mA。P0 既可用做通用 I/O 口，又可在扩展外部存储器或外部设备时用做低 8 位地址/数据总线。

 考证要点

1. 简述 MCS-51 系列单片机 P0~P3 口的使用注意事项。
2. MCS-51 系列单片机共有 4 组 I/O 口，简要介绍各 I/O 口的功能。

单元 4　单片机开发设计流程

知识目标

1. 理解按键去抖动的原理。
2. 掌握部分数据传送、控制转移和位操作汇编语言指令。
3. 理解按键左移亮灯源程序。

技能目标

1. 掌握用 I/O 口控制发光二极管的硬件电路设计方法。

2. 掌握按键去抖动的硬件电路设计方法。
3. 掌握按键左移亮灯单片机系统的硬件电路设计方法。
4. 掌握按键左移亮灯单片机系统的硬件电路制作方法。
5. 掌握按键左移亮灯单片机系统的程序设计方法。
6. 掌握 Proteus 可视化模拟仿真软件的使用方法。
7. 掌握 MedWin 仿真软件的基本使用方法。
8. 能使用 MedWin 仿真软件结合仿真器对按键左移亮灯单片机系统进行在线仿真。
9. 能使用编程器将程序下载到单片机中,完成按键左移亮灯单片机系统的实物效果演示。
10. 掌握使用 MedWin 仿真软件和仿真器进行在线仿真调试的方法。

任务 1　按键左移亮灯电路的设计和制作

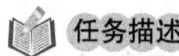

设计一个按键左移亮灯单片机系统控制电路。具体要求如下:
1) 每按一次按键,8 只发光二极管亮灯数据左移一位。
2) 根据任务设计出合理的电路原理图和印制电路板图,并制作印制电路板。

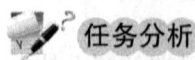

在单片机控制系统中,硬件电路设计是单片机应用电路开发设计的第一步,要求根据任务设计出合理的电路原理图和印制电路板图,并制作成印制电路板。

1. LED 的驱动

LED 是发光二极管的简称,其体积小、耗电量低,常作为微型计算机与数字电路的输出设备,用以指示信号状态。近年来 LED 的技术发展很快,出现了蓝色、紫色、白色、双色、三色 LED,而高亮度的 LED 则可取代传统灯泡,成为新一代光源。LED 具有二极管的特性,当外加反向电压时,LED 将不发光;当外加正向电压时,LED 将发光。

各种颜色的 LED 发光所需要的正向电压有所不同,以红色 LED 为例子,外加的正向电压一般要大于 1.7V。随着通过 LED 正向电流的增大,LED 的亮度增加,但 LED 的寿命将缩短,因此 LED 的通过电流以 10~20mA 为宜。

MCS-51 系列单片机的输入/输出口都是漏极开路的输出,其中 P1、P2 和 P3 口内有 30kΩ 的上拉电阻,因此要从 P1、P2 或 P3 口流出 10~20mA 的电流,比较难实现,而从外面流入单片机 I/O 口则比较容易,如图 1-23 所示。

如图 1-23b 所示,当单片机 I/O 口输出低电平时,输出端的场效应晶体管将导通,输出端电压接近 0V,若 LED 正向导通电压为 1.7V,则限流电阻两端电压为 3.3V(即 5V – 1.7V = 3.3V)。若希望将流过 LED 的电流 I_D 限制为 10mA,则此限流电阻 R 为

$$R = \frac{(5-1.7)\text{ V}}{10\text{mA}} = 330\Omega$$

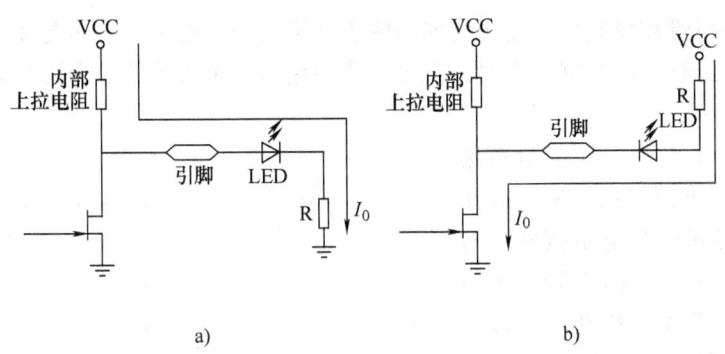

图1-23 LED的连接
a) 不恰当的连接 b) 恰当的连接

可以按照实际需要,可通过调整限流电阻的大小来调整流过LED的电流,从而调节LED的亮度。限流电阻越小,LED越亮。

2. 按键去抖动

通常所用的按键均为机械弹性开关,由于机械触点的弹性作用,按键在闭合时不会马上稳定地接通,在断开时也不会一下子断开,因而在闭合及断开的瞬间均伴随有一连串的抖动。

当机械触点断开、闭合时,电压信号波动如图1-24所示。抖动时间的长短由按键的机械特性决定,一般为5~10ms。这是一个很重要的时间参数,在很多场合都要用到。

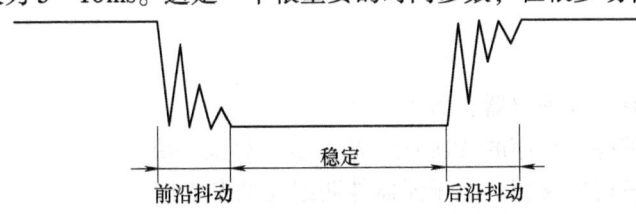

图1-24 按键抖动时的电压信号波动

按键稳定闭合时间的长短则是由操作人员的按键动作决定的,一般为零点几秒至数秒。按键抖动会引起一次按键被误读多次。

为确保CPU对按键的一次闭合仅作一次处理,必须去除按键抖动,使CPU在按键闭合稳定时读取按键的状态,并且必须判断到按键释放稳定后再作处理。通常采用的去抖动方法有硬件去抖动和软件去抖动两种。

(1) 硬件去抖动电路的设计 由R-S触发器构成的按键去抖动电路如图1-25所示;在按键数量较少时可用硬件方法消除按键抖动。硬件去抖动方法是在按键输出端加R-S触发器或单稳态电路构成去抖动电路。

当按键S没有被按下时,左边与非门输出为高电平,右边与非门输出为低电平;当按键被按下时,左边与非门输出为低电平,右边与非门输

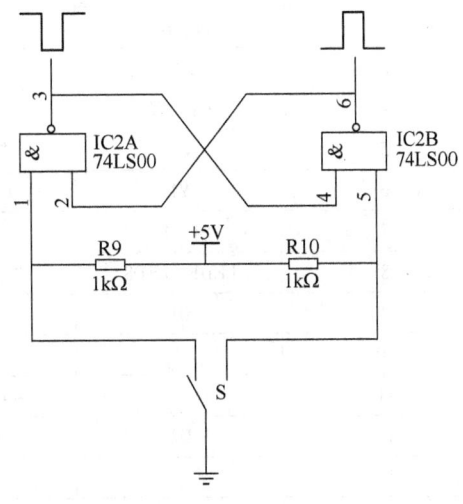

图1-25 按键去抖动电路

出为高电平;当按键被释放后,左边与非门输出又恢复为高电平,右边与非门输出又恢复为低电平。所以当进行一次按键操作时,左边与非门输出一个负脉冲,右边与非门输出一个正脉冲。

在按键被按下时,一旦接通右边触点,输出电平就发生翻转,由于+5V电源分别经过一个电阻接到左边与非门1脚和右边与非门5脚,所以在电平翻转后按键发生抖动时,根据R-S触发器的特性,电路输出会保持翻转后的电平;在按键被释放时,一旦接通左边触点,输出电平就发生翻转,同样的原理,在电平翻转后按键抖动时,电路输出会一直保持翻转后的电平,从而利用该电路消除了按键抖动的影响。

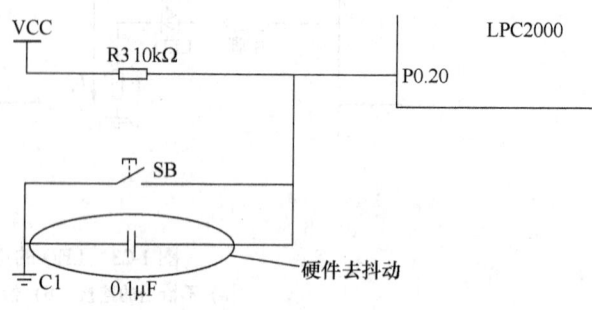

图 1-26 利用电容实现硬件去抖动

利用电容的放电延时,采用并联电容法,也可以实现硬件去抖动,如图1-26所示。

(2)软件去抖动方法 软件去抖动方法是在第一次检测到有按键被按下时,调用10ms左右的延时程序,通过延时去掉抖动处的波动电压,然后再确认该按键是否仍保持闭合状态电平,若仍保持闭合状态电平,则确认为该按键真正被按下,否则视为干扰信号。软件去抖动方法将在后续章节详细展开介绍。

任务准备

1)电工常用工具、仪表仪器,每人一套。
2)输入按键左移亮灯程序的 AT89S51 单片机,每人一块。
3)材料准备:按键左移亮灯电子元器件明细表见表1-11。

表1-11 按键左移亮灯电子元器件明细表

序号	符号	名称	规格/型号	数量/只
1	R1~R8、R11	电阻	470Ω	9
2	R9、R10	电阻	1kΩ	2
3	R12	电阻	10kΩ	1
4	C1、C2	电容	30pF	2
5	C3	电解电容	10μF	1
6	Y1	晶振	12MHz	1
7	S1、S2	按钮	轻触开关	2
8	LED1~LED8	发光二极管	5mm 红色	8
9	U1	单片机	AT89S51	1
10		IC 座	DIP-40	1
11		40脚 IC 座	1 片	安装 AT89S51 芯片
12	U2	与非门	74LS00	1
13		IC 座	DIP-14	1
14		万能电路板	7cm×9cm	1

模块1 单片机结构及开发设计流程

▲ 任务实施

1. 硬件电路的设计

(1) 单片机工作条件设计

1) 电源：40 脚接 +5V 电源，20 脚接地。

2) 时钟电路：采用内部时钟电路，18 脚、19 脚外接晶振 (12MHz) 和电容 (30pF)。

3) 复位电路：采用按键复位电路，9 脚外接 RC 电路及按键。

【注意】：MCS-51 系列单片机为高电平复位。

4) 本设计中采用 ATMEL 公司的 MCS-51 兼容单片机 AT89S51，片内具有 4KB 的 FLASH ROM，无需扩展外部程序存储器，所以单片机 31 引脚 ($\overline{EA}/Vpp$) 接高电平 (+5V 电源)。

(2) I/O 接口电路设计 在本设计任务中，一个按键用做输入信号，8 只发光二极管用做输出器件。P3.0 脚接按键去抖动电路，P1 口驱动 8 只发光二极管。P1 口通过 8 只发光二极管采用共阳极连接，即 8 只发光二极管正极分别通过一个 470Ω 电阻接到 +5V 电源，负极分别接到 P1 口的 8 个引脚。当 P1 口某位输出为"0"（低电平）时，发光二极管点亮。P3.0 接按键去抖动电路左边的与非门输出端（负脉冲输出端）。

设计完成的按键左移亮灯电路如图 1-27 所示。

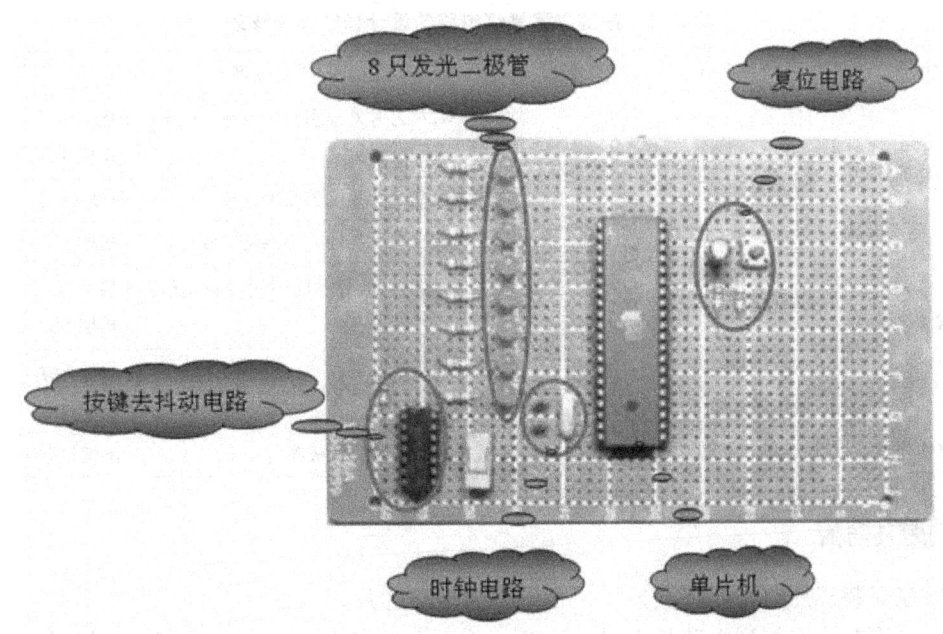

图 1-27 用万能电路板设计的按键左移亮灯电路

2. 按键左移亮灯电路的制作

(1) 元器件的识别 在制作电路之前，应按照原理图及元器件清单，将下发的元器件与清单中的元器件一一对应，并保证所用的元器件性能良好。

(2) 元器件布局和布线 根据电路板的尺寸及所选用的元器件型号、规格等进行布局，并且电路板上的所有元器件的排列应均匀、整齐、紧凑，位于电路板边缘的元器件与边缘之间的距离应大于2mm。信号的走向应为左进右出，电源方向为上正下负。

元器件布局应使走线方便，不出现交叉，方便电路的调试。初学元器件布局时，可按电路原理图的元器件排列方式布放置元器件。为了使元器件布局合理，效率高，初学者可以在草稿纸上绘制元器件布局图。

元器件布局好后，按照原理图进行布线，走线时应注意横平竖直，走线要短，不走斜线，不交叉。元器件布局和布线可能需要经过多次调整。

元器件布局设计好后，按照布局图将元器件成形后插入相应位置，并用电烙铁焊接固定好。插放元器件时应注意元器件的参数、极性，不能接错。相似元器件（如电阻与电阻，电容与电容等）的高度应保持一致。

元器件插放好后，根据实物布线图将各元器件引脚用铜导线连接起来，焊接好连线后，需要对电路进行检查。检查的主要内容包括元器件的参数、极性是否正确，走线是否合理，焊点是否良好等。

（3）电路的调试　电路静态检查无误后，插上单片机（预先输入按键左移亮灯程序），通电进行调试。

检查评议

按键左移亮灯电路的设计和制作考核表见表1-12。

表1-12　按键左移亮灯电路的设计和制作考核表

评价项目	评价内容	配分/分	评价标准		得分
硬件电路	电子电路基础知识	40	掌握单片机芯片对应引脚的名称、序号、功能	每项5分	
			掌握单片机最小系统的原理分析	每项10分	
			认识电路中各元器件的功能及型号	每项5分	
焊接工艺	元器件整形、插装	20	按照原理图及元器件焊接尺寸正确整形、安装	每项5分	
	焊接	20	符合焊接工艺标准	每项5分	
安全文明生产	使用设备和工具	10	正确使用设备及工具	酌情给分	
团结协作	集体意识	10	各成员分工协作，积极参与	酌情给分	

问题及防治

1）在安装芯片时不要将其插反，否则将会烧坏芯片。

2）在将芯片安装到电路板上时，注意消除手上的静电；同时，手不要太干燥，潮湿些较好。

3）在通电检测前，一定要用万用表检查VCC与GND是否存在短路现象。

4）注意发光二极管的极性和接法，若将发光二极管接反，则会导致发光二极管不能发光。

5）发光二极管的亮度和限流电阻有关，如果想要发光二极管更亮，那么应使用电阻值更小的限流电阻。

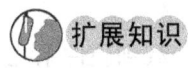 扩展知识

单片机应用系统的开发

单片机本身不能单独完成特定的任务,只有与某些元器件和设备有机地组合在一起,并编写出专门的应用程序,才能构成一个单片机应用系统,完成特定任务。一个单片机应用系统从接受任务、分析任务、硬件设计、程序设计到程序的仿真调试、硬件电路的制作及调试、软硬件结合并投入运行的全过程,称为单片机应用系统的开发。

1. 硬件设计

根据任务书,首先确定单片机应用系统的总体设计方案,然后根据设计方案的具体要求,选定单片机的机型,确定系统中要使用的元器件,画出硬件的电路原理图。在实际的系统开发中,要根据电路原理图设计印制电路板图,然后委托印制电路板生产商制作印制电路板,最后将系统中所要求的元器件焊接在印制电路板上。至此,应用系统硬件部分的设计初步完成。

2. 程序设计

在确定了单片机机型以及硬件电路原理图后,就可以进行软件程序设计了。

(1) 程序设计语言的选用 要使计算机按照人的思维完成一项工作,就必须让 CPU 按设定顺序执行各种操作,即一步一步地执行一条条指令。这种按人的要求编排的指令操作序列称为程序。程序就好像是一个晚会的节目单。编写程序的过程就叫做程序设计。

程序设计语言是实现人机交换信息的最基本工具,可分为机器语言、汇编语言和高级语言。三种语言的特点将在模块二中详述。

本教材所给出的源程序采用汇编语言的形式。汇编语言的源程序文件是文本文件,可以用开发工具或通用计算机的文本编辑器编辑,以扩展名为".ASM"的文件格式保存。

(2) 绘制程序流程图 绘制程序流程图是编写汇编源程序的重要环节。程序流程图是程序设计的重要依据,它直观清晰地体现了程序设计思路。

流程图是由预先约定的各种图形、流程线及必要的文字符号构成的。标准的流程图符号如图 1-28 所示。对于简单的应用程序,可以不画流程图,但当程序较为复杂时,绘制流程图是一个良好的编程习惯。

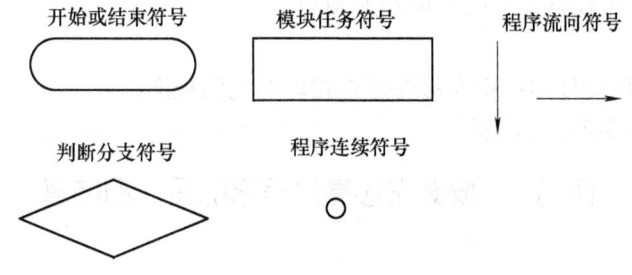

图 1-28 标准的流程图符号

(3) 编写源程序 在设计完程序流程图后,应根据流程图设计思路编写程序,包括分配内存工作单元、确定程序和数据区的存放地址等。

3. 程序的仿真调试

调试是一个以仿真为核心的综合过程,其中穿插了编辑、编译和仿真等各项工作,是检

验程序正确性的一个重要环节。

在编写完汇编语言源程序后，要检验程序是否正确，应将编译后的程序加载到硬件系统中运行并观察结果是否正常。如果将编译好的程序直接写入单片机芯片并运行，那么待发现问题后又要重新编辑、编译、写入，这样做既麻烦，有时又会损坏芯片，增加开发成本，对于教学来说，同样会增加教学的投入。因此，实际中多采用仿真的方法，即将用户编写的程序放到一个与单片机实际工作环境相仿的模拟环境中，模仿真实的系统运行，待通过仿真调试后，再将程序写入单片机芯片。

仿真有两种方法：模拟仿真、在线仿真。

模拟仿真一般是用纯软件仿真，即在计算机上利用模拟开发软件对单片机进行硬件模拟、指令模拟和运行状态模拟，从而完成软件程序开发的全过程。它的优点是开发系统的效率高、成本低，不足之处是不能进行硬件系统的诊断和实时仿真。

在线仿真是将程序加载到一个称为仿真机（或仿真器）的系统中，然后将此仿真机接入已制作好的硬件电路。仿真器的核心是一个单片机芯片，它的功能与用户所使用的单片机芯片功能相同，通过该单片机芯片来运行用户程序，从而验证程序的对错。显然，用仿真机来模拟单片机芯片更接近真实，更能发现问题、解决问题。

4. 程序固化

经过在线仿真调试，最终证明程序正确无误后，就可以把调试好的目标程序写入单片机芯片中的程序存储器了，这个过程称为程序固化。写入程序是一个物理过程，需要专门的写入设备——编程器。

把写好程序的单片机芯片插入硬件电路中，单片机系统就可以在现场独立运行了。但是，在真正投入使用前，还应进行一段时间的试运行，通过试运行，可以进一步发现程序设计和硬件电路的问题或不足，进一步观察和检测软硬件系统能否经受实际环境的考验，是否真正满足实际要求。对不满足实际要求的硬件电路和软件程序要进行更换或修改，直到其满足实际要求为止。

 考证要点

1. 作图

用 Protel 软件画出按键左移亮灯电路原理图。

2. 技能训练

1) 用 Protel 软件设计出按键左移亮灯电路印制电路板图。

2) 制作按键左移亮灯电路板。

任务2　按键左移亮灯程序的设计和仿真

 任务描述

设计按键左移亮灯程序并进行仿真。要求：按下一次按键，亮灯数据左移一位。

任务分析

在完成单片机应用电路原理图、印制电路板图和印制电路板的设计与制作后，应根据任务要求和硬件电路进行程序设计。

在程序设计过程中要充分考虑硬件电路的特点。本设计任务中，P1 口接成共阳极形式，因此，在程序设计中只有给 P1 口输出低电平，对应的发光二极管才能点亮；由于按下一次按键 S 只发光二极管亮灯数据要左移一位，所以在程序设计时，只有在判断按键被按下并等待按键释放后，才能进行亮灯数据左移一位操作。

在完成单片机应用电路设计和程序编制后，应将所设计的硬件电路和编写的程序用 Proteus 仿真软件进行可视化模拟仿真。

在将完成的单片机应用电路制作完成后，应使用 MedWin 开发平台并结合相应的仿真器进行仿真调试运行，以检验所设计的电路和编写的程序是否正确。

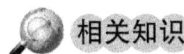
相关知识

1. 相关指令

下面对本任务中用到的相关指令进行简单介绍，更详细的讲解将在模块二中进行。

ORG 0000H 伪指令：规定程序存放的起始地址。

MOV A，#0FEH 指令：将十六进制数 0FEH 送至累加器 A。

MOV P1，A 指令：将累加器 A 中的数据输出至 P1 口。

JB P3.0，$指令：判断 P3.0 是否为 1，若为 1，则程序跳转至$处执行（其中$符号代表本指令的地址，所以该指令表示当 P3.0 为 1 时，程序在原指令处等待）；若为 0，则执行下一条指令。

JNB P3.0，$指令：判断 P3.0 是否为 0，若为 0，则程序跳转至$处执行；若为 1，则执行下一条指令。

RL A 指令：将累加器 A 中的数据循环左移一位。

SJMP LOOP 指令：程序跳转至 LOOP 处执行。

END 伪指令：程序结束。

2. MedWin 开发平台和仿真器简介

MedWin 是万利电子有限公司生产的 Insight 系列仿真开发系统的高性能集成开发环境，集编辑、编译/汇编、在线及模拟调试为一体，拥有 VC 风格的用户界面，内嵌自主版权的宏汇编器和连接器，并完全支持 Franklin/Keil C 扩展 OMF 格式文件，支持所有变量类型及表达式，配合 Insight 系列仿真器使用，是 80C51 系列单片机的理想开发工具。

3. Insight ME-52HU 仿真器简介

使用 MedWin 开发平台并结合相应的仿真器，可对单片机应用电路进行在线仿真调试。

本教材采用万利电子有限公司生产的 MedWin 单片机开发平台和 Insight 系列 80C51 仿真器进行应用系统在线仿真，其他仿真器的使用方法与之类似，可参考其使用手册。

首先按使用手册连接好仿真器，将仿真头插入应用电路板的单片机 IC 插座，分别接通仿真器和应用电路板电源。然后运行 MedWin 仿真软件，新建一个项目文件和一个源程序文件，将源程序文件添加到项目文件中，再进行编译，若程序有错误，则在修改后重新进行编译；若程序正确，则编译后将产生一个目标代码文件。最后进行仿真调试运行。Insight ME-51HU 仿真器及附件如图 1-29 所示。

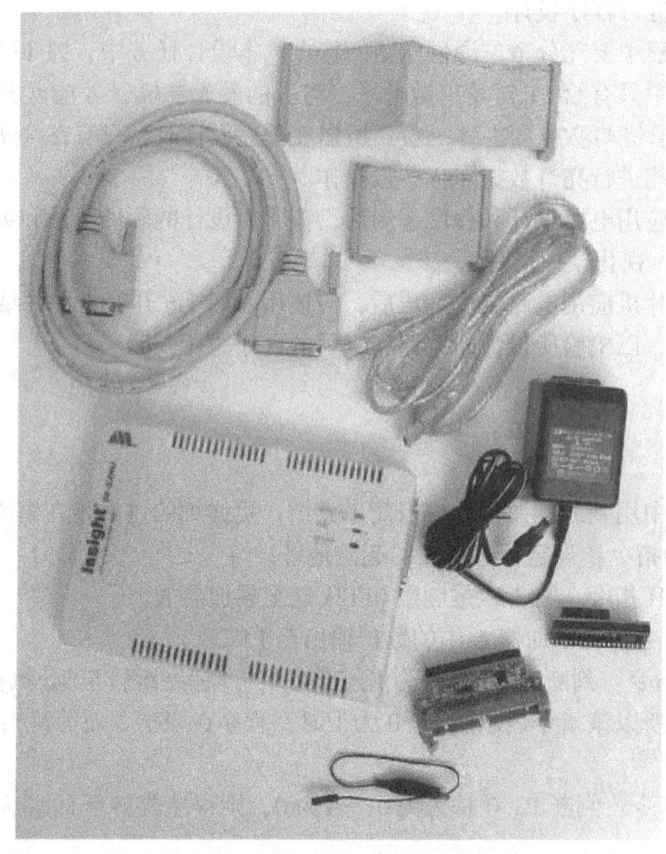

图 1-29 Insight ME-51HU 仿真器及附件

任务准备

1）单片机实训操作台，两人一台。
2）AT89C51 单片机，每人一块。
3）配套计算机并安装 Proteus 仿真软件和 MedWin V3.0 开发平台。
4）Insight ME-51HU 仿真器及附件。

任务实施

1. 按键左移亮灯程序设计

（1）按键左移亮灯程序流程图　在本任务中按键被按下一次，亮灯数据左移一位，因此先用 MOV A, #0FEH 指令给亮灯数据赋初值，然后用 MOV P1, A 指令将亮灯数据输出给 P1 口，驱动相应发光二极管发光，接着用 JB P3.0, $ 指令判断 P3.0 所接按键是否被按下，若没有被按下，则等待按键被按下；若按键已被按下，则用 JNB P3.0, $ 指令等待按键被释放。在按键被释放后，用 RL A 指令进行亮灯数据左移一位操作。最后用 SJMP LOOP 指令使程序转移至 LOOP 处，将左移一位后的亮灯数据输出给 P1 口，程序进行无条件循环运行。

按以上任务分析过程，画出的按键左移亮灯程序流程图如 1-30 所示。

（2）编写按键左移亮灯程序　按以上任务分析过程编写的源程序如下：

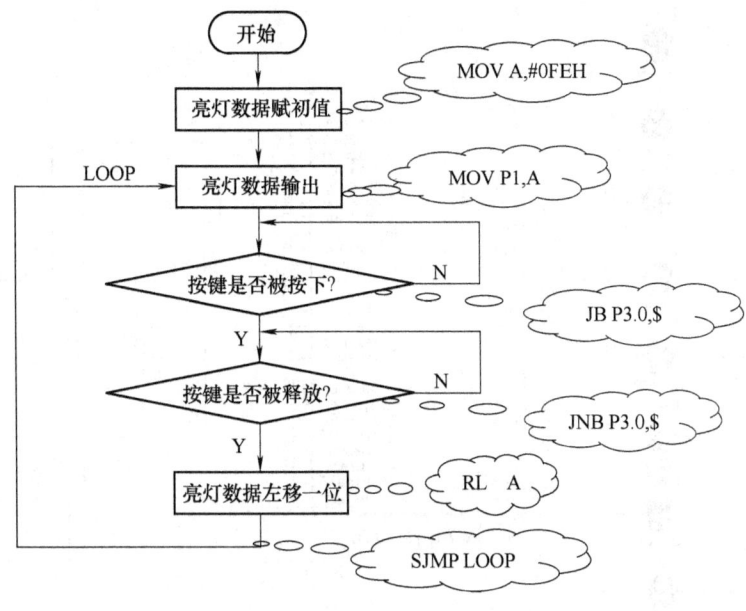

图 1-30　按键左移亮灯程序流程图

```
        ORG    0000H
        MOV    A, #0FEH      ；赋予亮灯数据初值
LOOP:   MOV    P1, A         ；将亮灯数据输出至 P1 口
        JB     P3.0, $       ；判断按键是否被按下，没被按下，则等待；若被按
                             ；下，则执行下一条指令
        JNB    P3.0, $       ；判断按键是否被释放，若没被释放，则等待；若被释
                             ；放，则执行下一条指令
        RL     A             ；亮灯数据左移一位
        SJMP   LOOP          ；程序跳转至 LOOP 处执行
        END
```

2. 按键左移亮灯程序仿真

使用 Proteus 仿真软件对按键左移亮灯电路进行可视化模拟仿真。

本任务以按键左移亮灯电路为例，介绍使用 Proteus 仿真软件进行单片机应用电路设计和仿真的过程。

1) 从 Proteus 库中选取元器件。主要选取的元器件如下：

① 74LS00：四与非门集成电路。

② AT89C51：单片机。

③ LED-RED：红色发光二极管。

④ RES：电阻。

⑤ SW-SPDT：双掷开关。

元器件选取结果如图 1-31 所示。

2) 仿真电路图如图 1-32 所示。软件默认单片机满足基本工作条件，所以没有绘制复位和时钟电路。

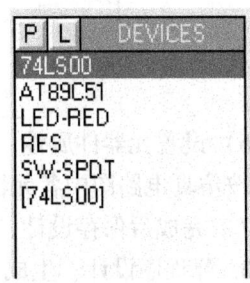

图 1-31　元器件选取结果

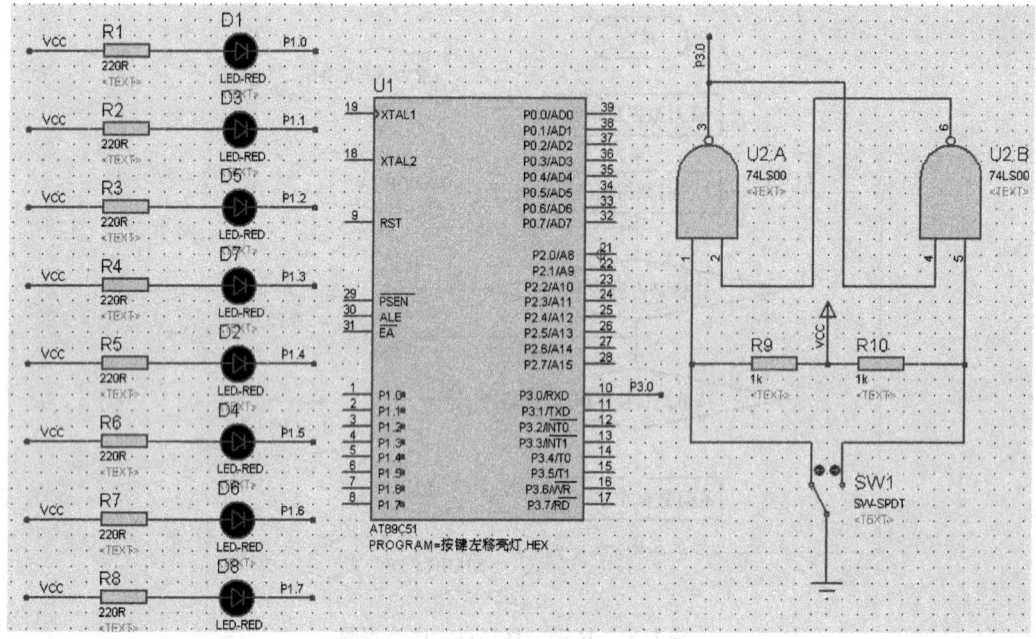

图1-32 仿真电路图

3）放置元器件。

4）放置电源和地（终端）。单击"元器件选择器"工具栏中的"端子"按钮，在对象选择器（见图1-33）中选取POWER（电源）、GROUND（地），并将它们分别放置于编辑窗口中的合适位置。

5）电路连线。单击"元器件选择器"工具栏中的"网络标号"按钮，将鼠标指针移动到连接导线上并单击，可以添加网络标号。

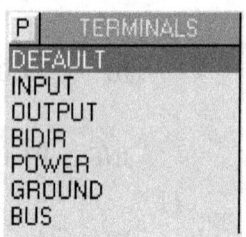

图1-33 对象选择器

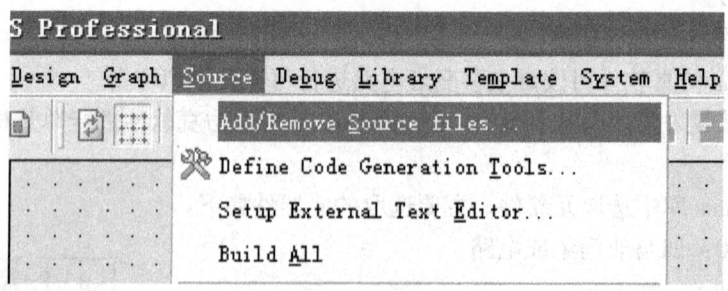

图1-34 新建源程序文件1

6）设置元器件属性。双击各元器件，在弹出的"属性编辑"对话框（Edit Component）中，按仿真电路图中各元器件的值设置相应的属性。

7）完成后保存设计，文件扩展名应为"dsn"。

3. 源程序设计、生成目标代码文件

（1）新建源程序文件 下拉"Sourse"菜单，选择"Add/Remove Source files"选项

(见图 1-34),在弹出的对话框中,选择代码类型为"ASEM51",定义一个源程序的文件名,注意扩展名为"ASM",如图 1-35 所示。

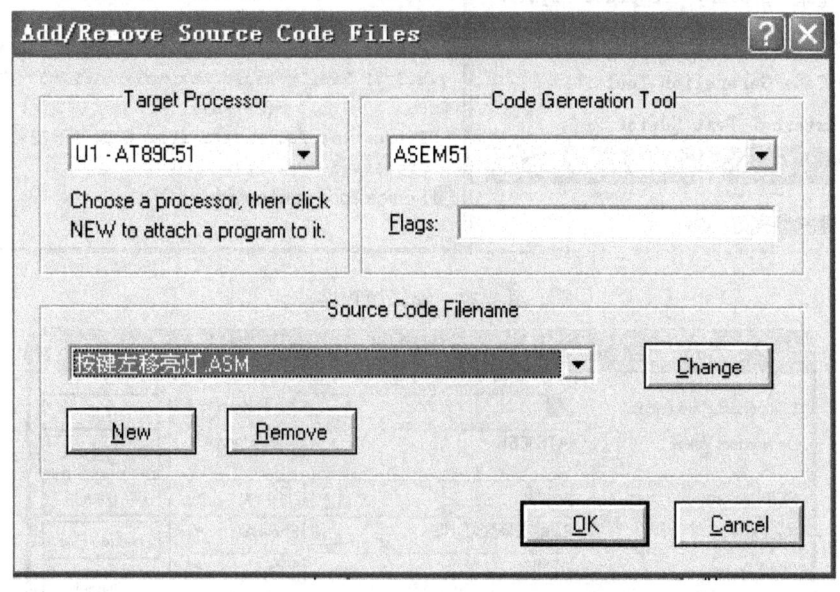

图 1-35　新建源程序文件 2

(2) 编辑源程序　打开"按键左移亮灯.ASM"文件,用 Proteus 提供的文本编辑器 Sourse Editor 编辑源程序,如图 1-36 所示。

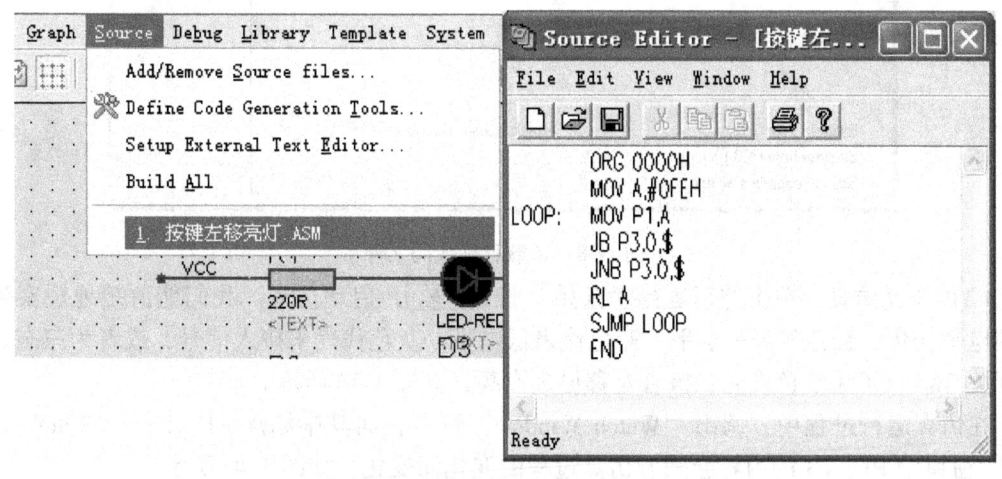

图 1-36　编辑源程序

(3) 编译源程序、生成目标代码文件　编译汇编源程序"按键左移亮灯.ASM",生成目标代码文件"按键左移亮灯.HEX",如图 1-37 所示。

4. 可视化模拟仿真

(1) 加载目标代码文件　在"AT89C51"上双击,在弹出的"属性编辑"对话框的"Program File"一栏中单击"打开"按钮,出现"文件浏览"对话框,从中找到"按键左移亮灯.HEX"文件,单击将其打开,完成文件的添加。在"Clock Frequency"栏中把频率设定为"12MHz",单击"OK"按钮退出,如图 1-38 所示。

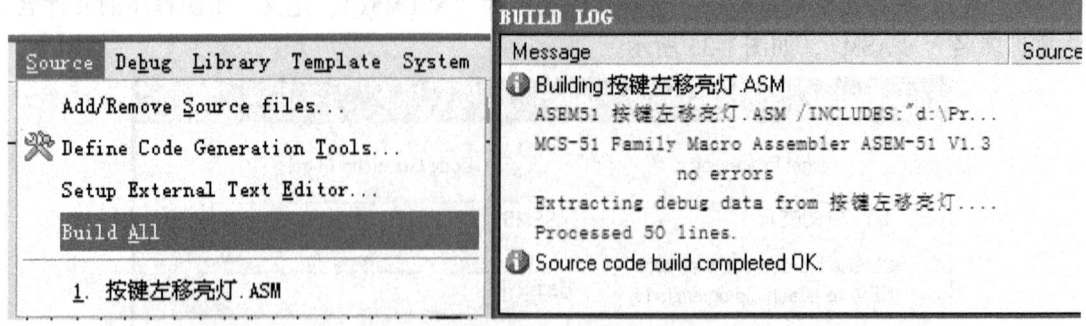

图1-37 编译源程序

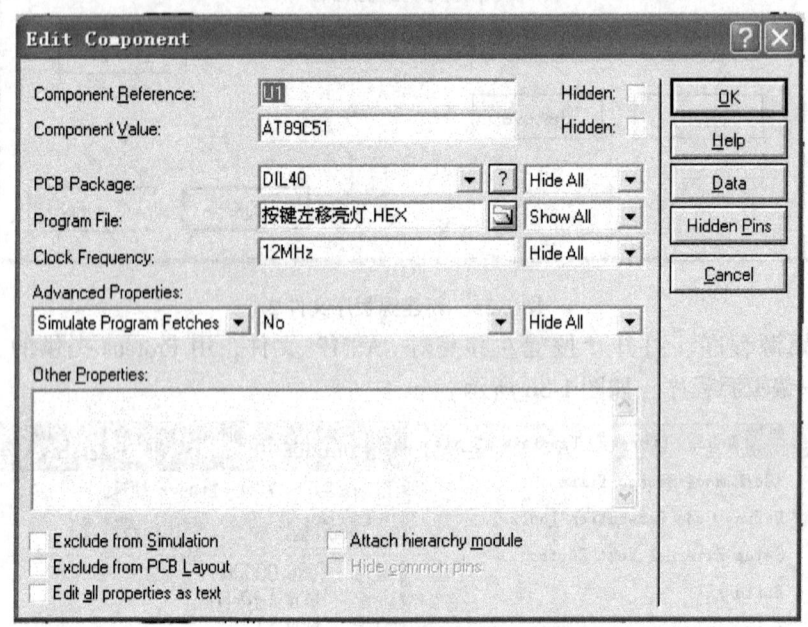

图1-38 加载目标代码文件

（2）全速仿真　单击仿真运行"开始"按钮 ▶，启动仿真。我们能清楚地观察到引脚的电平变化，红色代表高电平，蓝色代表低电平，灰色代表未接入信号，或者为三态。单击开关 SW1，可见红色发光二极管左移循环点亮，如图1-39所示。

在仿真运行过程中，调出"Watch Window"窗口，向其中添加 P1、P3，"Watch Window"窗口中 P1、P3 的内容会随着仿真过程的变化而变化，如图1-40所示。

5. 使用 MedWin 开发平台和仿真器进行在线仿真调试

（1）Insight ME-51HU 仿真器的连接和测试

1）连接通信电缆到计算机的 LPT 口或 USB 口。将并行通信电缆和电源插头插入仿真器的 LPT 插座和电源插座，或将 USB 通信电缆和电源插头插入仿真器的 USB 插座和电源插座，如图1-41所示。

2）根据仿真频率和目标系统的具体情况，选择 200mm 或 100mm 的扁平电缆分别与仿真器和仿真头组件连接，如图1-42所示。

3）将仿真头组件插入目标系统 CPU 插座，并将地线接头与目标系统地线相连，如图

模块1 单片机结构及开发设计流程

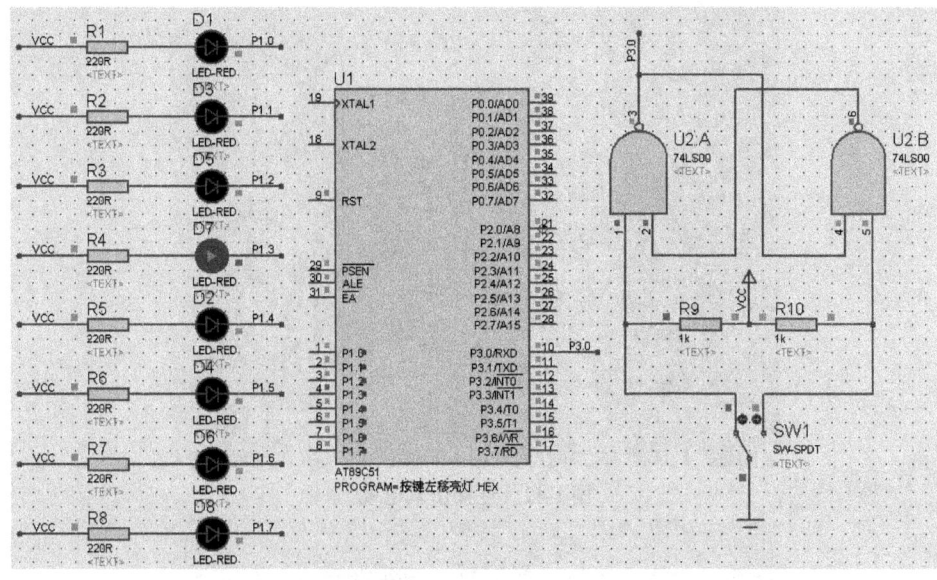

图 1-39 全速仿真

1-43 所示。

4）将 MS-100 电源适配器插入插座，并接通 220V 交流电源。此时仿真器上的电源指示 LED（Power）和监控状态 LED（Moni）亮，运行状态 LED（Run）闪烁后又熄灭，这说明仿真器硬件已经正常工作。

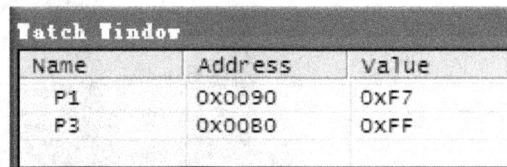

图 1-40 "Watch Window"窗口

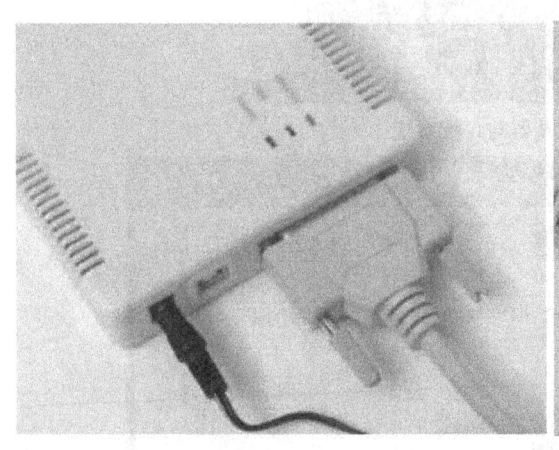
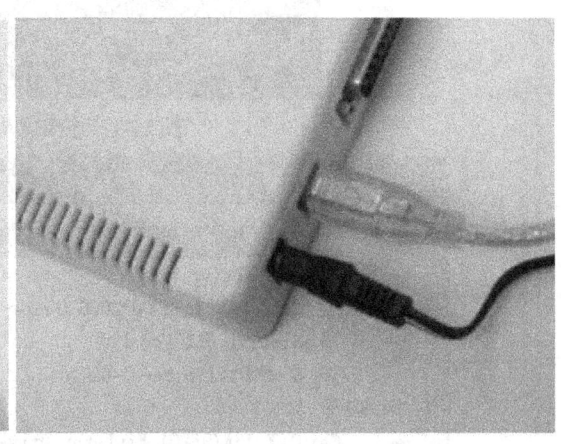

图 1-41 连接通信电缆和电源

5）运行 MedWin V3 软件，下拉"设置"菜单，选择"设备驱动管理器"命令，在弹出的对话框中选择驱动，如图 1-44 所示。

6）下拉"设置"菜单，选择"设置通讯方式"命令，在弹出的对话框中选择合适的通讯端口并单击"确定"按钮，如图 1-45 所示。

7）MedWin V3 的状态行出现通讯端口：仿真器信息和时钟信息。正常时，状态栏内的通讯端口指示灯为黄色（与仿真器上的 Moni LED 对应），时钟指示灯为绿色，表示仿真器

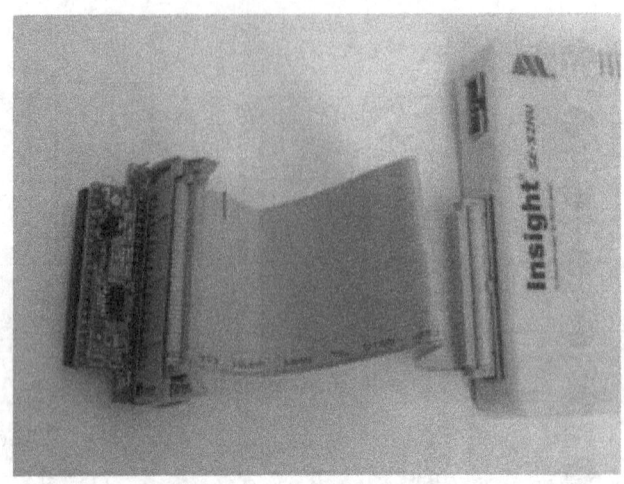

图1-42 连接仿真电缆

图1-43 连接仿真器与目标系统

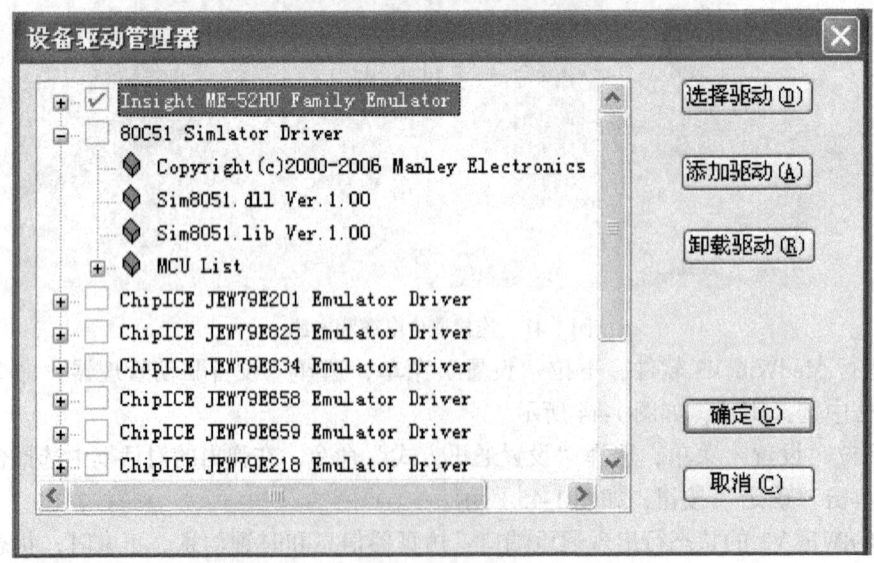

图1-44 "设备驱动管理器"对话框

模块1 单片机结构及开发设计流程

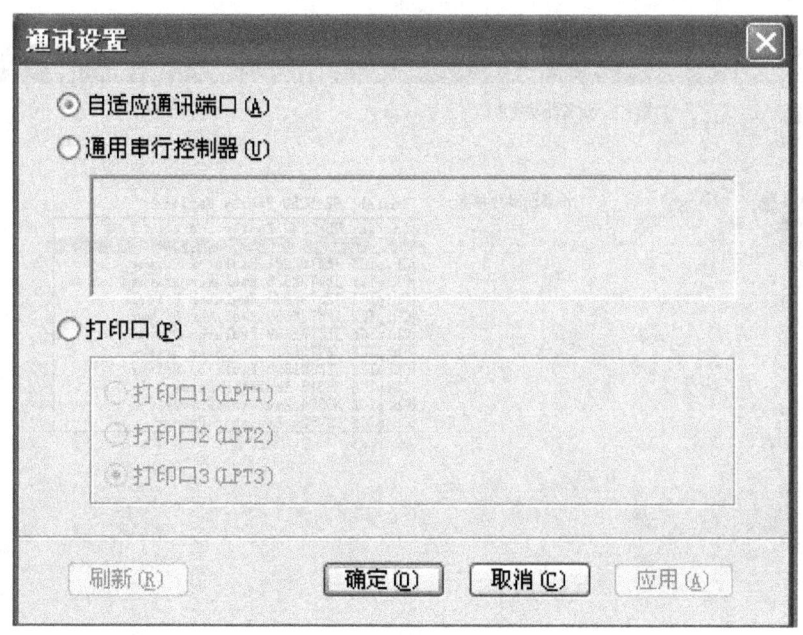

图 1-45 通讯端口的选择

时钟正常,如图 1-46 所示。这一步操作成功,表示仿真器已经能够正常工作。

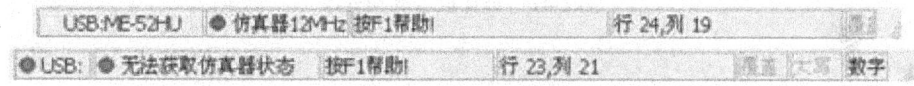

图 1-46 仿真器状态栏

(2) 使用 MedWin 对按键左移亮灯系统进行在线仿真调试

1) 建立新的项目文件。下拉"项目管理"菜单,选择"新建项目"命令。建立新的项目文件,共有六个步骤:

① 选择设备驱动程序:可以选择 Insight ME-52HU Family Emulator 仿真器在线仿真,也可以选择 80C51 Simlator Driver 模拟仿真。当有连接仿真器时可选择 Insight ME-52HU Family Emulator 仿真器,如图 1-47 所示。

② 为项目指定一个编译器。由于使用的是万利电子有限公司生产的仿真器,所以可按图 1-48 所示选择编译器。

③ 按实际情况输入项目名称,如图 1-49 所示。

④ 按实际情况设置图 1-50 所示对话框。由于使用 AT89C51 单片机,所以选择"片内 RAM 长度"为"128",表示目标 CPU 内 RAM 的容量为 128B。由于使用汇编语言程序编程,所以选择标准 80C51 汇编选项,汇编器将默认 SFR 为 80C51,用户不需要定义已经默认的 SFR。

⑤ 在图 1-51 所示对话框中设置项目头文件组和库文件组路径为空。

⑥ 从项目设置描述中,可以查看对项目的部分设置,如图 1-52 所示。

2) 编辑修改文件。

① 为项目添加汇编源程序文件,源程序文件扩展名为"ASM",如图 1-53 所示。

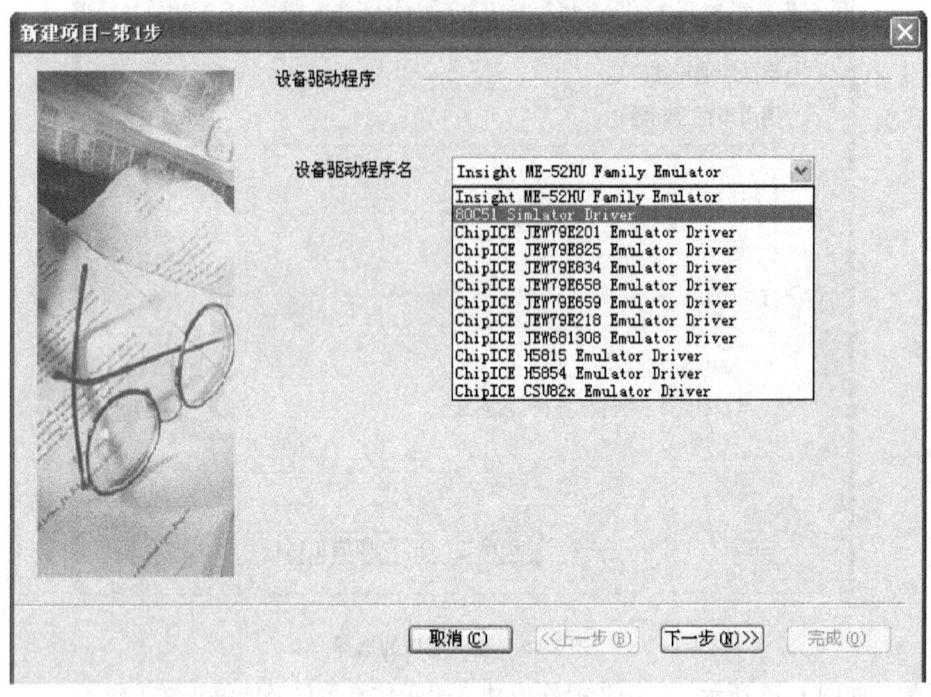

图 1-47　选择设备驱动程序

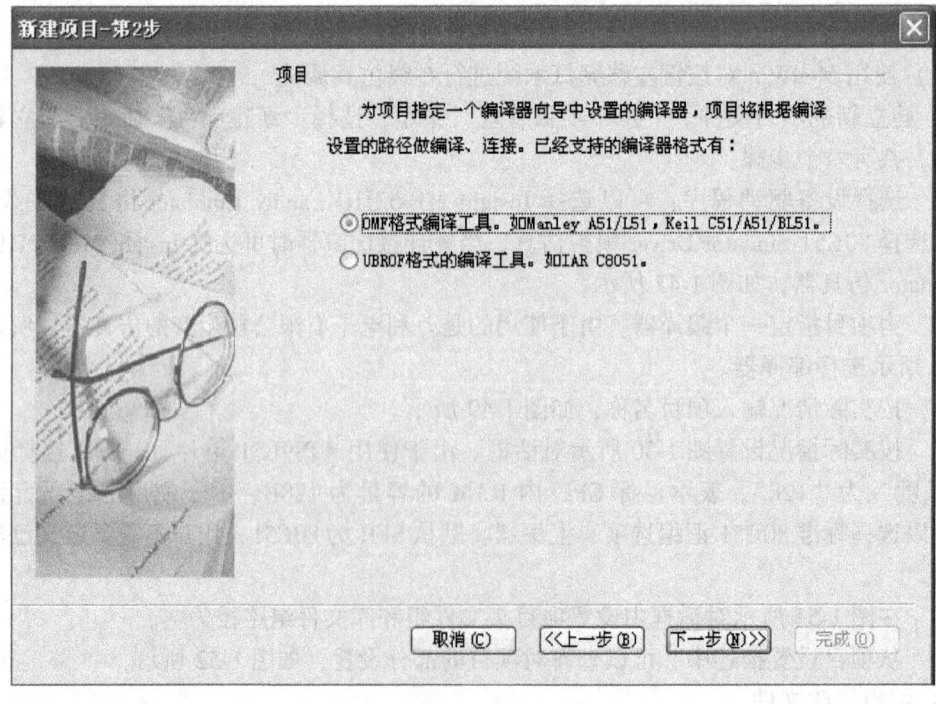

图 1-48　为项目指定编译器

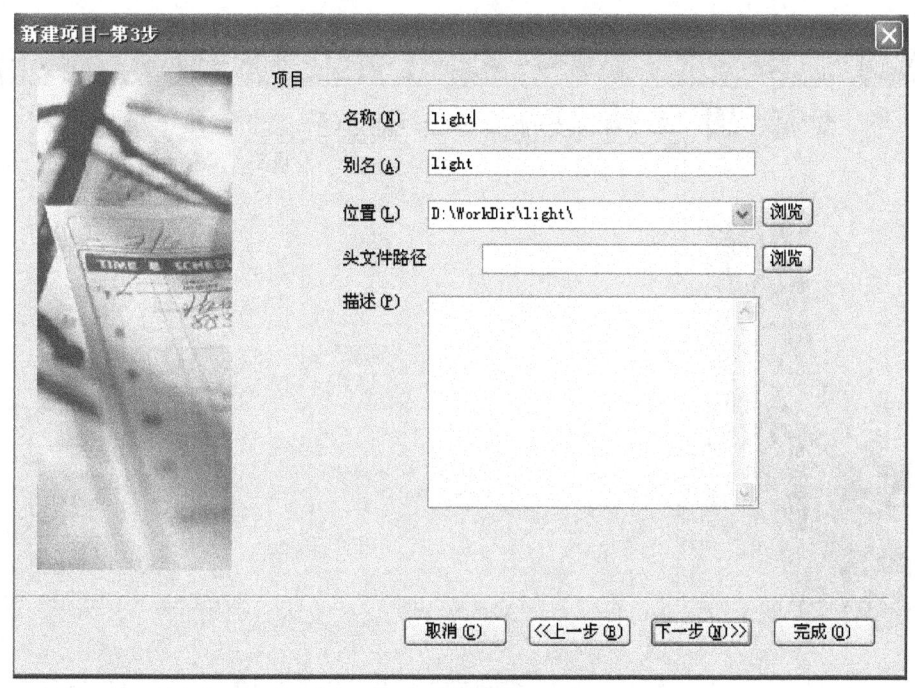

图 1-49　输入项目名称

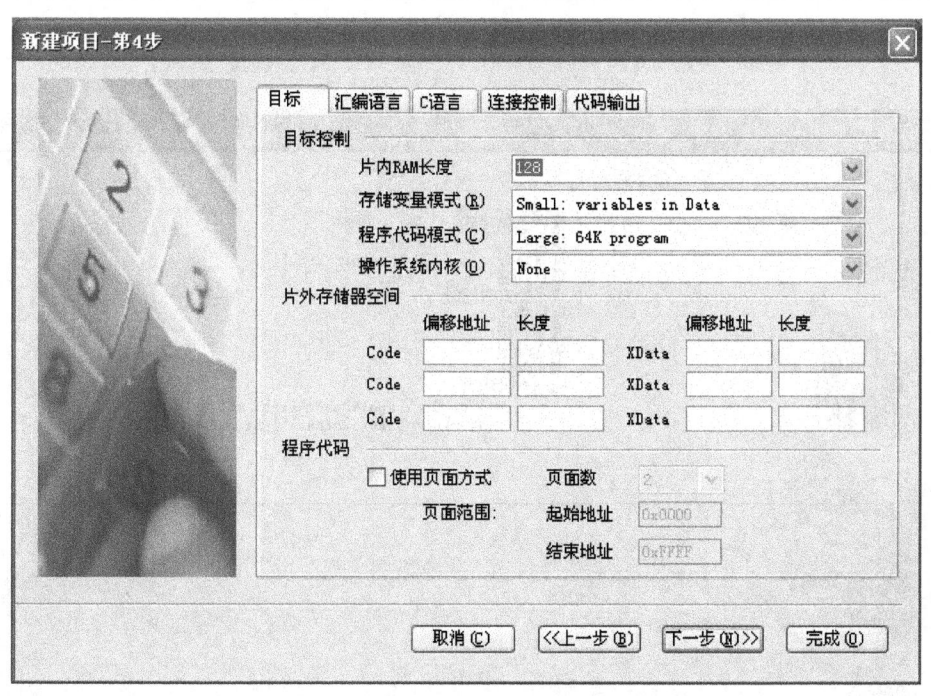

图 1-50　新建项目第 4 步的设置对话框

②　对打开后的源程序文件进行编辑修改，如图 1-54 所示。

3）编译/汇编。使用〈Ctrl + F7〉组合键或选择"项目管理"菜单中的"编译/汇编"命令，对当前文件进行编译/汇编，如果当前激活的文件为"*.C"，那么 MedWin 集成开

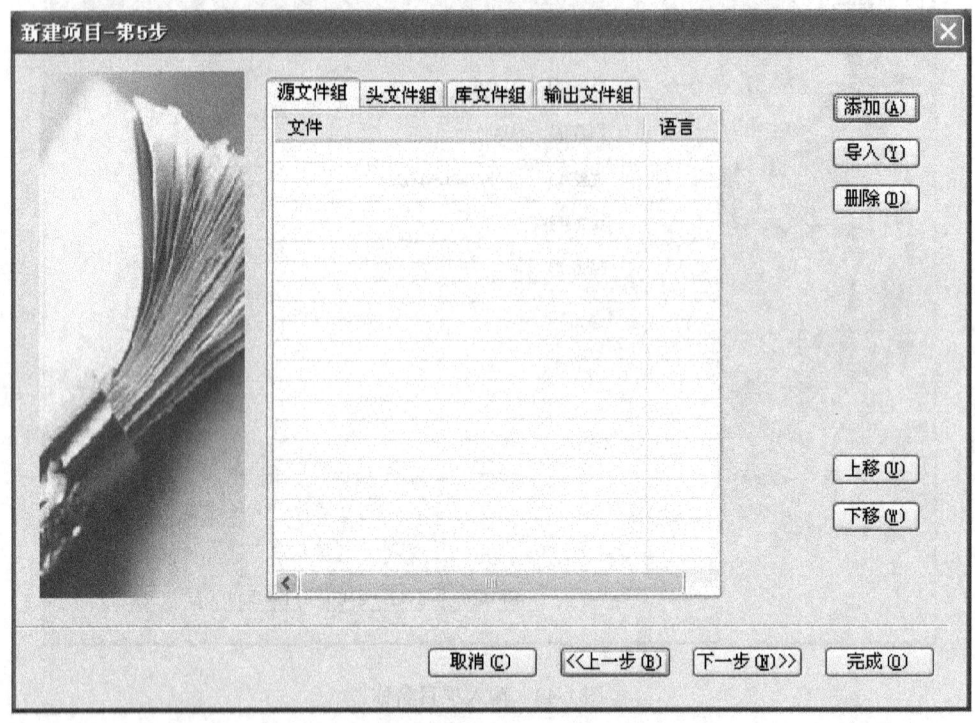

图1-51 新建项目第5步的设置对话框

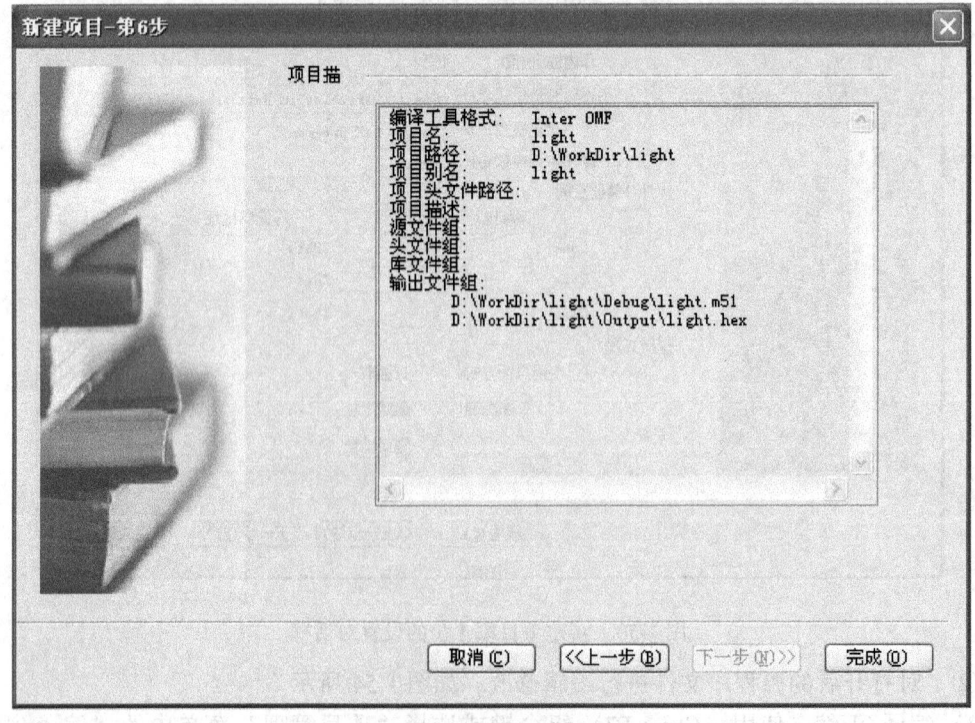

图1-52 项目设置描述

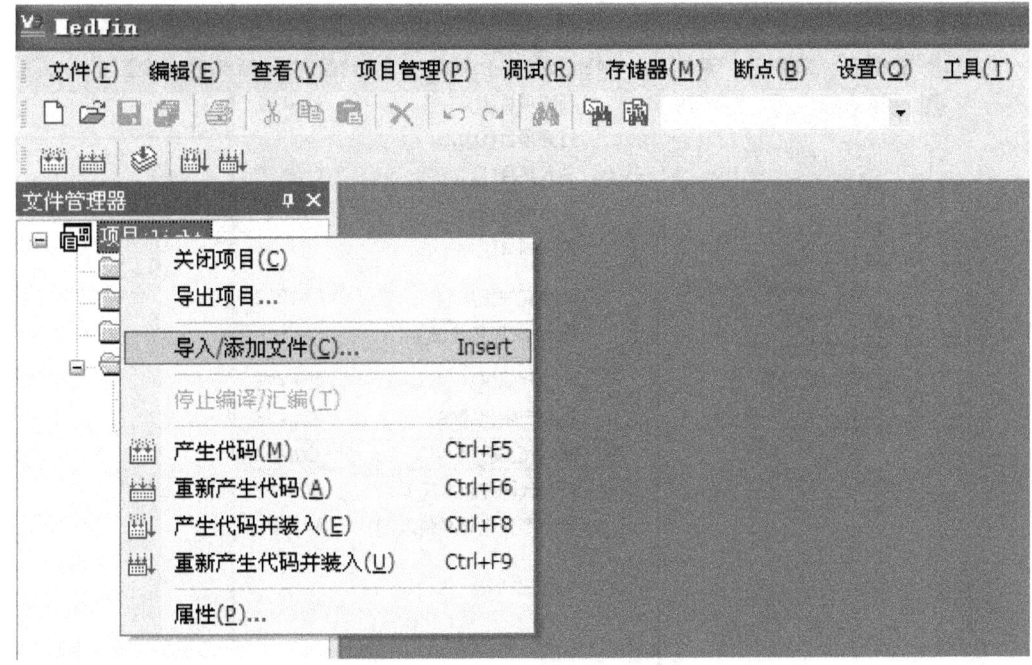

图 1-53　添加汇编源程序文件

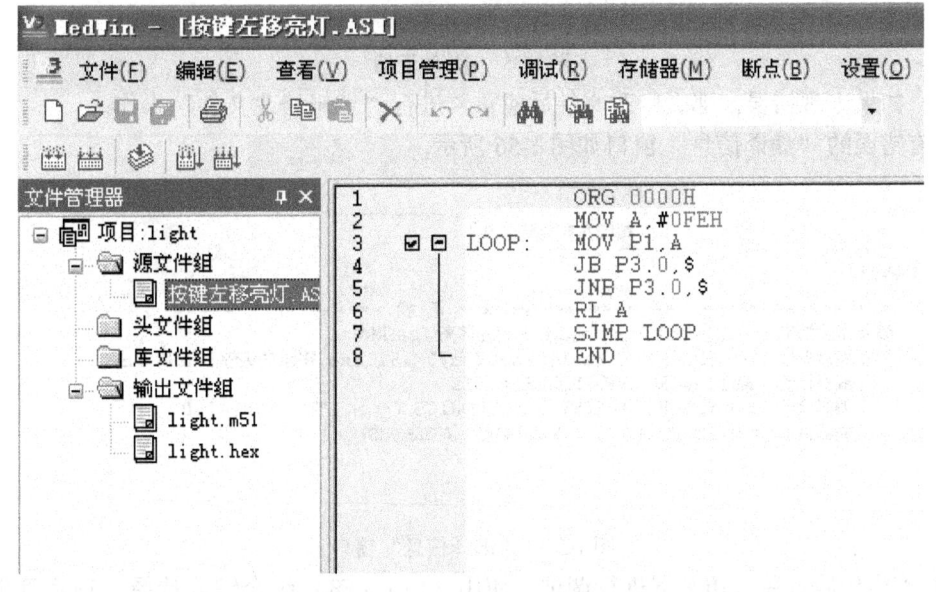

图 1-54　编辑修改源程序文件

发环境将调用外部 C 编译命令对当前文件进行编译；如果当前激活的文件为"*.ASM"，那么 MedWin 集成开发环境将调用外部汇编命令对当前文件进行编译，如图 1-55 所示。

4）错误信息关联。文件经过编译/汇编后的结果显示于消息窗口，出现错误后应将错误信息与文件关联。在消息窗口中的错误之处双击或按〈Enter〉键，即可将错误信息与文件关联。

① 如果没有错误，那么可进行下一步操作。

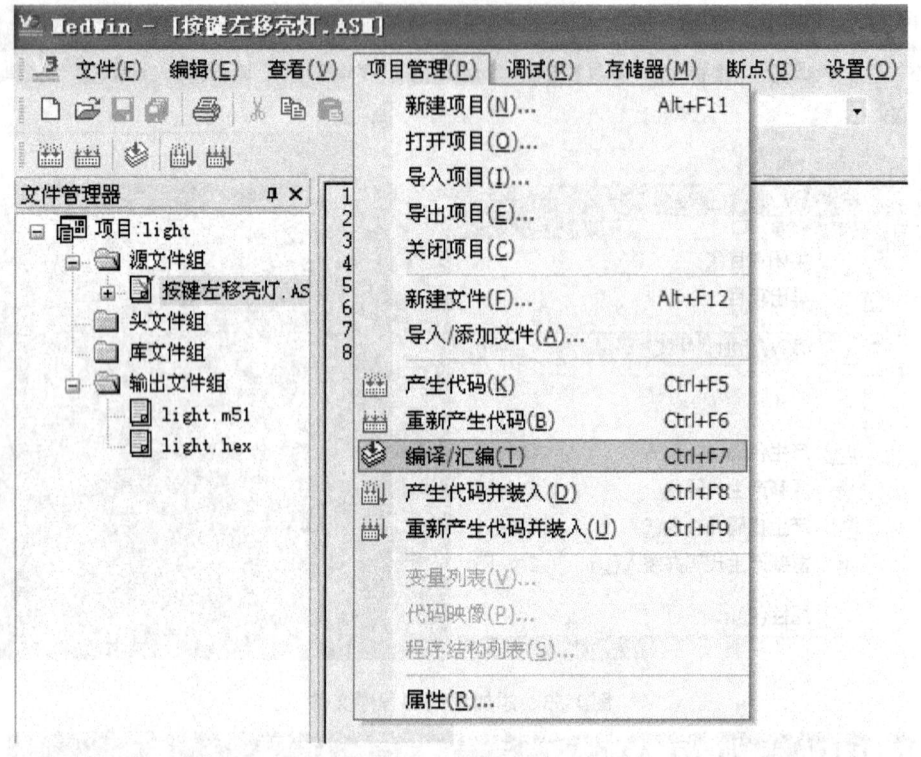

图 1-55　编译/汇编

② 如果出现错误，那么修改文件后应重复进行"编辑修改文件"操作。没有错误的"编译信息"窗口如图 1-56 所示。

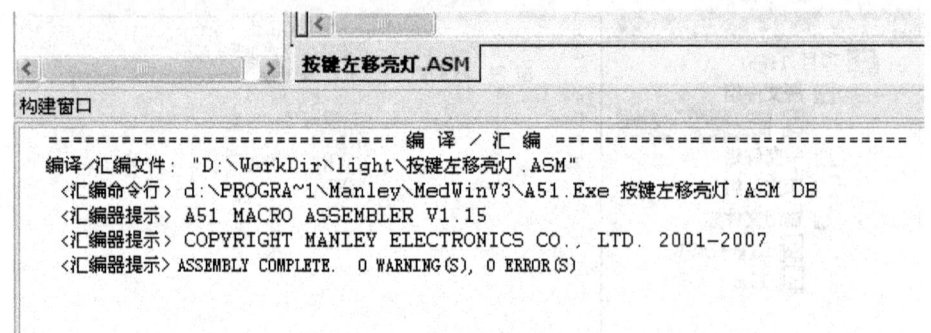

图 1-56　"编译信息"窗口

5）产生代码并装入仿真器进行调试。使用〈Ctrl + F8〉组合键或选择"项目管理"菜单中的"产生代码并装入"命令，将产生的代码装入仿真器，如图 1-57 所示。此时 MedWin 集成开发环境进入调试状态。

6）调试应用程序。

经过"错误信息关联"操作，MedWin 集成开发环境的文件窗口中 *.ASM 文件的左侧出现了一列小圆点，表示程序的有效性，即此行存在有效的程序代码，按〈F7〉跟踪运行键，程序运行到第一条汇编指令，并在该行的左侧出现黄色箭头，表示当前的程序计数器 PC。

模块1 单片机结构及开发设计流程

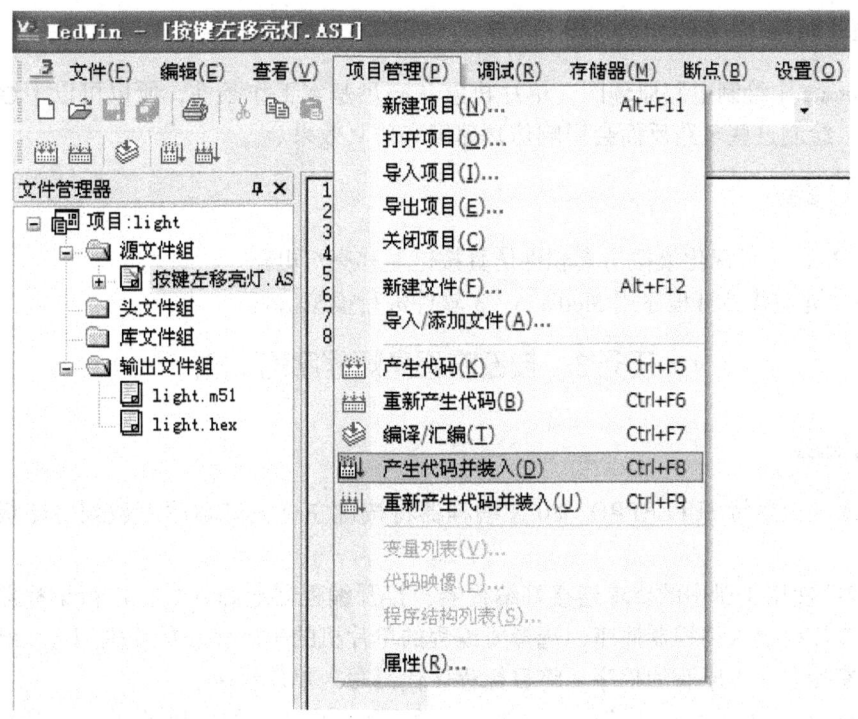

图 1-57 产生代码并装入仿真器

到此，MedWin 集成开发环境完成了调试应用程序的所有准备工作。

按键左移亮灯程序设计和仿真考核表见表 1-13。

表 1-13 按键左移亮灯程序设计和仿真考核表

评价项目	评价内容	配分/分	评价标准	得分
Proteus 仿真软件	Proteus 可视化模拟仿真	30	掌握 Proteus 仿真软件打开、存盘及有关功能　　10 分	
			掌握 Proteus 仿真软件调用元器件、电源及连线的方法　　10 分	
			掌握 Proteus 仿真软件属性设置、调用程序的方法　　10 分	
使用 MedWin 进行仿真	使用 MedWin V3 进行仿真	10	能够进行 Insight ME-51HU 仿真器的连接和测试　　10 分	
		10	能够利用 MedWin 对按键左移亮灯系统进行在线仿真调试　　10 分	
程序的编制、运行	指令学习	10	正确理解程序中相关指令的意义　　10 分	
	程序的分析、设计	10	能正确分析程序的功能　　10 分	
	程序的调试与运行	10	程序输入正确　　5 分	
			程序编译仿真正确　　5 分	
安全文明生产	使用设备和工具	10	正确使用设备及工具　　酌情给分	
团结协作	集体意识	10	各成员分工协作，积极参与　　酌情给分	

问题及防治

在 Proteus 中绘制电路原理图,单片机默认满足基本工作条件,所以可以不绘制复位和时钟电路,绘制这些电路反而会影响仿真速度和仿真效果。

 考证要点

1. 用 Proteus 可视化模拟仿真软件仿真按键左移亮灯电路。
2. 将按键左移亮灯程序用 MedWin V3 软件进行模拟仿真。

任务 3　按键左移亮灯程序的下载

 任务描述

使用南京西尔特 SUPERPRO/680 型编程器将按键左移亮灯程序下载到电路板上。具体要求如下:

1)按照使用手册中的要求连接好编程器,打开编程器电源开关,运行编程器软件,将要编程的单片机插入编程器插座,选择要编程的单片机的生产商和单片机型号,装入目标代码文件,擦除芯片中原有的程序,将目标程序代码写入单片机中。

2)将已编程的单片机从编程器中取出,插入用户电路板的单片机 IC 座,然后使用户电路板通电运行,观察其运行情况。

 任务分析

在用仿真器将程序在硬件电路上仿真通过后,将程序的目标代码下载到单片机的程序存储器中,然后将目标单片机插入用户应用电路板的单片机 IC 座上,进行脱机运行。

 相关知识

SUPERPRO/680 型编程器是南京西尔特电子有限公司(简称南京西尔特)生产的一种性价比高、性能可靠、快速的智能高速高级通用编程器,加 PEP100 引脚驱动扩展器可达到 100 脚全驱动。南京西尔特 SUPERPRO/680 型编程器如图 1-58 所示。

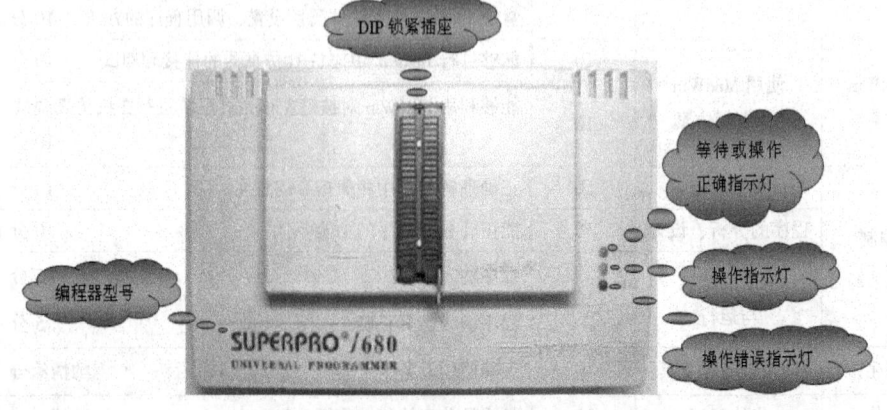

图 1-58　南京西尔特 SUPERPRO/680 型编程器

模块1 单片机结构及开发设计流程

任务准备

1）按键左移亮灯单片机应用系统电路，每名学生一套。
2）AT89S51 单片机一块。
3）配套计算机并安装 MedWin V3.0 和下载软件一套。
4）南京西尔特 SUPERPRO/680 型编程器。

任务实施

1. 编程器的连接

按图 1-59 所示的方式连接好编程器。编程器的 25 芯并行接口插座通过一条 25 芯并行通信电缆与计算机的打印口相连，编程器电源插座接 12V 直流电源，打开电源开关，电源指示灯（绿色指示灯）点亮。

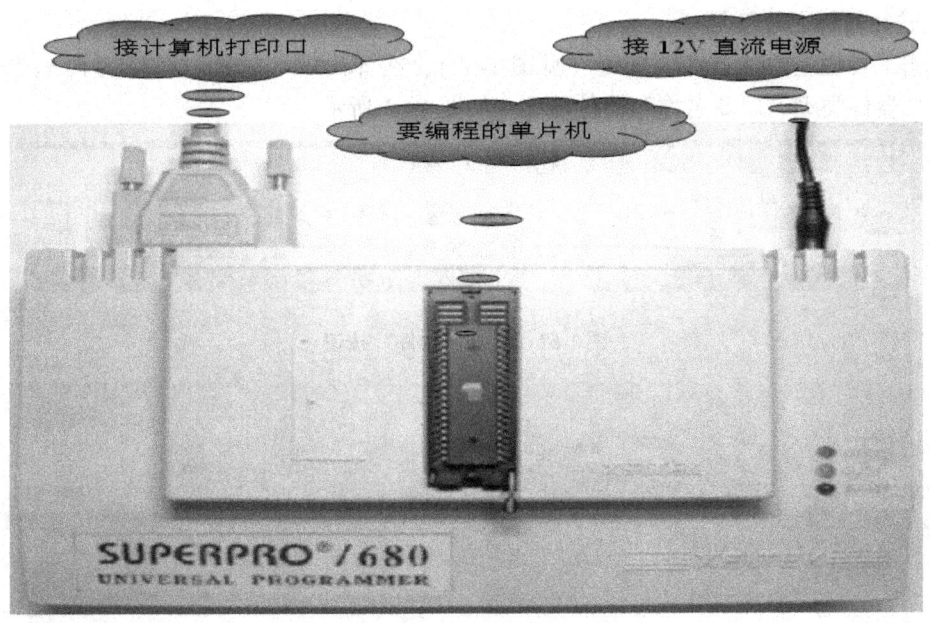

图 1-59 编程器的连接

双击桌面上的西尔特编程器软件图标 ，运行编程器系统。若编程器连接正确，则运行编程器软件后直接出现编程器软件主界面，如图 1-60 所示；若连接不正确，则将出现"联机出错"对话框，如图 1-61 所示。

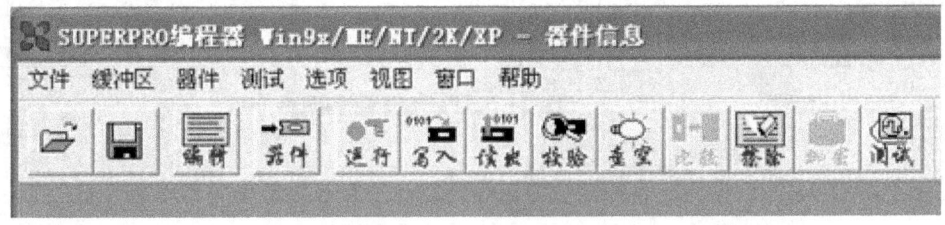

图 1-60 SUPERPRO 编程器软件主界面

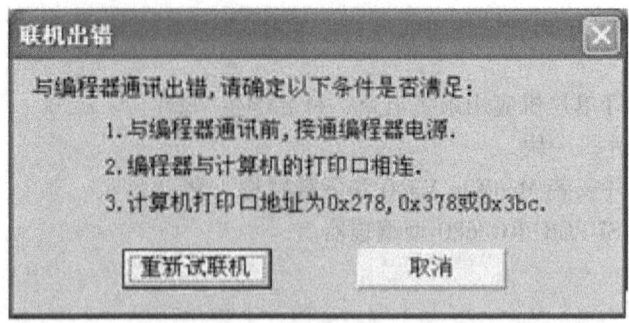

图 1-61 "联机出错"对话框

2. 插入芯片

将要编程的单片机 AT89S51 芯片插入编程器的 DIP 锁紧插座中，芯片与插座底线对齐插入，1 脚在左上方。

3. 选择目标芯片型号

单击工具栏上的"器件"按钮（见图 1-62），在弹出的"选择器件"对话框中选择目标芯片的器件类型、厂商名称和器件名称，如图 1-63 所示。

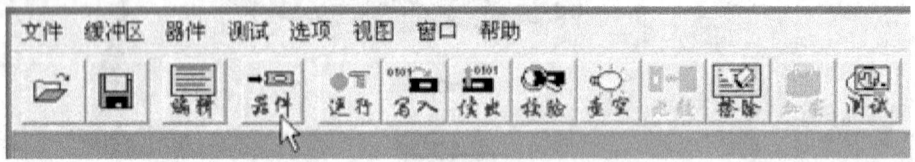

图 1-62 单击"器件"按钮

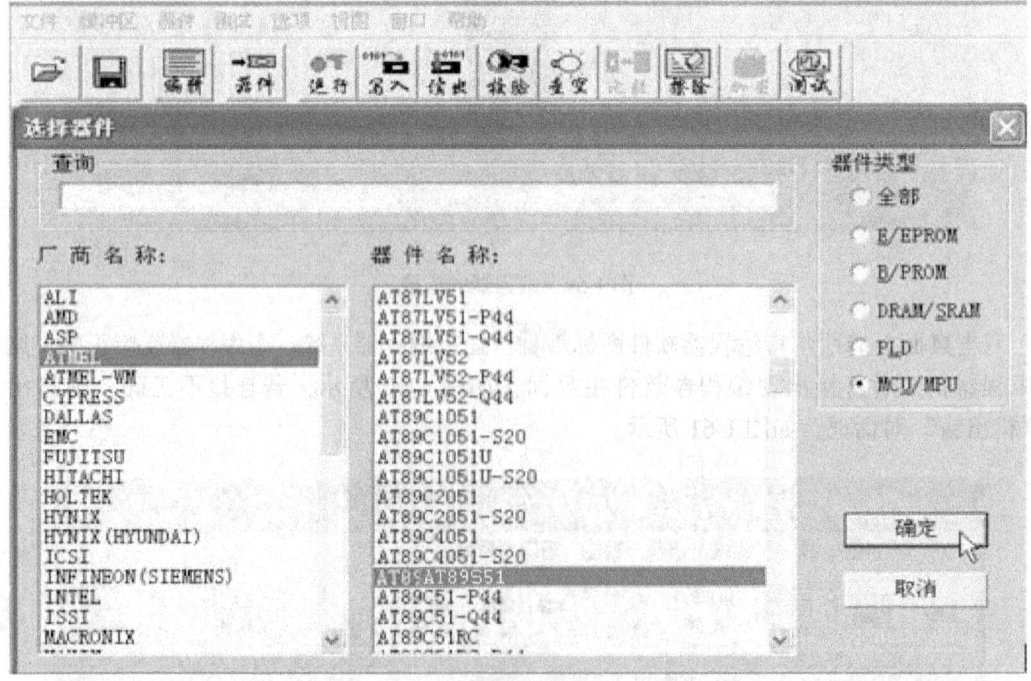

图 1-63 "选择器件"对话框

4. 装入目标文件

单击"文件"菜单中的"装入文件"命令，将调试成功的二进制格式（BIN）目标文件或英特尔格式（HEX）目标文件装入编辑缓冲区，具体操作如图 1-64～图 1-66 所示。

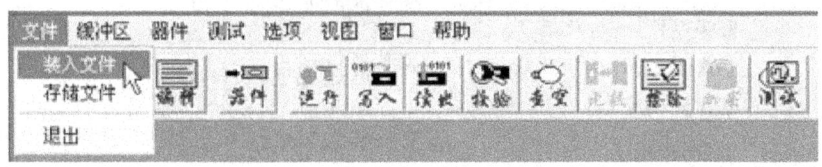

图 1-64　装入目标文件

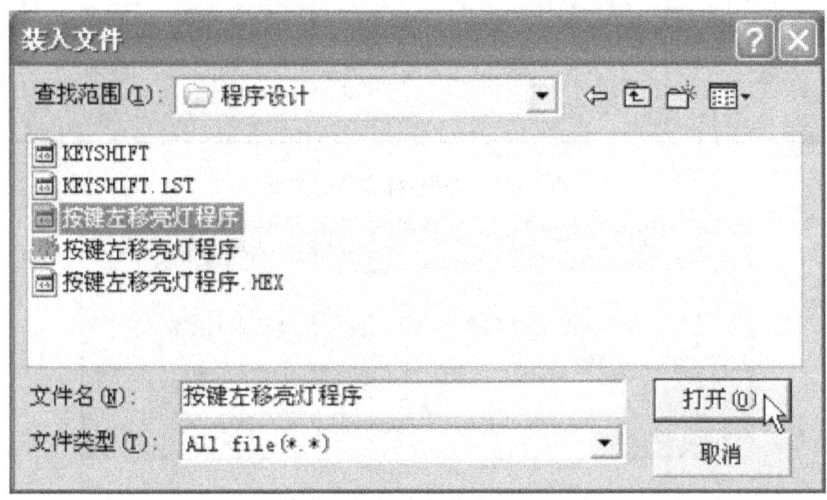

图 1-65　选择目标文件的路径和文件名

图 1-66　将目标文件装入缓冲区

【注意】：装入的目标文件类型与"文件类型"对话框（见图 1-67）中选择的文件类型要一致，否则会出现图 1-68 所示的出错信息。

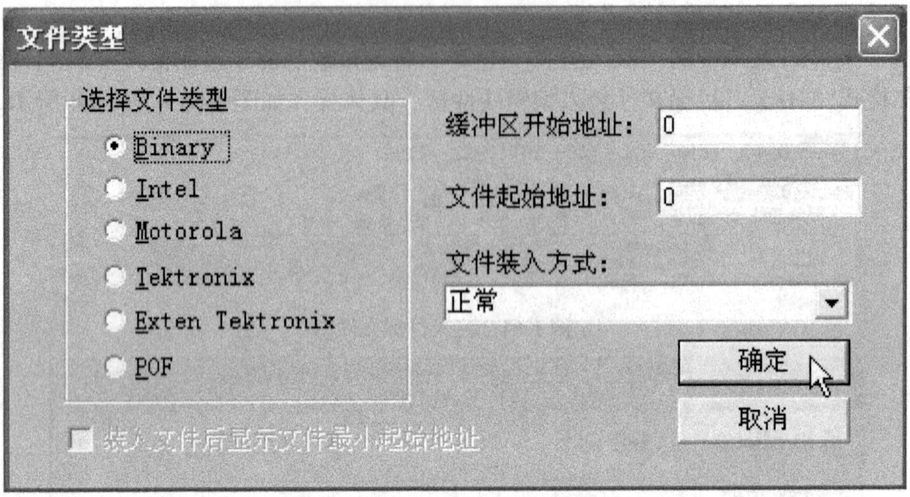

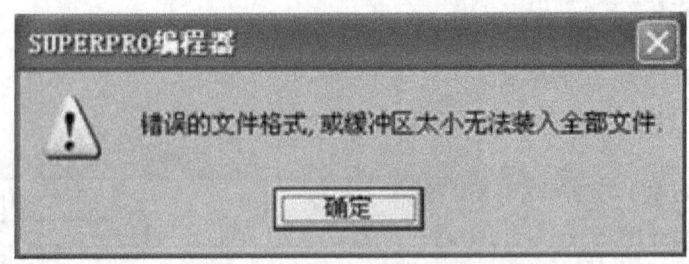

图 1-67　选择目标文件的类型

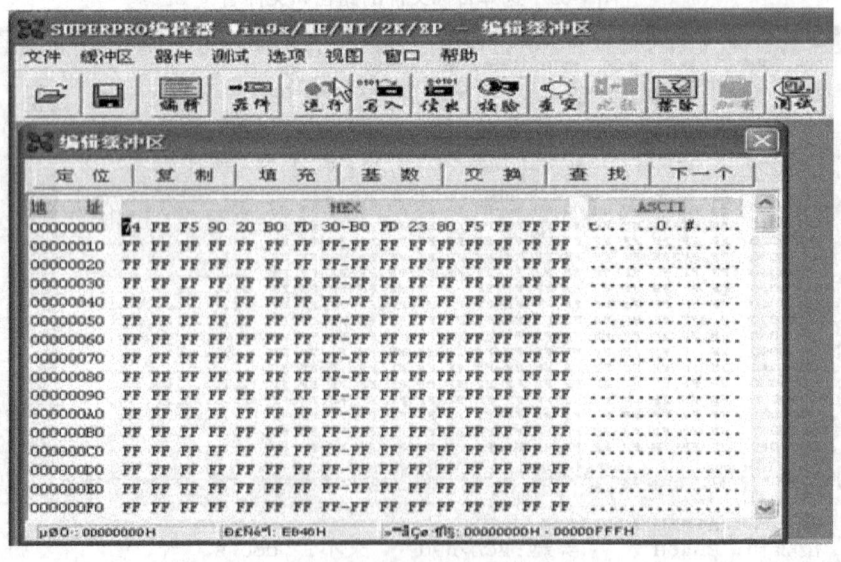

图 1-68　目标文件格式错误信息

图 1-69　单击"运行"按钮

5. 下载目标程序

在放置好芯片及装入目标文件后，单击"写入"按钮，即开始编程（Program），然后单击"校验"按钮，进行校验（Verify）。除非是新器件，否则编程前应先单击"擦除"按钮，将器件内的原有内容擦除（Erase），再单击"查空"按钮，进行空检查（Blank-check）。用户可单击"运行"按钮（见图1-69），在弹出的"器件操作"对话框（见图1-70）中选择自动（Auto）功能，一次完成所有操作，如图1-71所示。

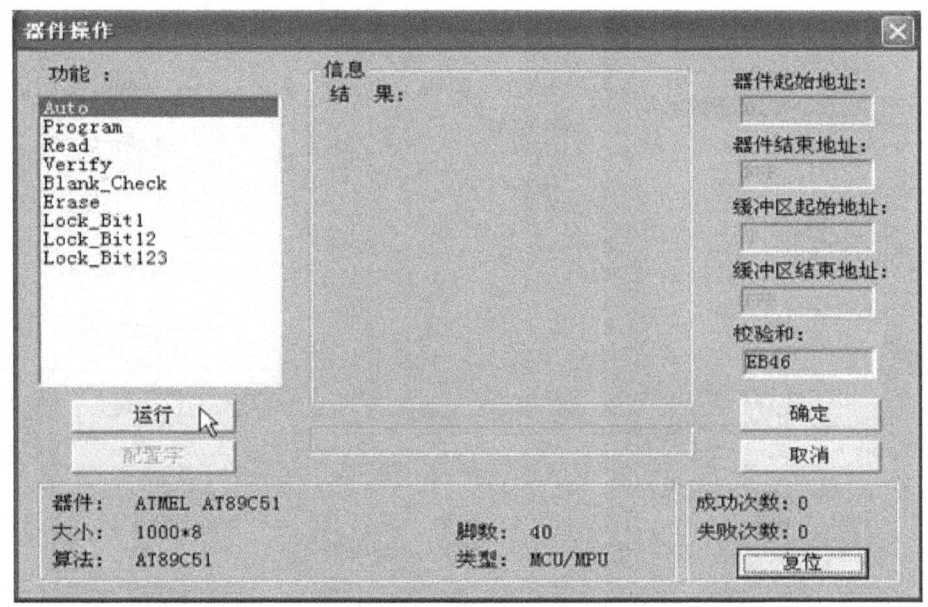

图1-70 "器件操作"对话框

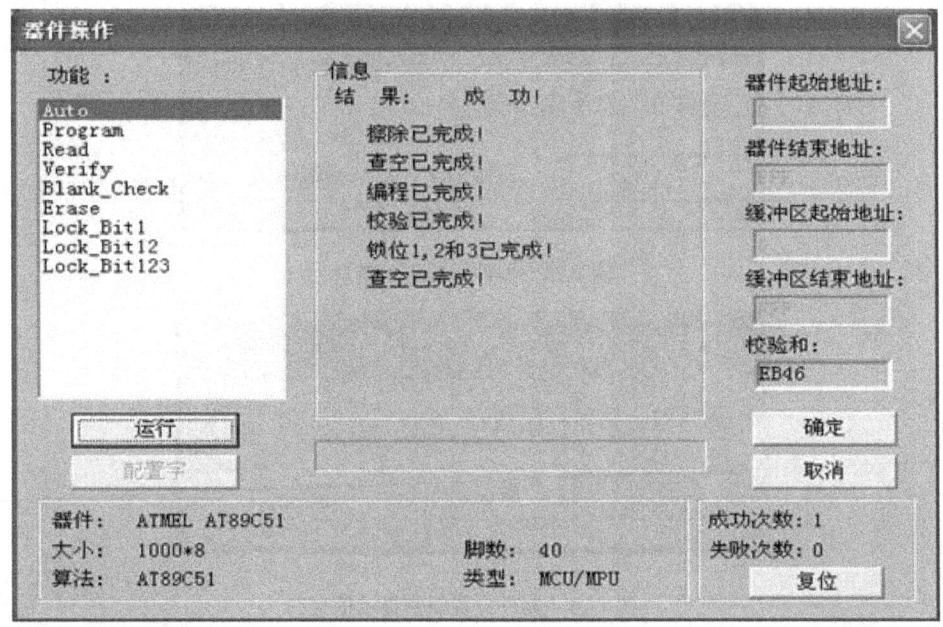

图1-71 程序下载操作信息

用户也可在"器件操作"对话框中选择相应的项目进行上述有关操作。在操作过程中黄色指示灯亮；若操作成功，则在发出1声"嘀"的响声后，绿色指示灯亮；若操作不成功，则在发出3声"嘀"的响声后，红色指示灯亮。

若选择的单片机（如AT89S51单片机）与实际插入编程器DIP锁紧座的单片机（如

AT89C51单片机）不相同，则将造成编程失败，如图1-72所示。

若器件插入DIP锁紧时插反了，或者插入位置错误，或者器件有引脚接触不良，或者选择的器件与实际器件引脚不相同，则会分别出现图1-73～图1-76所示的错误提示信息。

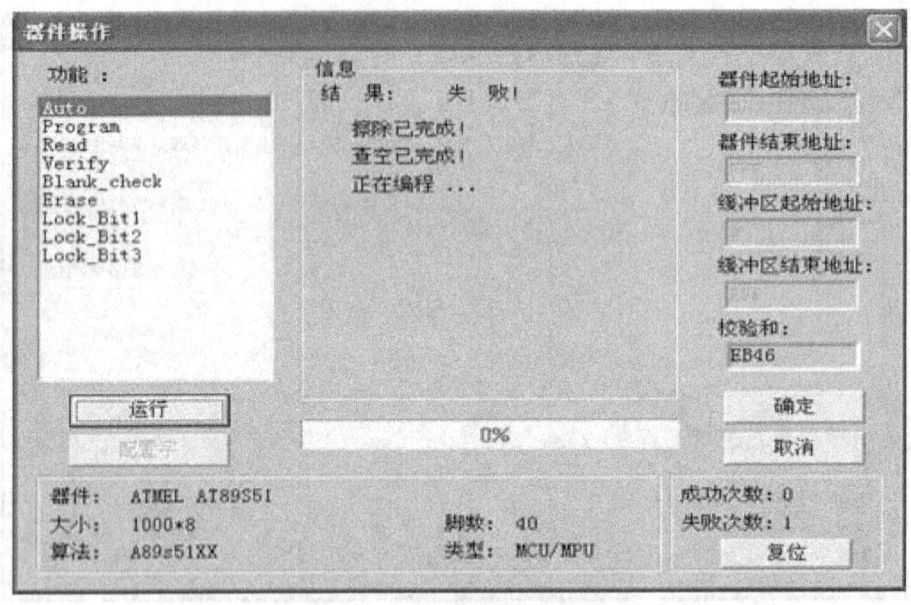

图1-72 器件编程失败的窗口显示

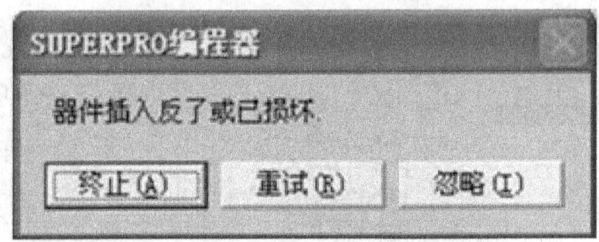

图1-73 器件插反提示信息

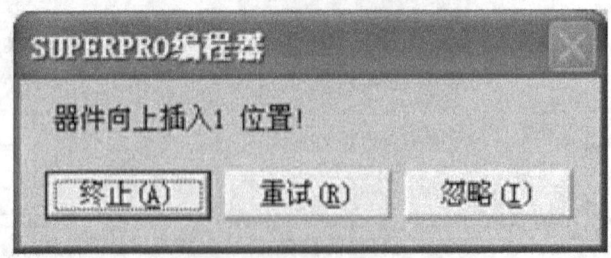

图1-74 器件位置插错提示信息

6. 电路脱机运行

将目标芯片从编程器中取出插入用户开发的电路板上，通电运行，观察运行情况，若有与设计任务不相符之处，则再进行电路及程序修改，然后再仿真、编程及运行，直至完全符合设计任务要求为止。在本设计中的电路独立运行后，每按一次按键，8只发光二极管亮灯数据左移一位。

模块1 单片机结构及开发设计流程

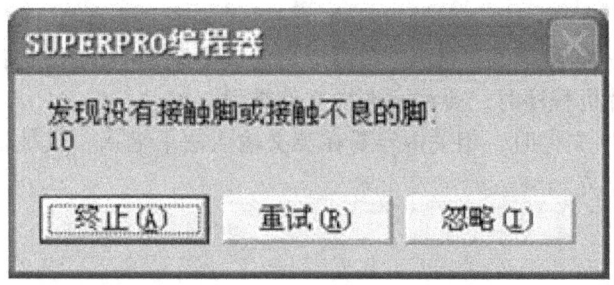

图1-75 器件有引脚接触不良提示信息

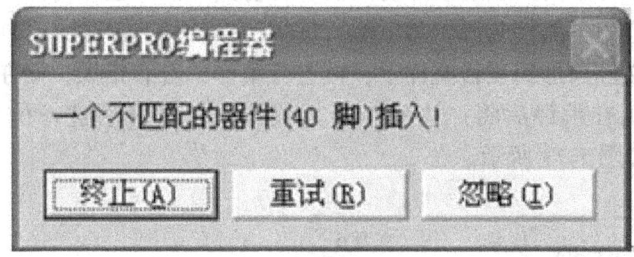

图1-76 选择的器件与实际插入的器件引脚数不同提示信息

检查评议

按键左移亮灯程序下载考核表见表1-14。

表1-14 按键左移亮灯程序下载考核表

评价项目	评价内容	配分/分	评价标准		得分
编程器的使用方法	学习南京西尔特SUPERPRO/680型编程器的使用方法	30	掌握编程器的连接	10分	
			掌握编程器软件的运行方法	10分	
			掌握编程器的设置、操作的方法	10分	
按键左移亮灯电路脱机运行方法	使用MedWin V3进行仿真	10	能够进行Insight ME-51HU仿真器的连接和测试	10分	
		10	能够利用MedWin对按键左移亮灯系统进行在线仿真调试	10分	
使用南京西尔特SUPERPRO/680型编程器将按键左移亮灯程序下载到电路板上	指令学习	10	正确理解程序中相关指令的意义	10分	
	程序的分析、设计	10	能正确分析程序的功能	10分	
	程序的调试与运行	10	程序输入正确	5分	
			程序编译仿真正确	5分	
安全文明生产	使用设备和工具	10	正确使用设备及工具	酌情给分	
团结协作	集体意识	10	各成员分工协作，积极参与	酌情给分	

问题及防治

1）安装芯片时不要将其插反，否则将会烧坏芯片。

2）在将芯片安装到演示板上时，注意消除手上的静电；同时，手不要太干燥，潮湿些较好。

3）源程序文件的扩展名为"ASM"，编译后能够下载到单片机的文件扩展名为"BIN"、"HEX"。在下载单片机程序时，要注意选择文件类型。

4）在编辑源程序文件时，相关内容要在英文输入法下输入，其他输入法的标点符号不一样，易导致编译错误。

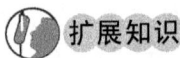

应用伟福 E2000/L 型仿真器和伟福仿真软件进行应用系统仿真

首先按照使用手册中的要求连接好仿真器，将仿真头插入应用电路板的单片机 IC 插座，分别接通仿真器和应用电路板电源。然后运行伟福仿真软件，新建一个项目文件和一个源程序文件，将源程序文件添加到项目文件中，再进行编译，若有错误，则在修改后重新进行编译；若程序正确，则在编译后将产生一个目标代码文件。最后进行仿真调试运行。伟福 E2000/L 型仿真器如图 1-77 所示。

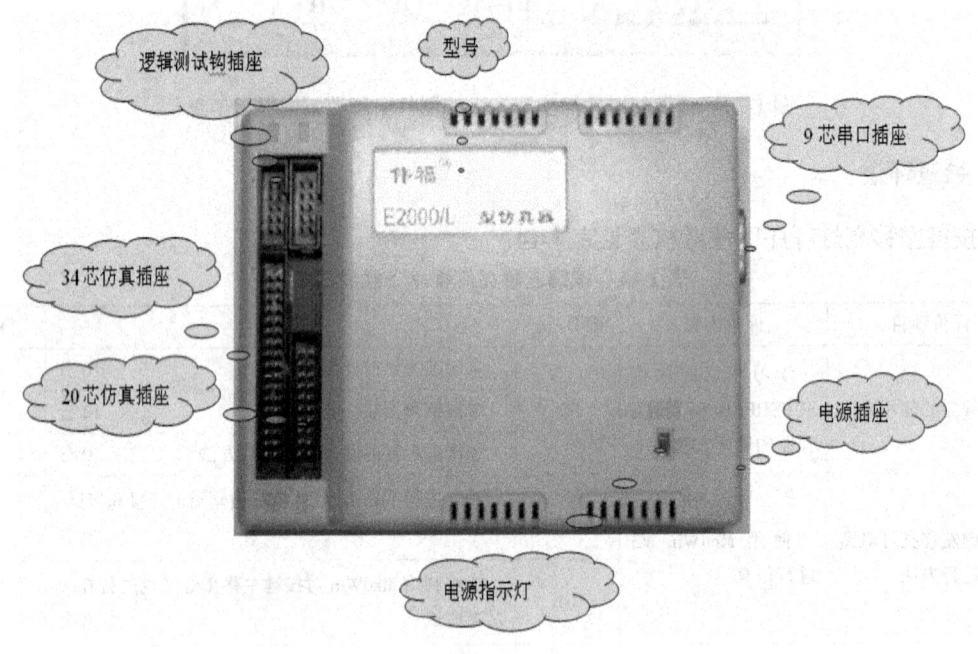

图 1-77 伟福 E2000/L 型仿真器

1. 连接仿真器

将一条 20 芯电缆和一条 34 芯电缆分别插入仿真器和仿真头（POD8X5X）的 20 芯和 34 芯插座，再将仿真头插入用户开发电路板上的单片机插座，注意仿真头的引脚号要与单片机插座的引脚号一致；仿真器的 9 芯串行接口插座通过一条 9 芯串行通信电缆接到计算机的 9 芯串行接口插座，仿真器的电源插座接 5V 直流电源，如图 1-78 所示。

双击计算机桌面上的伟福仿真软件图标，运行伟福仿真系统。若系统连接正确，则出现图 1-79 所示的对话框；若系统连接不正确，则出现图 1-80 所示的对话框，此时应检查电源和通信电缆是否连接好，端口设置是否正确。

模块 1　单片机结构及开发设计流程

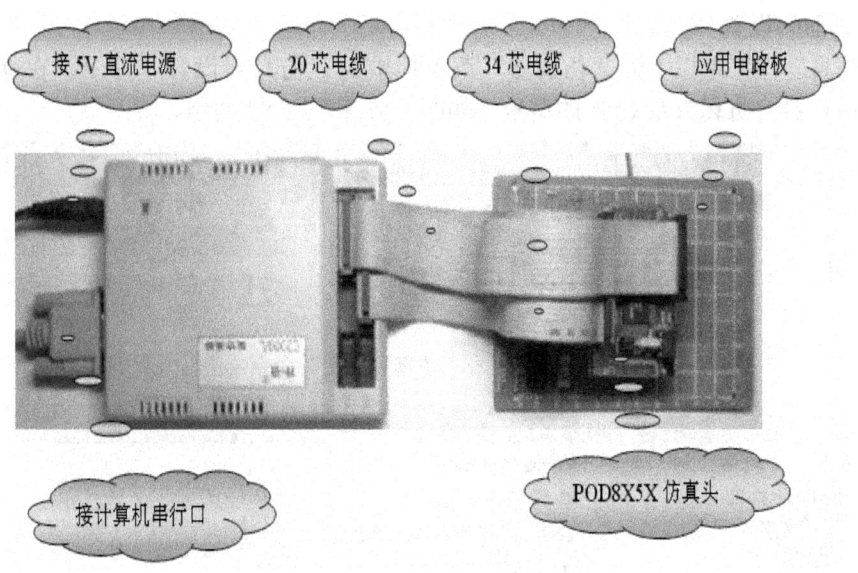

图 1-78　仿真器的连接

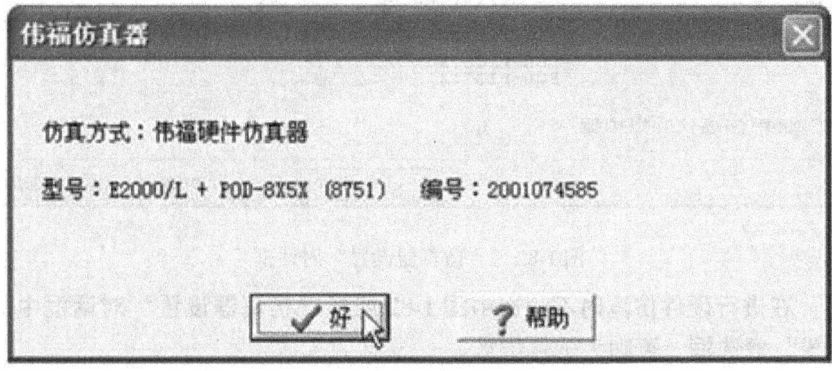

图 1-79　"伟福仿真器"对话框

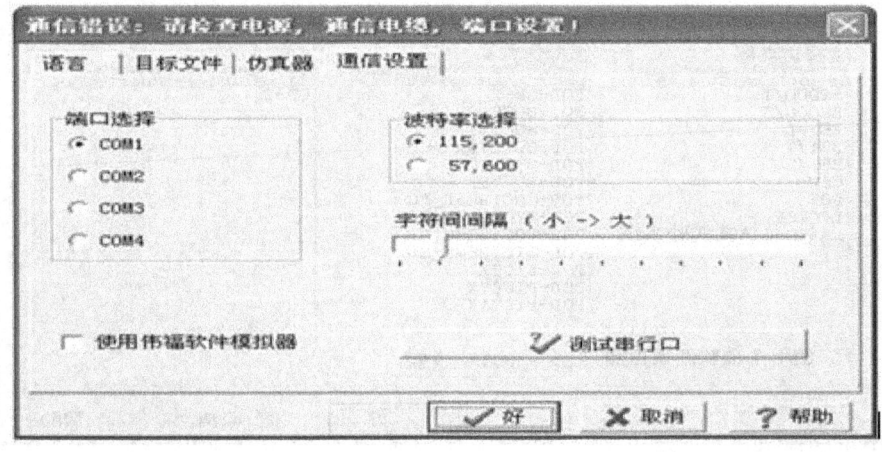

图 1-80　"通信错误"对话框

2. 仿真器的设置

单击仿真软件菜单栏上的"仿真器"菜单项中的"仿真器设置"命令,在弹出的对话框中选择仿真器、仿真头及 CPU 的型号,如图 1-81 和图 1-82 所示。

图 1-81　单击"仿真器设置"命令

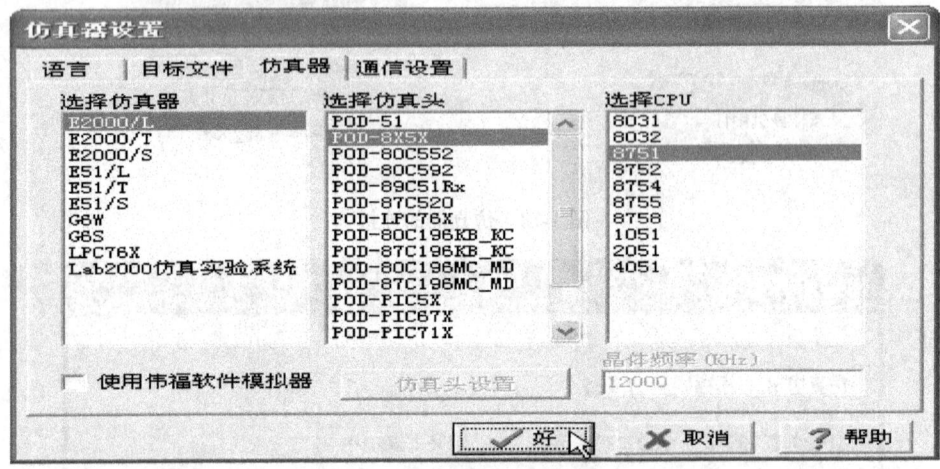

图 1-82　"仿真器设置"对话框

【注意】:在进行硬件仿真时不能选中图 1-82 所示"仿真器设置"对话框中的"使用伟福软件模拟器"复选框,否则为软件仿真。

若仿真器和仿真头选择不正确,则出现图 1-83 所示的对话框。

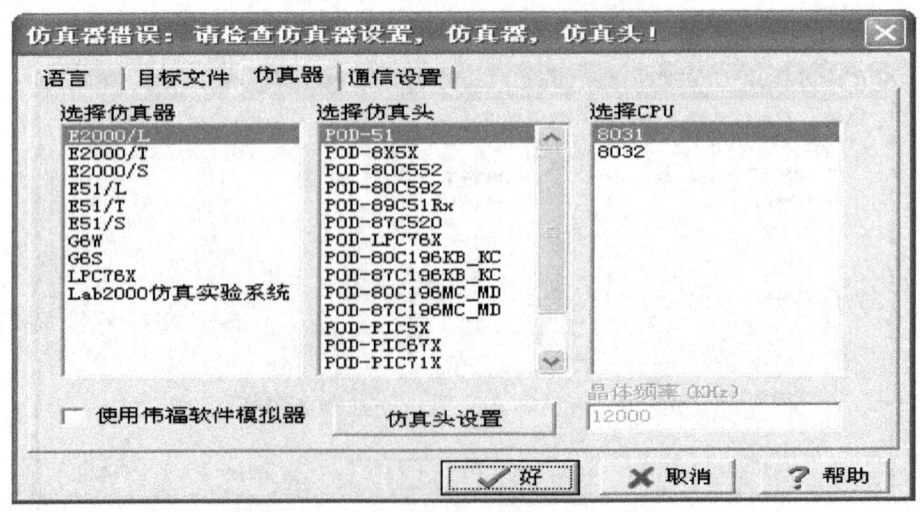

图 1-83　仿真器或仿真头设置错误对话框

模块1 单片机结构及开发设计流程

3. 新建及保存项目

（1）新建项目 单击"文件"菜单中的"新建项目"命令，建立一个项目文件（见图1-84），并弹出一个"项目窗口"，如图1-85所示。一个项目文件中包含"仿真器设置"、"模块文件"和"包含文件"。

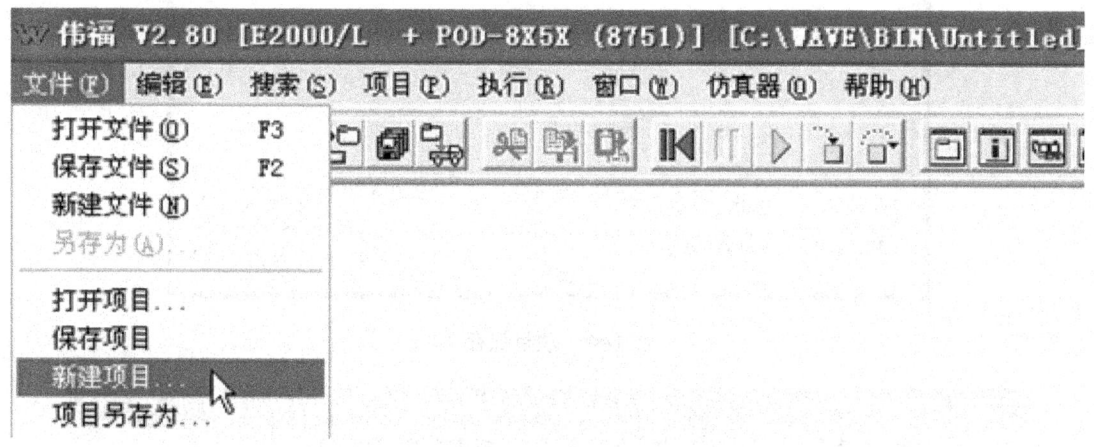

图1-84 "新建项目"命令

图1-85 "项目窗口"

（2）保存项目 单击"文件"菜单中的"保存项目"命令，将项目文件存盘，在弹出的对话框中输入项目文件名，项目文件的扩展名自动为"RRJ"。项目存盘后在主窗口的标题栏和项目窗口的标题栏将显示项目路径和项目名，如图1-86～图1-88所示。

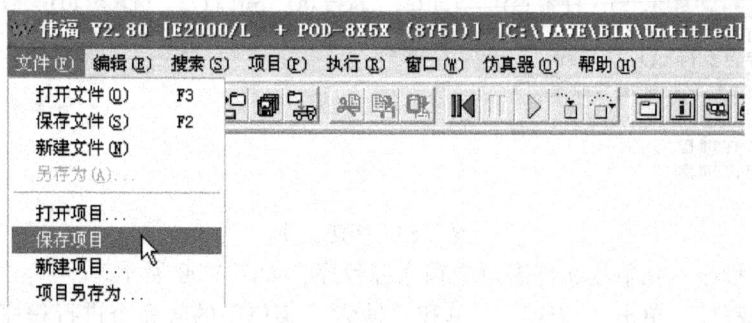

图1-86 项目保存1

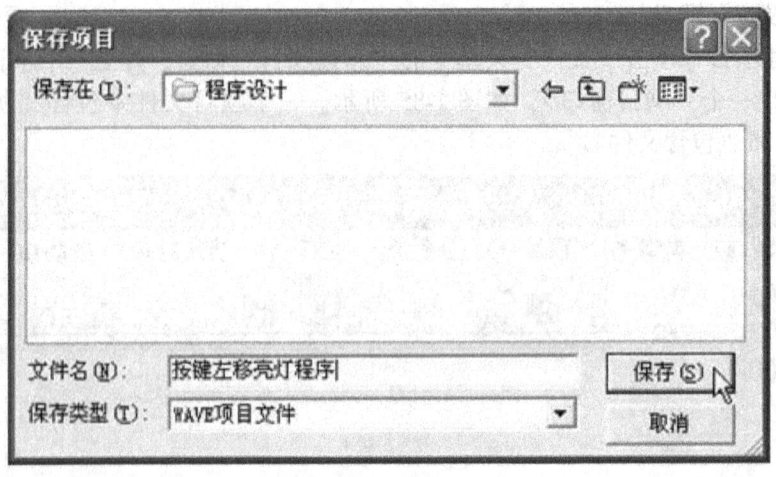

图1-87 项目保存2

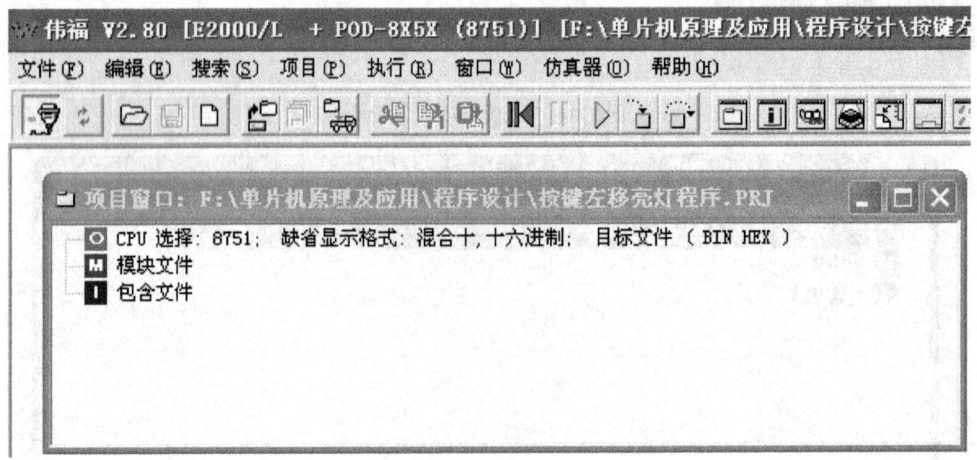

图1-88 项目保存3

4. 新建、编辑及保存文件

（1）新建文件　单击"文件"菜单中的"新建文件"命令，建立一个新文件，如图1-89所示。

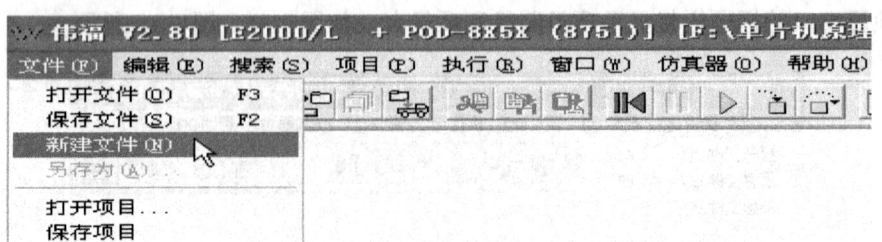

图1-89 新建文件

（2）输入程序　在新建文件窗口中输入源程序，如图1-90所示。

（3）编辑程序　单击"编辑"菜单和"搜索"菜单中的各命令进行程序编辑，如图1-91和图1-92所示。

模块 1 单片机结构及开发设计流程

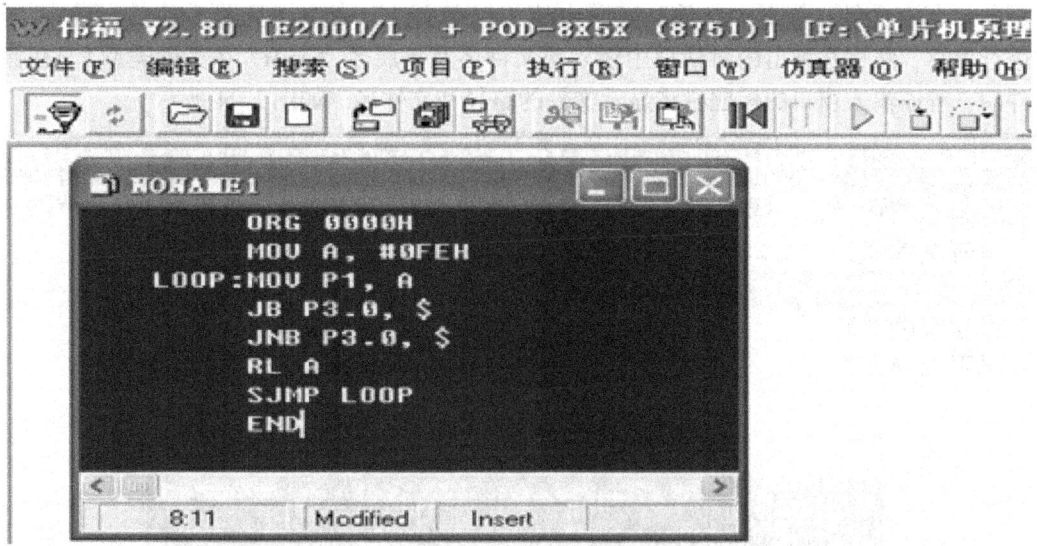

图 1-90 源程序输入窗口

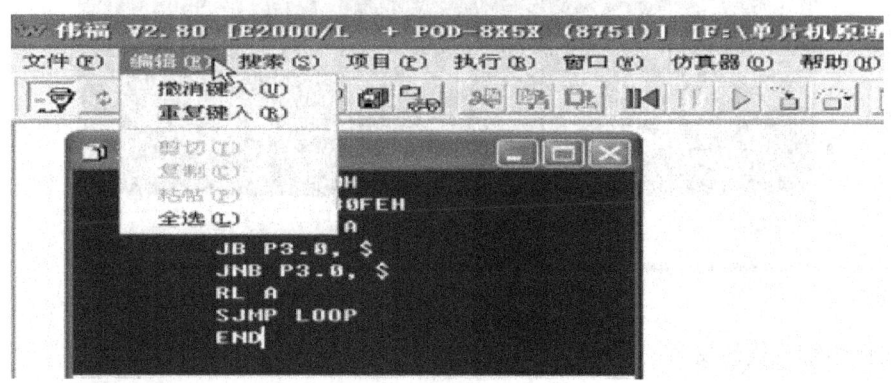

图 1-91 编辑程序 1

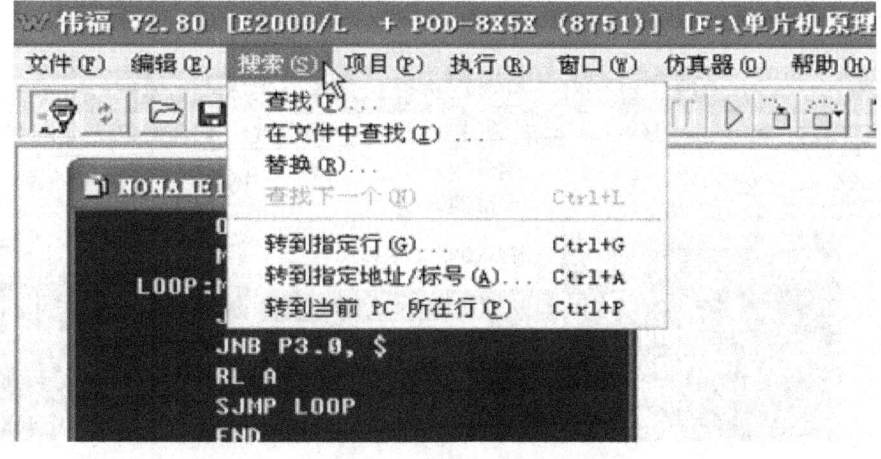

图 1-92 编辑程序 2

(4) 保存文件 单击"文件"菜单中的"保存文件"命令(见图1-93),将输入的文件进行保存,然后在弹出的对话框中输入源文件名及扩展名"ASM"(文件类型)。在保存文件后,程序输入窗口的标题栏将显示文件的路径和文件名,如图1-94所示。

图1-93 保存文件1

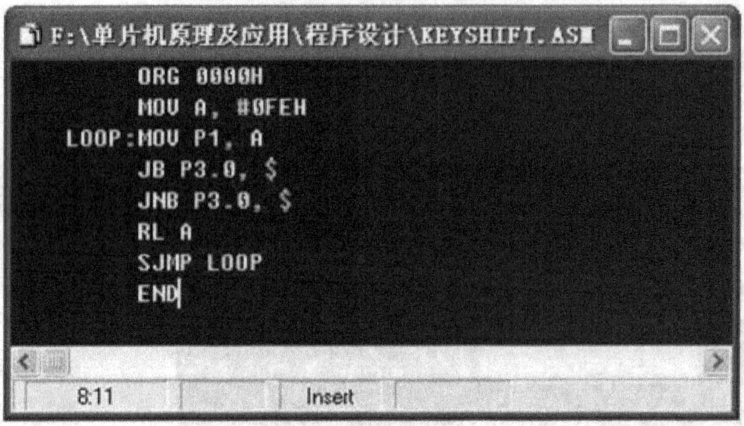

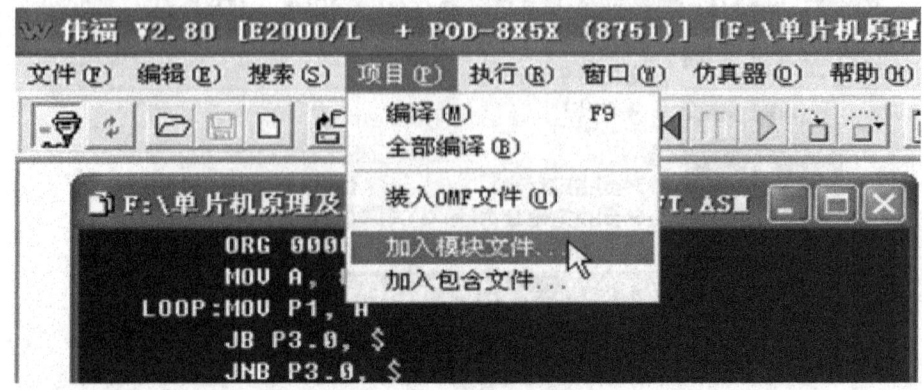

图1-94 保存文件2

5. 项目中加入模块文件

单击"项目"菜单中的"加入模块文件"命令(见图1-95),或在项目窗口中右击,在弹出的快捷菜单中单击"加入模块文件"命令(见图1-96),将源文件加入到项目中,以建立源文件与项目的联系。加入模块文件后,在项目窗口的模块文件下将出现源文件名,如图1-97和图1-98所示。

图1-95 加入模块文件1

图 1-96　加入模块文件 2

图 1-97　加入模块文件 3

图 1-98　加入模块文件 4

6. 项目及文件编译

单击"项目"菜单中的"编译"命令，对当前窗口中的程序进行编译；单击"全部编译"命令，对项目中的所有程序进行编译，如图1-99所示。

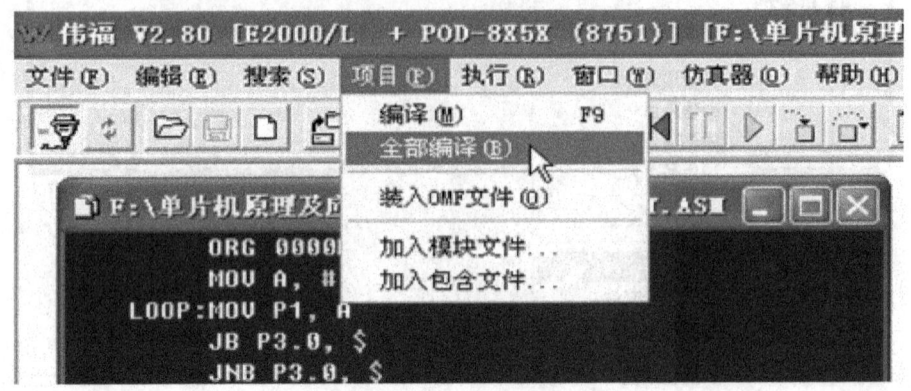

图1-99　项目编译

若程序正确，则编译后将产生两种格式的目标文件，即二进制格式（BIN）目标文件和英特尔格式（HEX）目标文件，如图1-100所示。若程序有错误，则将在信息窗口指出错误指令所在的源程序、行号、错误代码及错误原因。例如，将程序第二行"MOV A,#0FEH"指令中的立即数"0FEH"前的"0"去掉，编译后则出现图1-101所示的错误信息。

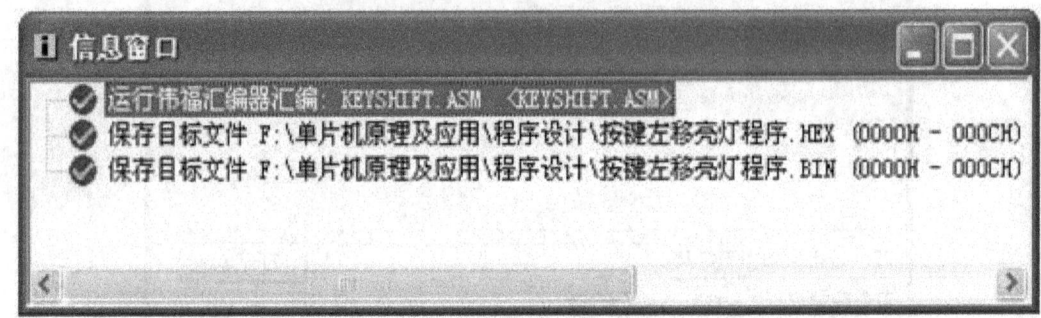

图1-100　编译正确信息

【注意】：在汇编语言中规定，凡是以字母开头的数字量，前面必须加一个数字"0"，以与标号相区分。

7. 调试程序

在调试程序时，可单击"执行"菜单中的"单步"、"跟踪"、"执行到光标处"等命令运行程序，如图1-102所示。

在调试程序过程中可通过"窗口"下拉菜单中的命令，打开"CPU窗口"、"数据窗口""跟踪窗口"及"逻辑分析窗口"等进行程序调试数据观察，如图1-103和图1-104所示。

在程序调试正确后，进行全速运行，如图1-105所示。当要暂停或停止程序运行时，单击工具栏中的"暂停"或"复位"按钮。当需要单步、跟踪、全速运行时，也可使用工具栏中的按钮或使用其快捷键。

模块 1　单片机结构及开发设计流程

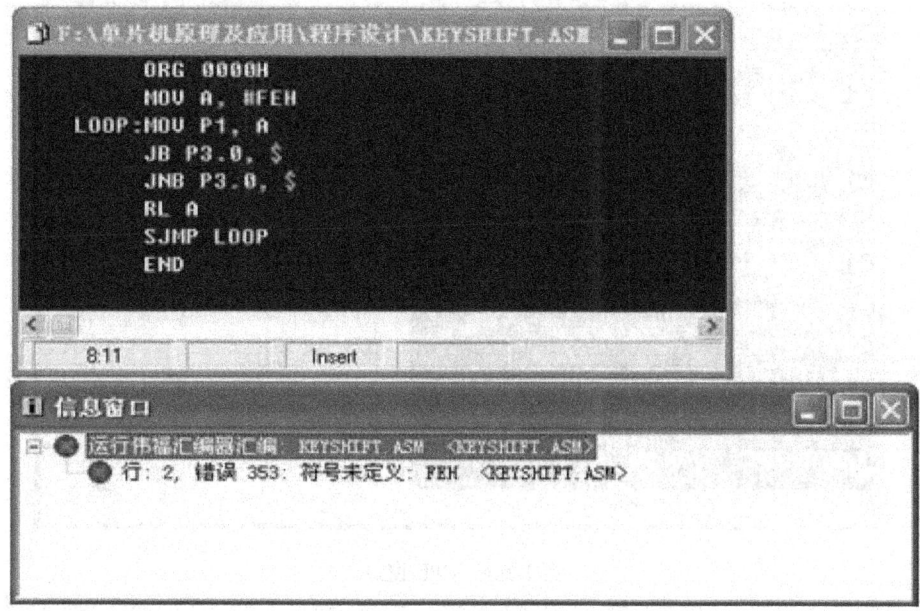

图 1-101　编译错误信息

图 1-102　选择单步运行

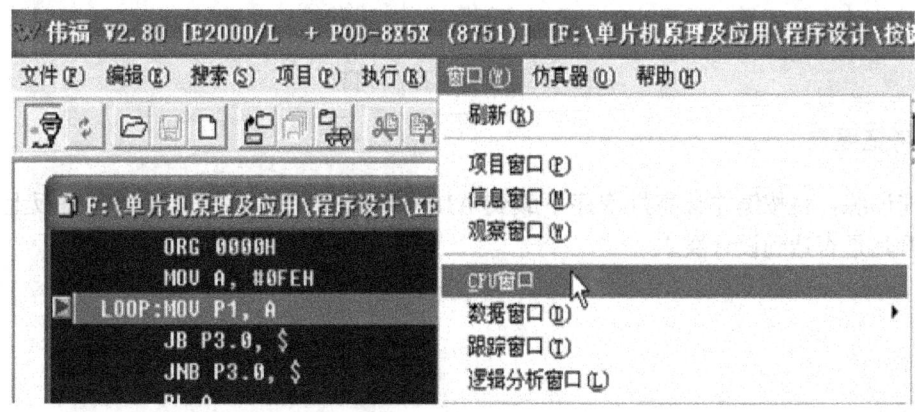

图 1-103　打开"CPU 窗口"

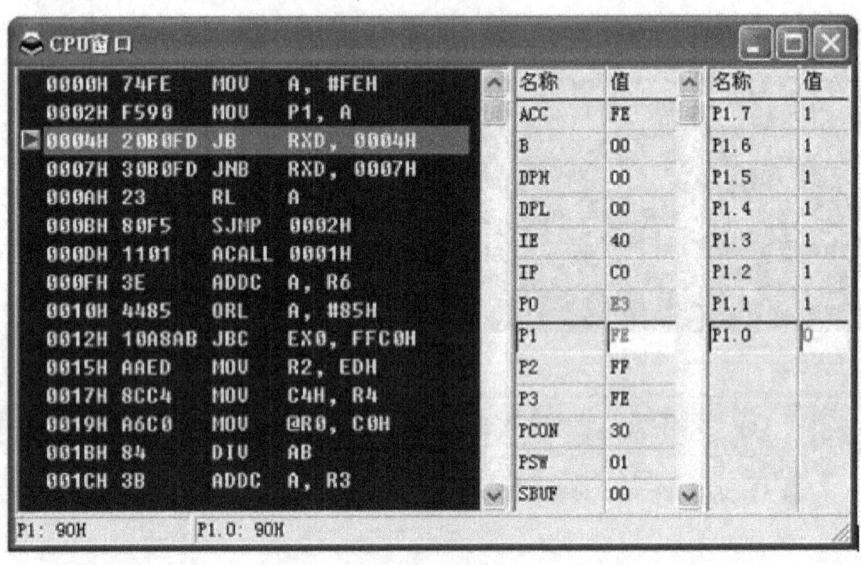

图 1-104 CPU 窗口

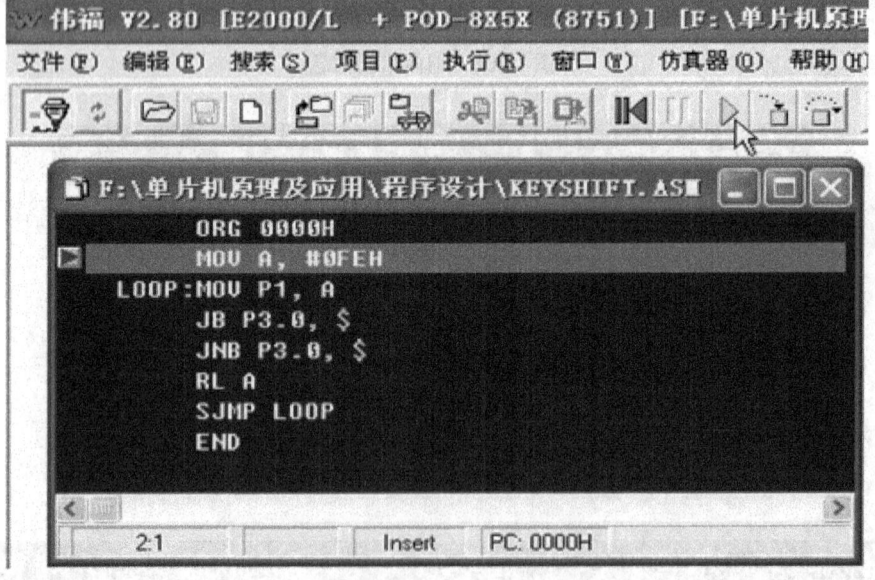

图 1-105 全速运行程序窗口

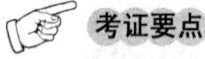 考证要点

技能训练：将按键左移亮灯程序下载到 AT89S51 单片机上，并安装到电路板上进行演示，查看其是否达到设计要求。

模块 2　单片机指令系统及汇编语言程序设计

单元 1　程序设计基础

知识目标

1. 了解存储器的配置。
2. 理解程序存储器。
3. 理解数据存储器。
4. 熟悉存储器的常用单位。
5. 熟练掌握指令系统中的常用符号。

技能目标

1. 掌握存储器的结构及其作用。
2. 掌握数据存储器的作用及其使用方法。
3. 掌握特殊功能寄存器的功能。
4. 熟练掌握 MCS-51 系列单片机的 7 种寻址方式并能灵活运用。
5. 掌握用软件模拟仿真存储器、指令地址的方法。

任务 1　认识存储器

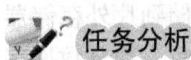任务描述（见表 2-1）

表 2-1　任务描述

工作任务	要求
了解存储器的配置	掌握存储器的结构及作用
认识程序存储器	掌握程序存储器的作用及使用方法
认识数据存储器	掌握数据存储器的作用及使用方法
理解存储器的常用单位	熟练应用存储器的常用单位
理解特殊功能寄存器的功能	掌握特殊功能寄存器的功能

任务分析

在进行单片机汇编语言程序设计时，需要用户对程序中用到的每一个参数和变量都必须规划其在存储器中的位置,因此,要理解存储器的功能和作用,以及特殊功能寄存器的功能和存储器的常用单位,并且在学习程序设计之前,必须对单片机存储器的结构及作用有清楚的认识和理解。

本任务为认识存储器的内部机构和存储器的使用方法,以及用 MedWin 中文版单片机仿真软件模拟仿真存储器、寄存器、特殊功能存储器的变化过程。

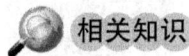 相关知识

(1) 存储器　书是记录知识的载体,里面的内容只能阅读,不能擦除后重写;黑板是记录教师讲课内容的载体,上面的内容在学生看完后,可以擦除再重写新的内容。从这些事例中可以看出,书本只能读不能写,而黑板既可读又可写。将这一实例引申到单片机中,用户设计的程序及程序运行时的数据存放到集成电路中,集成电路在这里指的是存储器。

1)程序存储器(ROM)。程序设计完成后写到存储器中,在单片机运行时程序只能从存储器中被读取,不能被修改,否则将发生运行错误,即用来存放程序的存储器只能读不能写,称为程序存储器(ROM),又叫做只读存储器。MCS-51 系列单片机存储器的配置如图 2-1 所示。

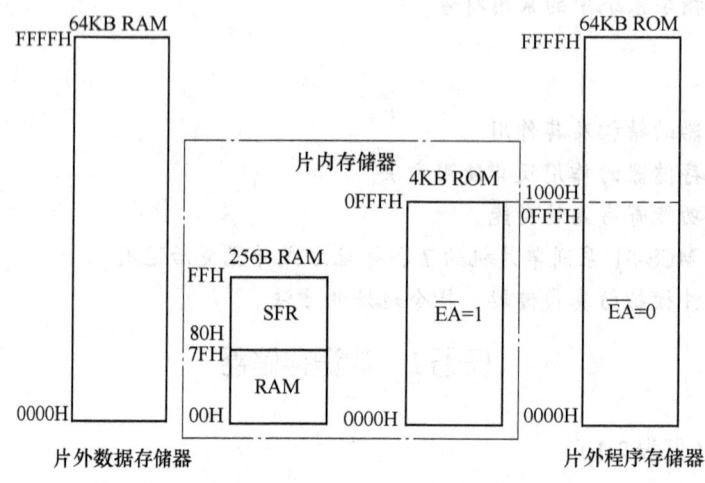

图 2-1　MCS-51 系列单片机存储器的配置

2)数据存储器(RAM)。单片机运行时的数据将随着程序的运行发生变化,所以存放数据的存储器既可读又可写,将这样的存储器称为数据存储器或随机存储器。用户使用最频繁的数据存储器是内部数据存储器。

3)内部存储器。单片机的存储器既可在单片机内部,又可在单片机外部,在单片机内部的存储器称为内部存储器。

4)外部存储器。在单片机外部的存储器称为外部存储器。

如果单片机程序很大,内部程序存储器容量不足,就要将剩余的程序存储到片外存储器中。同样,如果单片机运行时的数据较大,内部数据存储器容纳不下,就要将一部分数据存储在片外数据存储器中。

(2) MCS-51 系列单片机存储器的配置　MCS-51 系列单片机片内程序存储器的容量为 4KB，地址为 0000H~0FFFH；片外程序存储器的最大容量为 64KB，地址为 0000H~FFFFH。

MCS-51 系列单片机内部数据存储器的容量为 256B，地址为 00H~FFH；外部数据存储器的最大容量为 64KB，地址为 0000H~FFFFH。

内部数据存储器根据其用途的不同又分为两部分：低 128B 为用户使用，称为 RAM 区；高 128B 为单片机功能控制用，称为特殊功能寄存器区（简称 SFR 区）。

在使用时，可将内部程序存储器和外部程序存储器看成一个程序存储器。所以从逻辑上将存储器分为 3 个存储空间：片内外统一编址的 64KB 程序存储器、片内 256B 数据存储器、外部 64KB 数据存储器。

单片机存储器的总体分配如图 2-2 所示。

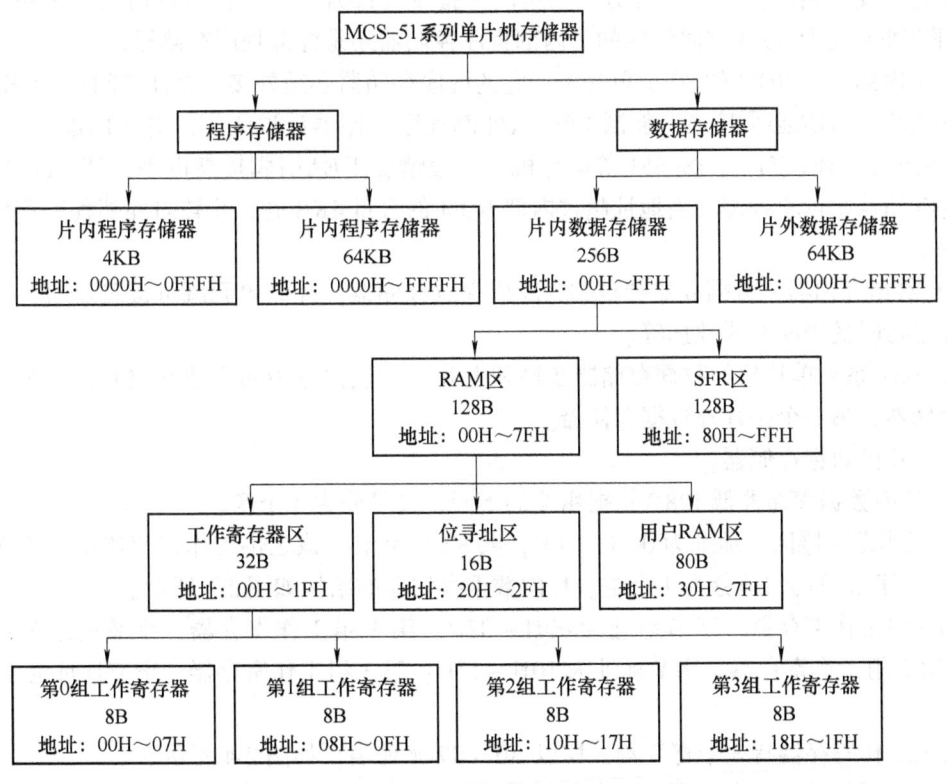

图 2-2　单片机存储器的总体分配

(3) 存储器单元的常用单位　存储器常用单位有以下 3 种：

1) 位（bit）：单片机中能表示的最小数据单位。因为单片机使用二进制数，所以位指的是一个二进制位，有 0 和 1 两种编码。

2) 字节（Byte）：连续的 8 位二进制数称为一个字节，即 1Byte=8bit。

3) 字（Word）：MCS-51 系列单片机中，两个字节构成一个字，即 1Word=2Byte。

常用的存储器指标还有字长，是指计算机能一次处理的二进制编码位数的多少，如 MCS-51 系列单片机为 8 位机，字长就是 8 位。

存储器中用于存放数据的场所称为单元。每个单元都有一个特定的编号，称为地址，用若干位二进制数表示。MCS-51 系列单片机有 16 条地址线，可寻址单元地址就用 16 位二进制编码表示为 0000H ~ FFFFH（即 2^{16} =65536）。

存储器中的数据以字节为单位进行存放，一个单元可存放 1 个字节的数据。故常用存储器能存放的字节数来衡量存储器存储容量的大小。如某存储器有 1024 个存储单元，可存放 1024 个字节数据，称为 1KB 存储空间，其存储容量就称为 1KB。

（4）程序存储器和数据存储器的功能及使用注意事项

1）程序存储器：MCS-51 系列单片机程序存储器为 16 位地址，可寻址的范围为 64KB，因此片外程序存储器的最大容量为 64KB，而片内程序存储器的容量为 4KB。程序存储器用于存放用户程序等信息，其存储单元只能读不能写。

程序存储器在物理结构上分为片内程序存储器和片外程序存储器两个部分；在逻辑结构上（即用户使用角度）为一个部分，采用同一指令（MOVC 指令）进行访问；用外部引脚 EA 电平高低区分低 4KB 空间访问的是内部程序存储器还是外部程序存储器。

对于内部没有 ROM 的 8031 单片机，它的程序存储器必须外接，地址空间为 64 KB，此时单片机的引脚 $\overline{EA}$ 必须接地，强制 CPU 从外部程序存储器读取程序。对于内部有 ROM 的 8051、8751、AT89C51、AT89S51 等单片机，一般情况下 $\overline{EA}$ 引脚接高电平，使 CPU 先从内部程序存储器中读取程序，当地址超过内部 ROM 的容量 4KB 时，才转向外部程序存储器读取程序。

2）数据存储器：数据存储器也称为随机存取存储器，存储单元既可读又可写，用于存取程序运行时的中间结果数据等。

MCS-51 系列单片机的数据存储器在物理上和逻辑上都分为两个地址空间，一个是片内数据存储器，另一个是片外数据存储器。

① 片内数据存储器。

A. 片内数据存储器低 128B 根据用途的不同，又可分为 3 个区。

a. 工作寄存器区：地址为 00H ~ 1FH，共 32 个字节，该区供工作寄存器用。工作寄存器区 32 个字节被均匀地分为 4 个组。片内数据存储器的结构如图 2-3 所示。

第 0 组工作寄存器，字节地址为 00H ~ 07H；第 1 组工作寄存器，字节地址为 08H ~ 0FH；第 2 组工作寄存器，字节地址为 10H ~ 17H；第 3 组工作寄存器，字节地址为 18H ~ 1FHH。

每组工作寄存器有 8 个寄存器，均以 R0 ~ R7 来命名，如图 2-4 所示。

在程序运行时，究竟用哪组工作寄存器，要通过特殊功能寄存器中的程序状态字寄存器（PSW）第 3 和第 4 位（RS0 和 RS1）的值来加以区分。

RS1	RS0	寄存器区（字节地址）
0	0	0 组（00H ~ 07H）
0	1	1 组（08H ~ 0FH）
1	0	2 组（10H ~ 17H）
1	1	3 组（18H ~ 1FH）

若 RS1 和 RS0 为 00（二进制），则用的是第 0 组工作寄存器；若 RS1 和 RS0 为 01，则用的是第 1 组工作寄存器；若 RS1 和 RS0 为 10，则用的是第 2 组工作寄存器；若 RS1 和

模块 2　单片机指令系统及汇编语言程序设计

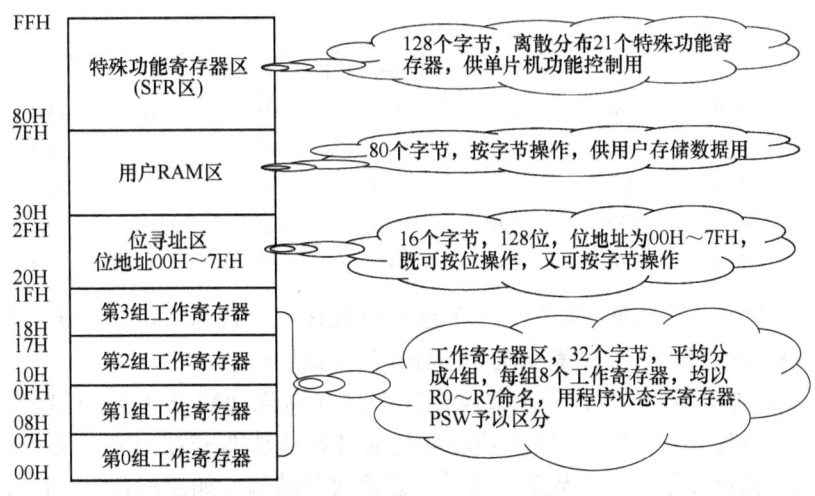

图 2-3　片内数据存储器的结构

RS0 为 11，则用的是第 3 组工作寄存器；若程序中并不需要使用 4 组，则其余的可作为一般寄存器使用。在 CPU 复位后，选中第 0 组工作寄存器。

【注意】：在初始化或复位时，自动选中第 0 组工作寄存器；寄存器的选组由程序状态字 PSW 的 RS1 和 RS0 位决定；一旦选中了一组寄存器，其他三组寄存器就只能作为数据存储器使用，而不能作为寄存器使用。

b. 位寻址区：字节地址为 20H～2FH，共 16 个字节 128 位，位地址为 00H～7FH。

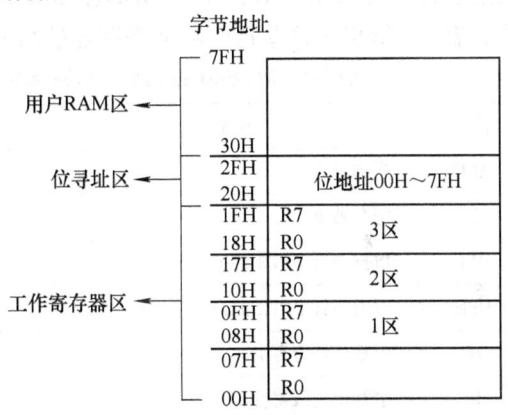

图 2-4　片内数据存储器低 128B

该区单元既可按字节操作，又可按位操作；CPU 能直接寻址这些位，执行例如置"1"、清"0"、取反、位传送和位逻辑运算等操作。片内 RAM 中的位寻址区地址见表 2-2。

表 2-2　片内 RAM 中的位寻址区地址

单元地址				MSB	位地址	LSB		
2FH	7FH	7EH	7DH	7CH	7BH	7AH	79H	78H
2EH	77H	76H	75H	74H	73H	72H	71H	70H
2DH	6FH	6EH	6DH	6CH	6BH	6AH	69H	68H
2CH	67H	66H	65H	64H	63H	62H	61H	60H
2BH	5FH	5EH	5DH	5CH	5BH	5AH	59H	58H
2AH	57H	56H	55H	54H	53H	52H	51H	50H
29H	4FH	4EH	4DH	4CH	4BH	4AH	49H	48H
28H	47H	46H	45H	44H	43H	42H	41H	40H
27H	3FH	3EH	3DH	3CH	3BH	3AH	39H	38H
26H	37H	36H	35H	34H	33H	32H	31H	30H
25H	2FH	2EH	2DH	2CH	2BH	2AH	29H	28H

(续)

单元地址				MSB	位地址			LSB
24H	27H	26H	25H	24H	23H	22H	21H	20H
23H	1FH	1EH	1DH	1CH	1BH	1AH	19H	18H
22H	17H	16H	15H	14H	13H	12H	11H	10H
21H	0FH	0EH	0DH	0CH	0BH	0AH	09H	08H
20H	07H	06H	05H	04H	03H	02H	01H	00H

c. 用户 RAM 区：即数据缓冲区，字节地址为 30H~7FH，共 80 个字节。该区供用户数据存取用，只能按字节操作。中断系统中的堆栈设在该区域。

B. 特殊功能寄存器（SFR）中离散地分布了 21 个特殊功能寄存器。这些寄存器反映了 MCS-51 系列单片机的运行状态，很多功能均是通过特殊功能寄存器来定义和控制执行的。这些寄存器的功能已作了专门的规定，用户不能修改其结构，如累加器 A，寄存器 B，程序状态字寄存器 PSW，数据指针 DPTR，I/O 口寄存器 P0、P1、P2、P3 等均为特殊功能寄存器。表 2-3 给出了这些特殊功能寄存器的名称、地址和复位后的初值。

表 2-3 MCS-51 系列单片机特殊功能寄存器的名称、地址和复位后的初值

符号	名称	字节地址	复位值	位地址
ACC	累加器 A	E0H	00H	E0H~E7H
B	寄存器 B	F0H	00H	F0H~F7H
DPL	数据指针 DPTR 的低字节	82H	00H	
DPH	数据指针 DPTR 的高字节	83H	00H	
IE	中断允许寄存器	A8H	0XX00000B	A8H~AFH
IP	中断优先级寄存器	B8H	XXX00000B	B8H~BCH
P0	P0 口	80H	0FFH	80H~87H
P1	P1 口	90H	0FFH	90H~97H
P2	P2 口	A0H	0FFH	A0H~A7H
P3	P3 口	B0H	0FFH	B0H~B7H
PSW	程序状态字寄存器	D0H	00H	D0H~D7H
PCON	电源控制寄存器	87H	0XXXXXXXB	
SP	堆栈指针	81H	07H	
SBUF	串行数据缓冲区	99H	不定	
SCON	串行接口控制寄存器	98H	00H	98H~9FH
TCON	定时器/计数器控制寄存器	88H	00H	88H~8FH
TMOD	定时器/计数器控制寄存器	89H	00H	
TL0	定时器/计数器 T0 低字节	8AH	00H	
TH0	定时器/计数器 T0 高字节	8CH	00H	
TL1	定时器/计数器 T1 低字节	8BH	00H	
TH1	定时器/计数器 T1 高字节	8DH	00H	

a. 累加器 ACC：最常用的特殊功能寄存器，其位地址为 E0H，在指令中常将 ACC 简写为 A。大部分单操作数指令的操作数取自累加器，很多双操作数指令中的一个操作数也取自累加器。加、减、乘、除运算指令的运算结果都存放在累加器 A 中或累加器 A 和寄存器 B 中。

b. 程序状态字寄存器 PSW：程序状态字也是一个特殊功能寄存器，它在 SFR 中的字节地址为 D0H，用于存放程序运行的状态信息，为程序提供查询和判别标准。其格式为

位序	PSW.7	PSW.6	PSW.5	PSW.4	PSW.3	PSW.2	PSW.1	PSW.0
位标志	CY	AC	F0	RS1	RS0	OV	—	P

这个寄存器的某些位可由软件设置，有些位则由硬件运行时自动设置。程序状态字寄存器的各位定义及功能见表2-4。

表2-4 程序状态字寄存器的各位定义及功能

位序	位标志	位名称	功　　能
PSW.0	P	奇偶标志位	表示累加器 A 内容的奇偶性，改变 A 中的内容指令会影响奇偶标志位。若 A 中有奇数个"1"，则 P 置"1"，否则清"0"
PSW.1	—		
PSW.2	OV	溢出标志位	执行加法指令时，当位6向位7有进位或借位而位7向 CY 没有进位或借位时，OV = 1；或者位6向位7没有进位或借位而位7向 CY 有进位或借位时，同样 OV = 1。所以，OV 为位6的进位或借位与位7的进位或借位的异或，即 $OV = CY_6 \oplus CY_7$（其中 CY_6 表示位6的进位或借位，CY_7 表示位7的进位或借位） 执行乘法指令时，若乘积超过255，则 OV = 1，乘积在 AB 寄存器对中。若 OV = 0，则说明乘积没有超过255，乘积只在累加器 A 中。执行除法指令时，OV = 1，表示除数为0，运算不被执行；否则 OV = 0
PSW.4 PSW.3	RS1 RS0	工作寄存器组	RS1　RS0　工作寄存器组 0　　0　　第0组（00H～07H） 0　　1　　第1组（08H～0FH） 1　　0　　第2组（10H～17H） 1　　1　　第3组（18H～1FH）
PSW.5	F0	用户标志位	供用户设置的标志位，由软件置"1"或清"0"
PSW.6	AC	辅助进位标志	进行加、减运算时，当低4位向高4位有进位或借位时，AC 置"1"，否则清"0"。该标志位主要用于十进制调整
PSW.7	CY	进位标志位	此位有两个功能：一是执行加法或减法运算时，存放运算结果的进位或借位标志，当运算结果的最高位有进位或借位时置"1"，否则清"0"；二是在位操作中作累加位使用，在指令中常简写为 C

c. 数据指针 DPTR：数据指针为 16 位寄存器，其字节地址为 83H 和 82H，编程时既可以按 16 位寄存器来使用，也可以按 2 个 8 位寄存器来使用，即高字节寄存器 DPH（字节地址为 83H）和低字节 DPL（字节地址为 82H）。

DPTR 主要用来存放 16 位地址，当对 64KB 外部数据存储器寻址时，作为间址寄存器使用。当访问程序存储器时，DPTR 可用来作基址寄存器，采用基址+变址寻址方式访问程序存储器。

d. 程序计数器 PC：程序计数器在物理上是独立的，它不属于特殊功能寄存器区中的寄存器。PC 是一个 16 位的计数器，用于存放一条要执行的指令地址，寻址范围为 64KB。PC 有自动加 1 功能，即执行完一条指令后，其内容自动加 1。

PC 本身并没有地址，因而不可寻址，用户无法对它进行读写，但是可以通过转移、调用、返回等指令改变其内容，以控制程序按用户的要求去执行。

② 片外数据存储器的结构。MCS-51 系列单片机片外数据存储器为 16 位地址空间，因此最多可扩充 64KB。根据图 2-1 可知，单片机片内 RAM 和片外 RAM 低 256B 的地址相同，但它们却是两个不同的地址空间。区分这两个地址空间的方法是采用不同的指令，访问片内 RAM 用 MOV 指令，访问片外 RAM 用 MOVX 指令。单片机存储器各部分的功能及使用注意事项如图 2-5 所示。

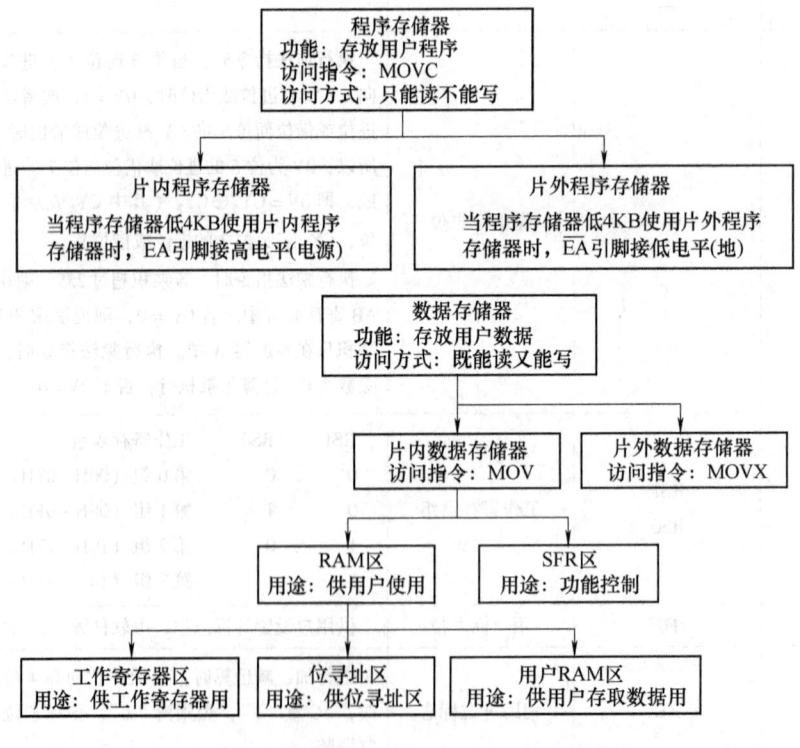

图 2-5 单片机存储器各部分的功能及使用注意事项

任务准备

1）材料准备：书写用卡片或 A4 打印纸、大头油性笔、彩色笔、各类存储器若干块等。

2）安装有 MedWin 中文版的单片机仿真软件、多媒体教学平台计算机。

3）下载有按键左移亮灯程序的单片机，每两人一台。

 任务实施

1）出示计算机上使用的存储器（见图 2-6）和 8051 系列存储器（见图 2-7）。

图 2-6　计算机上使用的存储器

图 2-7　8051 系列存储器

2）认识存储器总体配置图、地址分配表、特殊寄存器功能及访问各存储器使用指令等。

3）用 MedWin 中文版单片机仿真软件模拟仿真存储器、寄存器、特殊功能存储器的变化过程。

① 打开 MedWin 中文版界面。
② 输入按键左移亮灯程序,并生成以"HEX"为扩展名的代码文件。
③ 打开调试→单步运行→全速运行,单击,端口 P3.0 颜色发生变化,输入低电平,观察 P1.0 端口颜色变化;依次打开存储器、寄存器、特殊功能存储器等窗口观察运行状态,如图 2-8 所示。

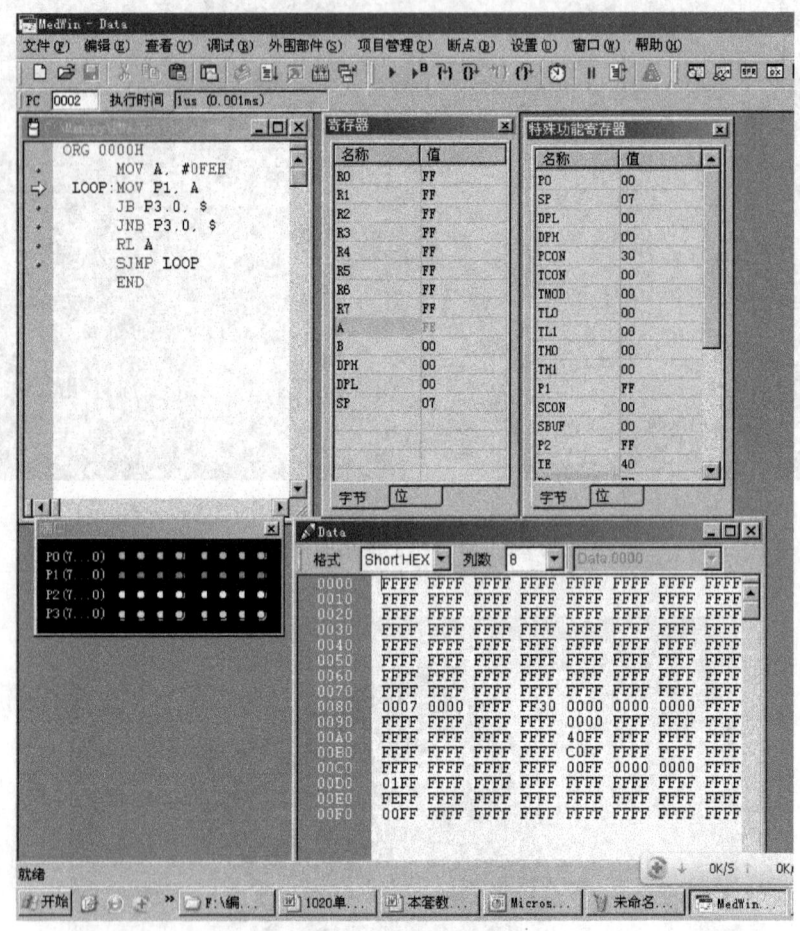

图 2-8 打开存储器、寄存器、特殊功能存储器等窗口观察运行状态

检查评议

存储器配置考核表见表 2-5。

表 2-5 存储器配置考核表

评价项目	评价内容	配分/分	评价标准		得分
认识存储器	识别存储器	20	认知存储器的名称、序号	每一项 2 分	
			理解存储器的功能	每一项 2 分	

(续)

评价项目	评价内容	配分/分	评价标准		得分
存储器的结构、功能、注意事项	程序存储器	10	程序存储器的功能、作用、地址	每一项2分	
	数据存储器	10	数据存储器的功能、作用、地址	每一项2分	
	常用单位	10	位、字节、字、地址、单元	每一项2分	
	SFR名称、地址复位后初值	15	认知SFR名称、地址复位后初值	每一项1分	
	PSW各位定义及位功能	15	认知PSW各位的定义及位功能	每一项1分	
安全文明生产	设备、材料和工具	10	正确使用设备、材料及工具	酌情给分	
团结协作	集体意识	10	各成员分工协作，积极参与	酌情给分	

 扩展知识

存储器相关知识

存储器（Memory）是计算机系统中的记忆设备。它的主要功能是存储程序和各种数据，并在计算机运行过程中高速、自动地完成程序或数据的存取。计算机中全部信息，包括输入的原始数据、计算机程序、中间运行结果和最终运行结果都保存在存储器中。它根据控制器指定的位置存入和取出信息。有了存储器，计算机才有记忆功能，才能正常工作。

存储器是具有"记忆"功能的设备，它采用具有两种稳定状态的物理器件来存储信息。这些器件也称为记忆元件。

在计算机中采用只有两个数码"0"和"1"的二进制来表示数据。记忆元件的两种稳定状态分别表示为"0"和"1"。日常使用的十进制数只有转换成等值的二进制数才能存入存储器中。

计算机中处理的各种字符，例如英文字母、运算符号等，也只有转换成二进制数才能存储和操作。

构成存储器的存储介质，目前主要采用半导体器件和磁性材料。一个双稳态半导体电路或一个CMOS晶体管或磁性材料的存储元，可存储一个二进制数。由若干个存储元组成一个存储单元，然后再由许多存储单元组成一个存储器。一个存储器包含许多存储单元，每个存储单元可存放一个字节（按字节编址）。每个存储单元的位置都有一个编号，即地址，一般用十六进制表示。一个存储器中所有存储单元可存放数据的总和即是它的存储容量。假设一个存储器的地址码由20位二进制数（即5位十六进制数）组成，则可表示为2的20次方，即1M个存储单元地址。若每个存储单元存放一个字节，则该存储器的存储容量为1MB。

按用途不同，存储器可分为主存储器（内存）和辅助存储器（外存）。外存通常是磁性介质或光盘等，能长期保存信息。内存是主板上的存储部件，用来存放当前正在执行的数据和程序，但仅用于暂时存放数据和程序，在关闭电源或断电后，数据和程序就会丢失。

 考证要点

1. 简答题
(1) 什么是程序存储器？什么是数据存储器？

(2) 作出 MCS-51 系列单片机存储器的配置图。
(3) 访问单片机内部 RAM、单片机外部 RAM、程序存储器 ROM 时分别用什么指令？
(4) 什么是位、字节、字、地址、单元？

2. 选择题
(1) 进位标志 CY 在（　　）。
A. ACC　　　　B. ALU　　　　C. PSW　　　　D. DPTR
(2) 关于 DPTR 的说法正确的是（　　）。
A. 8 位寄存器　　　　　　　　B. 不可寻址
C. 地址是 83H　　　　　　　　D. 由 DPH、DPL 两个 8 位寄存器组成
(3) 已知 PSW 的内容为 92H，则下列正确的是（　　）。
A. 有进位（借位）　　　　　　B. 选中第 0 组工作组寄存器
C. 有溢出　　　　　　　　　　D. 运算结果加偶检验应加 1
(4) 当程序状态字寄存器 PSW 状态字中的 RS1 和 RS0 分别为 0 和 1 时，系统选用的工作寄存器组为（　　）。
A. 第 0 组　　　B. 第 1 组　　　C. 第 2 组　　　D. 第 3 组
(5) 8051 单片机中，唯一一个用户可使用的 16 位寄存器是（　　）。
A. PSW　　　　B. ACC　　　　C. SP　　　　D. DPTR
(6) 8051 单片机的程序计数器 PC 为 16 位计数器，其寻址范围是（　　）。
A. 8KB　　　　B. 16KB　　　　C. 32KB　　　　D. 64KB
(7) 单片机应用程序一般存放在（　　）中。
A. RAM　　　　B. ROM　　　　C. 寄存器　　　　D. CPU

任务 2　掌握寄存器的寻址方式

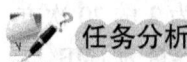（见表 2-6）

表 2-6　任务描述

工作任务	要求
熟悉指令中常用的符号	熟练掌握指令中常用的符号
理解 MCS-51 系列单片机的 7 种寻址方式	熟练掌握 MCS-51 系列单片机的 7 种寻址方式并能灵活运用
用软件仿真存储器、指令地址	掌握用软件模拟仿真存储器、指令地址的方法

 任务分析

在单片机运行时，数据可以存放在存储器中的不同位置。指令只有获得数据所存储的地址才能得到数据。指令取得数据所在地址的方式称为寻址方式。数据存放位置不同，指令取得数据的方式也不同。

计算机软件仿真可显示数据地址，要求掌握用软件仿真存储器、指令地址的方法。

 相关知识

1. 指令中常用符号注释

(1) Rn (n=0~7)　当前选中的工作寄存器 R0~R7。

(2) Ri (i=0, 1)　在当前选中的工作寄存器组中，可作为间址寄存器的两个工作寄存器 R0、R1。

(3) #data　8 位立即数。

(4) #data16　16 位立即数。

(5) direct　8 位片内 RAM 单元（包括 SFR）的直接地址。

(6) addr11　11 位目的地址，用于 ACALL 和 AJMP 指令中。

(7) addr16　16 位目的地址，用于 LCALL 和 LJMP 指令中。

(8) rel　补码形成的 8 位地址偏移量。

(9) bit　片内直接寻址位地址。

(10) @　间接寻址方式中表示间址寄存器的符号。

(11) /　位操作指令中表示对该位先取反再参与操作，但不影响该位原值。

(12) (X)　表示 X 中的内容。

(13) ((X))　由 X 指出的地址单元中的内容。

(14) →　指令操作流程，将箭头左边的内容送入箭头右边的单元。

2. 寻址方式

寻址就是寻找指令中操作数或操作数所在的地址。在设计汇编语言程序时，要针对系统的硬件环境编程，数据的存放、传送、运算都要通过指令来完成，编程者必须自始至终都十分清楚操作数的位置，以便将它们传送至适当的空间去操作。因此，寻找存放操作数的空间位置和提取操作数的方式就变得十分重要。

所谓寻址方式，就是找到存放操作数的地址，把操作数提取出来的方法。

MCS-51 系列单片机的寻址方式共有 7 种：寄存器寻址、直接寻址、立即数寻址、寄存器间接寻址、变址寻址、相对寻址、位寻址。

(1) 7 种寻址方式

1) 寄存器寻址。寄存器寻址是指操作数存放在某一寄存器中，只要指令中给出该寄存器名，就能得到操作数。寄存器可以使用通用寄存器组 R0~R7 中某一个或其他寄存器（A, B, DPTR 等）。例如：

MOV　A, R0　　　；(R0) →A
MOV　R1, A　　　；(A) →R1
ADD　A, R0　　　；(A) + (R0) →A

寄存器寻址方式的寻址范围包括：

① 4 个寄存器组共 32 个通用寄存器，但在指令中只能使用当前寄存器组，因此在使用前需通过对 PSW 中 RS1、RS0 位的状态进行设置，来选择当前寄存器组，以确定 R0~R7 的物理地址。

② 部分专用寄存器。例如，累加器 A、寄存器 B 以及数据指针 DPTR 等。

2) 直接寻址。在指令中直接给出操作数所在存储单元的地址，称为直接寻址方式。

指令中操作数部分是操作数所在的地址。在 MCS-51 系列单片机中，使用直接寻址方式可访问片内 RAM 的 128 个单元以及所有的特殊功能寄存器（SFR）。对于特殊功能寄存器，既可以使用它们的地址，也可以使用它们的名字。例如：

MOV　A,　3AH　　　；(3AH)→A

就是把片内RAM中3AH这个单元的内容送至累加器A。又如：

MOV　A,　P1　　　；(P1口)→A

是把SFR中P1口的内容送至累加器A，它又可写成

MOV　A, 90H

其中，90H是P1口的地址。

直接寻址的地址占一个字节，因此一条直接寻址方式的指令至少占两个内存单元。因为直接寻址方式只能使用8位二进制地址，所以这种寻址方式的寻址范围只限于内部RAM，具体来说就是：

① 低128单元。在指令中直接以单元地址形式给出。

② 专用寄存器。专用寄存器除以单元地址形式给出外，还可以以寄存器符号形式给出。直接寻址也是访问专用寄存器的方法。

3）立即数寻址。指令操作码后面紧跟的是一个字节或两个字节的操作数，用"#"号表示，以区别直接地址。例如：

MOV　A,　3AH　　　；(3AH)→A
MOV　A,　#3AH　　；3AH→A

前者表示把片内RAM中3AH这个单元的内容送至累加器A，而后者则把3AH这个数送至累加器A。

【注意】：注释字段中加圆括号与不加圆括号是不相同的。

MCS-51系列单片机有一条指令要求操作码后面紧跟的是两个字节立即数，即

MOV　DPTR,　　　#data16

例如：

MOV　DPTR,　　　#2000H

因为这条指令包括两个字节立即数，所以它是三字节的指令。其功能是把2000H送至DPTR寄存器中。

4）寄存器间接寻址。在寄存器寻址方式中，操作数存放在指令指定的寄存器中。在寄存器间接寻址方式中，操作数存放在存储单元中，而存储单元地址又存放在某个寄存器中，即操作数是通过寄存器间接得到的。8051单片机规定R0或R1为间接寻址寄存器，它可寻址内部RAM低位地址的128B单元内容，还可以采用数据指针DPTR作为间接寻址寄存器，寻址外部数据存储器的64KB单元内容。

【注意】：不能用这种寻址方法寻址特殊功能寄存器。

例如，将寄存器R0的内容作为单元地址，寻找操作数并送至累加器A中，可执行指令"MOV A, @R0"。若R0内容为65H，片内RAM中65H单元内容为47H，则得到的操作数是47H，最后将47H送至累加器A中。

指令的执行过程为：当程序执行到本指令时，以指令中所制定的工作寄存器R0内容65H为指针，将片内RAM中65H单元的内容47H送至累加器A中，如图2-9所示。

在访问片内RAM低128B和单片机外部地址的256个单元

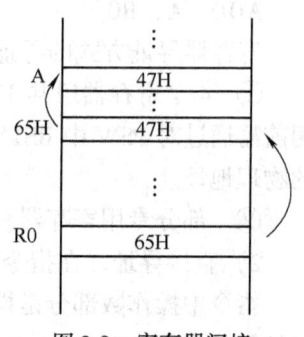

图2-9　寄存器间接寻址示意图

时，用 R0 或 R1 作地址指针；在访问全部 64KB 片外 RAM 时，使用 DPTR 作地址指针进行间接寻址。

例如：一本书放在甲抽屉中，上了锁，开锁的钥匙放在乙抽屉中，乙抽屉也上了锁。试问如何才能取到那本书？

这就是一个间接寻址的问题，要经过两次寻址才能找到那本书，而寄存器间接寻址也是同样。

程序描述如下：

MOV　30H，#20H；　　书放在甲抽屉中
MOV　R0，#30H；　　甲抽屉的钥匙放在乙抽屉中
MOV　A，@R0；　　　取书，A 中←20H

此例中，将 20H 当成那本书，将 30H 当成甲抽屉，将 R0 当成乙抽屉，执行的结果就是将 20H 这个立即数装入累加器 A 中。在此过程中也经历了两次寻址，即间接寻址。

【注意】：间接寻址寄存器采用 @Ri 或 @DPTR 来表示，指令中寄存器的内容作为操作数存放的地址，间接寻址寄存器前用 "@" 表示前缀。

Ri 只能为 R0 或 R1。@ 是区别于寄存器寻址的标志，适用于对片内 RAM（用 @Ri 作地址指针），和片外 RAM（用 @Ri 和 @DPTR 作地址指针）的访问，分别寻址 256B 和 64KB。在执行 PUSH、POP 指令时，也采用寄存器间接寻址，这时，SP 作为间址寄存器。

寄存器间接寻址方式的寻址范围包括：

① 片内 RAM 低 128 单元。对片内 RAM 低 128 单元的间接寻址，应使用 R0 或 R1 作间址寄存器，其通用形式为 @Ri（i 为 0 或 1）。

② 片外 RAM 64KB。对片外 RAM 64KB 的间接寻址应使用 DPTR 作间址寄存器，其形式为 @DPTR。例如指令 MOVX A，@DPTR，其功能是把 DPTR 指定的片外 RAM 单元的内容送至累加器 A。

片外 RAM 的低 256 单元是一个特殊的寻址区，除可以使用 DPTR 作间址寄存器寻址外，还可使用 R0 或 R1 作间址寄存器寻址。例如指令 MOVX A，@R0，即把 R0 指定的片外 RAM 单元的内容送至累加器 A。

此外，堆栈操作指令（PUSH 和 POP）也应算作是寄存器间接寻址，即以堆栈指针（SP）作间接寻址寄存器的间接寻址方式。

5）变址寻址。变址寻址是以某个寄存器的内容为基地址，然后在这个基地址的基础上加上地址偏移量形成真正的操作数地址。

MCS-51 系列单片机中没有专门的变址寄存器，而是采用数据指针 DPTR 或程序计数器 PC 作为变址寄存器，地址偏移量存放在累加器 A 中，以 DPTR 或 PC 的内容与累加器 A 的内容之和作为操作数的 16 位程序存储器地址。

在 MCS-51 系列单片机中，用变址寻址方式只能访问程序存储器，访问的范围为 64KB，当然，这种访问只能从 ROM 中读取数据而不能写入数据。例如：

操作数地址 = 变地址 + 基地址
　　基地址寄存器　　　DPTR 或 PC
　　变址寄存器　　　　@A

对 MCS-51 系列单片机指令系统的变址寻址方式作如下说明：

① 变址寻址方式只能对程序存储器进行寻址，或者说它是专门针对程序存储器的寻址方式。

② 变址寻址的指令只有三条：

MOVC A，@ A + DPTR；((A)+(DPTR))→A

MOVC A，@ A + PC；((A)+(PC))→A

JMP @ A + DPTR

其中的前两条是程序存储器读指令，后一条是无条件转移指令。

③ 尽管变址寻址方式较为复杂，但是变址寻址的指令都是一字节指令。

6）相对寻址。相对寻址只出现在相对转移指令中。在执行相对转移指令时，以 PC 当前值加上指令中规定的偏移量 rel 作为实际的转移地址。这里所说的 PC 当前值是执行完相对转移指令后的 PC 值，一般将相对转移指令操作码所在的地址称为源地址，转移后的地址称为目的地址，于是有

目的地址 = 源地址 + 2（相对转移指令字节数）+ rel

把指令中给定的地址偏移量与本指令所在单元地址（PC 内容）相加得到真正有效的操作数所存放的地址。

例如：李同学 20 岁，张同学比李同学大 3 岁，问张同学多少岁？这就是一个相对年龄的问题，而相对寻址与此类似。

将程序计数器 PC 中的内容与指令中给出的数相加，其和为跳转指令的转移地址（转移目的地址）。

【注意】：转移量是有符号数，即 –128 ~ +127。

在汇编语言编程时，在汇编过程中自动计算偏移量，并填入指令代码中。

7）位寻址。采用位寻址方式的指令，操作数是 8 位二进制数中的某一位。指令中给出的是位地址，是片内 RAM 某个单元中某一位的地址。位地址在指令中用 bit 表示。位地址常用下列三种方式表示：直接使用位地址表示，对于 20H ~ 2FH 的 16 个单元共 128 位，位地址是 00H ~ 7FH；对于特殊功能寄存器，可以直接用寄存器名字加位数表示，如 PSW.3、ACC.5 等；对于定义了位名字的特殊位，可以直接用其位名表示，如 CY。

【注意】："MOV 20H，C" 和 "MOV A，20H" 两条语句的区别：前者是位寻址，后者是字节直接寻址。

位地址的表示形式有：直接使用物理位地址，如 "MOV C，7FH"；采用第几字节单元第几位的表示法，如上述 7FH 的位地址可以表示为 2FH.7；可位寻址的特殊功能寄存器可以直接采用寄存器名加位数的命名法，如 "MOV C，ACC.7"。

位寻址方式的寻址范围包括以下内容：

① 片内 RAM 中的位寻址区。单元地址为 20H ~ 2FH，共 16 个单元 128 位，位地址是 00H ~ 7FH。对这 128 个位的寻址用直接位地址表示，例如，MOV C，2BH 指令的功能是把位寻址区 2BH 位状态送至进位标志位。

② 专用寄存器的可寻址位。可供位寻址的专用寄存器共有 11 个，实有寻址位 83 位，对这些寻址位在指令中有以下 4 种表示方法：

a. 直接使用位地址。例如，PSW 寄存器位 5 的地址为 D5H。

b. 位名称表示方法。专用寄存器中的一些寻址位是有符号名称的，例如，PSW 寄存器

位是 F0 标志位，则可使用 F0 表示该位。

c. 单元地址加位的表示方法。例如，D0H 单元（即 PSW 寄存器）位 5 表示为 D0H.5。

d. 专用寄存器符号加位的表示方法。例如，PSW 寄存器的位 5 表示为 PSW.5。

(2) 寻址方式对应存储器空间　寻址方式对应存储器空间见表 2-7。

表 2-7　寻址方式对应存储器空间

寻址方式	使用的变量及符号	访问的空间
立即寻址	#	程序存储器
寄存器寻址	Rn, A, B, DPTR	片内 RAM, 片外 RAM
寄存器间址	A, @Ri,	片内 RAM, 片外 RAM
	A, @DPTR	片外 RAM
直接寻址	Direct	片内 RAM, SFR
基址加变址寻址	@A+PC	程序存储器
	@A+DPTR	程序存储器
	JMP @A+DPTR	程序存储器
相对寻址	PC+偏移量	程序存储器 256B 范围内
位寻址	C	部分片内 RAM 和部分 SFR

(3) MCS-51 系列单片机不同存储器空间的寻址方式　MCS-51 系列单片机不同存储器空间的寻址方式如图 2-10 所示。

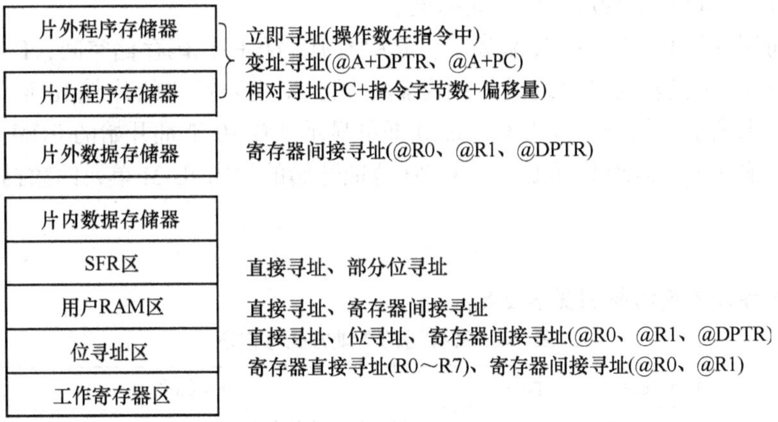

图 2-10　MCS-51 系列单片机不同存储器空间的寻址方式

任务准备

1) 安装有 MedWin 中文版单片机仿真软件的计算机和 8 位流水灯程序。

2) 具有多媒体教学平台的计算机。

任务实施

1) 出示存储器。学生观察存储器，指出存储器上的数据、信息地址，说出寻找数据、信息地址的 7 种寻址方式。

2）利用多媒体计算机上网搜索存储器的 7 种寻址方式。

3）绘制存储器总体配置图、地址分配表、特殊寄存器地址表。

4）用 MedWin 中文版单片机仿真软件模拟仿真 8 位流水灯程序执行过程中存储器、寄存器、特殊功能存储器的变化过程。存储器窗口显示存储区的内容，如图 2-11 所示。

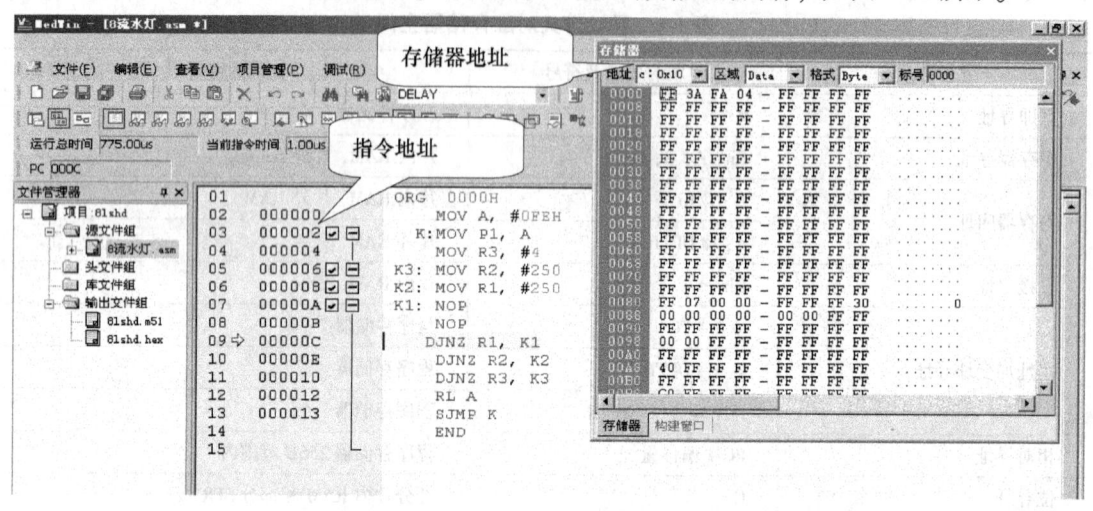

图 2-11　模拟仿真 8 位流水灯程序执行过程中存储器的变化过程

可以通过 4 个不同的页来观察 4 个不同的存储区内容。通过在文本框中输入"存储空间：存储地址"即可显示相应存储空间的值。

存储空间用字母 C、D、I、X 来表示，其中 C 代表程序代码存储空间，D 代表直接寻址的片内存储空间，I 代表间接寻址的片内存储空间，X 代表扩展的片外 RAM 存储空间，存储地址用数字来表示。例如：输入 C：0x10 即可显示从 0x10 地址开始的 ROM 存储空间中的程序代码值，输入 D：0x20 即可显示从 0x20 地址开始的片内 RAM 单元的数据。

检查评议

寄存器的寻址方式考核表见表 2-8。

表 2-8　寄存器的寻址方式考核表

评价项目	评价内容	配分/分	评价标准		得分
7 种寻址方式的理解	7 种寻址方式的应用	20	7 种寻址方式的名称、作用	少一项扣 2 分	
			7 种地址的应用	少一项扣 2 分	
	操作数对应的寻址方式	15	操作数对应的寻址方式	少一项扣 2 分	
	寄存器空间的寻址方式	15	寄存器空间的寻址方式	少一项扣 2 分	
软件仿真存储器、指令地址	软件仿真存储器地址	15	软件仿真存储器地址	少一项扣 1 分	
	软件仿真指令地址	15	软件仿真指令地址	少一项扣 1 分	
安全文明生产	设备、材料和工具	10	正确使用设备、材料及工具	不符合要求时酌情扣分	
团结协作	集体意识	10	各成员分工协作，积极参与	不符合要求时酌情扣分	

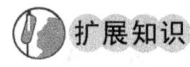 扩展知识

计算机语言指令和程序设计语言

指令是 CPU 根据人的意图来执行某种操作的命令。一台计算机的 CPU 所能执行的全部指令的集合称为这个 CPU 的指令系统。指令系统的功能强弱在很大程度上决定了这台计算机智能的高低。MCS-51 系列单片机指令系统功能很强,例如,它有乘除法指令、丰富的条件转移类指令等,并且使用方便灵活。

如果要使计算机按照人的意图办事,必须设法让人与计算机对话,并听从人的指挥。程序设计语言是实现人机交换信息的最基本工具,可分为机器语言、汇编语言和高级语言。机器语言用二进制编码表示每条指令,是计算机能直接识别并执行的语言,但是用机器语言编写的程序不易记忆,不易查错,不易修改。为了克服上述缺点,可采用有一定含义的符号,即指令助记符来表示,一般都采用某些有关的英文单词和缩写。这样就出现了另一种程序语言——汇编语言。

汇编语言是使用助记符、符号和数字等来表示指令的程序语言,容易理解和记忆。它与机器语言指令是一一对应的。汇编语言不像高级语言那样通用性强,而是属于某种计算机所独有,与计算机的内部硬件结构密切相关。用汇编语言编写的程序称为汇编语言程序。

以上两种程序语言都是低级语言。尽管汇编语言有很多优点,但是它仍存在着机器语言的某些缺点,如与 CPU 的硬件结构紧密相关,不同的 CPU 其汇编语言是不同的。这使得汇编语言不能移植,使用不方便。其次,要用汇编语言进行程序设计,必须了解所使用的 CPU 硬件的结构与性能,对程序设计人员的要求较高。为此,又出现了针对 MCS-51 系列单片机进行编程的高级语言,如 PL/M、C 语言等。

 考证要点

1. 简答题

1) MCS-51 系列单片机的指令寻址方式有哪些?具体含义是什么?

2) 回答下列指令的寻址方式:

① MOV A, #6AH
② MOV A, #0E5H
③ MOV A, 3FH
④ MOV A, 7BH
⑤ MOV A, R1
⑥ MOV A, R3
⑦ MOV A, @R0
⑧ MOV A, @R1
⑨ MOVX A, @DPTR
⑩ MOVC A, @A+DPTR
⑪ MOVC A, @A+PC
⑫ JZ 50H
⑬ SETB 01H

2. 填空题

(1)（R1）=40H，（A）=30H，（40H）=56H，（41H）=78H，则执行"MOV A，@R1"后 A 的内容是（   ）。

(2)（60H）=10H，（A）=20H，（R0）=30H，（30H）=40H，则下列指令对应的注释：

MOV A，#60H；寻址方式为（   ），A 的内容为（   ）
MOV A，60H ；寻址方式为（   ），A 的内容为（   ）
MOV A，R0 ；寻址方式为（   ），A 的内容为（   ）
MOV A，@R0 ；寻址方式为（   ），A 的内容为（   ）

3. 改错题

请判断下列 MCS-51 系列单片机指令的书写格式是否有错，若有，请说明错误原因。

(1) MOV R0，@R3

(2) MOVC A，@R0 + DPTR

(3) ADD R0，R1

4. 选择题

(1) MCS-51 系列单片机寻址方式中，操作数 Ri 加前缀 "@" 的寻址方式是_____。
A. 寄存器间接寻址   B. 寄存器寻址
C. 基址加变址寻址   D. 立即寻址

(2) MCS-51 系列单片机寻址方式中，立即寻址的寻址空间是_____。
A. 工作寄存器 R0～R7   B. 专用寄存器 SFR   C. 程序存储器 ROM
D. 片内 RAM 的 20H～2FH 字节地址中的所有位和部分专用寄存器 SFR 的位

(3) MCS-51 系列单片机寻址方式中，直接寻址的寻址空间是_____。
A. 工作寄存器 R0～R7   B. 专用寄存器 SFR
C. 程序存储器 ROM   D. 程序存储器 256B 范围

(4) MCS-51 系列单片机的立即寻址方式中，立即数前面_____。
A. 应加前缀 "/:"   B. 不加前缀
C. 应加前缀 "@"   D. 应加前缀 "#"

(5) MCS-51 系列单片机的立即寻址指令中，立即数就是_____。
A. 放在寄存器 R0 中的内容   B. 放在程序中的常数
C. 放在 A 中的内容   D. 放在 B 中的内容

单元 2　延 时 程 序

知识目标

1. 掌握 MOV、"DJNZ Rn，rel"、"DJNZ direct，rel"、NOP、"LJMP addr16"、"AJMP addr11"、"SJMP rel" 等指令。

2. 掌握 8 位流水灯硬件电路的设计方法。

3. 掌握 8 位流水灯软件的设计方法。

4. 熟练掌握延时时间的计算方法。
5. 掌握单片机控制的蜂鸣器硬件电路的设计方法。
6. 熟练掌握时序单位和指令周期的有关概念。

技能目标

1. 掌握 8 位流水灯硬件电路的安装和调试方法。
2. 掌握单片机控制的蜂鸣器电路的安装和调试方法。

任务 1　设计延时程序

任务要求：设计出一个规定延时时间（本任务中延时时间为 1s）的延时程序。

通过单片机控制 8 个发光二极管顺序点亮，学会使用 MCS-51 系列单片机芯片的 P1 口进行输出控制，进一步学习汇编程序的分析方法，并能熟练运用 MOV、"DJNZ Rn, rel"、"DJNZ direct, rel"、NOP、"LJMP addr16"、"AJMP addr11"、"SJMP rel" 等基本指令。

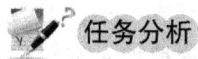

在单片机程序设计中，延时程序是常用的程序之一，如在键盘扫描程序中按键的去抖动处理，在 LED 和数码管显示程序中显示状态的延时处理等均要用到延时程序。

本任务是单片机最小系统的简单应用。通过设计一个单片机的最小系统，明确 P1 口引脚电位变化可以通过单片机存储器内部指令来控制，利用 P1 口引脚输出电位的变化来控制流水灯状态。

相关知识

1. 相关指令
（1）以工作寄存器 Rn 为目的操作数的数据传送指令　其格式为
MOV　目的操作数，源操作数
其功能为：目的操作数←源操作数中的数据。
例如：
MOV　Rn, A　　　　　　　；Rn←（A）
MOV　Rn, #data　　　　　；Rn←data
MOV　Rn, direct　　　　　；Rn←（direct）
这 3 条指令的功能是把源操作数的内容传送给工作寄存器组 R0～R7 中的某个寄存器。在指令执行后，源操作数的内容不变，目的操作数（工作寄存器）的内容修改为源操作数。

【注意】：① Rn 代表 R0～R7 中的一个工作寄存器，没有 MOV　Rn1, Rn2 指令。
② 寄存器 Rn 之间不能直接进行数据传送，要实现相关操作，必须找一个中间单元。
③ 由于 MOV 在这些指令中最大只能传送一个字节的数，所以传送的最大数不能大于 255（十进制）。

例如，要将 R4 的内容传送到 R1，可以按如下方法实现：

MOV　A，R4
MOV　R1，A

（2）工作寄存器减 1 不为 0 的转移指令

DJNZ　Rn，rel　　　　；Rn←（Rn）-1
　　　　　　　　　　　；(Rn) ≠0 转移
　　　　　　　　　　　；(Rn) =0 顺序执行下一条指令
DJNZ　direct，rel　　 ；direct←（direct）-1
　　　　　　　　　　　；(direct) ≠0 转移
　　　　　　　　　　　；(direct) =0 顺序执行下一条指令

这两条指令将源操作数减 1，将结果仍送回源操作数，若结果不等于 0，则转移；若结果等于 0，则顺序执行下一条指令。

rel 为相对偏移量，即相对本条指令的下一条指令转移的字节数。rel 是一个 8 位数并带符号的数，其数值为 -128 ~ +127，负数表示向后转移，正数表示向前转移，所以其转移范围为相对本转移指令的下一条指令的 -128 ~ +127，共 256 个单元。

在执行指令时，若发生转移，则 PC = 本转移指令地址 + 本转移指令字节数 + rel，因为程序计数器 PC 的值为将要执行的地址，所以转移目的地址 = 本转移指令地址 + 本转移指令字节数 + rel（rel = 转移目的地址 - 本转移指令地址 - 本转移指令字节数）；若没发生转移，则 PC = 本指令地址 + 本指令字节数 = 下一条指令的地址，即顺序执行下一条指令。在进行程序设计时，通常用目的地址的标号表示 rel。在程序汇编时，计算机自动计算出指令的相对转移偏移量，并将其填入指令代码中。

（3）空操作指令

NOP　；PC←（PC）+1

该指令控制 CPU 不进行任何操作（即空操作）而转到下一条指令，常用于产生一个机器周期的延迟。

（4）循环移位指令

RL　A　　　　；累加器 A 的内容向左循环移一位
RR　A　　　　；累加器 A 的内容向右循环移一位
RLC　A　　　 ；累加器 A 的内容带进位标志位向左循环移一位
RRC　A　　　 ；累加器 A 的内容带进位标志位向右循环移一位

"RL　A" 为不带进位标志位循环左移指令，将累加器 A 的内容循环左移一位；"RR　A" 为不带进位标志位循环右移指令，将累加器 A 的内容循环右移一位。这两条指令执行后不影响 PSW 中各位。

"RLC　A" 为带进位标志位循环左移指令，将累加器 A 的内容带进位标志位 CY 一起循环左移一位；"RRC　A" 为带进位标志位循环右移指令，将累加器 A 的内容与进位标志位 CY 一起循环右移一位。这两条指令执行后影响 PSW 中的进位标志位 CY 和奇偶标志位 P。循环移位指令的执行示意图如图 2-12 所示。

（5）无条件转移指令

LJMP　addr16　　　　；PC←addr16

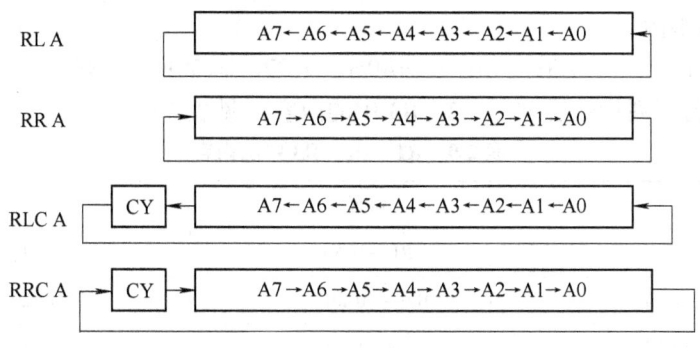

图 2-12 循环移位指令的执行示意图

AJMP addr11 ; PC←(PC)+2, $PC_{10\sim0}$←addr11
SJMP rel ; PC←(PC)+2, PC←(PC)+rel
JMP @A+DPTR ; PC←(A)+(DPTR)

"LJMP addr16"指令为长转移指令,将 16 位目标地址 addr16 装入 PC,程序无条件转向指定的目标地址执行。转移指令的目标地址可在 64KB 程序存储器地址空间的任何单元,不影响任何标志位。在进行程序设计时,addr16 通常用转移目的地址的标号表示。

【注意】:在实际编写源程序时,往往不能事先确定转移去的目标程序存放的单元地址,因此一般以要转移去的目标程序处的标号取代 16 位地址数。在编译及执行程序时是一样的。

试分析以下程序的执行顺序:

标号	操作码	操作数
	LJMP	M1
M0	LJMP	M2
M1	LJMP	M0
M2	LJMP	M2

程序执行顺序为 M1→M0→M2。

"AJMP addr11"指令为绝对转移指令,在执行该指令时,先将 PC 中的数加 2,然后将 addr11(目的地址的低 11 位)送入 PC_{10} ~ PC_0,而 PC_{15} ~ PC_{11} 保持不变。这样实际转移的目的地址为 AJMP 下一条指令的高 5 位地址加上目的地址的低 11 位。想要转移的目的地址要与实际转移的目的地址相同,这样在执行程序时才不会产生错误,所以必须使想要转移的目的地址的高 5 位与 AJMP 下一条指令地址的高 5 位相同,即想要转移的目的地址与 AJMP 下一条指令必须在同一个 2KB 的存储器区域内。实际目的地址由汇编程序自动算出。

"SJMP rel"指令为相对转移指令,rel 为相对偏移量,即相对 SJMP 的下一条指令转移的字节数。

"JMP @A+DPTR"指令为间接转移指令,在执行该指令时,把累加器 A 中的 8 位无符号数与作为基址的数据指针 DPTR 中的 16 位数相加作为转移的目的地址送入 PC,既不改变 A 和 DPTR 的内容,也不影响任何标志位。

【注意】:在使用转移指令时,若不清楚地址范围,则可以全用 LJMP 指令,功能是一样的,地址范围是最大的,只是多占用一个字节的程序存储空间。而在实际编程时,其目的地址(不论是 16 位地址,还是 11 位地址,或者是 rel)往往是用一个标号来实现的(如本程序中的 M2 标号),而不管它的具体地址值是多少。

2. 指令应用举例

例 2-1 已知（A）=3FH,（R1）=40H,（R2）=50H,（R3）=60H,（A0H）= E8H，试分析执行下列指令后 R1、R2、R3 中的内容（见表 2-9）。

表 2-9 R1、R2、R3 中的内容

指令	解释	结果
MOV R1, A	R1←(A)	(R1)=3FH
MOV R2, 0A0H	R2←(0A0H)	(R2)=E8H
MOV R3, #0DBH	R3←DBH	(R3)=DBH

例 2-2 已知 R0 中的当前值为 10，试分析"DJNZ R0, K"指令执行一次后，程序转至何处？

```
   →K: NOP
   └─DJNZ R0, K
      MOV R1, #0BFH
```

分析：因为 R0 中当前值为 10，所以"DJNZ R0, K"执行一次后，R0 中的值为（R0）=10-1=9≠0，所以程序跳转至标号为 K 的指令处执行。

例 2-3 已知 R5 中的当前值为 1，试分析"DJNZ R5, K"指令执行一次后，程序转至何处？

```
   K: NOP
   │ DJNZ R5, K
   ↓ MOV R6, #90H
```

例 2-4 已知（A）=A2H,（CY）=1，试分析执行表 2-10 中的指令后 A 和 CY 中的值。

分析：执行相应循环移位指令后的 A 和 CY 的值见表 2-10。

表 2-10 执行循环移位指令后 A 和 CY 的值

指令	结果
RL A	(A)=45H,(CY)=1
RR A	(A)=51H,(CY)=1
RLC A	(A)=45H,(CY)=1
RRC A	(A)=D1H,(CY)=0

例 2-5 试分析下列指令执行后，程序转移至何处？PC 中的值为多少？

地址	指令
0100H	LJMP
…	…
1000H	K1: MOV R1, #01H
…	…

分析："LJMP K1"指令执行后，程序转移至标号为 K1 的指令处，PC 中的值变为 1000H。

模块 2　单片机指令系统及汇编语言程序设计

任务准备

1）电工常用工具，每人一套。
2）电工操作台，两人一台。
3）安装有 MedWin 中文版单片机仿真软件的计算机。
4）具有多媒体教学平台的计算机。
5）材料准备：8 位流水灯元器件明细表见表 2-11。

表 2-11　8 位流水灯元器件明细表

序号	元器件名称	元器件规格/型号	元器件数量	备注
1	单片机芯片	AT89S51	1 片	DIP 封装
2	发光二极管	$\phi 5$	8 只	普通型
3	晶振	12MHz	1 只	普通型
4	电容	30pF	2 只	瓷片电容
		10μF	1 只	电解电容
5	电阻	470Ω	8 只	碳膜电阻
		10kΩ	1 只	碳膜电阻
6	按键		1 只	无自锁
7	40 脚 IC 座		1 片	安装 AT89S51 芯片
8	细导线、焊锡		若干	
9	万能电路板	4cm×15cm	1 片	

任务实施

1. 硬件电路的设计

（1）单片机工作条件的设计

1）电源：

① VCC（40 脚）：接 +5V 电源，又称为电源引脚。

② GND（20 脚）：接电源负极，又称为接地引脚。

2）时钟电路：采用内部时钟电路，18 脚、19 脚外接晶振（12MHz）和电容（30pF）。

3）复位电路：采用按键复位电路，9 脚外接 RC 电路及按键。

因此，在 AT89S51 单片机芯片及基本外围电路组成的单片机最小系统基础上，利用 P1 口的 8 个引脚控制 8 个发光二极管。由于发光二极管具有普通二极管的共性——单向导电性，因此只要在其两极间加上合适的正向电压，发光二极管即可点亮；将电压撤除或加反向电压，发光二极管即熄灭。根据发光二极管的这一特性，结合单片机 P1 口的输出信号，即可实现流水灯的控制效果。

（2）电路的设计

1）P1 口结构。MCS-51 系列单片机设有 4 个 8 位并行 I/O 口 P0、P1、P2、P3，在无片外存储器系统中，这 4 个 I/O 口的每一位都可以作为准双向通用 I/O 口使用，用于传送数据和地址信息。

由于P1口引脚输出高电位时的电压大约是5V,为保证发光二极管可靠工作,必须在发光二极管和单片机输出引脚间连接一只限流电阻。本任务选用硅型普通发光二极管,限流电阻值取470Ω。

2)本设计选用AT89S51单片机芯片,利用片内程序存储器进行控制,因此,$\overline{EA}/V_{pp}$引脚接高电位。

综合以上设计,得到本任务8位交替间隔1s循环流水灯控制硬件电路,如图2-13所示。

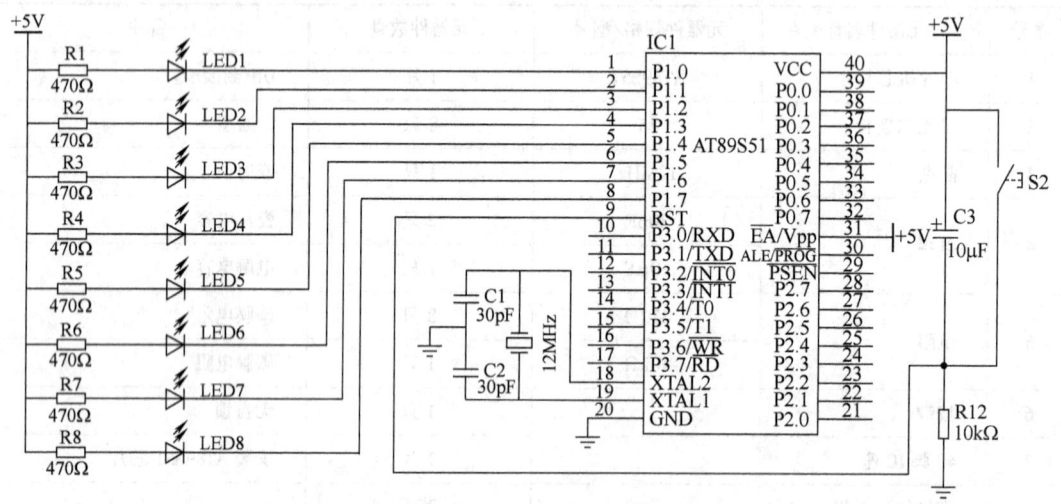

图2-13 8位交替间隔1s循环流水灯控制硬件电路

2. 控制程序的设计

(1)程序分析 将8只发光二极管接于P1口,将#0FEH亮灯数据送至P1口即可观察到8只发光二极管的亮灯情况。根据上述亮灯情况可得到图2-14所示的程序结构流程图。

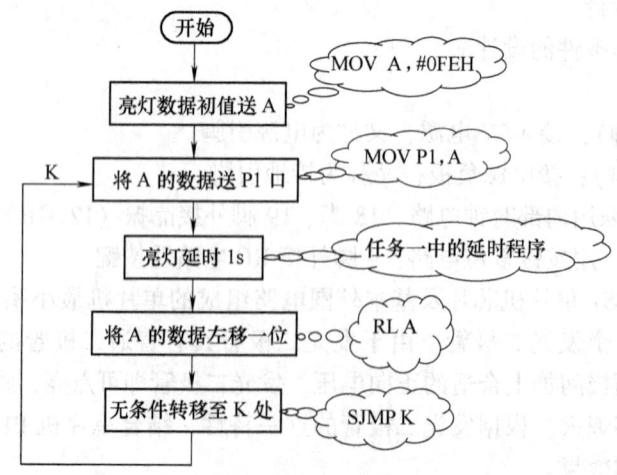

图2-14 交替间隔循环左移亮灯程序结构流程图

在MCS-51系列单片机中要实现数据左移,可以选用RL A指令,操作数必须为A。

要观察亮灯情况,应将A中的亮灯数据送至P1口输出,可用"MOV P1, A"指令实现,并通过接于 P1 口的 8 只发光二极管来观察。

要实现每步间隔 1s,即每个灯亮 1s,用延时程序即可实现。若要实现 8 个灯不停地按上述情况亮灯,则用无条件转移指令"SJMP rel"来实现。

(2) 延时程序的设计 利用循环体为空操作或无循环体的循环程序,只占用 CPU 的时间,而不进行任何实质性操作,来实现延时功能。

在 MCS-51 系列单片机中无专用的循环指令,通常采用寄存器 Rn 减 1 不为 0 则转移控制指令"DJNZ Rn,rel"来实现。此指令用来实现循环变量改变及循环结束控制。其中的循环变量赋初值通常用数据传送指令"MOV Rn,#data"来实现。循环程序结构流程图如图 2-15 所示。

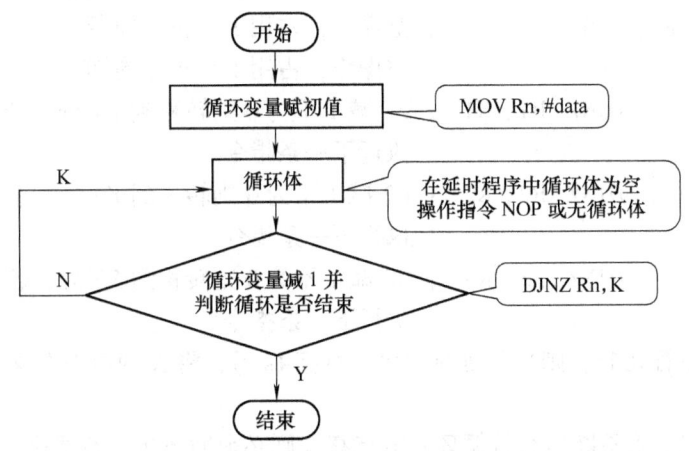

图 2-15 循环程序结构流程图

单片机的周期一般为几微秒,所以要实现较长时间的延时,需要多重循环。图 2-16 所示为两重循环程序结构流程图. 三重以上循环程序结构与此类似。

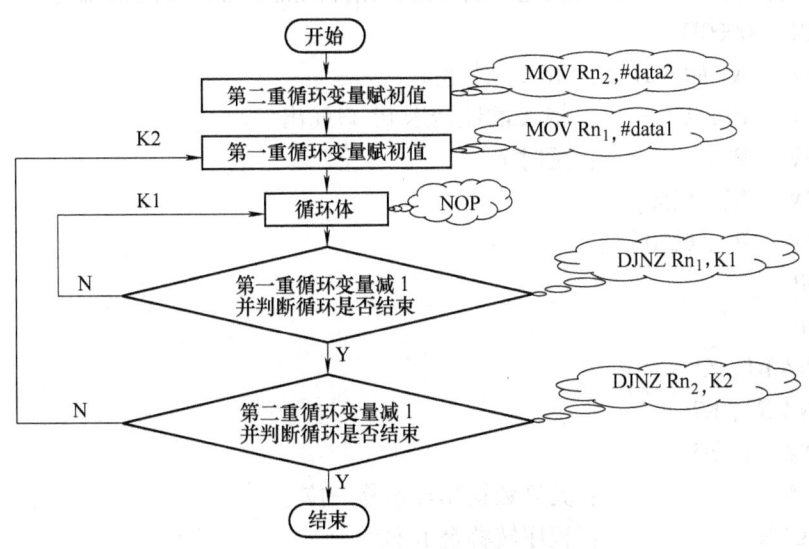

图 2-16 两重循环程序结构流程图

例如:设系统晶振频率为 12MHz,则机器周期为 $1\mu s$,应用三重循环结构,设计延时时间为 1s 的程序。

设 R1 为第一重循环变量，初值为 250；R2 为第二重循环变量，初值为 250；R3 为第三重循环变量，初值为 4。循环变量赋初值用"MOV Rn, #data"指令，分别为"MOV R3, #4"、"MOV R2, #250"和"MOV R1, #250"；循环体为两条空操作 NOP 指令；循环变量减 1 及循环结束判断用"DJNZ Rn, rel"指令，分别为"DJNZ R1, K1"、"DJNZ R2, K2"和"DJNZ R3, K3"。

根据上面的分析，设计出的延时时间为 1s 的程序如下：

```
            MOV  R3, #4    ;给第三重循环变量 R3 赋初值 4
        K3: MOV  R2, #250  ;给第二重循环变量 R2 赋初值 250
        K2: MOV  R1, #250  ;给第一重循环变量 R1 赋初值 250
        K1: NOP             ;空操作，占用 1 个机器周期
            NOP             ;空操作，占用 1 个机器周期
            DJNZ R1, K1    ;R1 减 1 不为 0 则转移到 K1 处，若为 0 则顺序
                            执行下一条指令
            DJNZ R2, K2    ;R2 减 1 不为 0 则转移到 K2 处，若为 0 则顺序
                            执行下一条指令
            DJNZ R3, K3    ;R3 减 1 不为 0 则转移到 K2 处，若为 0 则顺序
                            执行下一条指令
```

要使发光二极管亮 1s，则采用延时程序。灯亮 1s 后，将 A 的数据左移一位，用 RLA 指令实现。

要实现发光二极管不断地交替循环间隔点亮，则必须循环执行数据输出、延时、左移一位指令，所以，在程序的最后，用无条件转移指令"SJMP K"将程序转移至数据输出"MOV P1, A"指令处。

根据以上分析，设计出 8 只发光二极管交替循环间隔 1s 点亮的程序如下：

```
        ORG  0000H
        MOV  A, #0FEH      ;给 A 赋初值
    K:  MOV  P1, A         ;将 A 的数据送 P1 口输出
        MOV  R3, #4        ;延时 1s
    K3: MOV  R2, #250
    K2: MOV  R1, #250
    K1: NOP
        NOP
        DJNZ R1, K1
        DJNZ R2, K2
        DJNZ R3, K3
        RL   A             ;亮灯数据循环左移一位
        SJMP K             ;程序转移至 K 处
        END
```

【注意】：本程序的第一条指令用了一个十六进制数 0FEH，表示二进制数 11111110B。二进制数对应 P1 口的引脚电位比较直观，而十六进制数书写方便和简练，因此，编程时常

需相互转换。转换方法是：把 8 位二进制数分成高 4 位和低 4 位两组，每组用一个十六进制数表示，这样就得到两位十六进制数；反之，则可由十六进制数转换为二进制数。

3. 程序仿真与调试

1）运行 MedWin 软件，将本项目中的汇编源程序以文件名 MAI. ASM 加以保存，并添加到工程文件中，如图 2-17 所示。

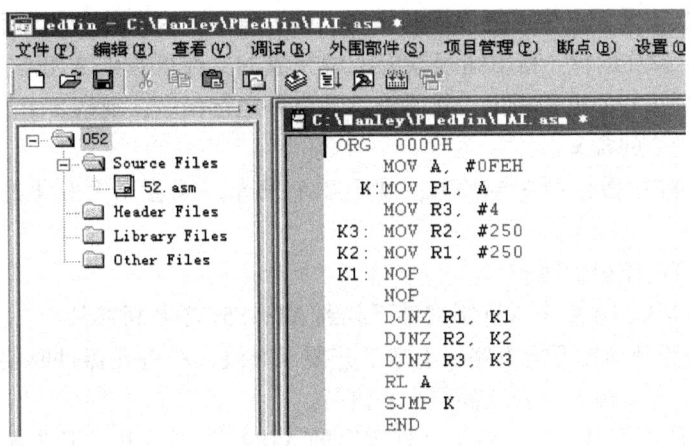

图 2-17　新建工程并添加项目

2）将已经存储完成的文件进行编译，若编译中检测到错误的符号，则会将错误信息在底部显示出行数，并在相应行用红色条反显，双击红色条反显提示，即可以在对应位置进行修改，如图 2-18 所示。

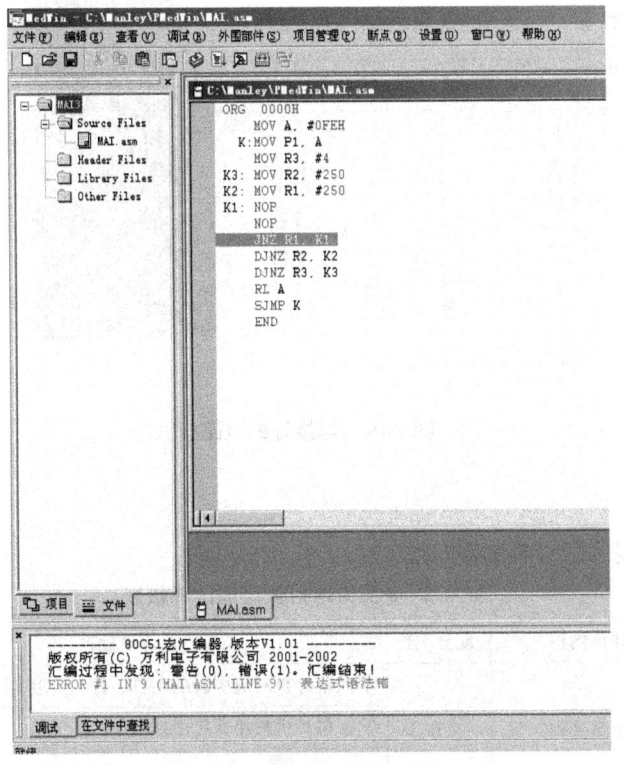

图 2-18　编译文件时出错显示

3)利用 MedWin 进行软件仿真。在将编译成功的程序写入芯片前,可先进行计算机软件仿真,通过观察分析存储器中相关数据的变化,来分析源程序是否正确。

【注意】:凡是汇编语言的固定助记符都是用蓝色显示的,用以帮助用户及时发现错误。例如,LCALLDELY 语句少了一个 L,本应显示蓝色而显示成了黑色,发现后将其纠正,继续逐行输入程序,直至结束。在这里还需注意,不要将 Word 软件中的字符复制到程序中以免因中英文格式不同而产生不能编译的错误。输入程序时应在英文状态下输入。

4)程序的下载及运行。利用编程器将汇编完成的文件下载到 AT89S51 单片机芯片中,并将芯片安装到焊接好的电路板上,接下来,通电并运行程序,观察 8 个发光二极管的亮灭变化,理解传送指令的含义。

5)最后将#0FEH 数值改为#0EFH,观察 8 个发光二极管亮灭变化的现象,理解 RL、RR 等指令的功能。

4. 8 位流水灯电路板的制作

1)存盘后将 MAI.HEX 十六进制文件下载到 AT89S51 单片机芯片中。

2)按照电路原理图在万能电路板上按工艺要求布线,布置元器件时要注意二极管的极性,接反后不会发光,焊接、安装都要小心进行。

3)按硬件电路图调试运行。将下载好程序的 AT89S51 单片机芯片安装到焊接好的电路板上,通电后运行,如图 2-19 所示。

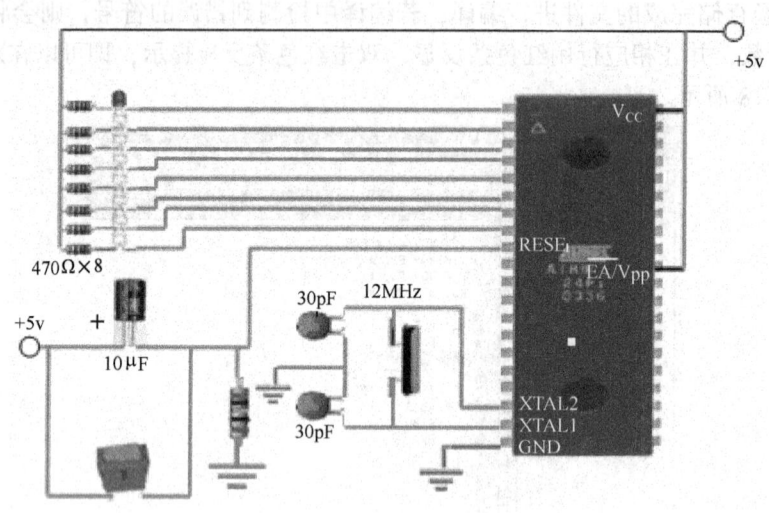

图 2-19 焊接好的电路板

检查评议

8 位流水灯安装调试考核表见表 2-12。

表 2-12 8 位流水灯安装调试考核表

评价项目	评价内容	配分/分	评价标准		得分
硬件电路	电子电路基础知识	20	掌握单片机对应引脚的名称、序号、功能	少一项扣 5 分	
			掌握单片机最小系统原理	少一项扣 10 分	
			认识电路中各元器件的功能及型号	少一项扣 5 分	

模块 2　单片机指令系统及汇编语言程序设计

（续）

评价项目	评价内容	配分/分	评价标准		得分
焊接工艺	元器件的整形、安装	5	按照原理图及元器件焊接尺寸进行正确整形、安装	不符合要求时酌情扣分	
	焊接	5	符合焊接工艺标准	不符合要求时酌情扣分	
程序的编制、调试、运行	指令学习	10	正确理解程序中所有指令的意义	不符合要求时酌情扣分	
	程序的分析、设计	20	能正确分析程序的功能	少一项扣 10 分	
			能根据要求设计功能相似的程序	少一项扣 10 分	
	程序的调试与运行	20	程序输入正确	少一项扣 5 分	
			程序编译仿真正确	少一项扣 5 分	
			能修改程序并进行分析	少一项扣 10 分	
安全文明生产	使用设备和工具	10	正确使用设备及工具	不符合要求时酌情扣分	
团结协作	集体意识	10	各成员分工协作，积极参与	不符合要求时酌情扣分	

扩展知识

单片机的编程语言指令格式

指令的表示方式称为指令格式。汇编语言指令格式如下：

［标号:］操作码　　［第一操作数］［，第二操作数］［，第三操作数］［；注释］

【注意】：指令中每个部分之间必须用空格分隔，空格数可以不止一个。在用键盘录入程序时，可以使用 < Tab > 键将两个部分分开。其中，带 [ ] 的为可选项，可以根据具体指令和编程需要给出。

指令由操作码和操作数组成。操作码决定 CPU 执行何种操作。操作数就是操作对象。无论何种指令，其操作的对象都是数据。数据在指令中有 2 种表示方法，即数据本身和数据所在的地址。指出操作数所在地址的方式就是寻址方式。

（1）标号

1）标号表示指令位置的符号地址，它是以英文字母开始的由 1~6 个字母或数字组成的字符串，并以 ":" 结尾。通常在子程序入口或转移指令的目标处才赋予标号，有了标号，程序中的其他语句才能访问该语句。MCS-51 系列单片机汇编语言有关标号的规定为：标号由 1~8 个 ASCII 字符组成，但第一个字符必须是字母，其余字符可以是字母、数字或其他特定字符。

2）不能使用汇编语言已经定义了的符号作为标记，如指令助记符、伪指令记忆符以及寄存器的符号名称等。

3）标号后边必须跟冒号。

4）同一标号在一个程序中只能定义一次，不能重复定义。

5）一条语句可以有标号，也可以没有标号，标号的有无决定着程序中的其他语句是否需要访问这条语句。

（2）操作码　　操作码助记符是表示指令操作功能的英文缩写。每条指令都有操作码，它是指令的核心部分。操作码用于规定本语句执行的操作,可为指令的助记符或伪指令的助记符,是汇编指令中唯一不能空缺的部分。例如:指令 MOV A,#00H。操作码规定了指令所实现的操作功能,由 2~5 个英文字母组成,如 JB、MOV、DJNZ、LCALL 等。

(3) 操作数　操作数指出了参与操作的数据来源和操作结果存放的目的单元。操作数可以直接是一个数,也可以是一个数据所在的空间地址,即在执行指令时从指定的地址空间取出操作数。

在一条指令中,可能没有操作数,也可能只有一项操作数,还可能有二项、三项操作数。各操作数之间以逗号分隔,操作码与操作数之间以空格分隔。

操作数可以是立即数,若立即数是二进制数,则最低位之后加 B;若立即数是十六进制数,则最低位之后加 H;若立即数是十进制数,则数字后面不用加任何标记。

操作数可以是程序中定义的标号或标号表达式。例如,MOON 是一个定义好的标号,则表达式 MOON+1 或 MOON-1 都可以作为地址来使用。

另外,操作数也可以是寄存器名;操作数还可以是符号或表示偏移量的数。

相对转移指令中的操作数还可使用一个特殊的符号$,表示本条指令所在的地址。例如,"JNB TF0,$"指令表示当 TF0 位不为 0 时,就转移到该指令本身,以达到程序在原地踏步等待的目的。

(4) 注释　注释不属于语句的功能部分,只是对每条语句的解释说明。它可使程序的文件编制显得更加清晰,是为了方便阅读程序而添加的一种标注。在程序中,只要用";"开头,即表明后面为注释内容。注释的长度不限,当一行不够时,可以换行接着写,但换行时应注意在开头使用";"号。

(5) 分界符(分隔符)　汇编程序在每段的开头或结尾使用分界符把各段分开,以便于区分。分界符可以是空格、冒号、分号等。这些分界符在 MCS-51 系列单片机汇编语言中的使用情况如下:

1) 冒号 (:) 用于标号之后。
2) 空格 ( ) 用于操作码和操作数之间。
3) 逗号 (,) 用于操作数之前。
4) 分号 (;) 用于注释之前。

例如,"MOV A,#0AH"指令表示取一个(立即)数 0A(十六进制数,转换成二进制数为 00001010)传送到累加器 A。

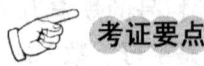 考证要点

1. 填空题

(1) 已知 (A) =27H,执行指令"RL A"后,累加器 A 中的内容是(　　)。
　A. 28H　　　　　　B. 93H　　　　　　C. 4FH

(2) 本项目中要实现 8 个发光二极管初始时两端点亮的效果,数据初值应为(　　)。
　A. 77H　　　　　　B. E7H　　　　　　C. EEH　　　　　　D. 7EH

(3) MCS-51 系列单片机指令包括操作码和操作数,其中操作数是指_____。
　A. 参与操作的立即数　　B. 寄存器　　C. 操作数　　D. 操作数或操作数地址

(4) MCS-51 系列单片机汇编语言指令格式中,唯一不可缺少的部分是_____。

A. 标号　　　　B. 操作码　　　C. 操作数　　　　D. 注释

2. 简述 MCS-51 系列单片机的指令格式。
3. 设计程序

（1）将本任务中 R3 的值分别改为 01H、02H 和 08H，观察亮灯的间隔时间有何变化。

（2）将本任务中的"RL A"指令改为"RR A"指令，观察亮灯的顺序有何变化。

（3）将本任务中的亮灯数据初值分别改为 03H、07H 和 55H，观察亮灯规律有何变化。

任务 2　计算延时时间

任务描述（见表 2-13）

表 2-13　任务描述

工作任务	要　　求
熟悉时序单位和指令周期的有关概念	理解时序单位和指令周期的有关概念
熟悉延时时间的计算方法	熟练掌握延时时间的计算方法
单片机控制蜂鸣器的硬件电路设计	掌握单片机控制蜂鸣器的硬件电路设计方法
8 位流水灯软件电路的设计	掌握 8 位流水灯软件电路的设计方法
单片机控制蜂鸣器电路的安装和调试	掌握单片机控制蜂鸣器电路的安装和调试方法
理解伪指令 END 、ORG，以及 MOV、SETB、CPL、LCALL、RET 等指令	熟练掌握伪指令 END、ORG，以及 MOV、SETB、CPL、LCALL、RET 等指令并能灵活运用

任务分析

本任务学习伪指令 END、ORG，以及 MOV、SETB、CPL、LCALL、RET 等指令，这些指令是编制程序的基础。

计算延时程序的延时时间有两种方法：精确计算法和估算法。精确计算法要求精确计算延时程序执行的机器周期数，用该方法计算出的延时时间准确，但比较复杂；估算法只需计算出延时程序执行的大概机器周期数，用该方法计算出的延时时间为大概时间，但计算方法比较简单。

本任务通过蜂鸣器电路，利用 P1.0 引脚输出电位的变化，控制蜂鸣器的鸣叫，明确延时程序的设计过程。

相关知识

1. 相关指令

（1）伪指令　伪指令又叫做汇编控制指令，是只在汇编过程中起作用的指令，用来对汇编过程进行某种控制，或者对符号、标号赋值。

伪指令和指令完全不同。在汇编过程中，伪指令不产生可执行的目标代码，大部分伪指令甚至不会影响存储器中的内容。有关伪指令的内容参阅附录 C。下面介绍汇编开始和结束两条伪指令。

格式：ORG　16 位地址

    END

ORG 的功能是指定跟在它后面的源程序经过编译后所产生的目标程序在程序存储器中的起始地址。

END 是汇编语言源程序的结束标志。汇编程序遇到 END 时认为源程序到此为止，汇编过程结束，对 END 后面所写的程序都不予理睬。

在一个源程序中可以多次使用 ORG 指令，以规定不同程序段的起始地址。但多个 ORG 所规定的地址应该从小到大，并且不同程序段之间的地址不能有重叠。而在一个源程序中只能有一个 END 命令。

（2）以累加器 A 为目的操作数的数据传送指令

汇编指令　　　　　　　　　　指令功能
MOV　A，#data　　　　　　；A←data
MOV　A，direct　　　　　　；A←(direct)
MOV　A，Rn　　　　　　　；A←Rn
MOV　A，@Ri　　　　　　　；A←(Ri)

这 4 条指令是将源操作数的内容传送给累加器 A。源操作数的寻址方式有立即寻址、直接寻址、寄存器寻址和寄存器间接寻址 4 种。

（3）位操作指令（SETB、CPL）

汇编指令　　　　　　　　　　指令功能
SETB　bit　　　　　　　　　；将 bit 位上的内容置"1"
CPL　bit　　　　　　　　　　；将 bit 位上的内容取反

以上两条指令可以对单元中的特定位进行操作，应用的关键是掌握位地址的表示方法。本程序中 P1.0 即位地址。

（4）子程序调用及返回指令（LCALL、RET）　在程序设计中，经常会遇到功能完全相同的同一段程序出现多次，为了减少程序所占存储器的空间及编程人员的工作量，可以把具有一定功能的程序段作为子程序单独编写，供主程序在需要时使用，这种使用称为调用。

当主程序需要调用子程序时，通过调用指令无条件地转移到子程序入口处开始执行，子程序执行完毕将返回到主程序。因此，调用指令和返回指令应成对使用，调用指令应放在主程序中，而返回指令应放在子程序的末尾处。

ACALL　addr11　；PC←(PC)+2，
　　　　　　　　；SP←(SP)+1，(SP)←(PC)$_{7\sim0}$
　　　　　　　　；SP←(SP)+1，(SP)←(PC)$_{15\sim8}$
　　　　　　　　；PC$_{10\sim0}$←addr11
LCALL　addr16　；PC←(PC)+3
　　　　　　　　；SP←(SP)+1，(SP)←(PC)$_{7\sim0}$
　　　　　　　　；SP←(SP)+1，(SP)←(PC)$_{15\sim8}$
　　　　　　　　；PC←addr16
RET　　　　　　　；PC$_{15\sim8}$←((SP))，SP←(SP)-1
　　　　　　　　；PC$_{7\sim0}$←((SP))，SP←(SP)-1

在程序设计中，通常把具有一定功能的公用程序段编写成子程序，当主程序需要使用子程序时，用子程序调用指令，而子程序的最后一条指令必须是子程序返回指令，以便执行完子程序后能返回到主程序继续执行。

ACALL 为绝对调用指令，在执行时，首先将 PC 中的内容加 2（ACALL 为双字节指令），指向下一条指令地址（即断点地址），然后将断点地址压入堆栈，即先把 PC 的低 8 位 $PC_{7\sim0}$ 压入堆栈，再把 PC 的高 8 位 $PC_{15\sim8}$ 压入堆栈，最后将子程序入口地址的低 11 位 addr11 送入 $PC_{10\sim0}$，将 ACALL 指令的下一条指令地址的高 5 位送入 $PC_{15\sim11}$，程序转到子程序处执行。程序的入口地址必须与 ACALL 指令的下一条指令的第一字节在相同的 2KB 存储区内，目的地址的形成与 AJP 指令类似。

LCALL 为长调用指令，在执行时，首先将 PC 中的内容加 3（LCALL 为三字节指令），指向下一条指令地址（即断点地址），然后将断点地址压入堆栈，即先把 PC 的低 8 位 $PC_{7\sim0}$ 压入堆栈，再把 PC 的高 8 位 $PC_{15\sim8}$ 压入堆栈，最后将子程序入口地址 addr16 送入 PC，程序转到子程序处执行。子程序可存放在程序存储器 64KB 的任意位置。

RET 为子程序返回指令，在执行时，将保存在堆栈内的断点地址弹出送入 PC，使程序返回到原断点地址（即子程序调用指令的下一条指令）处继续执行。

在程序中，addr11 或 addr16 通常用子程序第一条指令的标号（子程序名）代替。在程序汇编时，子程序入口地址由计算机自动算出。在调用子程序时，断点保护和转移至子程序入口地址的过程，以及在子程序返回时断点的弹出和回到断点处的过程均由单片机自动完成。

【注意】：在使用调用子程序指令时，若不清楚地址范围，可以全用 LCALL 指令，功能是一样的，地址范围是最大的，只是多用一个字节的程序存储空间。而在实际编程时，其子程序入口地址往往是用一个标号来实现，而不用管它的具体地址。

2. 时序单位和指令周期

单片机 CPU 执行指令的一系列动作都是在统一时序脉冲控制下进行的，为便于分析指令的执行过程，定义几个时序单位，即时钟周期、状态周期、机器周期和指令周期。

（1）时钟周期　时钟周期也称为振荡周期，定义为振荡频率的倒数，用 T_0 表示。它是单片机中最基本、最小的时间单位。在一个时钟周期内，CPU 仅完成一个最基本的动作。

（2）状态周期　两个时钟周期定义为一个状态周期，用 T_S 表示。

（3）机器周期　一个机器周期为单片机完成一个基本操作，如取指令、存储器读/写等。一个机器周期由 6 个状态周期组成，用 T_M 表示。

（4）指令周期　将执行一条指令的时间定义为指令周期，一般由若干机器周期组成。指令不同，所需的机器周期数也不同。在 MCS-51 系列单片机中有单周期、双周期和四周期指令，各指令机器周期数见附录 D。

上述几个时序单位有以下关系：

$$T_M = 6T_S = 12T_0$$

例如：设单片机振荡频率 f_{osc} 为 12MHz，试计算时钟周期、状态周期和机器周期。

根据单片机时钟周期、状态周期和机器周期的关系可得

$$时钟周期\ T_0 = \frac{1}{f_{osc}} = \frac{1}{12}\mu s$$

$$状态周期\ T_S = 2T_0 = \frac{1}{6}\mu s$$

$$机器周期\ T_M = 12T_0 = 1\mu s$$

3. 延时时间的计算

(1) 计算机器周期　设单片机振荡频率为12MHz，则机器周期为

$$T_M = 12T_0 = 12 \times \frac{1}{f_{osc}}$$

(2) 标出延时程序各条指令的机器周期数　标出下面延时程序各条指令的机器周期数为

```
            源程序              机器周期数
            MOV   R3，#4           1
      K3：MOV   R2，#250          1
      K2：MOV   R1，#250          1
      K1：NOP                     1
            NOP                    1
            DJNZ  R1，K1           2
            DJNZ  R2，K2           2
            DJNZ  R3，K3           2
```
（第一重循环、第二重循环、第三重循环）

(3) 精确计算法

第一重循环一次的机器周期数：$1+1+2=4$

第一重循环总的机器周期数：$4 \times 250 = 1000$

第二重循环一次的机器周期数：$1+1000+2=1003$

第二重循环总的机器周期数：$1003 \times 250 = 250750$

第三重循环一次的机器周期数：$1+250750+2=250753$

第三重循环总的机器周期数：$250753 \times 4 = 1003012$

总的机器周期数：$1+1003012=1003013$

延时时间：$1003013 \times 1\mu s = 1003013 \mu s = 1.003013 s$

(4) 估算法　采用估算法计算机器周期如下：

因为估算机器周期数 = 第一重循环一次的机器周期 × 第一重循环次数 × 第二重循环次数 × 第三重循环次数，且估算延时时间 = 估算机器周期数 × 机器周期，所以以上延时程序的延时时间为

$$4 \times 250 \times 250 \times 4 \times 1\mu s = 1000000 \mu s = 1s$$

任务准备

1) 电工常用工具，每人一套。

2) 电工操作台，两人一台。

3) 安装MedWin V3.0软件或伟福6000软件的计算机及下载设备，两人一套。

4) 材料准备：单片机控制的蜂鸣器鸣叫元器件明细表见表2-14。

表2-14　单片机控制的蜂鸣器鸣叫元器件明细表

序号	元器件名称	元器件型号	元器件数量	备注
1	单片机芯片	AT89S51	1片	DIP封装
2	蜂鸣器		1只	电磁式

（续）

序号	元器件名称	元器件型号	元器件数量	备注
3	晶振	12MHz	1只	普通型
4	电容	30pF	2只	瓷片电容
		10μF	1只	电解电容
5	电阻	10kΩ	2只	碳膜电阻
6	按键		1只	无自锁
7	40脚IC座		1片	安装AT89S51芯片
8	晶体管	9013	1只	
9	细导线、焊锡		若干	
10	万能电路板	4cm×15cm	1片	

任务实施

1. 硬件电路的设计

在单片机应用中，首先应考虑硬件电路的设计，编写的控制程序和电路结构是互相对应的。

（1）电路设计分析　使用AT89S51单片机芯片（含片内程序存储器），外加振荡电路、复位电路、控制电路、电源，组成一个单片机最小系统。

对于电磁式蜂鸣器，其发声原理是：电流通过电磁线圈，使电磁线圈产生磁场，驱动振动膜发声。因此，需要一定的电流才能驱动它。单片机I/O口输出电流较小，单片机输出的TTL电平基本上驱动不了蜂鸣器，因此需要增加一个电流放大的电路——晶体管电路进行电流放大。利用蜂鸣器的工作特点，结合单片机P1.0引脚输出信号的状态，实现蜂鸣器的单片机控制。蜂鸣器控制电路如图2-20所示。

对于电平驱动的蜂鸣器，只要在其正、负两极间加上合适的工作电压（1.5~5V），蜂鸣器即可鸣叫；将电压撤除，鸣叫即停止。但是蜂鸣器所需的工作电流比单片机能直接提供的电流大很多倍，因此使用一只晶体管进行电流放大。

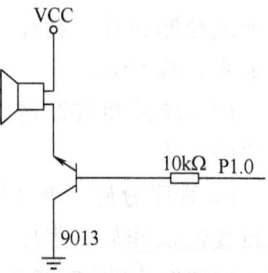

图2-20　蜂鸣器控制电路

（2）电路的设计　选用的AT89S51芯片共有40个引脚，采用双列直插式封装形式。

1）单片机工作条件设计：

① 电源：VCC（40脚）接+5V电源，又称为电源引脚；GND（20脚）接电源负端，又称为接地引脚。

② 时钟电路：采用内部时钟电路，18脚、19脚外接晶振（12MHz）和电容（30pF）。

③ 复位电路：采用按键复位电路，9脚外接RC电路及按键，注意MCS-51系列单片机为高电平复位。

2）蜂鸣器控制电路的设计：将蜂鸣器的正极接到电源正极，负极与晶体管的发射极相连。当晶体管导通时，蜂鸣器负极通过晶体管接地，蜂鸣器工作（鸣叫）。晶体管是否导通取决于基极电位，若基极电位为低电位0，则晶体管导通；若基极电位为高电位1，则晶体管截止。

晶体管的基极通过 10kΩ 的电阻与单片机芯片 AT89S51 的 P1.0 引脚连接,因此可以通过控制 P1.0 引脚的输出信号来控制晶体管的通断。

综合以上分析,得到图 2-21 所示的电路原理图。

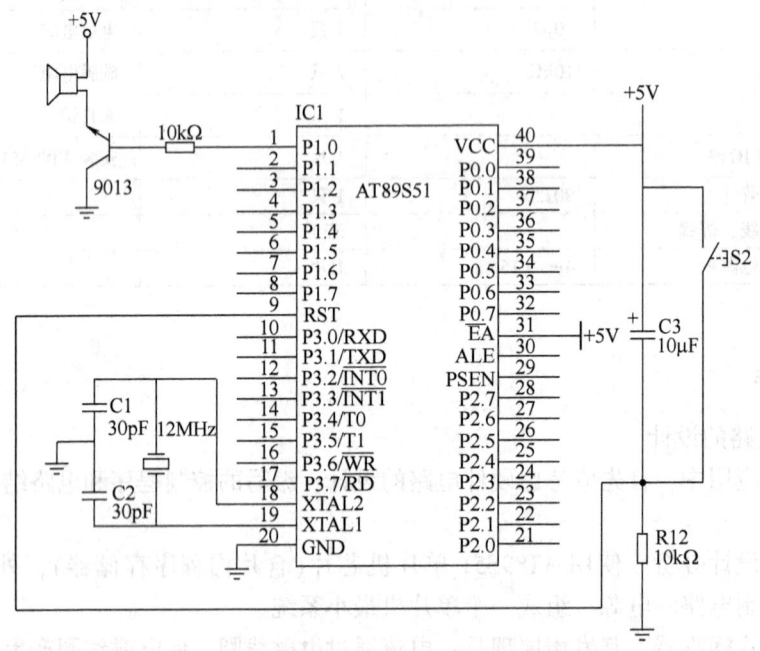

图 2-21　单片机控制的蜂鸣器鸣叫电路原理图

2. 控制程序的编写

(1) 绘制程序流程图　本任务使用简单程序设计中的顺序结构形式绘制程序,程序结构流程图如图 2-22 所示。

(2) 单片机控制蜂鸣器鸣叫程序的设计

1) 程序分析:单片机通电或执行复位操作后,程序都将回到初始位置"0"(即 0000H 单元)开始执行。

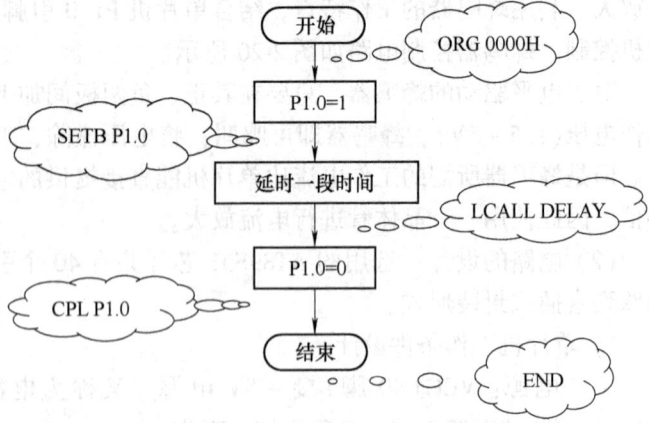

图 2-22　程序结构流程图

为了使蜂鸣器发音,蜂鸣器应置高电平 1,选用指令"SETB P1.0"。此时由于晶体管基极通过 10kΩ 的限流电阻与单片机引脚连接,所以晶体管导通,蜂鸣器发声。

为了能清楚地分辨蜂鸣器的发声情况,执行"LCALL DELAY"指令,调用 5s 延时子程序,以维持蜂鸣器发声的状态。同时,还需要停止 5s,产生一段时间间隔,要求蜂鸣器停止,选用指令"CPL P1.0",程序段同时延时 5s。

标号"DELAY"以下为延时程序,被称为子程序,能使程序显得精简。

2) 综合以上分析设计好的源程序如下:

```
ORG    0000H
MAIN1: SETB   P1.0
       LCALL  DELAY
       CPL    P1.0
       LCALL  DELAY
       LJMP   MAIN1
DELAY: MOV    R3, #20
   K3: MOV    R2, #250
   K2: MOV    R1, #250
   K1: NOP
       NOP
       DJNZ   R1, K1
       DJNZ   R2, K2
       DJNZ   R3, K3
       RET
       END
```

3. 程序仿真与调试

1) 运行 MedWin 软件,将本任务中的汇编源程序以文件名 FengMQ. ASM 保存,并添加到工程文件中,如图 2-23 所示。

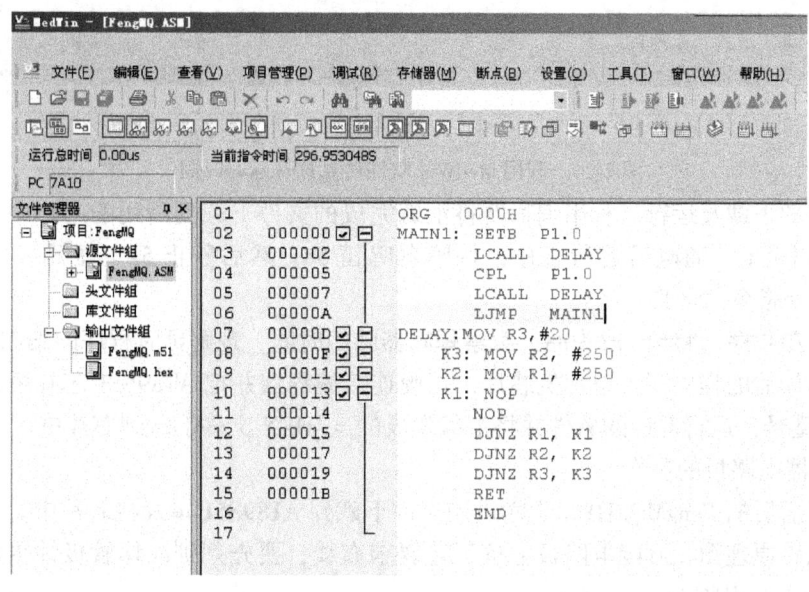

图 2-23 汇编源程序图

2) 将已经保存的文件进行编译,若编译中检测到错误的符号,则会将错误信息用红色条纹反显,双击错误提示,即可以在对应位置进行修改。很多错误是因为在中文状态下输入造成的。

3)利用 MedWin 进行软件仿真。在将编译成功的程序写入芯片前,可以先进行计算机软件模拟仿真,通过观察分析存储器中相关数据的变化来分析源程序是否正确,通过程序运行时间来验证设计时间是否正确,如图 2-24 所示。

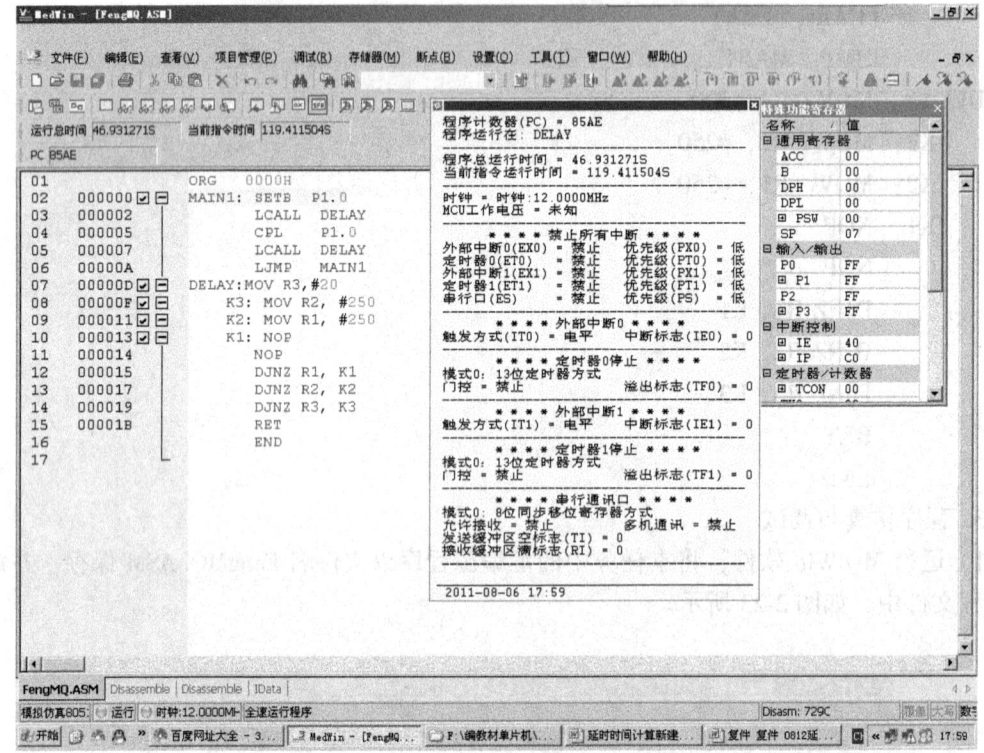

图 2-24 利用 MedWin 软件仿真计算延时时间

4)程序的下载及运行。利用编程器将汇编完成的文件下载到所用的芯片中,并安装到焊接好的电路板上,通电后运行程序,蜂鸣器鸣笛 5s,然后停止 5s。理解"SETB P1.0"、"CPL P1.0"等指令的含义。

5)修改源程序,将#20 改为#8,观察蜂鸣器鸣叫时间,理解延时程序的编制方法。

6)将编译后的程序写入单片机芯片,正确连接编程器并把 AT89S51 芯片插好,根据选用的编程器型号,运行对应的软件并将汇编生成的 *.HEX 文件下载到芯片中。

4. 蜂鸣器电路板的制作

1)将存盘后的 FengMQ.HEX 十六进制文件下载到 AT89S51 单片机芯片中。

2)按电路原理图在万能电路板上按工艺要求布线,要先判别晶体管极性再焊接。蜂鸣器要安装到 P1.0 引脚上。

3)按硬件电路图调试运行,将写完程序的芯片安装到焊接好的硬件电路(见图 2-25)中,给电路板通电,控制单片机工作,观察蜂鸣器的鸣叫是否有长短变化。

模块 2 单片机指令系统及汇编语言程序设计

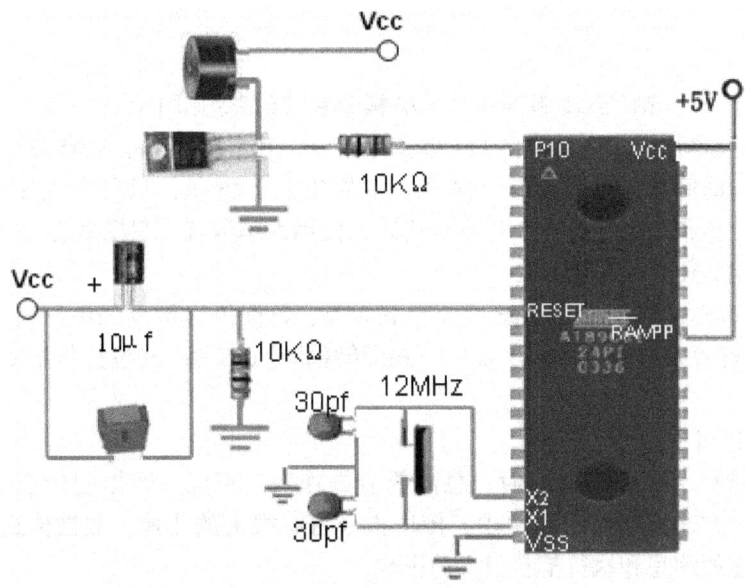

图 2-25 焊接好的硬件电路

检查评议

单片机控制的蜂鸣器安装调试考核表见表 2-15。

表 2-15 单片机控制的蜂鸣器安装调试考核表

评价项目	评价内容	配分/分	评价标准		得分
硬件电路	电子电路基础知识	20	掌握单片机芯片对应引脚的名称、序号、功能	少一项扣 5 分	
			掌握单片机最小系统原理	少一项扣 10 分	
			认识电路中各元器件的功能及型号	少一项扣 5 分	
焊接工艺	元器件的整形、插装	5	按照原理图及元器件焊接尺寸进行正确整形、安装	不符合要求时酌情扣分	
	焊接	5	符合焊接工艺标准	不符合要求时酌情扣分	
程序的编制、调试、运行	指令学习	10	正确理解程序中所有指令的意义	不符合要求时酌情扣分	
	程序的分析、设计	20	能正确分析程序的功能	少一项扣 10 分	
			能根据要求设计功能相似的程序	少一项扣 10 分	
	程序的调试与运行	20	程序输入正确	少一项扣 5 分	
			程序编译仿真正确	少一项扣 5 分	
			能修改程序并进行分析	少一项扣 10 分	
安全文明生产	使用设备和工具	10	正确使用设备及工具	不符合要求时酌情扣分	
团结协作	集体意识	10	各成员分工协作,积极参与	不符合要求时酌情扣分	

> 扩展知识

MCS-51 系列单片机的指令系统(指令见附录 B)

MCS-51 系列单片机指令系统由 111 条指令组成,其中单字节指令 45 条,三字节指令 17 条。从指令执行时间看,单周期指令 64 条,双周期指令 45 条,只有乘、除两条指令执行时间为 4 个周期。该指令系统有 255 种指令代码,使用汇编语言,只要熟悉 42 种助记符即可,简单易学,使用方便。

MCS-51 系列单片机的指令系统可分为五大类:数据传送指令(28 条)、算术运算指令(24 条)、逻辑运算及移位指令(25 条)、控制转移指令(17 条)和位操作指令或布尔操作指令(17 条)。

1. 数据传送指令

CPU 在进行算术和逻辑运算时,总需要有操作数。所以,数据的传送是一种最基本、最主要的操作。在通常的应用程序中,传送指令占有很大的比例。数据传送是否灵活、迅速,对整个程序的编写和执行都有很大的影响。

MCS-51 系列单片机为用户提供了极其丰富的数据传送指令,共有 28 条,功能很强大。特别是直接寻址传送,使用通用寄存器或累加器,以提高数据传送的速度和效率。

2. 算术运算指令

算术运算指令共有 24 条,主要是执行加、减、乘、除四则运算。另外,MCS-51 系列单片机指令系统中有相当一部分是进行加 1、减 1 操作。BCD 码的运算和调整都归类为运算指令。虽然 MCS-51 系列单片机的算术逻辑单元 ALU 仅能对 8 位无符号整数进行运算,但是利用进位标志位 CY,则可进行多字节无符号整数运算;同时利用溢出标志位 OV,还可以对带符号数进行补码运算。

【注意】:除加、减 1 指令外,这类指令大多数都会对 PSW(程序状态字)有影响。

3. 逻辑运算及移位指令

逻辑运算及移位指令共有 25 条,既有与、或、异或、求反、左右移位、清"0"等逻辑操作,又有直接寻址、寄存器寻址和寄存器间址寻址等寻址方式。这类指令一般不影响 PSW 标志。

4. 控制转移类指令

控制转移指令共有 17 条,用于控制程序的流向,所控制的范围即为程序存储器区间。MCS-51 系列单片机的控制转移指令相对丰富,既有可对 64KB 程序空间地址单元进行访问的长调用和长转移指令,也有可对 2KB 进行访问的绝对调用和绝对转移指令,还有在 256B 范围内相对转移指令及其他无条件转移指令。这些指令的执行一般都不会对标志位有影响。

5. 位操作指令

MCS-51 系列单片机的硬件结构中有一个位处理器(又称为布尔处理器)。布尔处理功能是 MCS-51 系列单片机的一个重要特征,是根据实际应用需要而设置的。布尔变量即开关变量,是以位(bit)为单位进行操作的。布尔处理器以进位标志位 CY 作为累加位 C,以片内 RAM 可寻址的 128 个位作为存储位。

考证要点

1. 选择题

（1）能改变程序执行顺序的指令是（　　）。
A. MOV　　　　B. SETB　　　　C. LJMP　　　　D. ORG

（2）在调用子程序时，LCALL 用在（　　）程序中，RET 用在（　　）程序中。
A. 主　主　　　B. 主　子　　　C. 子　主　　　D. 子　子

（3）MCS-51 系列单片机指令系统中，格式为"ORG 16 位地址"的指令功能是（　　）。
A. 用于定义字节
B. 用于定义字
C. 用于定义汇编程序的起始地址
D. 用于定义某特定位的标识符

2. 实作训练

要求利用单片机芯片控制一个发光二极管闪烁，设计电路并编程。

3. 计算延时时间

（1）设单片机振荡频率为 6MHz，试精确计算下列延时子程序的延时时间。

```
DEL:    MOV   R7, #0FAH
DEL1:   MOV   R6, #0F8H
        NOP
DEL2:   DJNZ  R6, DEL2
        DJNZ  R7, DEL1
```

（2）设单片机振荡频率为 12MHz，试估计下列延时子程序的延时时间。

```
        MOV   R5, #20
K1:     MOV   R6, #250
K2:     DJNZ  R6, K2
        DJNZ  R5, K1
```

单元3　算术运算程序

知识目标

能灵活应用 ADD、ADDC、CLR、SJMP $、SUBB、CLR C 等指令。

技能目标

1. 熟练编写加法程序。
2. 熟练使用软件模拟仿真加法程序。
3. 掌握编写减法程序的具体步骤。

任务1 设计加法程序

任务描述

已知有两个双字节无符号数,其中一个存放在 R0(高字节)、R1(低字节)中,另一个存放在 R2(高字节)、R3(低字节)中。试求这两个双字节数之和,并把结果存入 R4、R5、R6 中,高位在前,低位在后。

任务分析

本任务将介绍"ADD"、"ADDC"、"CLR"、"SJMP $"等指令,并灵活运用它们编写程序;通过两个双字节数加法程序的设计过程,使学生掌握编写加法程序的具体步骤及注意事项,并且会使用仿真软件观察加法程序的运行过程。

相关知识

1. 不带进位标志位的加法指令

ADD   A,#data   ;A←(A)+data
ADD   A,direct   ;A←(A)+(direct)
ADD   A,Rn   ;A←(A)+(Rn)
ADD   A,@Ri   ;A←(A)+((Ri))

这4条指令的功能是将累加器 A 的内容与源操作数相加,并将其结果存放到累加器 A 中。在相加过程中,若位 7(D7)有进位,则进位标志位 CY 置"1",否则清"0";若位 3(D3)位有进位,则辅助进位标志位 AC 置"1",否则清"0"。

溢出标志位 OV=CY6⊕CY7。CY6 为位 6 向位 7 的进位,CY7 为位 7 向 CY 的进位。

2. 带进位标志位的加法指令

ADDC   A,#data   ;A←(A)+data+(CY)
ADDC   A,direct   ;A←(A)+(direct)+(CY)
ADDC   A,Rn   ;A←(A)+(Rn)+(CY)
ADDC   A,@Ri   ;A←(A)+((Ri))+(CY)

这4条指令的功能与不带进位标志位的位加法指令类似,唯一不同之处是在执行加法时,还要将进位标志 CY 的内容也一起加进去,对标志位影响也与不带进位标志位的加法指令相同。

【注意】:ADD 和 ADDC 指令在使用时,ADD 仅适用于单字节加法运算,而 ADDC 既可以适用于单字节加法,又可以适用于多字节加法,只是利用 ADDC 指令进行多字节加法运算的低字节相加时,应先对 CY 进行清"0"。

3. A 清"0"指令

CLR   A   ;A←0

该指令的功能是将累加器 A 的内容清"0"。

4. "SJMP $"指令

"SJMP $"指令是"SJMP rel"指令的一个特例,其中$代表本指令的地址,与"K:SJMP

K"指令的作用相同。其功能是使程序在该指令处循环等待,相当于动态停机。因为 MCS-51 系列单片机没有专用的停机指令,所以在要求动态停机时,使用"SJMP $"指令来实现。

5. 指令应用举例

例 2-6 设两个数(A) = 7AH,(R0) = 65H,执行"ADD A,R0"指令求两数之和,试说明和的值及 PSW 的有关标志位的内容。

解

```
   0 1 1 1 1 0 1 0 (A)
 + 0 1 1 0 0 1 0 1 (R0)
   ─────────────────
   1 1 0 1 1 1 1 1
```

两数之和的值(A) = DFH;标志位:(CY) = 0,(AC) = 0,(OV) = 1,(P) = 1。

如果将这两个数作为无符号数,相加的结果是否溢出(即大于 255)就要看进位标志位 CY 是否为 1,在本例中(CY) = 0,说明没有溢出,即结果没有大于 255。如果作为有符号数,相加的结果是否溢出就要看溢出标志位 OV 是否为 1,在本例中(OV) = 1,说明溢出,即结果超出了 -128 ~ +127 之间的范围,是错误的,如在本例中两正数相加,结果变成了负数。

例 2-7 设两个数(A) = 81H,(R1) = C3H,(CY) = 1,执行"ADDC A,R1"指令求两数之和,试说明和的值及 PSW 的有关标志位的内容。

解

```
     1 0 0 0 0 0 0 1 (A)
     1 1 0 0 0 0 1 1 (R1)
   +                 1 (CY)
   ─────────────────────
   1 0 1 0 0 0 1 0 1
```

两数之和的值(A) = 45H;标志位:(CY) = 1,(AC) = 0,(OV) = 1,(P) = 1。

任务准备

1) 电工常用工具,每人一套。
2) 电工操作台,两人一台。
3) 安装有 MedWin V3.0 软件或伟福 6000 软件的计算机及下载设备,两人一套。

任务实施

1. 任务分析

1)实现双字节数加法运算如下:

```
      R0  R1
   +  R2  R3
   ──────────
   R4  R5  R6
```

2)在两个双字节数相加时,先进行低字节相加,再进行高字节相加。低字节相加时用不带进位标志位的加法指令 ADD,因其本身就已是最低位了,所以不涉及向它的进位在高字节相加时,除本身两个高字节相加外,还应加上低字节相加时可能产生的进位,所以高字节相加应用带进位标志位的加法指令 ADDC。高字节相加可能产生的进位,按本任务要求应将其存放在寄存器 R4 中。将一个位存放在一个字节中，在 MCS-51 系列单片机中没有这样的指令可直接操作，所以这是本任务的一个难点，可通过一个间接方法实现，即用带进位标志位的加法指令 ADDC 进行两个操作数均为 0 的加法运算，这样就可把进位单独加到字节中去，然后再将相加结果送到 R4。两个双字节数加法运算程序流程图如图 2-26 所示。

2. 程序设计

1）根据以上分析，在两个双字节数相加时，先低字节相加，因为两个操作数均存放在寄存器中，然而在 MCS-51 系列单片机中没有两个寄存器直接相加的加法指令，在加法指令中第一操作数必须是 A，所以应先用"MOV A，R1"指令把其中的一个加数送入 A 中，然后用"ADD A，R3"指令将低字节数（R1）和（R3）相加，并将相加后的结果

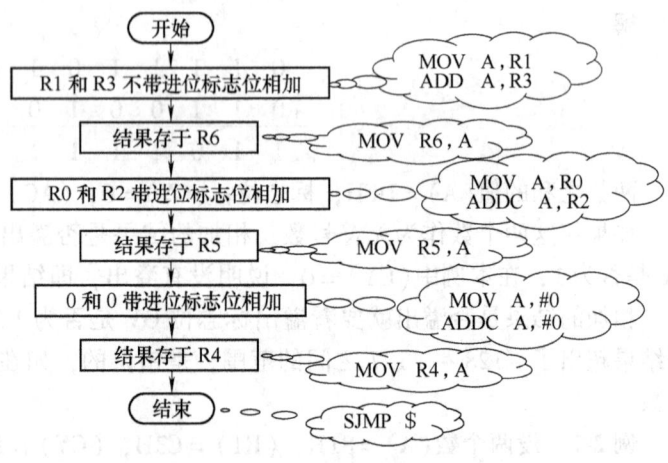

图 2-26 两个双字节数加法运算程序流程图

存放在 A 中，若有进位，则将进位存放在进位标志位 CY 中，最后用"MOV R6，A"将低字节相加的结果存放到寄存器 R6 中。

2）在进行高字节相加时，应将低字节相加后可能产生的进位加上，同样用"MOV A，R0"将其中的一个高字节加数送入 A 中，用"ADDC A，R2"指令将两个高字节数（R0）和（R2）相加，并将结果放在 A 中，将进位放在 CY 中，用"MOV R5，A"指令将高字节数相加的结果存入 R5 中。

3）根据前面的分析，要将高字节相加的进位存入寄存器 R4 中，应采用两个 0 带进位标志位相加的方法，所以先用"CLR A"指令将 A 清"0"，然后用"ADDC A，#0"指令即可将进位加到 A 中，最后用"MOV R4，A"指令将高字节进位存入 R4 中。

4）由于 MCS-51 系列单片机没有暂停或程序结束指令，所以程序最后应用"SJMP $"指令让程序在该处循环等待，停止向下运行，否则程序将继续往下运行，造成运行错误。

根据以上分析编写的源程序如下：

```
MOV   A, R1     ;将低字节的一个加数(R1)送入 A 中
ADD   A, R3     ;两个低字节数(R1)和(R3)相加
MOV   R6, A     ;低字节数相加的结果存入 R6
MOV   A, R0     ;将高字节的一个加数(R0)送入 A 中
ADDC  A, R2     ;两个高字节(R0)和(R2)及低字节相加的进位相加
MOV   R5, A     ;高字节相加的结果存入 R5
CLR   A         ;将 A 清"0"
ADDC  A, #0     ;两个 0 带进位相加
MOV   R4, A     ;高字节相加产生的进位存入 R4 中
SJMP  $         ;程序循环等待
```

3. 仿真运行

1）设(R0)=#30H、(R1)=#10H、(R2)=#20H、(R3)=#50H、(R4)=40H、(R5)=41H、(R6)=42H，将以上数据和程序输入到 MedWin V3.0 软件中，并进行编译。

2）编译成功后生成代码并运行。

3）软件仿真时，首先单步运行，再全速运行。

4）打开"寄存器"观察窗口，观察寄存器 A 中数值的变化情况。

5）打开"存储器"观察窗口，观察存储器中数值的变化情况。40H、41H、42H 分别为 00H、50H、60H，验证符合相加结果。代码、寄存器、存储器窗口如图 2-27 所示。

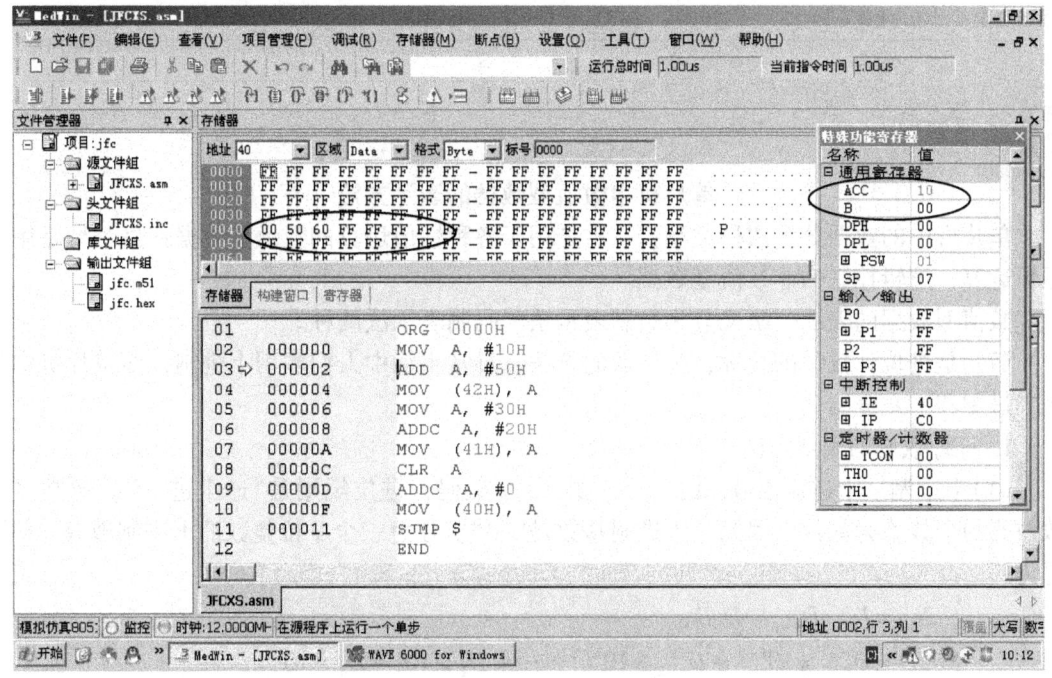

图 2-27　代码、寄存器、存储器窗口

6）调试程序。将(R0)=#40H、(R1)=#20H 数值代入，仿真运行，观察寄存器、存储器窗口变化情况，看是否达到设计要求。

检查评议

加法程序设计考核表见表 2-16。

表 2-16　加法程序设计考核表

评价项目	评价内容	配分/分	评价标准		得分
加法程序的设计	会使用"ADD"、"ADDC"、"SJMP $"指令并能确定 PSW 各标志位	20	会使用"ADD"、"SJMP $、ADDC"指令	每一项 5 分	
			能确定 PSW 各标志位	每一项 2 分	

（续）

评价项目	评价内容	配分/分	评价标准	得分
软件仿真加法程序	加法程序编译	10	加法程序输入、编译正确	每一项5分
	加法程序仿真	20	加法程序代码生成、仿真正确	每一项10分
	加法程序数值代换	30	能改变R1、R2等数值	每一项5分
安全文明生产	设备、材料和工具	10	正确使用设备、材料及工具	酌情给分
团结协作	集体意识	10	各成员分工协作，积极参与	酌情给分

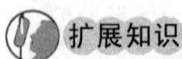 扩展知识

单片机中数值型数据的表示方法

单片机中的数据分为两种类型：一种是用于各种数值运算的数值型数据；另一种是用于逻辑运算、逻辑控制的非数值型数据。

数值型数据的表示方法又分为数制表示法和码制表示法两种。

数制是进位计数制的简称，是计数的方法。日常生活中人们多用十进制，而单片机中常用二进制和十六进制。

1. 三种数制的表示方法

（1）十进制 十进制有0，1，…，9共10个数码，进位规则是"逢十进一"。通常将计数数码的个数称为基数。因此，十进制基数是"10"。任意一个k位整数的十进制数N，都可写为

$$N_{10} = D_{k-1}D_{k-2}\cdots D_1 D_0$$
$$= D_{k-1} \times 10^{k-1} + D_{k-2} \times 10^{k-2} + \cdots + D_1 \times 10^1 + D_0 \times 10^0$$

式中 $D_i(i=0,1,\cdots,k-1)$——0~9中任意一个数码；

10^i——第i位的权，又称为权位，表示D_i所代表的数值的大小。

例如，将452按权展开为$4 \times 10^2 + 5 \times 10^1 + 2 \times 10^0$，其中每一位上不同的数码表示不同的大小。

（2）二进制 二进制只有0、1两个数码，进位规则是"逢二进一"，基数是"2"。任意一个二进制数N_2可写为

$$N_2 = D_{k-1}D_{k-2}\cdots D_1 D_0$$
$$= D_{k-1} \times 2^{k-1} + D_{k-2} \times 2^{k-2} + \cdots + D_1 \times 2^1 + D_0 \times 2^0$$

式中 $D_i(i=0,1,\cdots,k-1)$是0~1中任意一个数码；

2^i是第i位的权。

（3）十六进制 十六进制有0，1，…，9，A，B，C，D，E，F共16个数码，进位规则是"逢十六进一"，基数是"16"。任意一个十六进制数N_{16}可表示为

$$N_{16} = D_{k-1}D_{k-2}\cdots D_1 D_0$$
$$= D_{k-1} \times 16^{k-1} + D_{k-2} \times 16^{k-2} + \cdots + D_1 \times 16^1 + D_0 \times 16^0$$

为区别不同进制的数,在数的表示时采用了不同后缀:十进制数用 D 表示或省略;二进制数用 B 表示;十六进制数用 H 表示。当十六进制数以 A~F 开始时,需在前面加一个 0。各进制对应关系见表 2-17。

表 2-17 进制对应关系

十进制	二进制	十六进制	十进制	二进制	十六进制
0	0000B	0H	9	1001B	9H
1	0001B	1H	10	1010B	0AH
2	0010B	2H	11	1011B	0BH
3	0011B	3H	12	1100B	0CH
4	0100B	4H	13	1101B	0DH
5	0101B	5H	14	1110B	0EH
6	0110B	6H	15	1111B	0FH
7	0111B	7H	16	10000B	10H

2. 数制的转换

因本书后续介绍的实例使用的都是整数,以下只介绍数制间整数部分的转换方法。关于小数部分的转换方法,请参考其他书籍。

1) 非十进制数转换为十进制数:将非十进制数按权展开求和即得十进制数。

例 2-8 将 1001B,2A3H 转换为十进制数。

解 $1001B = 1 \times 2^3 + 0 \times 2^2 + 0 \times 2^1 + 1 \times 2^0 = 8 + 1 = 9$

$2A3H = 2 \times 16^2 + A \times 16^1 + 3 \times 16^0 = 512 + 160 + 3 = 675$

2) 十进制数转换为非十进制数采用"除基取余"法,即用十进制数逐次去除所求数的基数并依次记下余数,直到商为 0 止,首次所得余数为所求数的最低位,末次所得余数为所求数的最高位。

例 2-9 将 25 转换成二进制数。

解 所求数是二进制数,基数是"2",则

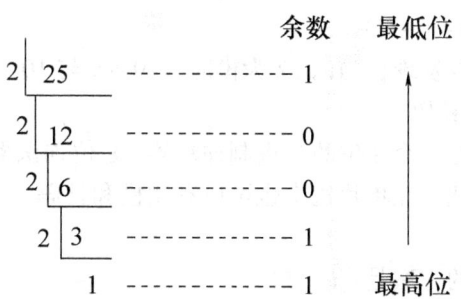

结果是 11001B。

例 2-10 将 361 转换成十六进制数。

解 所求数是十六进制数,基数是"16",则

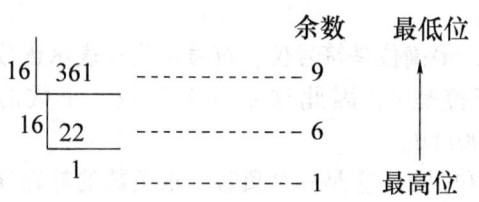

结果是 169H。

3）二进制数转换成十六进制数采用"4 位并 1"法，即将二进制数按每 4 位一组分组，不足 4 位的补 0，然后写出每组等值的十六进制数。

例 2-11 将 10011100110001B 转换成十六进制数。

解 10011100110001B = 0010 0111 0011 0001B = 2731H

4）十六进制数转换为二进制数采用"1 位 4 分"法，将每位十六进制数用 4 位二进制数代替即得到对应的二进制数。

例 2-12 将 4AC7H 转换成二进制数。

解 4AC7H = 0100 1010 1100 0111B = 100101011000111B

3. 有符号数的表示方法

前面所提到的二进制数没有涉及符号问题，是一种无符号数。那么对于有符号数，在单片机中怎样表示？由于数的符号只有"正"、"负"两种情况，所以在单片机中把一个数的最高位作为符号位，用以表示数的正负，其中"0"表示正数，"1"表示负数。这就是带符号数在单片机中的表示形式，称之为机器数。机器数在单片机中以补码表示。

一般把一个计数系统可表示数的个数称为它的模。例如，钟表可以表示 12 个钟点，它的模为 12；又如，一个 n 位二进制计数系统，它可以表示 $2n$ 个不同的数，它的模数为 $2n$。

模具有这样的性质：当模为 M 时，M 和 0 表示形式是相同的。钟表的模是"12"，所以钟表的 0 点和 12 点的表示形式相同。n 位二进制计数器，可以从 0 开始计数到 $2n-1$，如果再加 1，那么计数器就变成了 0，所以 $2n$ 和 0 在 n 位二进制计数器中的表示形式是一样的。因此也可以看出，当一个计数系统的计数达到模时，模会自动丢失。

引入模的概念后，可以把减法改成加法来运算。例如，当前北京时间为 3 点，而钟表停在 10 点时，可以顺时针拨 5 个小时，也可以逆时针拨 7 个小时。如果顺时针为加法，逆时针为减法，那么可以得到下面两个表达式：

顺时针 $10 + 5 = 12 + 3 = 3$（模 12）

逆时针 $10 - 7 = 10 + (-7) = 3$

比较以上两表达式可以发现，当以 12 为模时，$10 + 5$ 与 $10 + (-7)$ 两种运算是等价的。这里"5"就被称为"-7"的补码。

在单片机中，使用的是一个 8 位的二进制加法器，8 位加法器最高的进位也和钟表的时针一样会自动丢失模。因此，在单片机中也可以利用模和补码，将减法运算转换成加法运算来进行。

求一个二进制数补码的方法是：

1）正数的补码是它本身。

2）负数的补码是保持符号位不变，将数值位逐位取反后加 1 即得。

例 2-13 已知 01010011B，10010011B，01111111B，11111111B 是有符号数，请写出它们的补码。

解 对有符号数来说，最高位是符号位，符号位为 0 表示正数，为 1 表示负数。

1）01010011B 的最高位是 0，因此这是一个正数。正数的补码是它本身，所以 01010011B 的补码为 01010011B。

2）10010011B 的最高位是 1，它是一个负数。求负数的补码分两步：

第一步是保持符号位数不变,数值取反,所以 10010011B 的反码为 11101100B。

第二步是加 1。将以上取反得到的数码末位加 1 即得到所求数的补码,即 10010011B 的补码为 11101101B。

3) 01111111B 是正数,所以 01111111B 的补码为 01111111B。

4) 11111111B 是负数,符号位不变,数值位取反为 10000000B,再加 1 得补码,即 11111111B 的补码为 10000001B。

例 2-14 已知 01001001B,11010010B,01111111B,11111111B 是二进制数的补码,求它们的原码并转换成十进制。

解 1) 由 01001001B 的符号位判断这是一个正数,正数的原码与补码相同,所以 01001001B 的原码为 01001001B。

将正数原码的数值位按权展开即得十进制数,即

$$01001001B = 1 \times 2^6 + 1 \times 2^3 + 1 \times 2^0 = 64 + 8 + 1 = 73$$

2) 由 10010011B 的符号位判断它是负数,求负数的原码也分为两步(求补码的逆过程):

第一步是将数值位减 1,得 10010010B。

第二步是符号位数不变,数值位取反便可得所求数原码,即 10010011B 的原码为 11101101B。将负数原码的数值位按权展开所得数,是十进制的绝对值,即

$$1101101B = 1 \times 2^6 + 1 \times 2^5 + 1 \times 2^3 + 1 \times 2^2 + 1 \times 2^0 = 64 + 32 + 8 + 4 + 1 = 109$$

考虑符号位,有 11101101B = -109。因此,10010011B 的原码是 11101101B,所对应的十进制数是 -109。

3) 01111111 是正数的补码,因此其原码是 01111111B,所对应的十进制数是 $(2^7 - 1) = 127$。

4) 11111111B 是负数的补码,数值位减 1 为 11111110B,符号位不变数值取反得 10000001B,即 11111111B 的原码是 10000001B,所对应的十进制是 -1。

为使学生便于将二进制数与无符号十进制数或有符号十进制数相对应,现将其对应关系列于表 2-18 中,以供查阅。

表 2-18 8 位二进制数的对应关系

二进制数	无符号十进制数	有符号十进制数	二进制数	无符号十进制数	有符号十进制数
00000000B	0	0	10000000B	128	-128
00000001B	1	+1	10000001B	129	-127
00000010B	2	+2	…	…	…
…	…	…	11111101B	253	-3
01111110B	126	+126	11111110B	254	-2
01111111B	127	+127	11 1111 11B	255	-1

☞ **考证要点**

1. 计算题

(1) 将下列十进制数转换成二进制数:

(A) 24　　　　(B) 96　　　　(C) 127　　　　(D) 256　　　　(E) 1024

(2) 把下列十六进制数转换为二进制数和十进制数:

(A)10AH　　　　(B)0EFH　　　　(C)40DC3H　　　　(D)0FFH

2. 选择题

(1) 在 MCS-51 系列单片机指令系统中，指令"ADD A，R0"执行前(A) = 38H，(R0) = 54H，(CY) = 1；执行后，其结果为_____。

A. (A) = 92H (CY) = 1　　　　　　　B. (A) = 92H (CY) = 0
C. (A) = 8CH (CY) = 1　　　　　　　D. (A) = 8CH (CY) = 0

(2) 在 MCS-51 系列单片机指令系统中，指令"ADD A，R0"执行前(A) = 86H，(R0) = 7AH，(CY) = 0；执行后，其结果为_____。

A. (A) = 00H (CY) = 1　　　　　　　B. (A) = 00H (CY) = 1
C. (A) = 7AH (CY) = 1　　　　　　　D. (A) = 7AH (CY) = 0

(3) 在 MCS-51 系列单片机指令系统中，指令"ADDC A，@R0"执行前(A) = 38H，(R0) = 30H，(30H) = F0H，(CY) = 1；执行后，其结果为_____。

A. (A) = 28H (CY) = 1　　　　　　　B. (A) = 29H (CY) = 1
C. (A) = 68H (CY) = 0　　　　　　　D. (A) = 29H (CY) = 0

(4) 在 MCS-51 系列单片机指令系统中，指令"CLR A"表示_____。

A. 将 A 的内容清"0"　　　　　　　B. 将 A 的内容置"1"
C. 将 A 的内容各位取反，结果送回 A 中　　D. 循环移位指令

3. 技能训练

(1) 若(R0) = 20H，(R1) = 30H，(R2) = 40H，(R3) = 50H，运用任务中的程序，观察 R4、R5 和 R6 的值。

(2) 若(CY) = 1，R0、R1、R2 和 R3 中的值同上题，将任务中的"ADD A，R3"指令改为"ADDC A，R3"指令，运行程序，观察结果与上题有何不同？为什么？

(3) 若两个三字节数分别存放在 50H、51H、52H 单元和 60H、61H、62H 单元中，编写程序实现两个三字节数相加运算，自行设置数据，观察运行结果。

任务 2　设计减法程序

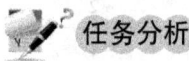

已知有两个双字节无符号数，被减数存放在 R2(高字节)、R3(低字节)中，减数存放在 R4(高字节)、R5(低字节)中，求这两个双字节数之差，并把结果存入 R6(高字节)、R7(低字节)中。

本任务将介绍"SUBB A，#data"等指令并灵活运用它们编写减法程序；通过两个双字节数减法程序的设计过程，使学生掌握编写减法程序的具体步骤，并且会使用仿真软件观察减法程序的运行过程。

相关知识

1. 带进位标志位减法指令

模块 2　单片机指令系统及汇编语言程序设计

```
SUBB  A, #data      ; A←(A)—data—(CY)
SUBB  A, direct     ; A←(A)—(direct)—(CY)
SUBB  A, Rn         ; A←(A)—(Rn)—(CY)
SUBB  A, @Ri        ; A←(A)—((Ri))—(CY)
```

这 4 条指令的功能是将累加器 A 中的内容减去源操作数和进位标志位 CY，并将结果存放到累加器 A 中。在执行减法操作的过程中，若位 7(D7)有借位，则进位标志位 CY 置"1"，否则清"0"；若位 3(D3)有借位，则辅助进位标志位 AC 置"1"，否则清"0"。

减法运算指令执行的结果影响 PSW 的进位标志位 CY、辅助进位标志位 AC、溢出标志位 OV 和奇偶校验标志位 P。

【注意】：1) 在多字节减法运算中，低字节有时会向高字节产生借位(CY 置"1")，所以在高字节运算中就要用到带借位减法指令。由于 MCS-51 系列单片机指令系统中没有不带借位的减法指令，所以若进行不带借位的减法运算(低字节或单字节相减)，则应在"SUBB"指令前用"CLR C"指令将 CY 清零即可。

2) 减法指令也影响 PSW 中的标志位，若 D7 位有借位，则 CY 置"1"，否则清"0"；若 D3 位有借位，则 AC 置"1"，否则清"0"。两个带符号数相减，还要考虑 OV 位，若 OV 为"1"，则由于溢出而表明结果是错误的。

2. 位清"0"指令

```
CLR  C  ; CY←0
```

该指令的功能是将进位标志位 CY 清"0"。

3. 指令应用举例

例 2-15　已知(A) = B8H，(20H) = 65H，(CY) = 1，执行"SUBB A, 20H"指令进行两个数相减，说明差的值及 PSW 的有关标志位的内容。

解

```
    1 0 1 1 1 0 0 0 (A)
    0 1 1 0 0 1 0 1 (20H)
  —             1 (CY)
    ─────────────────
    0 1 0 1 0 0 1 0
```

两个数之差的值(A) = 52H，标志位：(CY) = 1，(AC) = 0，(OV) = 1，(P) = 1。

若看作两个无符号数相减，则结果为 52H 是正确的；若看作两个有符号数相减，则一个负数减去一个正数结果为正数，显然结果是错误的，此时溢出标志 OV = 1，用户可通过 OV 判断结果的正误。

任务准备

1) 电工操作台，两人一台。
2) 装配有 MedWin V3.0 软件或伟福 6000 软件的计算机及下载设备，两人一套。

任务实施

1. 任务分析

该减法运算过程如下：

```
    R2  R3
−   R4  R5
────────────
    R6  R7
```

两个双字节数相减,先进行低字节相减,再进行高字节相减。

因在 MCS-51 系列单片机中没有不带借位的减法指令,只有带借位的减法指令 SUBB,所以在进行低字节相减前,要先将进位标志位 CY 清"0",然后再进行相减,否则会导致运算出错。

低字节相减后再进行高字节相减。高字节相减前就不能再将进位标志位 CY 清"0"了,因低字节相减时可能产生借位,在进行高字节相减时,应将低字节的借位减去。两个双字节数减法运算程序流程图如图 2-28 所示。

2. 程序设计

在低字节相减前应先用"CLR CY"指令将进位标志位清"0",然后用"MOV A,R3"指令将被减数的低字节送入 A 中,再用"SUBB A,R5"指令进行两低字节相减,用"MOV R7,A"指令将相减结果存入寄存器 R7 中。

在进行高字节相减时不能清进位标志位,同样用"MOV A,R2"指令将被减数的高字节送入 A 中,再用"SUBB A,R4"指令进行高字节相减,将相减结果用"MOV R6,A"指令存入寄存器 R6 中。

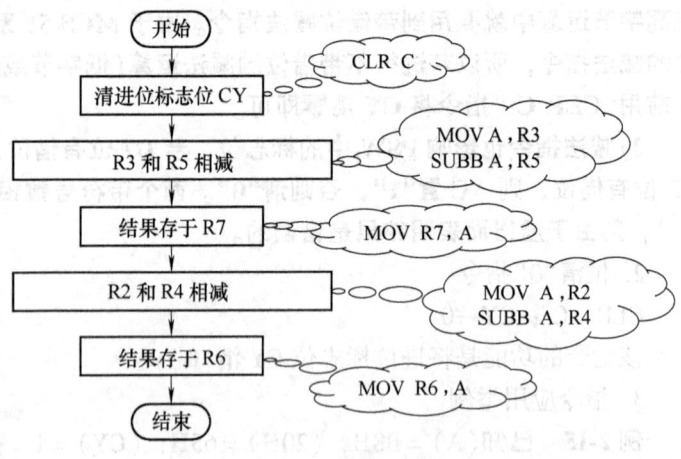

图 2-28 两个双字节数减法运算程序流程图

根据以上分析编写的源程序如下:

```
CLR    C          ;进位标志位清"0"
MOV    A,R3      ;将被减数的低字节 R3 送入 A 中
SUBB   A,R5      ;两个数的低字节相减
MOV    R7,A      ;将低字节相减结果存入 R7
MOV    A,R2      ;将被减数的高字节 R2 送入 A 中
SUBB   A,R4      ;两个数的高字节相减
MOV    R6,A      ;将高字节相减结果存入 R6
SJMP   $          ;循环等待
```

3. 仿真运行和调试

1)设(R2)=#80H、(R3)=#60H,(R4)=#40H、(R5)=#20H,将以上数据和程序输入到 MedWin V3.0 软件中,并进行编译。

2)编译成功后生成以 HEX 为扩展名的代码。

3)利用软件模拟仿真,先单步运行或按〈F8〉键,再全速运行。

4)单步运行或按〈F8〉键,打开"寄存器"观察窗口,观察寄存器 A 中数值的变化情况。

5）打开"存储器"观察窗口，观察存储器中数值的变化情况。R6、R7 分别为 40H、40H，验证符合相减结果。代码、寄存器、存储器窗口如图 2-29 所示。

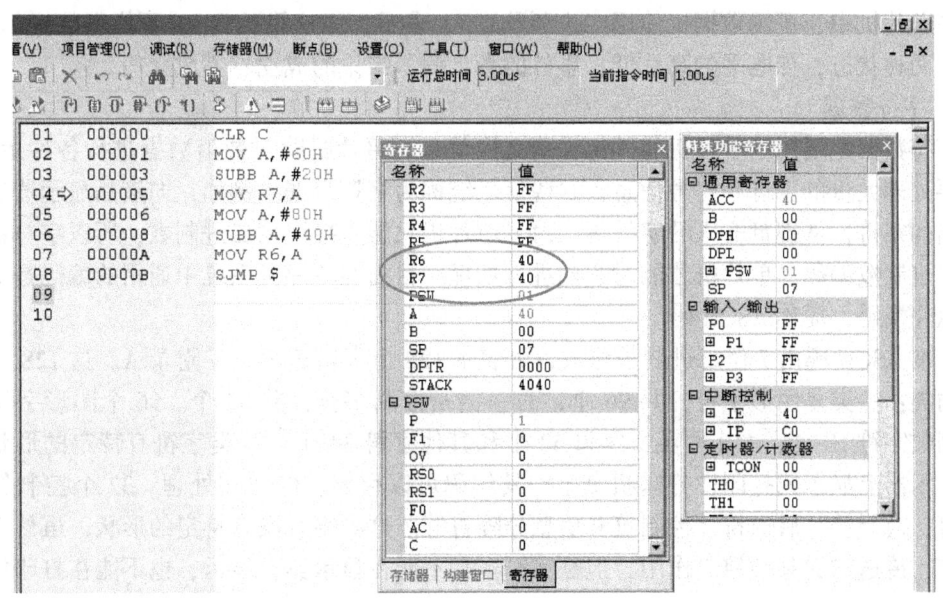

图 2-29　代码、寄存器、存储器窗口

6）程序调试。将（R4）= #30H、（R5）= #30H 数值代入，重新编译、生成代码、仿真运行，观察寄存器、存储器窗口的变化情况，看是否达到设计要求。

减法程序设计考核表见表 2-19。

表 2-19　减法程序设计考核表

评价项目	评价内容	配分/分	评价标准		得分
减法程序的设计	会使用"SUBB"、"CLR"指令并能确定 PSW 各位	15	会使用"SUBB"指令	每一项 5 分	
			会使用"CLR"指令	每一项 5 分	
			能确定 PSW 各位	每一项 2 分	
软件仿真减法程序	减法程序编译	10	减法程序输入、编译正确	每一项 5 分	
	减法程序仿真	20	减法程序代码生成、仿真正确	每一项 10 分	
	减法程序数值代换	35	能改变 R1、R2 等数值	每一项 5 分	
安全文明生产	设备、材料和工具	10	正确使用设备、材料及工具	酌情给分	
团结协作	集体意识	10	各成员分工协作，积极参与	酌情给分	

扩展知识

单片机中非数值型数据的表示方法

1. 逻辑数据

逻辑数据只能进行基本逻辑运算。基本逻辑运算包括与、或、非三种运算。参加运算的数据是按位进行的，位与位之间没有进位和借位关系。

在单片机中，逻辑数据也使用二进制数 0、1 表示，但这里的 0、1 不代表数量的大小，而表示两种状态，如电平的高、低，事件的真、假，结论的成立、不成立等。

2. 字符数据

字符数据主要用于单片机与外部设备交换信息。单片机除对数值数据进行各种运算外，还需要处理大量的字母和符号信息，这些信息统称为字符数据。例如，向液晶显示器、打印机输出的字符，从键盘输入的字符等。由于单片机只能直接识别二进制数，所以字符数据只有用二进制数编码，单片机才能对它们进行处理。目前在单片机系统中通用的编码是美国标准信息交换码，简称 ASCII 码。

标准 ASCII 码由 7 位二进制数构成，可表示 128 个字符编码，见附录 A。这 128 个字符分为两类：一类是图形字符，共 96 个；另一类是控制字符，共 32 个。96 个图形字符包括十进制数字符 10 个、大小写英文字母 52 个和其他字符 34 个。这类字符有特定的形状，可以在显示器上显示或打印在打印机纸上，其编码可以存储、传送和处理。32 个控制符包括回车符、换行符、后退符、控制符和信息分隔符等。这类字符没有特定的形状，虽然编码可以存储、传送和起某种控制作用，但是字符本身不能在显示器上显示，也不能在打印机上打印。

在 8 位单片机中，信息通常是按字节存储和传送的。ASCII 码共有 7 位，当按一个字节进行传送时，空闲的最高位可设置为 0。

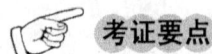 考证要点

1. 选择题

(1) 在微型计算机中，负数常用_____表示。
A. 原码　　　　　B. 反码　　　　　C. 补码　　　　　D. 真值

(2) 将十进制数 215 转换成对应的二进制数是_____。
A. 11010111　　　B. 11101011　　　C. 10010111　　　D. 10101101

(3) 将十进制数 98 转换成对应的二进制数是_____。
A. 1100010　　　B. 11100010　　　C. 10101010　　　D. 1000110

(4) 将二进制数 1101001B 转换成对应的八进制数是_____。
A. 141　　　　　B. 151　　　　　C. 131　　　　　D. 121

(5) 十进制数 126 对应的十六进制数可表示为_____。
A. 8F　　　　　B. 8E　　　　　C. FE　　　　　D. 7E

(6) 二进制数 110110110B 对应的十六进制数可表示为_____。
A. 1D3H　　　　B. 1B6H　　　　C. 0DB0H　　　　D. 666H

(7) −3 的补码是_____。
A. 10000011　　B. 11111100　　C. 11111110　　D. 11111101

(8) 在计算机中"A"是用_____来表示的。
A. BCD 码　　　B. 二−十进制　　C. 余三码　　　D. ASCII 码

(9) 将十六进制数 1863.5BH 转换成对应的二进制数是_____。

A. 1100001100011.0101B　　　　　B. 1100001100011.01011011
C. 1010001100111.01011011　　　D. 100001111001.1000111

（10）将十六进制数 6EH 转换成对应的十进制数是_____。
A. 100　　　B. 90　　　C. 110　　　D. 120

（11）十六进制数 4FH 对应的十进制数是_____。
A. 78　　　B. 59　　　C. 79　　　D. 87

（12）设（A）=AFH，（20H）=81H，指令"ADDC A,20H"执行后的结果是_____。
A.（A）=81H　　B.（A）=30H　　C.（A）=AFH　　D.（A）=20H

（13）已知（A）=DBH,（R4）=73H,（CY）=1,指令"SUBB A,R4"执行后的结果是_____。
A.（A）=73H　　B.（A）=DBH　　C.（A）=67H　　D. 以上都不对

（14）MCS-51 系列单片机指令系统中，指令"ADD A,R0"执行前（A）=86H,（R0）=7AH,（CY）=0 执行后，其结果为_____。
A.（A）=00H　　（CY）=1　　　B.（A）=00H　　（CY）=1
C.（A）=7AH　　（CY）=1　　　D.（A）=7AH　　（CY）=0

（15）MCS-51 系列单片机指令系统中，指令"ADDC A,@R0"执行前（A）=38H,（R0）=30H,（30H）=F0H,（CY）=1 执行后，其结果为_____。
A.（A）=28H（CY）=1　　　　　B.（A）=29H（CY）=1
C.（A）=68H（CY）=0　　　　　D.（A）=29H（CY）=0

2. 技能训练

（1）若（R2）=80H,（R3）=60H,（R4）=40H,（R5）=20H，运行任务中的程序，观察 R6 和 R7 中的值。

（2）若（CY）=1，R2、R3、R4 和 R5 中的值同上题，将任务中的"CLR C"指令去掉，运行程序，观察结果与上题有何不同，为什么？

（3）若两个三字节数分别存放在 60H、61H、62H 单元和 71H、72H、73H 单元中，编写程序实现两个三字节数相减运算，自行设置数据，观察运行结果。

单元 4　代码转换程序

知识目标

1. 了解 BCD 码、特殊功能寄存器 B、伪指令 DB、七段码数据表等知识。
2. 理解 MOV、DIV、XCH、XCHD、SWAP、ORL 等指令。

技能目标

1. 掌握代码转换程序的设计步骤。
2. 掌握使用软件仿真代码转换程序运行的方法。
3. 掌握 MOVC 查表指令的应用与仿真方法。
4. 掌握 BCD 码转换为七段码的程序设计与仿真方法。

任务 1 设计二进制数转换为 BCD 码的程序

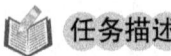

将片内 RAM 中 30H 单元的 8 位二进制数转换为 BCD 码,并将转换得到的 BCD 码百位存入 31H 单元,十位和个位存入 32H 单元。

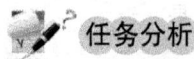

单片机内部只能进行二进制数运算,但人们更熟悉的是十进制数,所以单片机运算得到的结果数据通常要以十进制数的形式显示出来,这样用户才能明白。这就需要将二进制数转换为十进制数。

本任务将练习使用 MOV、DIV、XCH、XCHD、SWAP、ORL 等指令。通过对本任务的学习,学生应掌握 8 位二进制数转换为 BCD 码的程序设计思路和方法,熟练使用软件仿真代码转换程序。

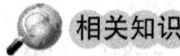

1. BCD 码

单片机处理的数据是二进制数,而人们习惯使用十进制数。为实现人机交互,产生了用 4 位二进制数码表示的 1 位十进制数,称为二进制编码的十进制,简称 BCD 码。

4 位二进制数可以表示 16 个数,当用来表示十进制数时,有 6 个数未用,因而就有多种 BCD 码,其中比较常用的是 8421BCD 码。

8421BCD 是一种有权码,它选用了 4 位二进制数的前 10 个数 0000~1001,而未用 1010~1111 这 6 个数,每个代码的位权分别是 8,4,2,1。表 2-20 列出了 8421BCD 码与十进制、十六进制及二进制数的对应关系。

2. 特殊功能寄存器 B

寄存器 B 是一个特殊功能寄存器,其地址为 F0H。在乘法指令中,两个操作数分别取自累加器 A 和寄存器 B,其结果的高字节存放于 B 中,低字节存放于 A 中。

表 2-20 8421BCD 码与十进制、十六进制及二进制数的对应关系

十进制数	十六进制数	二进制数	BCD 码	十进制数	十六进制数	二进制数	BCD 码
0	0	0	0000	6	6	110	0110
1	1	1	0001	7	7	111	0111
2	2	10	0010	8	8	1000	1000
3	3	11	0011	9	9	1001	1001
4	4	100	0100				
5	5	101	0101				

在除法指令中,被除数取自累加器 A,除数取自寄存器 B,结果的商存放于累加器 A 中,余数存放于寄存器 B 中。特殊功能寄存器 B 也可以作为一般寄存器使用。

3. 以直接地址为目的操作数的数据传送指令

MOV direct, A   ;direct←(A)

```
MOV   direct, #data          ; direct←data
MOV   direct1, direct2       ; direct1←(direct2)
MOV   direct, Rn             ; direct←(Rn)
MOV   direct, @Ri            ; direct←(Ri)
```

这 5 条指令的功能是把源操作数的内容传送给由直接地址 direct 所指定的片内数据存储器的存储单元中。源操作数有立即寻址、直接寻址、寄存器寻址和寄存器间接寻址等寻址方式。

4. 除法指令

```
DIV AB                       ; A←(A)/(B)的商, B←(A)/(B)的余数
```

这条指令的功能是进行 A 中内容除以 B 中内容的运算。A 和 B 的内容均为 8 位无符号整数,所得商存于 A 中,余数存于 B 中。指令执行后,进位标志位 CY 和溢出标志位 OV 均清"0";当除数 B 的内容为 0 时,则执行该指令后 A 与 B 中的内容为不确定值,并将溢出标志位 OV 置"1"。

5. 交换指令

(1) 整字节交换指令

```
XCH   A, direct              ; (A)↔(direct)
XCH   A, Rn                  ; (A)↔(Rn)
XCH   A, @Ri                 ; (A)↔((Ri))
```

这 3 条指令的功能是将累加器 A 中的内容与源操作数所指出的数据相互交换。

(2) 半字节交换指令

```
XCHD  A, @Ri                 ; (A)_{3~0}↔((Ri))_{3~0}
```

这条指令的功能是将 A 中低 4 位与 Ri 所指片内 RAM 单元中的低 4 位内容相互交换,各自的高 4 位不变。

(3) 累加器高低半字节交换指令

```
SWAP  A                      ; (A)_{7~4}↔(A)_{3~0}
```

这条指令的功能是将累加器 A 中的高半字节和低半字节相互交换。

6. 逻辑或指令

```
ORL   A, #data               ; A←(A)∨data
ORL   A, direct              ; A←(A)∨(direct)
ORL   A, Rn                  ; A←(A)∨(Rn)
ORL   A, @Ri                 ; A←(A)∨((Ri))
ORL   direct, A              ; direct←(direct)∨(A)
ORL   direct, #data          ; direct←(direct)∨data
```

这 6 条指令的功能是将两个操作数的内容按位进行逻辑或操作,并将结果存放在目的操作数中。

【注意】:由于逻辑或运算的特点是:1"或"任何数都等于 1,所以本类指令通常用来对某些特定位进行置"1"操作,以得到想要的结果。

6. 指令应用举例

例 2-16 已知(A)=10H,(40H)=80H,(R6)=BFH,(R0)=20H,(20H)=50H,

分析执行表 2-21 中指令后目的操作数的值。

解

表 2-21　指令执行后目的操作数的值

指令	解释	结果
MOV　30H，A	30H←(A)	(30H)=10H
MOV　31H，#0C2H	31H←0C2H	(31H)=0C2H
MOV　32H，40H	32H←(40H)	(32H)=80H
MOV　33H，R6	33H←(R6)	(33H)=BFH
MOV　34H，@R0	34H←((R0))	(34H)=50H

例 2-17　已知(A)=15H，(B)=04H，试问：执行"DIV AB"指令后，A 和 B 的值，标志位 CY、OV 和 P 的值是多少？

解　将 A 和 B 转换成二进制的形式相除，即

$$
\begin{array}{r}
101 \\
100\overline{)10101} \\
\underline{100} \\
101 \\
\underline{100} \\
1
\end{array}
$$

其结果是：(A)=05H，(B)=01H，(CY)=0，(OV)=0，(P)=0

例 2-18　已知(A)=13H，(20H)=3FH，(R5)=2AH，(R0)=30H，(30H)=10H，(R1)=40H，(40H)=D5H，分析执行表 2-22 中各条指令后的结果。

表 2-22　各条指令执行结果

指令	解释	结果
XCH　A，20H	(A)↔(20H)	(A)=3FH，(20H)=13H
XCH　A，R5	(A)↔(R5)	(A)=2AH，(R5)=13H
XCH　A，@R0	(A)↔((R0))	(A)=10H，(R0)=13H
XCHD　A，@R1	(A)$_{3\sim0}$↔((R1))$_{3\sim0}$	(A=15H，((R1))=D3H
SWAP　A	(A)$_{7\sim4}$↔(A)$_{3\sim0}$	(A)=31H

例 2-19　已知(A)=3FH，(B)=80H，(R3)=4AH，(20H)=C6H，分析执行表 2-23 中指令后目的操作数的值。

解　B 为特殊功能寄存器，其地址为 F0H。指令中特殊功能寄存器与其地址是等价的，"ORL A，B"指令与"ORL A，0F0H"是相同的，该指令属于"ORL A，direct"类指令。

表 2-23　执行相应指令后目的操作数的值

指令	解释	结果
ORL　A，B	A←(A)∨(B)	(A)=BFH
ORL　A，R3	A←(A)∨(R3)	(A)=7FH
ORL　20H，#0F0H	20H←(20H)∨0F0H	(20H)=0F6H

 任务准备

1) 电工操作台，两人一台。

2) 装配有 MedWin V3.0 软件或伟福 6000 软件的计算机及下载设备,两人一套。

任务实施

1. 任务分析

图 2-30 所示为 8 位二进制数转换为 BCD 码程序流程图。

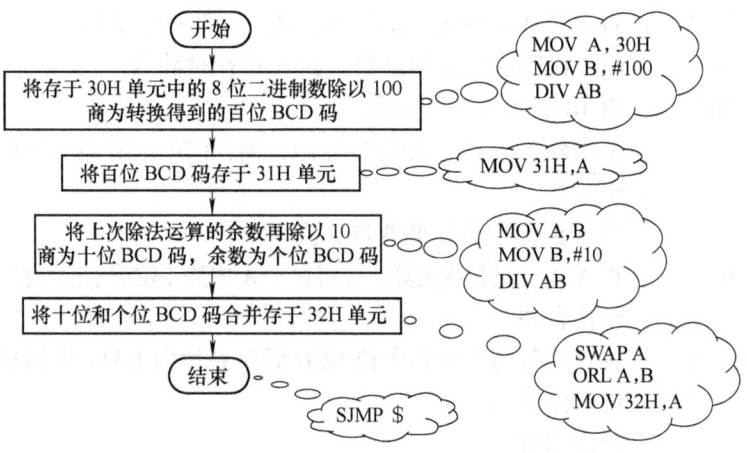

图 2-30　8 位二进制数转换为 BCD 码程序流程图

一个 8 位二进制数对应的十进制数最大为 255,所以最高位为百位。要从 8 位二进制数中分离出百位、十位和个位数,采用的方法是:将要转换的 8 位二进制数除以 100,商就是其百位数;将其余数再除以 10,此时的商就是其十位数,此时的余数就是其个位数;8 位二进制数÷100 = 商一(百位)……余数一,余数一÷10 = 商二(十位)……余数二(个位)。

所以本程序的关键指令是除法指令,在 MCS-51 系列单片机中只有一条除法指令"DIV AB",其中累加器 A 中为被除数,寄存器 B 中为除数,除法运算结果的商存于 A 中,余数存于 B 中。

2. 程序设计

本设计任务要求将十位和个位存放于同一个存储单元 32H 中,所以应将十位和个位合并后,再用 MOV 指令将其存放于 32H 单元。

因为一个 BCD 码为 4 位二进制数,所以一个 8 位存储单元可存放两个 BCD 码。

因为第二次除法运算结果中的商(十位 BCD 码)存于 A 中,余数(个位 BCD 码)存于 B 中,十位和个位均为 1 个 BCD 码,占 4 位二进制位,所以 A 和 B 中的高 4 位此时均为 0000。

设十位 BCD 码对应的二进制数为 $X_4X_3X_2X_1$,个位 BCD 码对应的二进制数为 $Y_4Y_3Y_2Y_1$,则 A 中为 0000 $X_4X_3X_2X_1$,B 中为 0000$Y_4Y_3Y_2Y_1$,两个 BCD 码合并示意图如图 2-31 所示。

将 A 中的高 4 位与低 4 位交换,在 MCS-51 系列单片机中用交换指令"SWAP A"即可实现,再将交换后的(A)与(B)用逻辑或指令"ORL A,B"即可实现十位和个位的 BCD 码合并,存放于 A 中,占 8 位二进制数;最后用指令"MOV 32H,A"将十位和个位 BCD 码存放于 32H 单元。

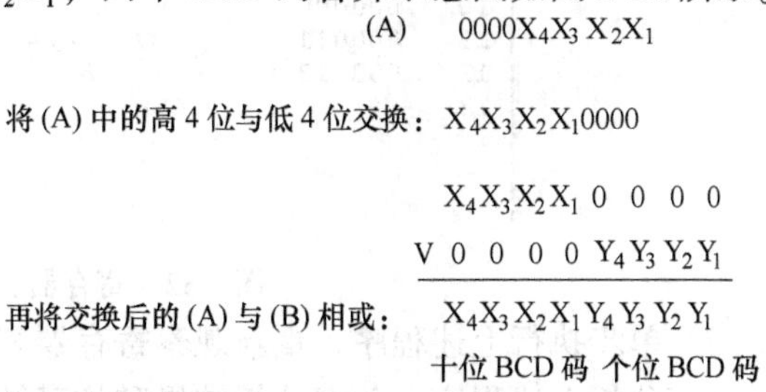

(A)　　0000$X_4X_3X_2X_1$

将(A)中的高 4 位与低 4 位交换:$X_4X_3X_2X_1$0000

$X_4X_3X_2X_1$ 0 0 0 0
V 0 0 0 0 $Y_4Y_3Y_2Y_1$
―――――――――――
再将交换后的(A)与(B)相或:$X_4X_3X_2X_1Y_4Y_3Y_2Y_1$
　　　　　　　　　　　　十位 BCD 码 个位 BCD 码

图 2-31　两个 BCD 码合并示意图

源程序设计如下：

ORG	0000H	；程序从程序存储器的 0000H 单元开始存放
MOV	A, 30H	；将存于片内 RAM 30H 单元的 8 位二进制数送到累加器 A 中作被除数
MOV	B, #100	；将 100 送到 B 中作除数
DIV	AB	；8 位二进制数除以 100，商存于 A 中，余数存于 B 中
MOV	31H, A	；将存于 A 中的商(百位 BCD 码)存到 31H 单元
MOV	A, B	；将上次除法运算的余数送到 A 中作被除数
MOV	B, #10	；将 10 送到 B 中作除数
DIV	AB	；上次除法运算的余数除以 10，商(十位 BCD 码)存于 A 中，余数存于 B 中
SWAP	A	；将 A 的高四位与低四位交换
ORL	A, B	；将 A 和 B 进行或运算，即将存于 A 中高 4 位的十位与存于 B 中低 4 位的个位合并
MOV	32H, A	；将合并后的十位和个位 BCD 码存到片内 RAM 的 32H 单元
SJMP	$	；动态停机
END		；程序结束

3. 仿真与调试

1）设(30H) = #7FH，将以上数据和程序输入到 MedWin V3.0 软件中，并进行编译。

2）编译成功后生成扩展名为 HEX 的代码文件。

3）进行软件仿真，首先单步运行或按〈F8〉键，再全速运行。

4）在单步运行或按〈F8〉键时，打开存储器观察窗口，观察 31H 和 32H 单元内容；打开寄存器观察窗口，观察寄存器 A、B 及进位标志 CY、OV、P 内容及数值变化情况，如图 2-32 所示。

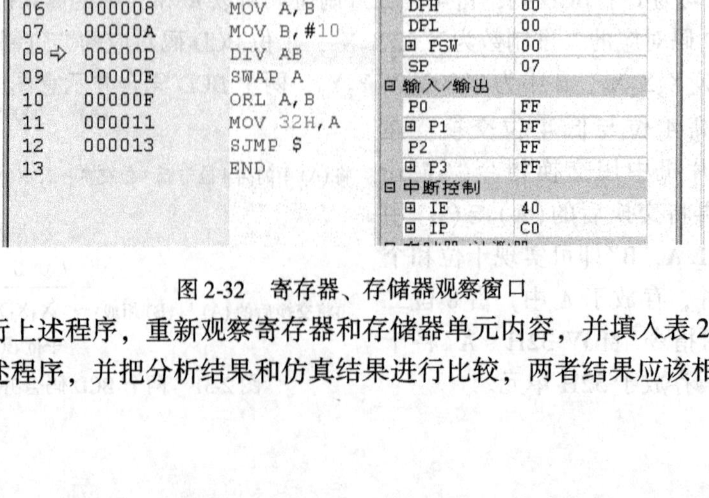

图 2-32 寄存器、存储器观察窗口

5）单步执行上述程序，重新观察寄存器和存储器单元内容，并填入表 2-24 中。

6）分析上述程序，并把分析结果和仿真结果进行比较，两者结果应该相同。

模块 2 单片机指令系统及汇编语言程序设计

表 2-24 程序执行前后寄存器和存储器单元内容对照表

程序执行	A	B	CY	OV	P	30H	31H	32H
前								
后								

检查评议

代码转换程序考核表见表 2-25。

表 2-25 代码转换程序设计考核表

评价项目	评价内容	配分/分	评价标准	得分
代码转换程序设计	了解 BCD 码、特殊功能寄存器 B	15	了解 BCD 码 每一项 5 分 了解特殊功能寄存器 B 每一项 5 分	
	会使用 MOV、DIV、XCH、XCHD、SWAP、ORL 指令		会使用 MOV、DIV、XCH、SWAP、ORL 指令 每一项 2 分	
软件仿真代码转换程序	代码转换程序编译	10	代码转换程序输入、编译正确 每一项 5 分	
	代码转换程序仿真	20	代码转换程序代码生成、仿真正确 每一项 10 分	
	代码转换程序数值分析	35	正确进行 A、B、OV、P 等数值分析对比 每一项 5 分	
安全文明生产	设备、材料和工具	10	正确使用设备、材料及工具 酌情给分	
团结协作	集体意识	10	各成员分工协作,积极参与 酌情给分	

扩展知识

单片机中二进制数的运算(三)

微型计算机中的运算分为两类:一类是算术运算,另一类是逻辑运算。算术运算包括加、减、乘、除运算,逻辑运算包括逻辑与、逻辑或、逻辑非、逻辑异或等。现分别加以介绍。

1. 算术运算

(1) 加法运算 二进制加法法则为

$0 + 0 = 0$

$1 + 0 = 0 + 1 = 1$

$1 + 1 = 10$(向邻近高位有进位)

$1 + 1 + 1 = 11$(向邻近高位有进位)

(2) 减法运算 二进制减法法则为

$0 - 0 = 0$

$1 - 1 = 0$

$1 - 0 = 1$

0 − 1 = 1（向邻近高位借 1 当做 2）

（3）乘法运算　二进制乘法法则为

0 × 0 = 0

1 × 0 = 0 × 1 = 0

1 × 1 = 1

两个二进制数相乘与两个十进制数相乘类似，可以用乘数的每 1 位分别去乘被乘数，所得结果的最低位与相应乘数位对齐，最后把所有结果相加，便得到积。这些中间结果称为部分积。

（4）除法运算　除法是乘法的逆运算，与十进制类似，二进制除法也是从被除数最高位开始，查找出第一个大于被除数的位数，并在其最高位上商 1 和完成它对除数的减法运算，然后把被除数的下一位移到余数位置上。若余数不够减除数，则在其上商 0，并把被除数的再下一位移到余数位置上。若余数够减除数，则在其上商 1，余数减除数。这样反复进行，直到全部被除数的各位都下移到余数位置上为止。

2. 逻辑运算

计算机处理数据时经常要用到逻辑运算。逻辑运算是由专门的逻辑电路完成的。下面介绍几种常用的逻辑运算：

（1）逻辑与运算　逻辑与又称为逻辑乘，常用"∧"算符表示。逻辑与的运算规则为

0 ∧ 0 = 0

1 ∧ 0 = 0 ∧ 1 = 0

1 ∧ 1 = 1

两个二进制数进行逻辑与运算，其运算方法类似于二进制算术运算。

（2）逻辑或运算　逻辑或又称为逻辑加，常用"∨"算符表示。逻辑或的运算规则为

0 ∨ 0 = 0

1 ∨ 0 = 0 ∨ 1 = 1

1 ∨ 1 = 1

（3）逻辑非运算　逻辑非运算又称为逻辑取反，常用"—"符号表示。逻辑非的运算规则为

$\overline{0} = 1$　$\overline{1} = 0$

（4）逻辑异或运算　逻辑异或又称为半加，是不考虑进位的加法，常用"⊕"算符表示。逻辑异或的运算规则为

0 ⊕ 0 = 1 ⊕ 1 = 0

1 ⊕ 0 = 0 ⊕ 1 = 1

 考证要点

1. 技能训练

（1）在本任务的程序中，如果将转换得到的 BCD 码分别存储在独立的单元中，并且将 BCD 码百位、十位和个位分别存于 40H、41H 和 42H 单元中，那么应如何修改程序？修改后上机运行。

（2）在本任务的程序中，在十位和个位 BCD 码合并时，不用"ORL A，B"指令进行合并

而用"ADD A，B"指令是否可以？程序修改后上机试运行。

2. 选择题

已知(A) = D2H，(40H) = 77H，执行指令"ORL A，40H"后，其结果是_____。

A. (A) = 77H　　　　B. (A) = F7H　　　　C. (A) = D2H　　　　D. 以上都不对

任务2　设计 BCD 码转换为七段码的程序

任务描述

【任务一】 下面的程序中有一个 BCD 码对应的七段码数据表，一个 BCD 码存于 R0 中，运行下面的程序，取出其对应的七段码并存于 R1 中，试分析程序的执行过程。

地址：源程序

```
            ORG   0000H
0000H：    MOV   A, R0
0001H：    MOV   DPTR, #TAB
0004H：    MOVC  A, @A+DPTR
0005H：    MOV   R1, A
0006H：    SJMP  $
0008H：TAB：DB   3FH, 06H, 5BH, 4FH, 66H
            DB   6DH, 7DH, 07H, 7FH, 6FH
            END
```

【任务二】 将存放在首地址为 50H 的存储单元中的压缩 BCD 码(一个字节存放两个 BCD 码，即为压缩 BCD 码)转换为七段码，并将转换得到的七段码存放在首地址为 60H 的存储单元中，将压缩 BCD 码的个数存于 40H 单元中。

任务分析

在单片机应用系统运行时，一些系统参数和状态信息要通过显示器显示出来。在单片机应用系统中常用的显示器为 LED 显示器，用户比较熟悉的数制为十进制数，所以通过 LED 显示器显示出的数据应为十进制数。

应用伪指令 DB、七段码数据表，"MOV @Ri, A"、"MOV DPTR, #data16"、"ANL A, #data"、加1、减1等指令编制二-十进制转换程序。

因为单片机只能进行二进制数的运算及处理，所以单片机运算和处理后的数据要通过 LED 显示器正确显示，必须先将其转换为 BCD 码(即十进制数)，然后再将 BCD 码转换为七段码。学生通过本任务的学习，应掌握 BCD 码转换为七段码的程序设计方法。

相关知识

1. 定义字节伪指令 DB

标号：DB 字节常数或 ASCII 码字符

功能：从指定的地址单元开始定义若干个字节的数值或 ASCII 码字符，各数据之间用逗号分隔，常用于定义数据常数表。在表示 ASCII 码字符时需要在字符上加单引号，标号表示数据表的首地址。如下面的 DB 指令从 0100H 单元开始定义了一个 10 个字节的数据表。

    ORG 0100H
TAB：DB 3FH, 06H, 5BH, 4FH, 66H
    DB 6DH, 7DH, 07H, 7FH, 6FH

DB 定义的数据表一行可以写多个数据，当一行写不完要分行时，在下一行也必须用 DB 伪指令开头。

数据表首地址为 0100H，那么标号 TAB = 0100H，字义了 10 个字节数据，(0100H) = 3FH，(0101H) = 06H，(0102H) = 5BH，…，(0109H) = 6FH。

2. 以寄存器间接地址为目的操作数的数据传送指令

  MOV @Ri, A   ; (Ri)←(A)
  MOV @Ri, #data ; (Ri)←data
  MOV @Ri, direct ; (Ri)←(direct)

这 3 条指令的功能是将源操作数所指定的内容送入以 R0 或 R1 为地址指针的内部数据存储器的存储单元中。源操作数有立即寻址和直接寻址等寻址方式。

【注意】：没有"MOV @Ri, Rn"和"MOV @Ri1, @Ri2"指令。

3. 16 位数据传送指令

  MOV DPTR, #data16 ; DPTR←data16

#data16 表示指令中的 16 位立即数。

这是 MCS-51 系列单片机指令系统中唯一的一条 16 位数据传送指令，其功能是将 16 位立即数送入数据指针 DPTR。

4. 程序存储器传送指令

  MOVC A, @A + PC ; PC←(PC) + 1, A←((A) + (PC))
  MOVC A, @A + DPTR ; A←((A) + (DPTR))

这两条指令主要用于查表，其数据表格放在程序存储器中。

在第 1 条指令中以 PC 作为基址寄存器，第 2 条指令中以 DPTR 作为基址寄存器。两条指令中 A 均作为变址寄存器，通常 A 的值为要取得数据的索引值（即要取得数据在数据表中的序号）。

在"MOVC A, @A + PC"指令中，由于基址寄存器 PC 的值用户不能改变，且变址寄存器 A 为一个 8 位寄存器，其最大值为 255，所以数据表中的数据最多为 256 个，即数据表的长度为 256B，所以数据表只能存放在该指令之后的 256B 范围内。

"MOVC A, @A + DPTR"指令中基址寄存器 DPTR 的值可以是 64KB 程序存储器中的任何一个值，所以使用该指令时，数据表可以存放在 64KB 程序存储器的任何位置，并且数据表的长度可超过 256 个字节。

使用"MOVC A, @A + PC"查表指令时，由于数据表的存放范围受到限制，并且还必须计算出查表指令下一地址与数据表首地址的差值，使用比较麻烦。而使用"MOVC A, @A + DPTR"指令时只需将数据表首地址送入 DPTR，再将数据索引值送入 A 中即可，且使用该指令时，数据表的存放位置灵活，所以使用较为方便。

5. 逻辑与指令

  ANL A, #data   ; A←(A)∧data

```
ANL   A, direct        ; A←(A)∧(direct)
ANL   A, Rn            ; A←(A)∧(Rn)
ANL   A, @Ri           ; A←(A)∧((Ri))
ANL   direct, A        ; direct←(direct)∧(A)
ANL   direct, #data    ; direct←(direct)∧data
```

这 6 条指令的功能是将两个操作数按位进行逻辑与操作,并将其结果存到目的操作数中。

6. 加"1"指令

```
INC   A              ; A←(A)+1
INC   direct         ; direct←(direct)+1
INC   Rn             ; Rn←(Rn)+1
INC   @Ri            ; (Ri)←((Ri))+1
INC   DPTR           ; DPTR←(DPTR)+1
```

这 5 条指令的功能是将指令中指定操作数的内容加 1。若原来的内容为 FFH,则加 1 后将使操作数的内容变成 00H。只有当操作数为 A 时,才对 PSW 的奇偶标志位 P 有影响,其余指令操作均不影响 PSW 的任何标志位。

7. 逻辑异或运算指令

逻辑异或的运算符号是 ⊕,其运算规则是: 0⊕0=0,1⊕1=0,0⊕1=1,1⊕0=1。

六条逻辑异或运算指令如下:

汇编指令   指令功能

XRL   A, Rn   ; 累加器 A 中的内容与寄存器 Rn 中的内容进行异或运算并把结果送 A

XRL   A, direct   ; 累加器 A 中的内容与 direct 单元中的内容进行异或运算并把结果送 A

XRL   A, @Ri   ; 累加器 A 中的内容与间址寄存器 Ri 中的内容进行异或运算并把结果送 A

XRL   A, #data   ; 累加器 A 中的内容与立即数 data 进行异或运算并把结果送 A

XRL   direct, A   ; direct 单元中的内容与累加器 A 中的内容进行异或运算并把结果送 direct

XRL   direct, #data ; direct 单元中的内容与立即数 data 进行异或运算并把结果送 direct

从异或运算的运算规则可知,若两位数相同,则运算结果为零。运用此特点,可以将该指令用来比较两个单元中的内容是否相等,在比较的同时还可以对累加器进行清"0"操作。

8. 减"1"指令

```
DEC   A              ; A←(A)—1
DEC   direct         ; direct←(direct)—1
DEC   Rn             ; Rn←(Rn)—1
DEC   @Ri            ; (Ri)←((Ri))—1
```

这 4 条指令的功能是将指令中指定操作数的内容减 1。若原来的操作数为 00H,则减 1 后将使操作数变成 FFH。只有当操作数为 A 时,才对 PSW 的奇偶标志位 P 有影响,其余指令操作均不影响 PSW 的任何标志位。

9. 七段码数据表

七段码是数码管显示用的字形码。本任务给出表 2-26 共阴极数码管的字形码与字形对照表。

表 2-26 共阴极数码管的字形码与字形对照表

字形码	3FH	06H	5BH	4FH	66H	6DH	7DH	07H	7FH	6FH
字形	0	1	2	3	4	5	6	7	8	9

字形码是根据数码管结构与所显示的字形的关系得到的，在以后的任务中将给予详细介绍。

10. 指令应用举例

例 2-20 已知 (A)=10H，(R0)=50H，(20H)=30H，分别执行 MOV 指令后，目的操作数的值见表 2-27。

解

表 2-27 执行 MOV 指令后目的操作数的值

指令	解释	结果
MOV @R0, A	(R0)←(A)	((50H))=10H
MOV @R0, #40H	(R0)←40H	((50H))=40H
MOV @R0, 20H	(R0)←(20H)	((50H))=30H
MOV DPTR, #1000H	DPTR←1000H	(DPTR)=1000H

例 2-21 已知 (A)=23H，(20H)=5DH，(R1)=30H，(30H)=B6H，(60H)=7CH，分别执行 ANL 指令后，目的操作数的值见表 2-28。

解

表 2-28 执行 ANL 指令后目的操作数的值

指令	解释	结果
ANL A, 20H	A←(A)∧(20H)	(A)=01H
ANL A, @R1	A←(A)∧((R1))	(A)=22H
ANL 60H, #0FH	60H←(60H)∧0FH	(60H)=0CH

例 2-22 已知 (R0)=60H，(DPTR)=0200H，(R7)=50H，分别执行 INC 或 DEL 指令后，目的操作数的值，见表 2-29。

解

表 2-29 执行 INC 或 DEC 指令后目的操作数的值

指令	解释	结果
INC R0	R0←(R0)+1	(R0)=61H
INC DPTR	DPTR←(DPTR)+1	(DPTR)=0201H
DEC R7	R7←(R7)-1	(R7)=4FH

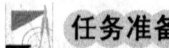 **任务准备**

1) 电工操作台，两人一台。

2）装配有 MedWin V3.0 软件或伟福 6000 软件的计算机及下载设备，两人一套。

任务实施

【任务一】 MOVC 指令认识与仿真调试

1. 程序分析

"MOVC A，@A+DPTR"指令查表的3个步骤：

将要查数据变换为其对应的索引值送入 A 中；将数据表首地址送入 DPTR 中；执行查表指令，取得所需数据。

第一步：将要查数据变换为其对应索引值送入 A 中。

要查数据、要取得数据及数据索引值的关系如图 2-33 所示。

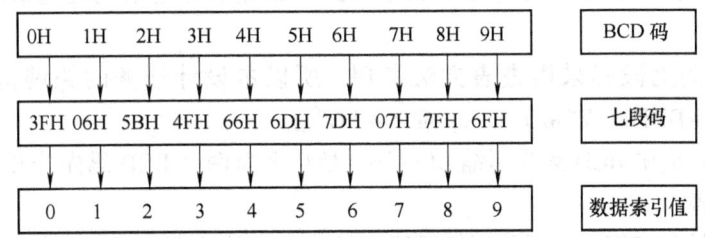

图 2-33　要查数据、要取得数据及数据索引值关系

从图 2-33 中可知，要查数据（BCD 码）与要取得数据（BCD 码对应七段码）的索引值相等，所以要查数据无需变换直接送入 A 中作索引值即可。

第二步：将数据表首地址送入 DPTR 中。

该数据表首地址为 0008H，而数据表标号 TAB 的值就等于表首地址，所以在程序中一般直接将 TAB 的值送入 DPTR，无需计算表首地址，在程序汇编时自动将 TAB 变成表首地址值。

第三步：执行查表指令，取得所需数据。

在执行查表指令时，A 中的值（数据的索引值）加 DPTR 中的值（数据表首地址）就是要取数据（BCD 码对应的七段码）的实际地址。

若 R0 中的值为 BCD 码 03H，则（A）+（DPTR）= 03H + 0008H = 000BH，该地址的数据为 4FH，即 BCD 码 03H 对应的七段码。数据表中的数据与其存储地址的对应关系如图 2-34 所示。

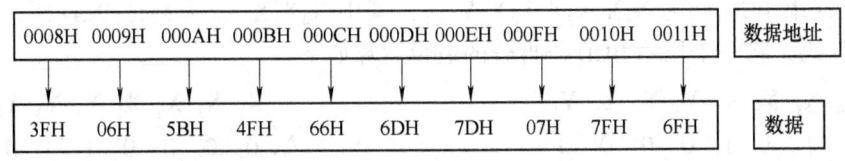

图 2-34　数据表中的数据与其存储地址的对应关系

2. 程序仿真与调试

1）取（R0）= #06H，对上述程序进行汇编和输入，代码是 BCD 码，也要输入到程序中，但不要输入地址数据。

2）存档→编辑/汇编→产生代码，用单步执行上述程序。

3）返回监控后观察累加器 A 和 R1 中的值并填入表 2-30 中。

4）写出 2、4、7、9 各数值地址，并解释指令"MOVC A，@A+DPTR"的含义。

表 2-30 查表指令操作训练

序号	程序执行前(R0)值	程序执行后(A)值
1	2	
2	4	
3	7	
4	9	

【任务二】 BCD 码转换为七段码的程序设计与仿真

1. 任务分析

本任务要进行多个压缩 BCD 码转换，而每个压缩 BCD 码转换的过程是相同的，所以采用循环程序结构。同时为便于实现循环处理，取 BCD 码和存七段码均应采用寄存器间接寻址方式。

BCD 码转换为七段码采用查表方法实现，所以本设计任务的关键指令为查表指令"MOVC A，@A+DPTR"或"MOVC A，@A+PC"。

由于本设计任务中 BCD 码为压缩 BCD 码，所以要将两个 BCD 码先分开，然后再分别用查表指令进行转换。

（1）为各变量赋初值　由于采用循环程序结构，应给循环变量赋初值，用寄存器 R2 作循环变量，循环变量初值为压缩 BCD 码的个数（存于 40H 单元中），用"MOV R2，40H"指令给循环变量赋初值。

用 R1 作取压缩 BCD 码的地址指针（@R1），用 R0 作存七段码的地址指针（@R0），R1 的初值为 50H，R0 的初值为 60H，用"MOV R1，#50H"和"MOV R0，#00360H"指令给 R1 和 R0 赋初值。

用"MOV A，@R1"指令从 BCD 码存储块中取出一个压缩 BCD 码存放于 A 中，将取出的压缩 BCD 码先暂存于一个寄存器中（用 R3 来暂存，用"MOV R3，A"指令实现），否则在拆分时将丢失一个 BCD 码数据。

（2）取高位 BCD 码　在取出高位 BCD 码时，用立即数 0F0H 同 A 中的内容进行逻辑"与"运算，因立即数的高 4 位为 1，低 4 位为 0，所以相"与"的结果是将 A 中的低 4 位屏蔽掉，取出了高 4 位（即高位 BCD 码），用"ANL A，#0F0H"指令来实现；同样用"ANL A，#0FH"指令可实现取出低位 BCD 码。

设一个压缩 BCD 码为 $X_4X_3X_2X_1Y_4Y_3Y_2Y_1$，其中 $X_4X_3X_2X_1$ 为高位 BCD 码，$Y_4Y_3Y_2Y_1$ 为低位 BCD 码，将一个压缩 BCD 码拆分的逻辑运算如下：

```
    X₄ X₃ X₂ X₁ Y₄ Y₃ Y₂ Y₁           X₄ X₃ X₂ X₁ Y₄ Y₃ Y₂ Y₁
  ∧  1  1  1  1  0  0  0  0        ∧  0  0  0  0  1  1  1  1
    ─────────────────────────          ─────────────────────────
    X₄ X₃ X₂ X₁ 0  0  0  0            0  0  0  0  Y₄ Y₃ Y₂ Y₁
         高位 BCD 码                         低位 BCD 码
```

由于取出的高位 BCD 码存于 A 中的高 4 位，为便于用查表指令进行转换，应先用"SWAP A"指令将其交换到低 4 位。

（3）应用查表指令　用 16 位数据传送指令"MOV DPTR，#TAB"（TAB 为七段码数据表的首地址）将七段码数据表的首地址送给 DPTR 寄存器，再用查表指令"MOVC A，@A+

DPTR"取得 BCD 码对应的七段码。在使用查表指令时，DPTR 为数据表的首地址，A 为数据表的索引值(即要取得的数据在数据表中的序号)，A + DPTR 的值就为要取得的数据在数据表中的地址。查表指令的作用就是将该地址的数据取出并送到 A 中。一般情况下 A 中的索引值与要查数据有某种对应关系，多数情况下，要查数据与要取得的数据在数据表中的索引值相等，如此处 A 中的值为 BCD 码，其正好与要取得的数据(BCD 码对应的七段码)在数据表中的索引值相等，否则还要将要查数据经某种变换，转换为与要取得的数据在数据表中的索引值相等。

(4) 将查得数据存于目的地址　将查表得到的七段码用"MOV @R，A"指令存于目的地址(七段码存储单元，以 60H 地址开始的存储单元)中，然后用"MOV A，R3"指令再将上次取出且暂存于 R3 中的压缩 BCD 码送到 A 中。

(5) 取低位 BCD 码并查表　用"ANL A，#0FH"指令将低位 BCD 码取出，再用查表指令"MOVC A，@A + DPTR"查取低位 BCD 码对应的七段码并存于 A 中。

(6) 上调一个存储单元　用"INC R0"指令将目的地址指针加 1，即上调一个存储单元。

(7) 将相应的七段码存入目的地址单元中　用"MOV @ R0，A"指令将对应的七段码存入目的地址单元中。

(8) 将源地址和目的地址各上调一个单元　用"INC R1"和"INC R0"指令分别对源地址和目的地址加 1，各上调一个单元，为取下一个压缩 BCD 码和存储其对应七段码做准备。

(9) 判断循环是否结束　用"DJNZ R2，START"指令判断循环是否结束，即判断压缩 BCD 码数据转换是否完毕，若没有替换完，则程序跳到 START 处继续进行下一个压缩 BCD 码的转换。

(10) 转换完毕动态停机　若转换完毕，则顺序执行下一条指令"SJMP $"动态停机，程序结束。

按以上分析得到的 BCD 码转换为七段码的程序流程图如图 2-35 所示。

2. 程序设计

首先用数据传送指令给压缩 BCD 码个数寄存器 R2、BCD 码存储单元地址指针寄存器 R1 和七段码存储单元地址指针 R0 赋初值，即"MOV R2，40H"、"MOV R1，#50H"和"MOV R0，#60H"。

然后用"MOV A，@R1"指令取出 BCD 码，并用"MOV R3，A"指令将其暂存于 R3 中。

用"ANL A，#0F0H"指令取出高位 BCD 码，用"SWAP A"指令将其交换到低 4 位，此时 A 中的 BCD 码与要取得的七段码在数据表中的索引值相等。

然后用"MOV DPTR，#TAB"指令将七段码数据表的首地址送 DPTR，用"MOVC A @ A + DPTR"指令取得 BCD 码对应的七段码并存于 A 中，用"MOV @R0，A"指令将查得的七段码存入 R0 指针指向的单元。

用"MOV A，R3"指令再将暂存于 R3 中的压缩 BCD 码送入 A 中，用"ANL A，#0FH"指令取出低位 BCD 码并存于 A 中，用查表指令"MOVC A，@ A + DPTR"查取低位 BCD 码对应的七段码并存于 A 中。

用"INC R0"指令将七段码存储地址指针加 1，用"MOV @R0，A"指令将低位 BCD 码对应的七段码存入目的存储单元中。

用"INC R1"、"INC R0"指令将源地址和目的地址分别加 1，各上调一个存储单元。

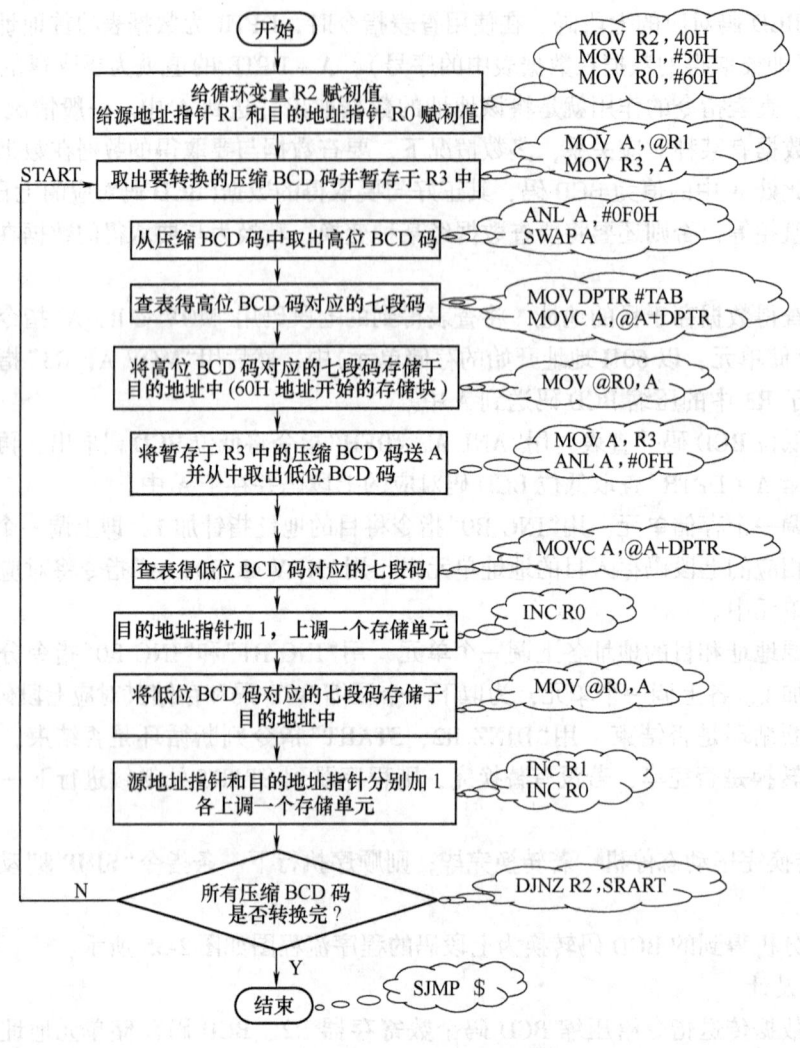

图 2-35　BCD 码转换为七段码的程序流程图

用"DJNZ R2, START"，指令判断压缩 BCD 码数据是否转换完毕。若没有转换完，则顺序执行下一条指令"SJMP $"，程序结束。

根据以上任务实施过程编写的源程序如下：

```
        ORG   0000H
        MOV   R2, 40H        ;给压缩 BCD 码个数寄存器 R2 赋初值
        MOV   R1, #50H       ;给取 BCD 码地址指针赋初值
        MOV   R0, #60H       ;存七段码地址指针赋初值
START:  MOV   A, @R1         ;取 BCD 码
        MOV   R3, A          ;将取出的 BCD 码暂存于 R3 中
        ANL   A, #0F0H       ;从压缩 BCD 码中分离出高位 BCD 码
        SWAP  A              ;将高位 BCD 码交换到低 4 位
        MOV   DPTR, #TAB     ;将七段码数据表的首地址送入 DPTR
        MOVC  A, @A+DPTR     ;查表取得高位 BCD 码对应的七段码
```

```
        MOV    @R0, A           ;将取得的七段码存入目的地址中
        MOV    A, R3            ;将暂存于 R3 的压缩 BCD 码送入累加器 A 中
        ANL    A, #0FH          ;从压缩 BCD 码中分离出低位 BCD 码
        MOVC   A, @A+DPTR       ;查表取得低位 BCD 码对应的七段码
        INC    R0               ;目的地址加 1,上调一个存储单元
        MOV    @R0, A           ;将取得的七段码存入目的地址中
        INC    R1               ;源地址加 1,上调一个存储单元
        INC    R0               ;目的地址加 1,上调一个存储单元
        DJNZ   R2, START        ;判断压缩 BCD 数据转换是否完成,若没有转换完,
                                 ;则程序转 START 处
        SJMP   $                ;程序结束
TAB:    DB     3FH, 06H, 5BH, 4FH, 66H
        DB     6DH, 7DH, 07H, 7FH, 6FH
        END
```

3. 程序仿真与调试

1) 设有两个压缩 BCD 码 20H、35H 分别存于 50H 单元和 51H 单元,上机运行程序,检查 60H、61H、62H 和 63H 单元的值。

2) 输入数值。打开查看→存储器→填充数据,如图 2-36 所示。

图 2-36 填充数据

起始地址输入 50H,结束地址输入 50H,填充输入 20H,如图 2-37 所示。用同样的方法输入 35H,并在 40H 处输入 02H,按下"确定"按钮后输入完毕。

3) 保存并编译源程序,编译成功后生成代码,然后进行软件仿真。在仿真时,先单步运行或按〈F8〉键,再全速运行。

4) 当单步运行或按〈F8〉键时,打开存储器观察窗口,观察 60H、61H、62H 和 63H 单

图 2-37 20H 和 50H 数值输入方法

元的内容；打开寄存器观察窗口，观察寄存器 A、B 内容及数值变化情况，如图 2-38 所示。将结果填入表 2-31 中。

5）判断仿真结果和程序设计是否相同？"MOVC A，@A＋DPTR"指令可用其他指令替代吗？试试看。

图 2-38 60H、61H、62H 和 63H 单元数值变化情况

表 2-31 观察 60H、61H、62H 和 63H 存储器数值变化情况

程序执行	60H	61H	62H	63H
前				
后				

检查评议

BCD 码转换为七段码的程序设计与仿真考核表见表 2-32。

表 2-32　BCD 码转换为七段码的程序设计考核表

评价项目	评价内容	配分/分	评价标准		得分
代码转换程序的设计	了解伪指令 DB 和七段码数据表知识	15	了解伪指令 DB	每一项 5 分	
			了解七段码数据表知识	每一项 5 分	
	熟练使用"MOV @ Ri, A"、"ANL A,#data"、加 1、减 1 等指令		会使用"MOV @ Ri, A"、"ANL A,#data"、"MOV DPTR,#data16"、加 1、减 1 等指令	每一项 2 分	
用软件仿真代码转换程序	MOVC 查表指令应用与仿真	10	MOVC 查表指令应用与仿真正确	每一项 5 分	
	BCD 码转换为七段码的程序设计与仿真	35	BCD 码转换为七段码的程序设计与仿真正确	每一项 10 分	
	BCD 码转换为七段码的程序分析	20	61H 与 62H 数值对照分析正确	每一项 5 分	
安全文明生产	设备、材料和工具	10	正确使用设备、材料及工具	酌情给分	
团结协作	集体意识	10	各成员分工协作,积极参与	酌情给分	

扩展知识

"MOVC A，@ A + PC"查表指令的应用

1. 任务目标

下面的查表程序中有一个 1~9 的平方值数据表,一个数(1~9 中的任意一数)存于 R0 中,运行查表程序取得其对应的平方值并存于 R1 中,试分析程序的执行情况。

2. 任务分析

"MOVC A，@ A + PC"指令查表的 3 个步骤为:

1) 将要查数据变换为其对应的索引值送入 A 中。要查数据、要取得数据及数据索引值的关系如图 2-39 所示。

2) 将表首地址与查表指令的下一条指令地址(即 PC 当前值)之差和 A 中的值相加,即对 A 中的值进行修正,修正后 A 中的值就是要取得数据相对于查表指令的下一条指令的偏移量。

"MOVC A，@ A + PC"查表指令的下一条指令的地址为 0005H,表首地址为 0008H,所以它们之差为 0008H - 0005H = 03H,对 A 修正:A = 索引值 + 03H。

例如,位于 R0 中的要查数据为 5,则其对应索引值为 4,修正后 A 中的值(A) = 04H + 03H = 07H,即相对于查表指令下一条指令的偏移量为 7。

3) 执行查表指令,取得所需数据。执行查表指令"MOVC A，@ A + PC",使 A 中的值与 PC 当前值(查表指令执行后,PC 的值为下一条指令的地址,在此处即为 0005H)相加,(A) + (PC) = 07H + 0005H = 000CH,此地址中的数据为 25(即 5 的平方数)。数据表中的数据

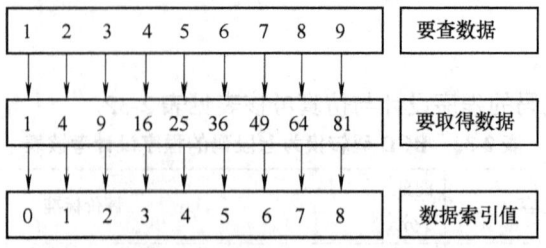

图 2-39 要查数据、要取得数据及数据索引值的关系

与其存储地址的对应关系如图 2-40 所示。

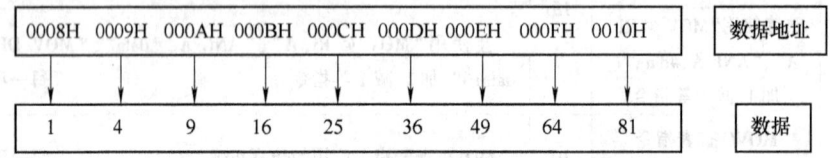

图 2-40 数据表中的数据与其存储地址的对应关系

3. 编写的源程序

```
地址        源程序
            ORG   0000H
0000H：    DEC   R0
0001H：    MOV   A, R0
0002H：    ADD   A, #03H
0004H：    MOVC  A, @A+PC
0005H：    MOV   R1, A
0006H：    SJMP  $
0008H：    DB    0, 1, 4, 9, 16
           DB    25, 36, 49, 64, 81
           END
```

4. 程序仿真与调试

1）取(R0) = #05H，对上述程序进行汇编和输入，平方表中的代码是 BCD 码，也要输入到程序中，但地址数据不要输入。

2）存档→编辑/汇编→产生代码，用单步执行上述程序。

3）返回监控后观察累加器 A 和 R1 中的值是否是程序执行前的平方，并填入表 2-33 中。

4）按照表 2-33 分别对寄存器 R0 赋相应的初值，然后执行程序，并将所得结果填入表 2-33 中。

表 2-33 查表指令操作训练表

序号	程序执行前(R0)值	程序执行后(A)值
1	2	
2	4	
3	7	
4	9	

5）写出 2、4、7、9 各数值的地址，并解释指令"MOVC A, @A+PC"含义。

> 考证要点

1. 填空题

(1) 若要使单元中某些特定位为零，则可以使用（　　）指令。
A. MOV　　　　　　B. SUBB　　　　　　C. MUL　　　　　　D. DIV

(2) 若要使单元内容清"0"，则可以使用（　　）指令。
A. SETB　　　　　　B. CLR　　　　　　C. LJMP　　　　　　D. ADD

(3) 将内部数据存储单元的内容传送到累加器 A 中的指令是_____。
A. "MOVX A，@ R0"　　　　　　B. "MOV A，#data"
C. "MOV A，@ R0"　　　　　　D. "MOVX A，@ DPTR"

(4) 下列指令执行时，修改 PC 中内容的指令是_____。
A. SJMP　　　　　　　　　　　B. LJMP
C. "MOVC A，@ A + PC"　　　　D. LCALL

(5) 下列指令执行时，不修改 PC 中内容的指令是_____。
A. AJMP　　　　　　　　　　　B. "MOVC A，@ A + PC"
C. "MOVC A，@ A + DPTR"　　　D. "MOVX A，@ Ri"

(6) 已知(A) = 87H，(30H) = 76H，执行"XRL A，30H"指令后，其结果是_____。
A. (A) = F1H　(30H) = 76H　(P) = 0　　B. (A) = 87H　(30H) = 76H　(P) = 1
C. (A) = F1H　(30H) = 76H　(P) = 1　　D. (A) = 76H　(30H) = 87H　(P) = 1

(7) 下列指令能使累加器 A 低 4 位不变，高 4 位置 F 的是_____。
A. "ANL A，#0FH"　　　　　　B. "ANL A，#0F0H"
C. "ORL A，#0FH"　　　　　　D. "ORL A，#0F0H"

(8) 下列指令能使累加器 A 高 4 位不变，低 4 位置 F 的是_____。
A. "ANL A，#0FH"　　　　　　B. "ANL A，#0F0H"
C. "ORL A，#0FH"　　　　　　D. "ORL A，#0F0H"

(9) 下列指令能使 R0 低 4 位不变，高 4 位置 F 的是_____。
A. "ANL R0，#0F0H"　　　　　B. "ORL R0，#0F0H"
C. "ORL 0，#0FH"　　　　　　D. "ORL 00H，#0F0H"

(10) 下列指令能使 R0 高 4 位不变，低 4 位置 F 的是_____。
A. "ANL R0，#0FH"　　　　　　B. "ANL R0，#0F0H"
C. "ORL 0，#0FH"　　　　　　D. "ORL R0，#0FH"

(11) 下列指令能能使累加器 A 的最高位置"1"的是_____。
A. "ANL A，#7FH"　　　　　　B. "ANL A，#80H"
C. "ORL A，#7FH"　　　　　　D. "ORL A，#80H"

(12) 执行如下三条指令后，30H 单元的内容是_____。
MOV　R1，#30H
MOV　40H，#0EH
MOV　@R1，40H
A. 40H　　　　　　B. 0EH　　　　　　C. 30H　　　　　　D. FFH

(13) MCS-51 系列单片机指令系统中，执行下列程序，当执行到"MOV A, @ R0"指令处则_____。

　　MOV　R1, #10H
　　MOV　R0, #30H
　　MOV　A, @ R0
　　XCH　A, @ R1
　　INC　R0
　　INC　R1

(14) MCS-51 系列单片机指令系统中，执行下列程序后，程序计数器 PC 中的内容为_____。

　　ORG　000H
　　MOV　DPTR, #1000
　　MOV　A, #00H
　　MOV　20H, A
　　LJMP　1500
　　GND

A. 100　　B. 1000　　C. 1500　　D. 0

(15) 执行下列程序后，累加器 A 中的内容为_____。

　　ORG　0000H
　　MOV　A, #00H
　　ADD　A, #02H
　　MOV　DPTR, #0050H
　　MOVC　A, @ A + DPTR
　　MOV　@ R0, A
　　SJMP　$
　　ORG　0050H
　　BAO：DB　00H, 0888H, 0BH, 6H, 09H, 0CH
　　　　END

A. 00H　　　　　　B. 0BH　　　　　　C. 06H　　　　　　D. 0CH

(16) 下列指令能使 R0 的最高位置"0"的是_____。
A. "ANL 0, #7FH"　　　　　　　　B. "ANL R0, #0FH"
C. "ORL R0, #7FH"　　　　　　　D. "ORL R0, #80H"

(17) 下列指令能使 R0 的最高位取反的是_____。
A. "CPL R0, 7"　　　　　　　　　B. "XRL 00H, #80H"
C. "CPL (R0), 7"　　　　　　　　D. "ORL R0, #80H"

(18) 下列指令能使累加器 A 的最低位置"1"的是_____。
A. "SETB A, #01H"　　　　　　　B. "SETB A, 0"
C. "ORL A, #01H"　　　　　　　　D. "SETB A, #00H"

(19) 下列指令能使 P1 口的最低位置"1"的是_____。

A. "ANL P1，#80H"   B. "SETB 90H"
C. "ORL P1，#0FFH"   D. "ORL P1，#80H"

(20) 下列指令能使 P1 口的第 3 位置"1"的是_____。

A. "ANL P1，#0F7H"   B. "ANL P1，#7FH"
C. "ORL P1，#08H"   D. "SETB 93"

2. 程序分析

试说明以下程序段的功能。

```
MOV   PSW, #00H
MOV   A, DPL
SUBB  A, #01H
MOV   DPL, A
MOV   A, DPH
SUBB  A, #00H
MOV   DPH, A
```

3. 技能训练

(1) 在本任务中，若 50H 单元开始的存储块中存放的是非压缩 BCD 码（即一个单元存放一个 BCD 码），则应如何修改程序？上机调试程序并检查运行结果。

(2) 在本任务中，如果只进行一个 BCD 码转换，即一个非压缩 BCD 码存于 50H 单元，将转换结果存于 60H 单元，那么又该如何修改程序？上机调试程序并检查运行结果。

单元 5 输入/输出程序的设计及制作

知识目标

1. 熟练使用 JC、JNC、JB、JNB、JB 等指令。
2. 了解 8×8 LED 点阵显示器的工作原理。
3. 了解双向总线发送/接收器 74LS245 引脚的功能。

技能目标

1. 掌握按键控制的 LED 亮灯硬件电路的设计方法。
2. 掌握按键控制的 LED 亮灯软件的设计方法。
3. 掌握按键控制 LED 亮灯硬件电路的安装和调试方法。
4. 掌握 LED 点阵显示屏硬件电路的安装和调试方法。
5. 能够灵活应用 LED 点阵显示屏进行软件设计。

任务 1 按键控制的两种 LED 亮灯方式的制作

任务描述

单片机 P3.0 和 P3.1 两引脚分别接一个轻触按键开关 S1 和 S2，P1 口接 8 只发光二极管 LED1～LED8。当按下 S1 时，8 只发光二极管按方式一从 LED1～LED8 间隔 1s 交替点亮一次，P1 口的输出值见表 2-34；当按下 S2 时，8 只发光二极管按方式二从 LED1～LED8 间隔 1s 依次点亮一次，P1 口的输出值见表 2-35；当 P1 口相应位输出为 0 时，对应的 LED 点亮。

表 2-34　方式一时 P1 口的输出值

序号	P1.7	P1.6	P1.5	P1.4	P1.3	P1.2	P1.1	P1.0
1	1	1	1	1	1	1	1	0
2	1	1	1	1	1	1	0	1
3	1	1	1	1	1	0	1	1
4	1	1	1	1	0	1	1	1
5	1	1	1	0	1	1	1	1
6	1	1	0	1	1	1	1	1
7	1	0	1	1	1	1	1	1
8	0	1	1	1	1	1	1	1

表 2-35　方式二时 P1 口的输出值

序号	P1.7	P1.6	P1.5	P1.4	P1.3	P1.2	P1.1	P1.0
1	1	1	1	1	1	1	1	0
2	1	1	1	1	1	1	0	0
3	1	1	1	1	1	0	0	0
4	1	1	1	1	0	0	0	0
5	1	1	1	0	0	0	0	0
6	1	1	0	0	0	0	0	0
7	1	0	0	0	0	0	0	0
8	0	0	0	0	0	0	0	0

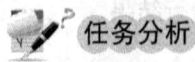任务分析

以单片机为核心的控制系统需要接收各种外部设备的控制信号，经内部程序处理后输出，驱动各种外部设备，所以单片机对输入/输出信号的处理十分重要。

在单片机应用系统中，键盘是常用的输入设备，当按下某一按键时，键盘扫描程序检测到按键后，调用相应的键盘处理程序实现相应的按键功能，即键盘扫描程序实现对按键的识别及处理。

发光二极管是常用的输出指示器件，用来显示系统的运行状态及数据等信息。学生通过对本任务的学习，应初步掌握单片机输入/输出信号的硬件设计过程，以及简单的键盘输入处理和 LED 输出显示的程序设计思路。

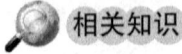相关知识

1. 部分特殊功能寄存器

（1）I/O 口寄存器 P0、P1、P2、P3　I/O 口寄存器 P0、P1、P2、P3 分别是 MCS-51 系列单片机 4 个 I/O 口的锁存器。MCS-51 系列单片机没有专门的 I/O 口操作指令，而是把 I/O 口也当做一般的寄存器使用，数据传送统一使用 MOV 指令。在指令中，I/O 口的符号与其地址是等价的，即 P0 与 80H、P1 与 90H、P2 与 A0H、P3 与 B0H 是相同的，如"MOV P1，A"指令与"MOV 90H，A"指令相同。

（2）堆栈指针 SP　堆栈指针 SP 是一个 8 位的特殊功能寄存器，它指示堆栈顶部在片内 RAM 中的位置。在系统复位后，SP 的初始值为 07H，使得堆栈实际上是从 08H 开始的。但从片内 RAM 的结构可知，08H～1FH 为第 1 组～第 3 组工作寄存器区，若编程时需要用到

这些单元，则必须对堆栈指针 SP 进行初始化。一般 SP 初值设为 30H 或更大，同时还应考虑堆栈的深度。

(3) 栈操作指令 PUSH 和 POP　这类指令为数据传送指令中的一部分，与送数指令不同的是，总有一个操作数的地址是特定的。

　　汇编指令　　　　　　指令功能
　　PUSH　direct；　　　进栈指令，将直接地址单元中的内容送入栈中
　　POP　direct；　　　　出栈指令，将堆栈栈顶单元中的数据弹出送入直接地址单元中

在进栈（入栈）操作时，首先将栈指针 SP 值加 1，然后将直接地址单元的内容送到栈指针所指的片内 RAM 单元中；在出栈操作时，先将栈指针 SP 所指的片内 RAM 单元的内容送入直接地址单元中，然后 SP 值减 1。

【注意】：进栈和出栈指令的操作数只能用直接寻址方式。对于累加器 A，在采用直接寻址方式时表示为 ACC；对累加器 A 使用栈操作指令时，要写成"PUSH ACC"，写成"PUSH A"是错误的。

例 2-23　已知(ACC) = 23H，(PSW) = 85H，试分析以下程序过程中栈指针 SP 的值以及各单元数据的变化情况。

　　MOV　SP, #60H
　　PUSH　ACC
　　PUSH　PSW
　　……
　　……
　　……
　　POP　ACC
　　POP　PSW

解　"MOV　SP, #60H"是将 8 位立即数 60H 送入 SP 中，指令执行后，(SP) = 60H，即将栈底单元设置在了片内 RAM 的 60H。

"PUSH　ACC"是先将(SP) + 1→SP，即(SP) = 61H，然后将(ACC)→61H，指令执行后，(61H) = 23H。

"PUSH　PSW"是先将(SP) + 1→SP，即(SP) = 62H，然后将(PSW)→62H，指令执行后，(62H) = 85H。

"POP ACC"是先将(SP)→ACC，即(62H)→ACC，然后将(SP) − 1→SP，指令执行后，(SP) = 61H，(ACC) = 85H。

"POP PSW"是先将(SP)→PSW，即(61H)→PSW，然后将(SP) − 1→SP，指令执行后，(SP) = 60H，(PSW) = 23H。

通过以上分析可知堆栈操作的特点为：先进后出，后进先出。

2. 判位转移指令

　　JC　　rel　　　　　；若(C) = 1，则转移 PC←(PC) + 2 + rel
　　　　　　　　　　　 ；若(C) = 0，则顺序执行 PC←(PC) + 2
　　JNC　rel　　　　　；若(C) = 0，则转移 PC←(PC) + 2 + rel
　　　　　　　　　　　 ；若(C) = 1，则顺序执行 PC←(PC) + 2

JB	bit,rel	;若(bit)=1,则转移 PC←(PC)+3+rel	
		;若(bit)=0,则顺序执行 PC←(PC)+3	
JNB	bit,rel	;若(bit)=0,则转移 PC←(PC)+3+rel	
		;若(bit)=1,则顺序执行 PC←(PC)+3	
JBC	bit,rel	;若(bit)=1,则转移 PC←(PC)+3+rel 并且 bit←0	
		;若(bit)=0,则顺序执行 PC←(PC)+3	

这5条指令的功能是当某一条件满足时,程序转移至目的地址处执行;当条件不满足时,顺序执行下一条指令。最后一条指令是,当条件满足时转移,程序转移至目的地址处执行,同时将该 bit 位清"0"。

任务准备

1)电工常用工具,每人一套。
2)电工操作台,两人一台。
3)装配有 MedWin V3.0 软件或伟福 6000 软件的计算机及下载设备,两人一套。
4)材料准备:按键控制的 LED 亮灯元器件明细见表2-36。

表2-36 按键控制的 LED 亮灯元器件明细表

序号	元器件名称	元器件型号/规格	元器件数量	备注
1	单片机芯片	AT89S51	1片	DIP 封装
2	发光二极管	φ5	8只	普通型
3	晶振	12MHz	1只	普通型
4	电容	30pF	2只	瓷片电容
		10μF	1只	电解电容
5	电阻	470Ω	9只	碳膜电阻
		10kΩ	1只	碳膜电阻
6	电阻	1kΩ	2只	碳膜电阻
7	按键		3只	无自锁
8	40脚 IC 座		1片	安装 AT89S51 芯片
9	细导线、焊锡		若干	
10	万能电路板	4cm×15cm	1片	

任务实施

1. 任务分析

(1)单片机工作条件的设计

电源:

① VCC(40 脚):接+5V 电源正极。
② GND(20 脚):接电源负极。
③ 时钟电路:采用内部时钟电路,18脚、19脚外接晶振(6MHz)和电容(30pF)。
④ 复位电路:采用按键复位电路,9脚外接 RC 电路及按键。

由于采用 AT89S51 型号单片机,其内部有 4KB 程序存储器,无需外扩程序存储器,所以EA引脚接电源正极(高电平)。

(2)按键、显示电路的设计

1)输入按键 S1 和 S2 的接线。因为本任务采用低电平输入,所以按键的一端通过电阻接电源,另一端接地,电阻和按键的公共端接单片机输入端口 P3.0 和 P3.1。当按键被按下时,P3.0 或 P3.1 为低电平;当按键被释放后,P3.0 或 P3.1 为高电平。

2)输出显示 LED 接 P1 口。由于单片机 I/O 口具有较强的驱动能力,其电流足以驱动 LED 发光,所以无需再加驱动电路。根据设计任务可知,当 P1 口某位输出为 0(低电平)时对应的 LED 亮,当某位输出为 1(高电平)时对应的 LED 灭,所以 LED 正极接电源正极,负极接 P1 口的某位,即 8 只 LED 采用共阳极连接。每只发光二极管串接一个 470Ω 的限流电阻。

综合以上分析,得到图 2-41 所示的电路原理图。

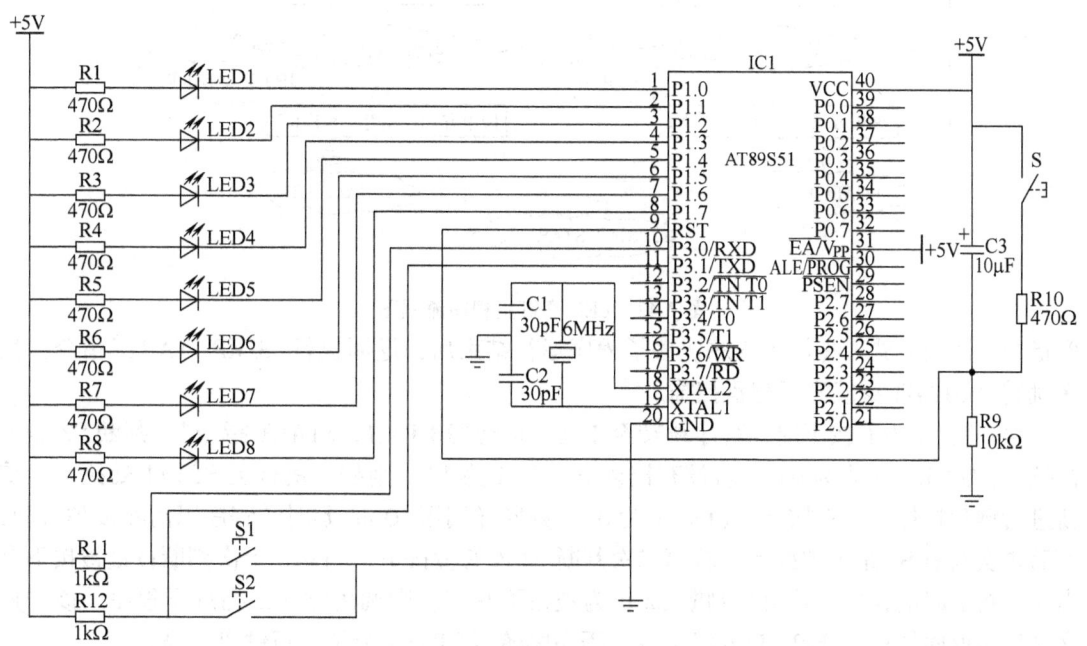

图 2-41 LED 亮灯电路原理图

2. 控制程序的编写

(1) LED 亮灯主程序流程图 通过具有两个按键的独立式键盘输入运行指令,当 S1 被按下时调用方式一亮灯子程序,当 S2 被按下时调用方式二亮灯子程序,经 P1 口输出驱动 8 只发光二极管的数据。

为判别是否有按键被按下以及哪个按键被按下,要进行键盘扫描。

因为 S1 接于 P3.0,S2 接于 P3.1,按键的另一端接地,所以当 S1 或 S2 被按下时对应的 P3.0 或 P3.1 为低电平。

键盘扫描就是判别 P3.0 和 P3.1 中有没有为低电平的位以及哪位为低电平,所以应用位判别指令 JB。图 2-42 所示为 LED 亮灯主程序流程图。

首先用"JB P3.0,J"指令判断 S1 是否被按下,若没有被按下,则 P3.0 为 1(高电平),程序跳转至 J 处执行,继续判别 S2 是否被按下;若 S1 被按下了,则 P3.0 为 0(低电平),程序顺序执行下一条指令,调用一个延时时间为 10 ms 的延时子程序来消除按键抖动。经按键去抖动后,再次用"JB P3.0,J"指令判断 S1 是否被按下。若此时判断 S1 没有被按下,则上次判断按键被按下是由于干扰引起的误判,程序跳转至 J 处执行,继续判断下一个按键是否被按下;若此时判断 S1 仍是被按下的,则判定该按键确实被按下了,程序顺序执行下一

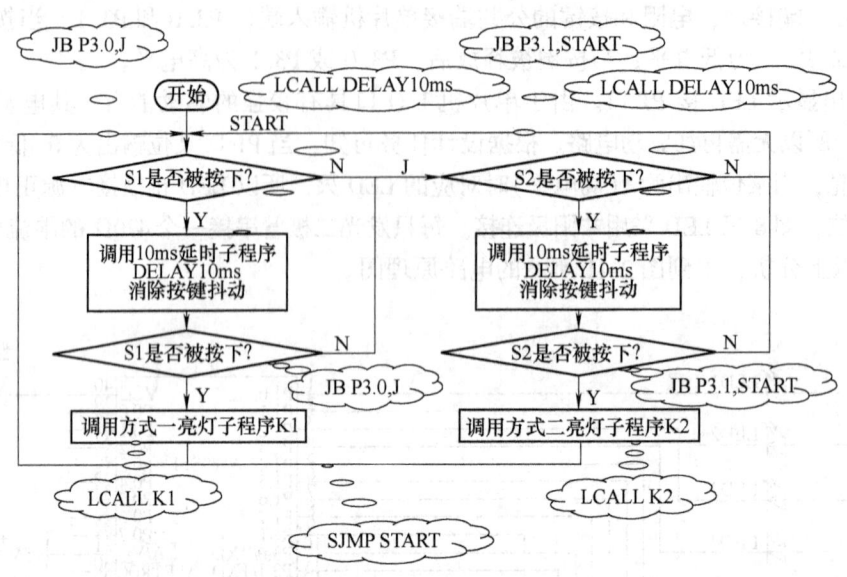

图 2-42 LED 亮灯主程序流程图

条指令,调用方式一亮灯子程序。该子程序运行结束后,返回执行"SJMP START"指令,程序跳转至 START 继续进行键盘扫描。

当判断 S1 没有按下时,程序跳转至 J 处,执行"JB P3.1,START 指令",判断 S2 是否被按下(即 P3.1 是否为 0),若没有被按下(P3.1 为 1),则程序跳转至 START 处执行,重新进行键盘扫描;若被按下了(P3.1 为 0),则同样调用 10 ms 延时子程序以消除按键抖动,然后再次判断 S2 是否被按下。若第二次判断 S2 没有被按下,同样,上次判断按键被按下是由于干扰引起的误判;若再次判断 S2 仍为被按下状态,则调用方式二亮灯子程序。该子程序结束后返回执行"SJMP START"指令,程序跳转至 START 继续进行键盘扫描。

(2) 子程序 K1(方式一亮灯)流程图　当 S1 被按下时,执行"LCALL K1"指令,调用方式一亮灯子程序 K1。因为采用方式一时 8 只发光二极管 LED1~LED8 间隔 1s 交替点亮,即 P1.0~P1.7 间隔 1s 交替输出 0,所以可用移位指令和循环程序结构来实现。因为移位指令只能用 A 作操作数,所以要将输出的数据先存放在 A 中,然后用"MOV P1,A"指令将 A 中的数据输出到 P1 口,驱动 8 只发光二极管显示。图 2-43 所示为子程序 K1(方式一亮灯)流程图。

首先用"MOV A,#0FEH"指令给 A 送入一个初始数据 0FEH(A 的第 0 位为 0,其余位为 1),然后用"MOV P1,A"指令将 A 中的数据输出到 P1 口,驱动 LED1 点亮。调用 1s 延时子程序,使灯亮保持 1s,接着判断是否为 LED8 点亮(即 ACC.7 为 0),若是,则表明一次亮灯结束,程序跳转至 M1 处执行 RET 指令,子程序返回;若判断不是 LED8 点亮,则程序顺序执行下一条指令"RL A",将 A 中的数据不带进位标志位左移一位,为交替点亮下一个 LED 做准备,然后执行"SJMP L1"指令,程序跳转至 L1 处继续输出 A 中的数据,驱动下一个 LED 点亮。如此循环,直到 LED8 点亮,完成本次交替亮灯过程。每次亮灯结束后,子程序返回,继续进行键盘扫描。

(3) 子程序 K2(方式二亮灯)流程图　当 S2 被按下时,执行"LCALL K2"指令,调用方式二亮灯子程序 K2。

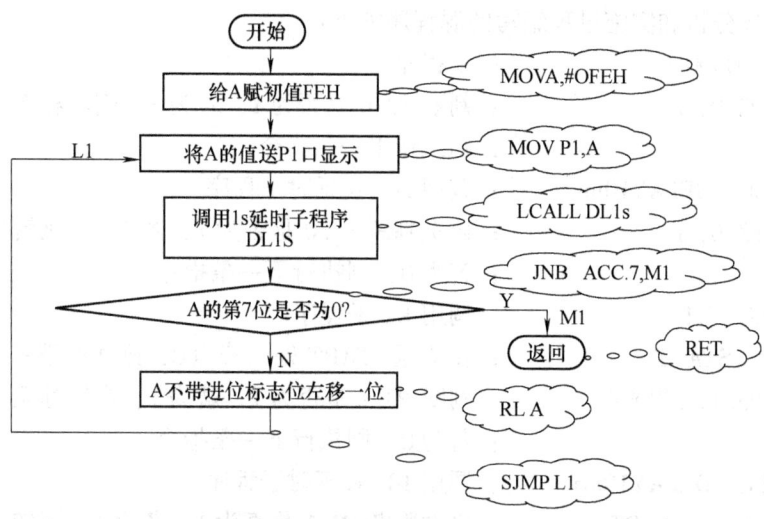

图 2-43 子程序 K1(方式一亮灯)流程图

因为采用方式二时 8 只发光二极管 LED1~LED8 间隔 1s 依次点亮,即 P1.0~P1.7 间隔 1s 依次输出 0,所以同样可用移位指令和循环程序结构来实现,与方式一的程序结构基本类似。

先用"MOV A,#0FEH"指令给 A 送入一个初始数据 0FEH,然后用"MOV P1,A"指令将 A 的数据输出到 P1 口,驱动 LED1 点亮。调用 1s 延时子程序,使灯亮 1s,接着判断是否为 LED8 点亮,若是,则表明一次亮灯结束,程序跳转至 M2 处执行 RET 指令,子程序返回;若判断不是 LED8 点亮,则程序顺序执行下一条指令"CLR C",将进位标志位 CY 清零。

再执行"RLC A"指令,将 A 中的数据带进位标志位左移一位,为依次点亮下一个 LED 做准备(使用"CLR—A"和"RLC—A"指令就可实现依次亮灯,这是与方式一的不同之处),然后执行"SJMP L2"指令,程序跳转至 L2 处继续输出 A 中的数据,依次驱动下一个 LED 灯点亮。如此循环,直到 8 个 LED 全部点亮,完成本次亮灯过程。每次亮灯结束后,子程序返回,继续进行键盘扫描。图 2-44 所示为子程序 K2(方式二亮灯)流程图。

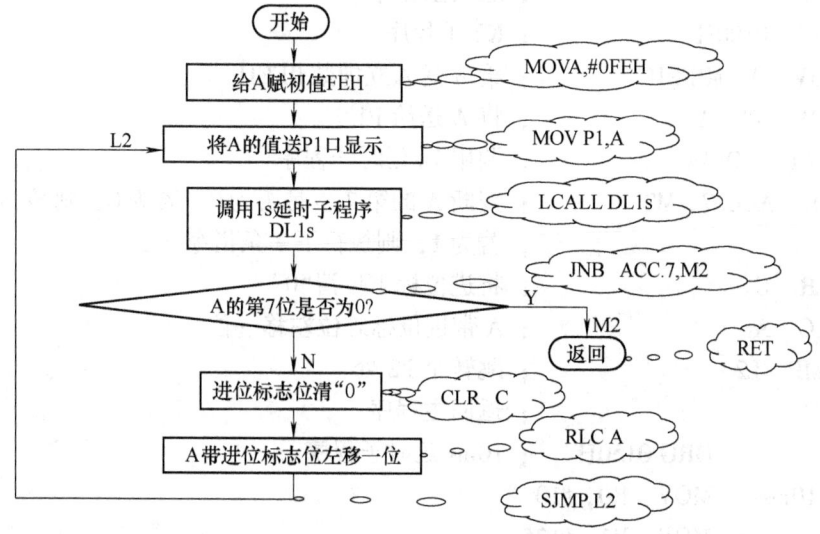

图 2-44 子程序 K2(方式二亮灯)流程图

按以上任务分析和实施过程编写的源程序如下：

```
        ORG   0000H           ;主程序
START:  JB    P3.0,J          ;判断 P3.0 是否为 1，若为 1，则转移至 J 处；若为 0，
                              ;则执行下一条指令
        LCALL DELAY10ms       ;调用 10 ms 延时子程序
        JB    P3.0,J          ;再次判断 P3.0 是否为 1，若为 1，则转移至 J 处；
                              ;若为 0，则执行下一条指令
        LCALL K1              ;调用 K1 子程序
        SJMP  START           ;转移至 START 处，若为 0，则执行下一条指令
J:      JB    P3.1,START      ;判断 P3.1 是否为 1，若为 1，则转移至 START 处；
                              ;若为 0，则执行下一条指令
        LCALL DELAY10ms       ;调用 10 ms 延时子程序
        JB    P3.1,START      ;再次判断 P3.1 是否为 1，若为 1，则转移至 START
                              ;处，若为 0，则执行下一条指令
        LCALL K2              ;调用 K2 子程序
        SJMP  START           ;转移至 START 处
        ORG   0050H           ;K1 子程序
K1:     MOV   A,#0FEH         ;给 A 送入立即数 0FEH
L1:     MOV   P1,A            ;将 A 送给 P1 调用 1s 延时子程序
        LCALL DL1s            ;调用 1s 延时子程序
        JNB   ACC.7,M1        ;判断 A 的第 7 位是否为 0，若为 0，则转移至 M1
                              ;处；若为 1，则执行下一条指令
        RL    A               ;A 不带进位标志位左移一位
        SJMP  L1              ;跳转至 L1 处
M1:     RET                   ;返回主程序
        ORG   0100H           ;K2 子程序
K2:     MOV   A,#0FEH         ;给 A 送入立即数 0FEH
L2:     MOV   P1,A            ;将 A 送给 P1
        LCALL DL1s            ;调用 1s 延时子程序
        JNB   ACC.7,M2        ;判断 A 的第 7 位是否为 0，若为 0，则转移至 M25 处；
                              ;若为 1，则执行下一条指令
        CLR   C               ;将进位标志位清"0"
        RLC   A               ;A 带进位标志位左移一位
        SJMP  L2              ;跳转至 L2 处
M2:     RET                   ;返回主程序
        ORG   0150H           ;10ms 延时子程序
DELAY10ms: MOV R0,#10
DEL2:      MOV R1,#125
DEL1:      NOP
```

```
                NOP
                DJNZ   R1, DEL1
                DJNZ   R0, DEL2
                RET
                ORG 0200H
DL1S：          MOV    R3, #100 ;1s 延时子程序
DEL3：          LCALL  DELAY10ms
                DJNZ   R3, DEL3
                RET
                END
```

3. 程序仿真与调试

1）运行 MedWin 软件，将本任务中的汇编源程序以文件名 LED.ASM 保存，并添加到工程文件中。

2）将已经保存的文件进行编译，若编译中检测到错误的符号，则会将错误信息用红色条反显，双击错误提示，即可以在对应位置进行修改。

3）将 MedWin 软件和仿真器相连或利用 Proteus 仿真软件对电路进行可视化模拟仿真。

4）程序的下载及运行。利用编程器将汇编完成的文件下载到 AT89S51 芯片中，并安装到焊接好的电路板上，通电后运行程序，分别按下 S1 和 S2 按键观察亮灯状况，是否和设计相符，理解指令 JC JNC、JB、JNB、JBC 的含义。

5）将本任务中 K1 子程序中 A 的初始值 0FEH 改为 0FCH，即将该子程序的第一条指令"MOV A, #0FEH"改为"MOV A, #0FCH"，运行程序，观察并分析运行情况。还可以将该初始值改为其他数据，修改后运行，观察并分析运行状态。

4. 按键控制的两种 LED 亮灯方式的制作

1）将存盘后的 LED.HEX 十六进制文件下载到 AT89S51 单片机中。

2）按电路原理图在万能电路板上按工艺要求焊接、安装及接线，两个按键要焊接到 P3.0 和 P3.1 端口，正极和负极要分别各自连接在一起。

3）按电路原理图调试运行：首先复位，然后分别按下 S1、S2 观察是否达到设计要求，并分析成功或出现问题的原因。

检查评议

按键控制的两种 LED 亮灯方式考核表见表 2-37。

表 2-37　按键控制的两种 LED 亮灯方式考核表

评价项目	评价内容	配分/分	评价标准		得分
硬件电路	电子电路基础知识	20	掌握单片机芯片对应引脚的名称、序号、功能	5 分	
			掌握单片机最小系统原理分析方法	10 分	
			认识电路中各元器件的功能及型号	5 分	

(续)

评价项目	评价内容	配分/分	评价标准		得分
焊接工艺	元器件的整形、插装	5	按照原理图及元器件焊接尺寸正确整形、安装	5分	
	焊接	5	符合焊接工艺标准	5分	
程序编制、调试、运行	指令学习	10	正确理解程序中所有指令的意义	10分	
	程序的分析、设计	20	能正确分析程序的功能	10分	
			能根据要求设计功能相似的程序	10分	
	程序的调试与运行	20	程序输入正确	5分	
			程序编译、仿真正确	5分	
			能修改程序并分析	10分	
安全文明生产	使用设备和工具	10	正确使用设备及工具	酌情给分	
团结协作	集体意识	10	各成员分工协作，积极参与	酌情给分	

 考证要点

1. 选择题

（1）MCS-51 系列单片机的专用寄存器 SFR 中堆栈指针 SP 是一个特殊功能寄存器，用来_____，它是按照后进先出的原则存取数据的。

A. 存放运算中间结果　　B. 存放标志位　　C. 暂存数据和地址　　D. 存放待调试的程序

（2）单片机的堆栈指针 SP 始终指示_____。

A. 堆栈底　　　　B. 堆栈顶　　　　C. 堆栈地址　　　　D. 堆栈中间位置

（3）单片机中 PUSH 和 POP 指令常用来_____。

A. 保护断点　　　　B. 保护现场　　　　C. 保护现场，恢复现场

D. 保护断点，恢复断点

（4）下列指令判断 P1 口最低位为高电平就转 LP，否则就执行下一句的是_____。

A. "JNB　P1.0,LP"　　B. "JB　P1.0,LP"　　C. "JC　P1.0,LP"　　D. "JNZ　P1.0,LP"

（5）指令"JB 0E0H，LP"中的 0E0H 是指_____。

A. 累加器 A　　　　　　　　　　　　B. 累加器 A 的最高位

C. 累加器 A 的最低位　　　　　　　　D. 一个单元的地址

2. 程序分析

（1）说明下面程序段的执行过程及执行结果。

MOV　SP，#45H

MOV　A，#90H

MOV　B，#23H

PUSH　ACC

PUSH　B

POP　ACC

POP　B

（2）MCS-51 系列单片机指令系统中，执行下列程序后，堆栈指针 SP 的内容为_____。

```
MOV   SP, #30H
MOV   A, 20H
LCALL 1000
MOV   20H, A
SJMP  $
```

A. 00H　　　　　　　B. 30H　　　　　　　C. 32H　　　　　　　D. 07H

3. 技能训练

（1）将本任务中 K1 子程序中 A 的初始值改为 0EFH，即将该子程序的第一条指令改为"MOV A, #0EFH"，运行程序，观察并分析运行情况。还可以将该初始值改为其他数据，修改后运行程序，观察并分析运行情况。

（2）将本任务中 K2 子程序中 A 的初始值 0FEH 改为 0FAH，即将该子程序的第一条指令"MOV A, #0FEH"改为"MOV A, #0FAH"，运行程序，观察并分析运行情况。还可将该初始值改为其他数据，修改后运行程序，观察并分析运行情况。

（3）在本任务设计的电路中，当按下 S1 时，要实现表 2-38 所示的亮灯方式，则应如何修改 M1 子程序？提示：对 K1 子程序中的"MOV A, #0FEH"指令、"JNB ACC.7, M1"指令和"RL A"指令加以修改即可。

（4）若在本任务设计的电路中增加一个按键 S3，实现表 2-38 的亮灯功能，则应如何修改电路图和程序？

表 2-38　亮灯方式

序号	P1.7	P1.6	P1.5	P1.4	P1.3	P1.2	P1.1	P1.0
1	**0**	1	1	1	1	1	1	1
2	1	**0**	1	1	1	1	1	1
3	1	1	**0**	1	1	1	1	1
4	1	1	1	**0**	1	1	1	1
5	1	1	1	1	**0**	1	1	1
6	1	1	1	1	1	**0**	1	1
7	1	1	1	1	1	1	**0**	1
8	1	1	1	1	1	1	1	**0**

任务 2　LED 点阵显示器的设计及制作

任务描述（见表 2-39）

表 2-39　任务描述

工作任务	要　求
LED 点阵显示器的设计	掌握 LED 点阵显示器软件的设计方法
LED 点阵显示器硬件电路的安装和调试	掌握 LED 点阵显示器硬件电路的安装和调试方法
学习 8×8 LED 点阵显示器的工作原理	熟练掌握 8×8 LED 点阵显示器的工作原理
了解双向总线发送/接收器 74LS245	理解双向总线发送/接收器 74LS245 的引脚功能

任务分析

点阵 LED 显示器广泛应用于汽车报站、广告屏等。8×8 点阵 LED 是最基本的点阵显示模块,利用单片机驱动 8×8 LED 点阵显示器轮流显示数字 0~9。

要设计点阵 LED 显示器,必须掌握以下内容:
1) 8×8 LED 点阵显示器的工作原理。
2) 双向总线发送/接收器 74LS245 的工作原理。

在点阵 LED 显示屏控制设计中,关键是对点阵显示器扫描顺序的编程。学生通过对本任务的学习,应掌握 LED 点阵显示器的软、硬件设计及程序调试的方法和技能,进而掌握多个点阵显示器显示汉字的工作原理。

相关知识

1. 8×8 LED 点阵显示器的工作原理

8×8 LED 点阵显示器的结构如图 2-45 所示。该显示器中共 8 行 8 列发光二极管,每个发光二极管设置在行线和列线的交叉点上,共 64 个发光二极管。当某一列置"1",某一行置"0"时,对应发光二极管点亮。

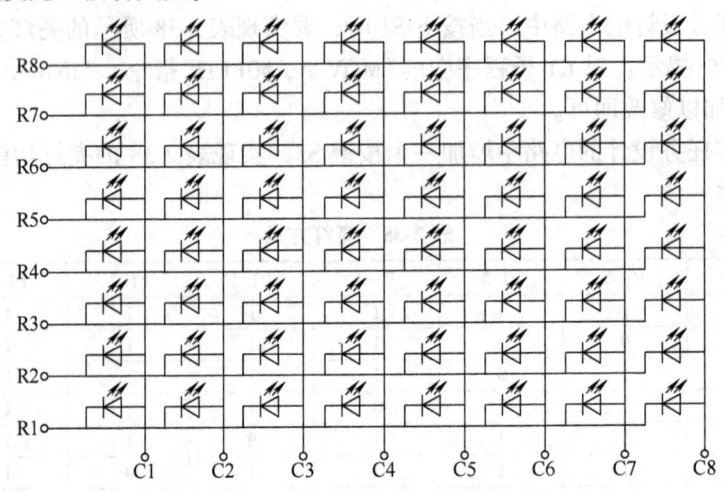

图 2-45 8×8 LED 点阵显示器的结构

应用字模提取软件,直接输入或手动绘制点阵文字符号,该软件将自动按行或列生成字模数据,如图 2-46 所示。

在输出显示时采用动态扫描方式,可以按行或列进行扫描。当按行扫描时,首先第 1 行输出 0,第 1 行字模数据再由 8 列输出;然后延时一定时间,第 2 行输出 0,第 2 行字模数据再由 8 列输出;如此循环,直至第 8 行;8 行全部扫描完成后,再进行下一次循环扫描。

当按列扫描时,首先第 1 列输出 1,第 1 列字模数据由 8 行输出;然后延时一定时间,第 2 列输出 1,第 2 列字模数据再由 8 行输出;如此循环,直至第 8 列;8 列全部扫描完成后,再进行下一次循环扫描。所以在某一时刻,只有一行或一列发光二极管被对应的字模数据驱动点亮。只要扫描间隔时间合适,利用人眼的视觉暂留特性,看上去整个字符就显示在 LED 点阵显示器上。

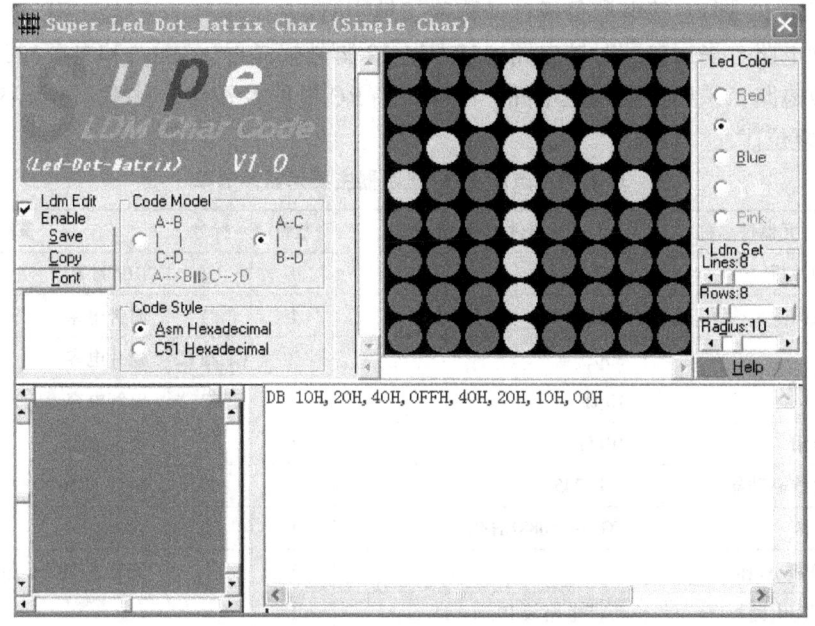

图 2-46 字模提取软件生成字模数据

2. 双向总线发送/接收器 74LS245

74LS245 为三态输出的 8 路总线发送/接收器,其引脚排列如图 2-47 所示。引脚说明如下:

① A0~A7:A 总线端。

② B0~B7:B 总线端。

③ $\overline{CE}$:三态允许端(低电平有效)。

④ DIR:方向控制端,低电平时 B 数据到 A 总线端,高电平时 A 数据到 B 总线端。

⑤ VCC:5V 电源正极端。

⑥ GND:接电源负极端。

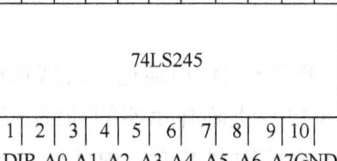

图 2-47 三态输出的 8 路总线发送/接收器 74LS245 的引脚排列

任务准备

1)电工常用工具,每人一套。

2)电工操作台,两人一台。

3)装配有 MedWin V3.0、Protues 7.5、Protel 99SE 和下载软件的计算机,两人一套。

4)材料准备:点阵 LED 显示器控制主要元器件清单见表 2-40。

任务实施

1. 电路原理图的设计

(1) 单片机工作条件的设计

1)电源(因和前节相同,本节在电路图中省略):

① VCC(40 脚):接 +5V 电源,又称为电源引脚。

② GND(20 脚)：接电源负极，又称为接地引脚。

2）时钟电路：采用内部时钟电路，18 脚、19 脚外接晶振(6MHz)和电容(30pF。)

3）复位电路：采用按键复位电路，9 脚外接 RC 电路及按键。注意：MCS-51 系列单片机为高电平复位。

表 2-40　点阵 LED 显示器主要元器件清单

序号	元器件名称	元器件型号/规格	数量	标号	备注
1	单片机	AT89S51	1	U1	DIP 封装
2	晶振	12MHz	1	Y1	时钟电路
3	电容	30pF	2	C1 和 C2	瓷片电容
		10μF	1	C3	电解电容
4	电阻	10kΩ	1	R1	复位电阻
5	总线驱动器	74LS245	1	U2	驱动 LED
6	点阵	TOP—15088BH/U	1	U3	8×8
7	40 脚 IC 座		1		安装 AT89S51 芯片
8	万能电路板	万能电路板 10cm×15cm	1		

由于采用 AT89S51 单片机，其内部有 4KB 程序存储器，$\overline{EA}$ 引脚接电源(高电平)。

(2) 点阵 LED 显示屏控制电路的设计　采用 AT89S51 单片机为主控芯片，其 P0 口接总线驱动器 74LS245 以增强单片机的驱动能力。74LS245 的输出口驱动 8×8 点阵的行线，单片机的 P3 口驱动 8×8 点阵的列线，通过给行、列不同的电平值来实现点阵不同字符的显示。

单片机 P0 口通过一总线接收/发送器 74LS245 接 8×8 LED 点阵显示器的行线，P3 口接 8×8 LED 点阵显示器的列线。74LS245 的使能控制端接地，传输方向控制端接电源，数据由 A 端传输到 B 端。由此设计的点阵 LED 显示器控制电路原理图如图 2-48 所示。

2. 程序设计

(1) 初始化　首先给 LED 点阵列线寄存器 R0 赋初值 01H，给字模数据寄存器 R1 赋初值 00H，给列数寄存器 R2 赋初值 08H，给扫描次数寄存器 R3 赋初值 100，给符号个数寄存器 R4 赋初值 0AH，给数据指针寄存器 DPTR 赋初值 TAB(字模数据表首地址)。

(2) 字模数据输出　经 P3 口给 LED 点阵某列列线输出 1，查表取得对应列的字模数据，取反后经 P0 口输出给 LED 点阵的行线，调用 2.5ms 动态扫描延时程序。

(3) 符号显示延时　一个符号循环扫描 100 次，一次扫描的时间约为 2ms，则每个符号显示时间约为 0.2s。

由此设计的程序流程图如图 2-49 所示。

点阵 LED 显示器控制源程序如下：

```
        ORG   0000H
START:  MOV   R0,#01H      ;初始化
        MOV   R1,#00H
        MOV   R2,#08H
        MOV   R3,#100
```

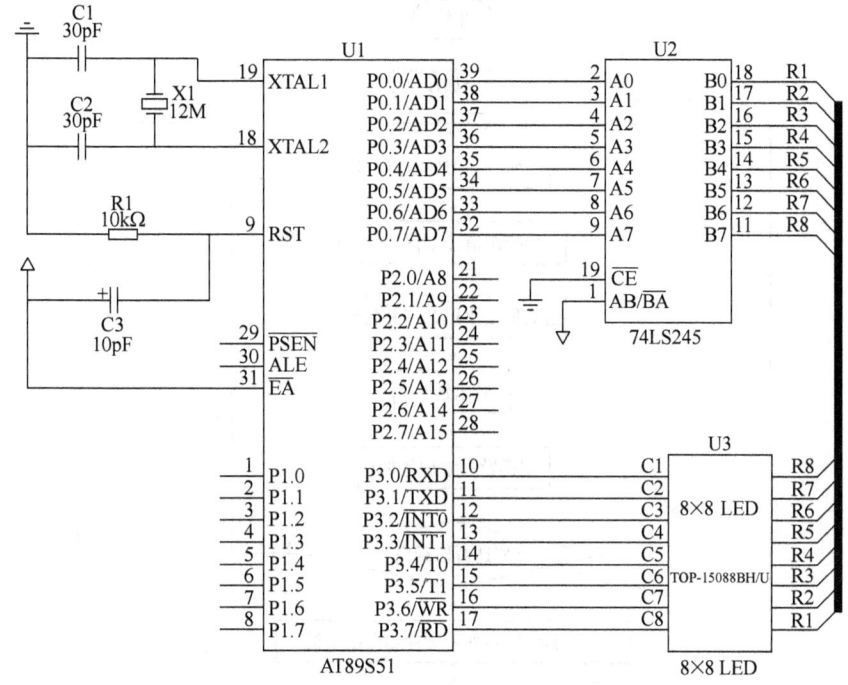

图 2-48 点阵 LED 显示器控制电路原理图

```
        MOV    R4, #0AH
        MOV    DPTR, #TAB
K1:     MOV    A, R0           ;列控制信号输出
        MOV    P3, A
        RL     A               ;列控制信号左移一位
        MOV    R0, A
        MOV    A, R1           ;查表取出字模数据输出
        MOVC   A, @A+DPTR
        CPL    A
        MOV    P0, A
        LCALL  DELAY           ;显示延时
        INC    R1              ;字模数据索引值加1
        DJNZ   R2, K1          ;判断8列是否显示完
        MOV    R0, #01H        ;列控制寄存器和列数寄存器重赋初值
        MOV    R2, #08H
        DJNZ   R3, K2          ;判断是否显示了100次
        MOV    R3, #100        ;显示次数寄存器重赋初值
        DJNZ   R4, K1          ;判断符号是否显示完
        MOV    R1, #00H        ;字模数据索引值寄存器和字符个数寄存器重赋初值
        MOV    R4, #0AH
        SJMP   K1
```

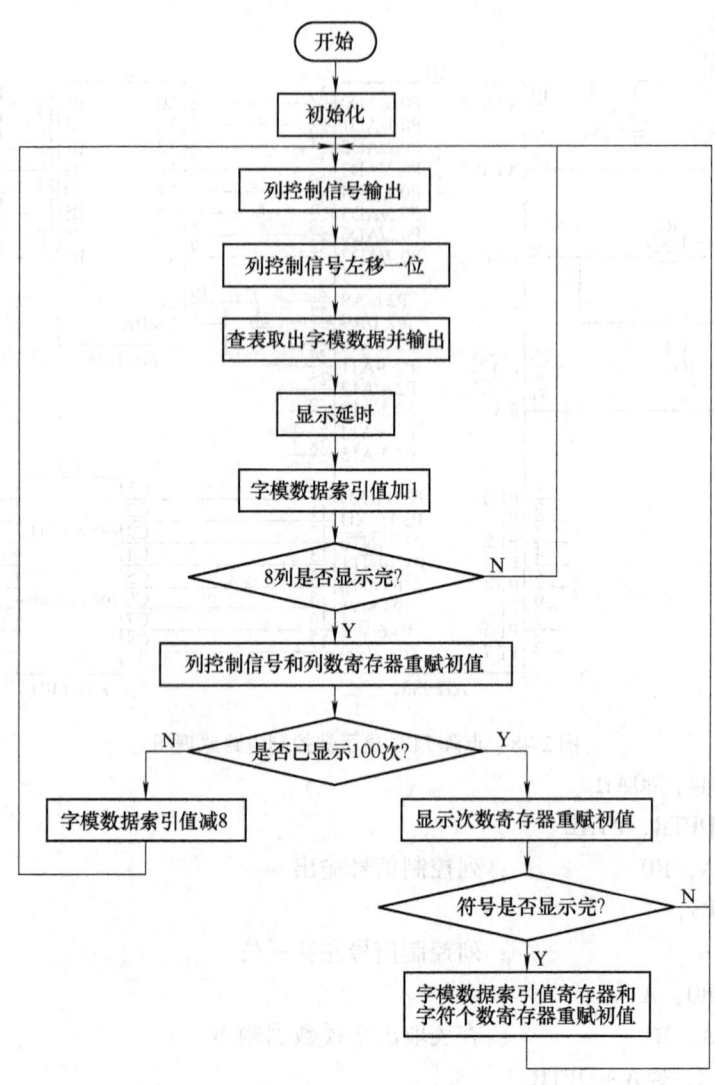

图 2-49 点阵 LED 显示器控制程序流程图

```
K2:     MOV   A, R1            ;字模数据索引值减 8
        SUBB  A, #08H
        MOV   R1, A
        SJMP  K1
DELAY:  MOV   R6, #5            ;2.5ms 显示延时
DEL1:   MOV   R7, #125
DEL2:   NOP
        NOP
        DJNZ  R7, DEL2
        DJNZ  R6, DEL1
        RET
TAB:    DB  00H, 00H, 3EH, 41H, 41H, 41H, 3EH, 00H; 0
```

```
    DB    00H, 00H, 00H, 00H, 21H, 7FH, 01H, 00H ; 1
    DB    00H, 00H, 27H, 45H, 45H, 45H, 39H, 00H ; 2
    DB    00H, 00H, 22H, 49H, 49H, 49H, 36H, 00H ; 3
    DB    00H, 00H, 0CH, 14H, 24H, 7FH, 04H, 00H ; 4
    DB    00H, 00H, 72H, 51H, 51H, 51H, 4EH, 00H ; 5
    DB    00H, 00H, 3EH, 49H, 49H, 49H, 26H, 00H ; 6
    DB    00H, 00H, 40H, 40H, 40H, 4FH, 70H, 00H ; 7
    DB    00H, 00H, 36H, 49H, 49H, 49H, 36H, 00H ; 8
    DB    00H, 00H, 32H, 49H, 49H, 49H, 3EH, 00H ; 9
    END
```

3. 点阵 LED 显示屏控制仿真与调试

1) 将源程序输入 MedWin V3.0 软件中，编译后生成可执行文件，如图 2-50 所示。

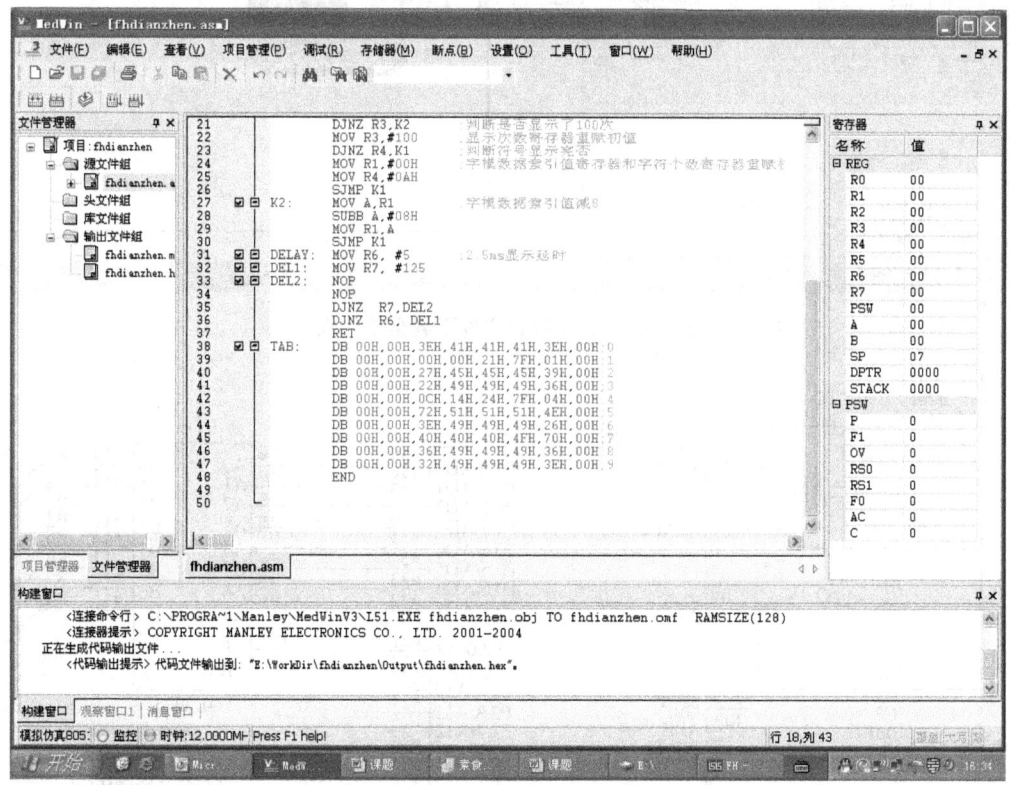

图 2-50 点阵 LED 显示器生成可执行文件

2) 将可执行文件下载到 AT89S51 单片机中，如图 2-51 所示。
3) 电路运行时的仿真电路如图 2-52 所示。

4. 点阵 LED 显示器控制电路板的制作

利用编程器将汇编完成的文件下载到 AT89S51 芯片中，然后将芯片安装到焊接好的电路板上。焊接好电路板后接上正负极，总线接收/发送器 74LS245 和 8×8 LED 点阵显示器的行线要用排线。通电后运行程序，查看运行结果是否和设计相符，并理解字模数据是如何显

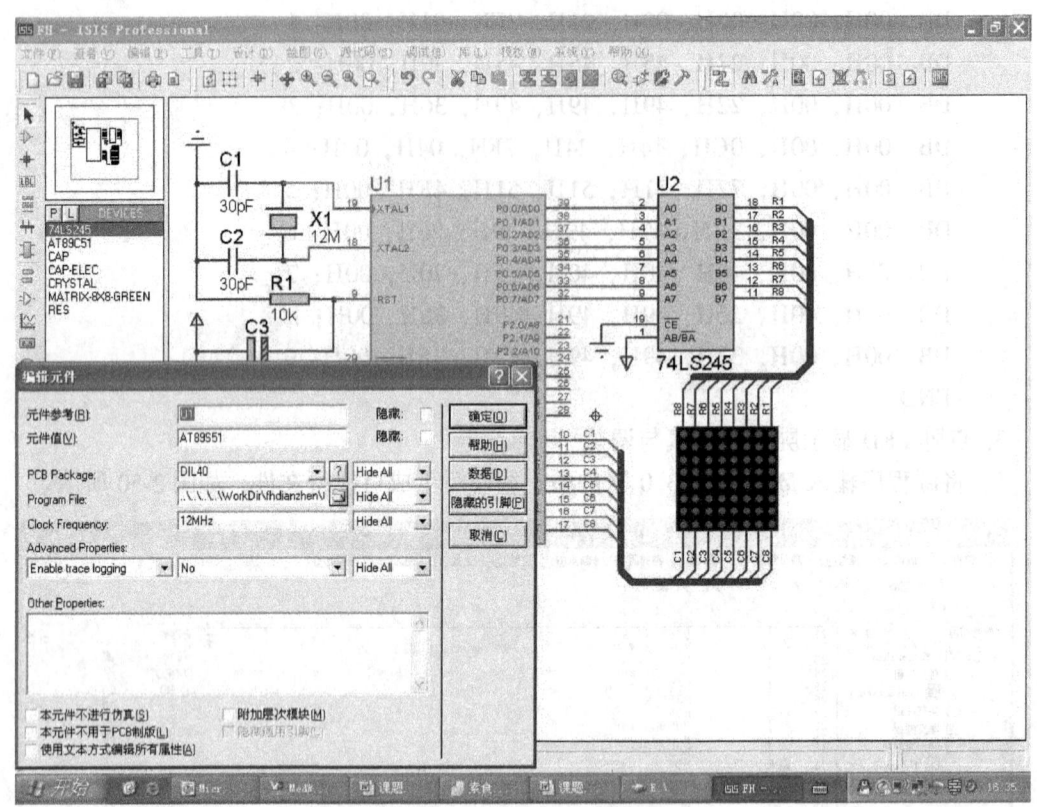

图 2-51 将可执行文件下载至单片机

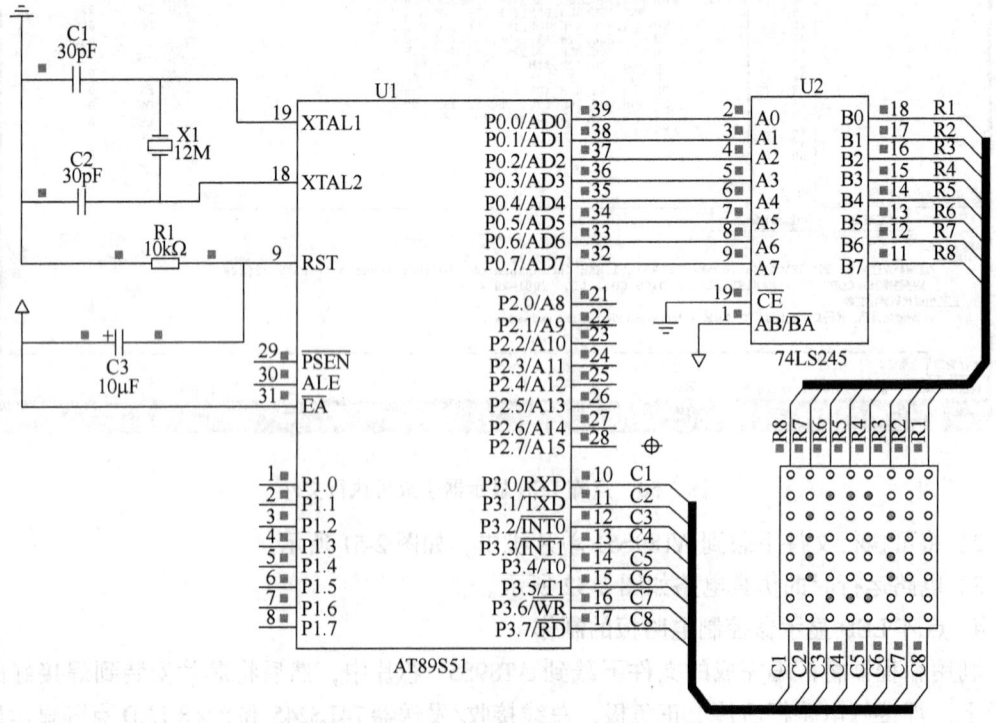

图 2-52 点阵 LED 显示屏控制电路仿真图

模块 2 单片机指令系统及汇编语言程序设计

示的。

5. 程序修改与调试

在任务中将 LED 点阵显示器改为按行扫描方式，则应如何修改字模数据和程序？修改后仿真运行。

 检查评议

点阵 LED 显示器控制电路考核表见表 2-41。

表 2-41 点阵 LED 显示器控制电路考核表

内容	考核要求	评分标准		得分
实训准备 (10 分)	工具、材料、仪表准备完好 穿戴劳保用品	工具、材料、仪表未准备好 未穿戴劳保用品	一项扣 2 分 扣 5 分	
电路设计 (15 分)	列出单片机最小系统 根据任务设计电路图	电路图设计不全或设计有错 输入、输出遗漏或错误	每处扣 2 分 每处扣 1 分	
程序设计 (25 分)	根据任务设计程序 编制正确的程序	程序有错 程序结构不合理，层次混乱	每处扣 2 分 酌情扣分	
程序编译及下载 (20 分)	将程序存入在 D 盘上建立的文件 熟练操作，输入程序 将编译正确的程序下载到单片机	不会建立文件及程序未存盘 不能熟练输入程序 不会将程序下载到单片机	每项扣 2 分 扣 2 分 扣 4 分	
调试与安装 (20 分)	按照要求进行模拟、调试，达到设计要求 安装正确、紧固、美观 工具、仪表使用符合规范	不会调试 不会接线 接点松动 不按电路图接线 一次试电不成功	扣 3 分 扣 3 分 每处扣 1 分 每处扣 2 分 扣 15 分	
安全文明生产 (10 分)	整理现场，设备仪器无损坏、工具遗忘	未整理现场，设备仪器损坏、工具遗忘	此项不得分	

 问题及防治

1）芯片下载和安装时不要插反，否则将会烧坏芯片。
2）芯片自下载源程序和安装到演示板上时，注意要消除手上的静电，手不要太干燥。
3）注意点阵 LED 显示器的接法及动态扫描方式。
4）注意总线驱动器 74LS245 的接法。

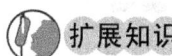 扩展知识

16×16 点阵显示器显示汉字的电路设计

利用 4 个点阵 8×8 LED 显示器构成点阵 16×16 显示器，循环动态显示"欢迎光临"4 个汉字。

1. 电路设计

单片机 P1.0～P1.3 引脚通过译码器 74154 的 4～16 引脚和反相器 7406 接 LED 点阵的列线，P0 和 P2 口通过同相器 7407 接 LED 点阵的行线。

由于 P0 口为漏极开路，7406 和 7407 为集电极开路，所以应分别接一个上拉电阻。由 4 个 8×8 LED 点阵组成一个 16×16 LED 点阵显示器，设计完成的 16×16 点阵显示器显示汉字电路仿真图如图 2-53 所示。

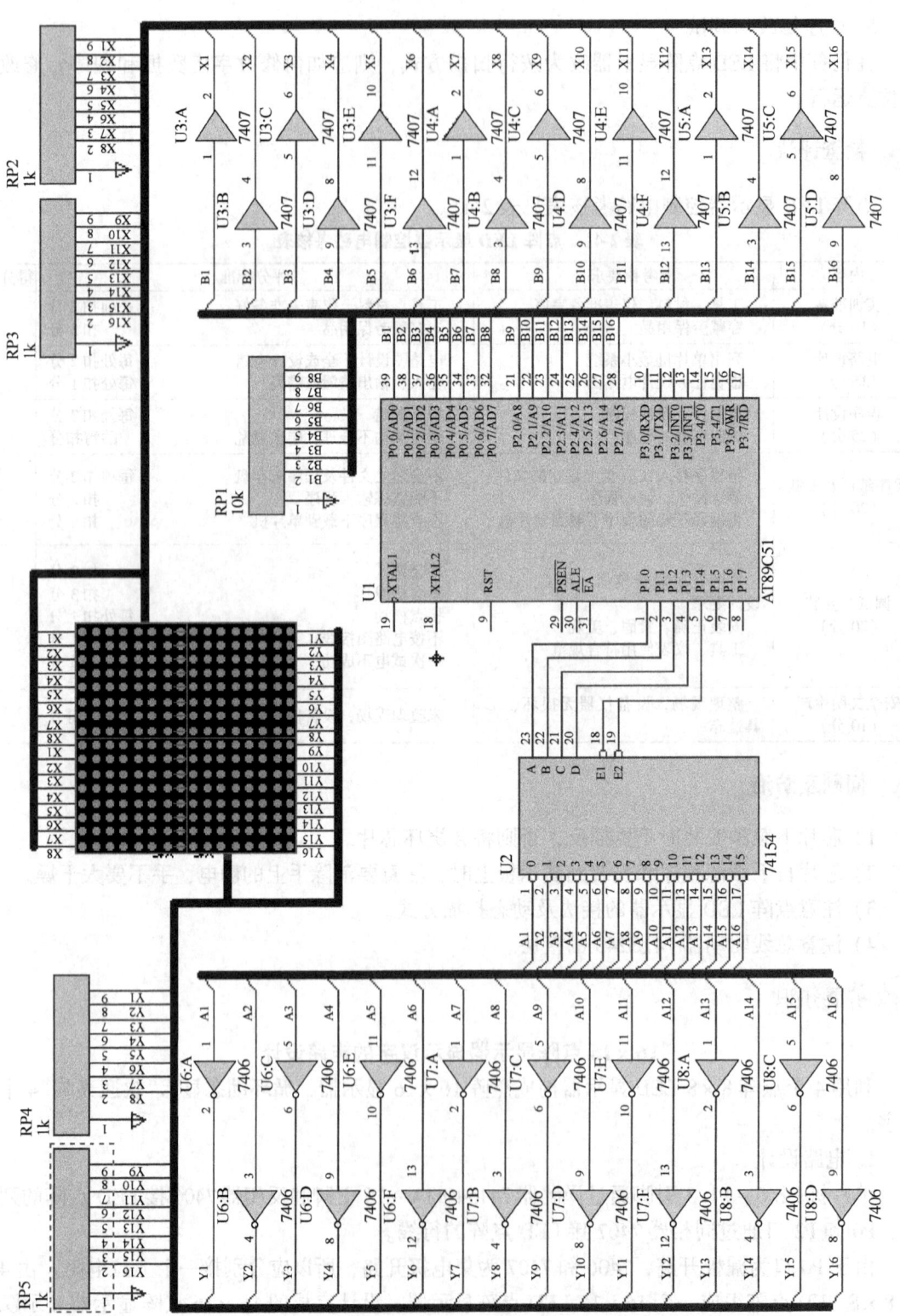

图 2-53 16×16 点阵显示器显示汉字电路仿真图

2. 程序设计

（1）初始化　将字模数据索引值寄存器 R1 赋初值 0，将列控制信号寄存器 R2 赋初值 0，将列数寄存器 R3 赋初值 16，将扫描次数寄存器 R4 赋初值 100，将汉字个数寄存器 R5 赋初值 4。

（2）字模数据输出　查表取出字模数据，取反后由 P0 口输出，经 7407 同相驱动器驱动 16×16 LED 点阵显示器的前 8 行。再查表取出字模数据，取反后由 P2 口输出，经 7407 同相驱动器驱动 16×16 LED 点阵显示器的后 8 行。列控制信号由 P1 口输出，经 74154 译码，再经 7406 反相驱动器驱动 16×16 LED 点阵显示器的某列。调用 0.5ms 动态扫描延时程序。

（3）汉字显示延时　一个汉字循环扫描 100 次，一次扫描时间约为 8ms，则每个汉字显示时间约为 0.8s。

（4）4 个汉字循环显示　当 4 个汉字显示一遍完成后，再循环显示。

（5）汉字字模提取　应用 16×16 点阵字模提取软件，提取各显示汉字的字模数据，如图 2-54 所示。

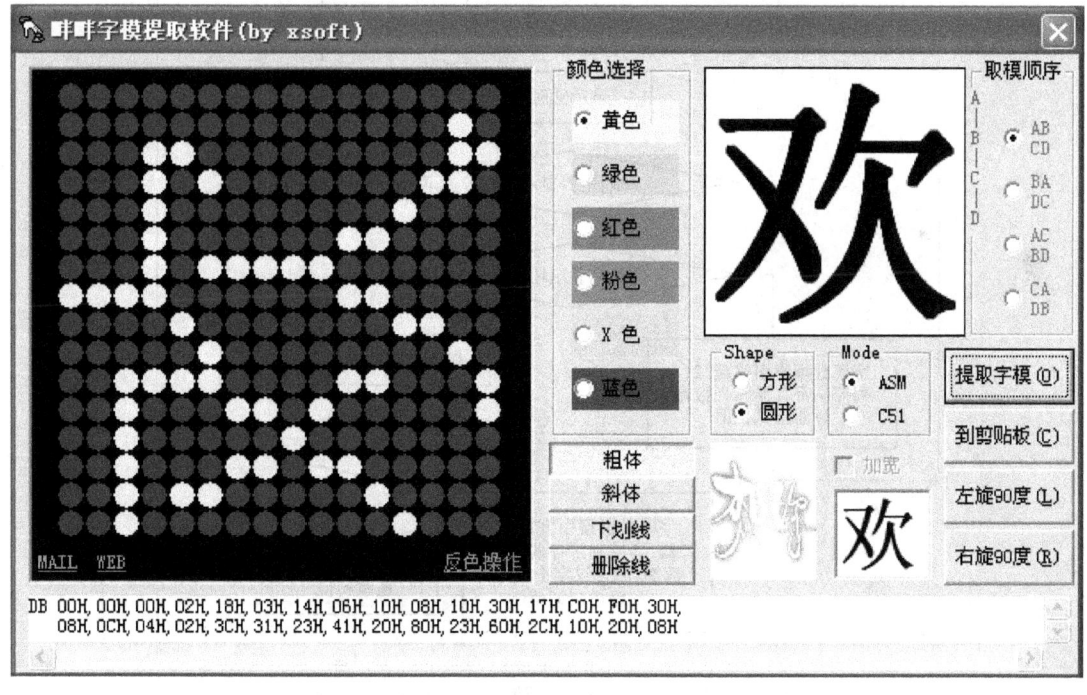

图 2-54　字模提取软件提取生成汉字数据

16×16 点阵显示器显示汉字程序流程图如图 2-55 所示。

16×16 点阵显示器显示汉字程序如下：

```
ORG    0000H
MOV    DPTR, #TAB              ;初始化
MOV    R1, #0
MOV    R2, #0
MOV    R3, #16
MOV    R4, #100
```

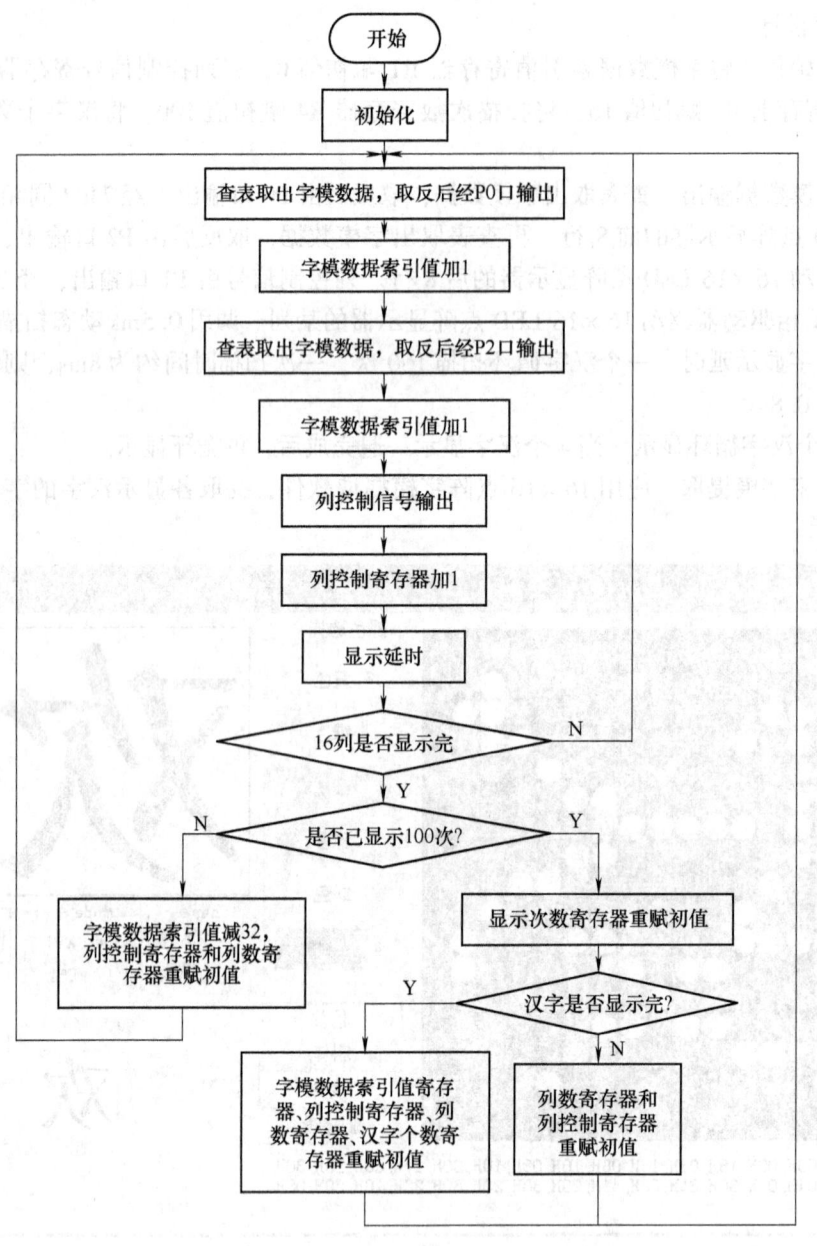

图 2-55 16×16 点阵显示器显示汉字程序流程图

```
        MOV   R5, #4
LOOP:   SETB  P1.4
        MOV   A, R1                      ; 查表取出字模数据, 取反后经
                                         ; P0 口输出
        MOVC  A, @A+DPTR
        CPL   A
        MOV   P0, A
        INC   R1                         ; 字模数据索引值加 1
```

	MOV A, R1	;查表取出字模数据,取反后经 ;P2 口输出
	MOVC A, @A+DPTR	
	CPL A	
	MOV P2, A	
	INC R1	;字模数据索引值加 1
	MOV P1, R2	;列控制信号输出
	INC R2	;列控制寄存器加 1
	LCALL DELAY	;显示延时
	DJNZ R3, LOOP	;判断 16 列是否显示完
	DJNZ R4, K1	;判断是否已显示 100 次
	MOV R4, #100	;显示次数寄存器重赋初值
	SJMP K2	
K1:	CLR C	;字模数据索引值减 32,列控 ;制和列数寄存器重赋初值
	MOV A, R1	
	SUBB A, #32	
	MOV R1, A	
	MOV R2, #0	
	MOV R3, #16	
	SJMP LOOP	
K2:	DJNZ R5, K3	;判断汉字是否显示完
	MOV R1, #0	;字模数据索引值寄存器、列控 ;制寄存器
	MOV R2, #0	;列数寄存器、汉字个数寄存器 ;重赋初值
	MOV R3, #16	
	MOV R5, #4	
	SJMP LOOP	
K3:	MOV R3, #16	;列数寄存器和列控制寄存器重 ;赋初值
	MOV R2, #0	
	SJMP LOOP	
DELAY:	MOV R6, #1	;0.5ms 延时
DEL1:	MOV R7, #125	
DEL2:	NOP	
	NOP	
	DJNZ R7, DEL2	
	DJNZ R6, DEL1	

```
        RET
TAB:    DB    00H,00H,00H,02H,18H,03H,14H,06H    ;"欢"字字模
        DB    10H,08H,10H,30H,17H,0C0H,0F0H,30H
        DB    08H,0CH,04H,02H,3CH,31H,23H,41H
        DB    20H,80H,23H,60H,2CH,10H,20H,08H
        DB    00H,00H,20H,04H,7FH,0C6H,20H,22H   ;"迎"字字模
        DB    20H,42H,20H,02H,3FH,0FEH,41H,02H
        DB    40H,82H,20H,42H,3FH,0E2H,00H,04H
        DB    13H,0F8H,22H,04H,42H,02H,02H,00H
        DB    00H,00H,02H,0EH,26H,02H,62H,02H    ;"光"字字模
        DB    12H,02H,0AH,02H,03H,0FCH,02H,00H
        DB    0FEH,00H,02H,00H,03H,0E0H,1AH,18H
        DB    22H,04H,42H,02H,02H,01H,02H,00H
        DB    00H,00H,10H,80H,31H,0FFH,10H,82H   ;"临"字字模
        DB    10H,82H,13H,82H,12H,0FEH,0D4H,82H
        DB    30H,82H,08H,82H,04H,0FFH,02H,00H
        DB    0FFH,0FFH,00H,00H,3FH,0F8H,00H,00H
        END
```

考证要点

技能训练

1）用伟福或 Keil 软件输入本节两个任务源程序并进行编译和调试。

2）用 Proteus 软件绘制出本任务仿真电路图并仿真运行。

3）修改任务中显示延时程序的延时时间，修改后仿真运行。

4）为图 2-49 点阵 LED 显示屏控制流程图的每一个流程点加上程序。

5）在本任务中，将 P3 口与 LED 点阵列引脚的连接顺序反接，然后仿真运行，观察运行情况。

6）在本任务中，若要显示"热烈欢迎各位领导和专家光临指导工作"字符，则应如何生成字模数据？修改程序并仿真运行。

模块3　单片机应用电路的设计及制作

单元1　彩灯控制器的设计及制作

知识目标

1. 掌握单片机控制的彩灯控制器硬件电路的设计方法。
2. 掌握单片机控制的彩灯控制器软件的设计方法。
3. 能够熟练应用 CJNE 指令。

技能目标

1. 掌握彩灯控制器软件的设计方法。
2. 掌握单片机控制的彩灯控制器硬件电路的安装和调试方法。

任务　多种彩灯控制器的设计及制作

任务描述

单片机控制的彩灯控制器设计——接于 P2 口的 8 路彩灯按图 3-1 所示的方式亮灯，设计控制电路及程序。

任务分析

彩灯的应用十分广泛，由数字电路设计的彩灯控制器亮灯方式单调，花样单一，维修及改变灯光控制方式十分复杂；而由单片机设计的彩灯控制器，成本低，控制方式灵活，维修及改变控制方式方便，只需改变单片机的程序即可实现多种亮灯控制方式。

相关知识

1. 比较转移指令

CJNE　A，#data，rel

　　　　　　；若（A）= data，则顺序执行下一条指令，CY 清 "0"
　　　　　　；若（A）> data，则转移，CY 清 "0"
　　　　　　；若 A < data，则转移，CY 置 "1"

CJNE　A，direct，rel

　　　　　　；若 A =（direct），则顺序执行下一条指令，CY 清 "0"

序号	LED8	LED7	LED6	LED5	LED4	LED3	LED2	LED1
1	○	○	○	●	●	○	○	○
2	○	○	●	●	●	●	○	○
3	○	●	●	●	●	●	●	○
4	●	●	●	●	●	●	●	●
5	○	○	○	○	○	○	○	○
6	●	○	○	○	○	○	○	●
7	●	●	○	○	○	○	●	●
8	●	●	●	○	○	●	●	●
9	●	●	●	●	●	●	●	●
10	●	●	●	●	●	●	●	●
11	●	●	●	●	●	●	●	●
12	●	●	●	●	●	●	●	●
13	●	●	●	●	●	●	●	●
14	○	○	○	○	○	○	○	○
15	●	○	●	○	●	○	●	○
16	○	●	○	●	○	●	○	●
17	●	○	●	○	●	○	●	○
18	○	●	○	●	○	●	○	●
19	○	○	○	○	○	○	○	○
20	●	●	●	●	●	●	●	●
21	○	○	○	○	○	○	○	○
22	●	●	●	●	●	●	●	●
23	○	○	○	○	○	○	○	○

● 灯亮　　○ 灯灭

图 3-1　彩灯亮灯方式

　　　　　　　　；若（A）>（direct），则转移，CY 清 "0"
　　　　　　　　；若（A）<（direct），则转移，CY 置 "1"
CJNE Rn，#data，rel
　　　　　　　　；若（Rn）= data，则顺序执行下一条指令，CY 清 "0"
　　　　　　　　；若（Rn）> data，则转移，CY 清 "0"
　　　　　　　　；若 Rn < data，则转移，CY 置 "1"
CJNE @Ri，#data，rel
　　　　　　　　；若（(Ri)）= data，则顺序执行下一条指令，CY 清 "0"
　　　　　　　　；若（(Ri)）> data，则转移，CY 清 "0"
　　　　　　　　；若（(Ri)）< data，则转移，CY 置 "1"

这 4 条指令的功能是比较两个操作数的大小，若它们的值不相等，则转移到目标地址；若第一个操作数小于第二个操作数，则进位标志 CY 置 "1"，否则清 "0"。指令的执行不影响任何一个操作数。

2. 指令应用举例

例如：分析执行 "CJNE A，#20H，K1" 指令后程序转移的目的地址，并指出执行下列程序后 R1 的值及 CY 的值。

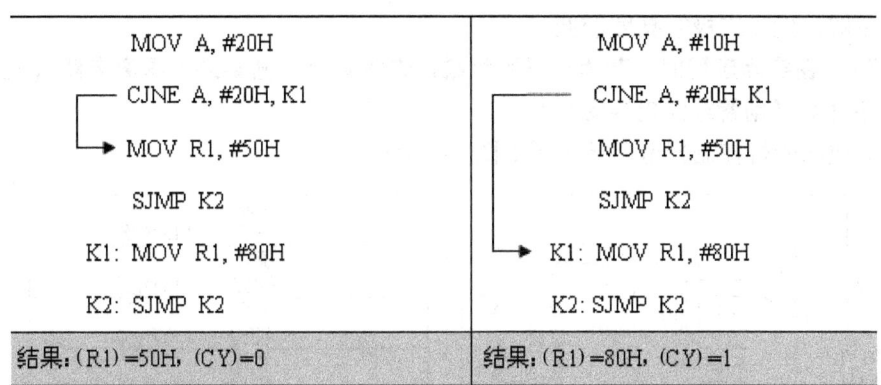

任务准备

1）电工常用工具，每人一套。
2）电工操作台，两人一台。
3）安装有伟福6000软件的计算机及下载设备，两人一套。
4）材料准备：彩灯控制器元器件明细见表3-1。

表3-1 彩灯控制器元器件明细表

序号	元器件名称	元器件型号/规格	元器件数量	备注
1	单片机芯片	AT89S51	1片	DIP封装
2	发光二极管	φ5	8只	普通型
3	晶振	6MHz	1只	普通型
4	电容	30pF	2只	瓷片电容
		10μF	1只	电解电容
5	电阻	470Ω	9只	碳膜电阻
		10kΩ	1只	碳膜电阻
6	电阻	1kΩ	2只	碳膜电阻
7	按键		1只	无自锁
8	40脚IC座		1片	安装AT89S51芯片
9	细导线、焊锡		若干	
10	万能电路板	4cm×15cm	1片	

任务实施

1. 电路分析和设计

单片机工作条件设计：40脚接+5V电源正极，20脚接电源负极；18脚、19脚外接6MHz晶振及两个30 pF瓷片电容，9脚接按键复位电路（以后电路中单片机工作条件与此相同，将省略）。

P2口分别通过8个电阻接8只发光二极管。发光二极管采用共阳极连接形式，根据P2口的结构，在此电路中具有足够的驱动能力，不需要再加驱动电路；若接成共阴极形式，则驱动能力不够，发光二极管亮度较低。

【注意】：在实际应用时，若为节日彩灯或广告霓虹灯，需要外加隔离电路（光耦合器）和驱动电路（如晶闸管或继电器等）。

设计完成的彩灯控制器电路原理图如图 3-2 所示。

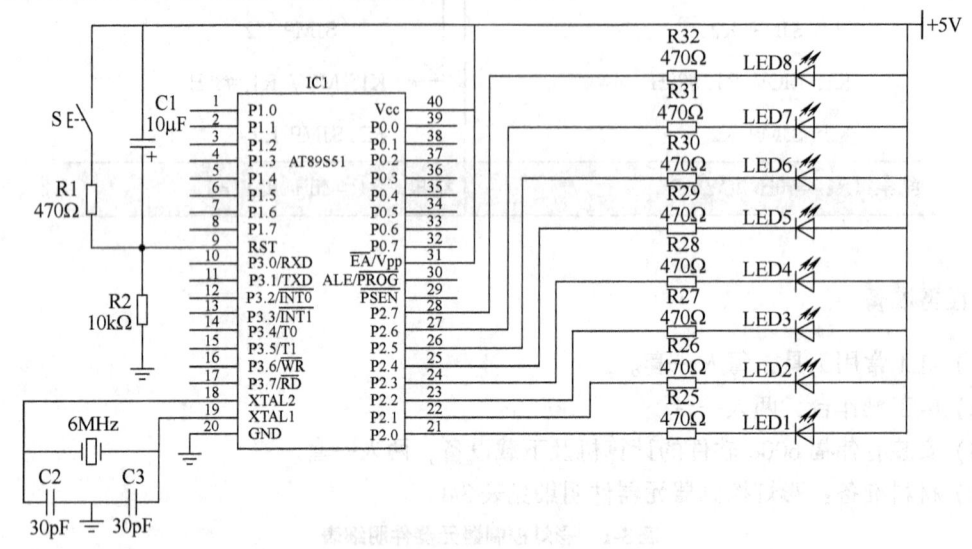

图 3-2　彩灯控制器电路原理图

2．程序分析和设计

延时采用调用延时子程序的方式来实现，延时子程序为多重循环结构。

（1）程序分析　本系统为实现复杂的亮灯控制方式，采用查表方法，将用户的亮灯数据存放在一张数据表中（读者可参考文中的亮灯方式图与亮灯数据的对应关系，即低电平灯亮，高电平灯灭，编写出自己喜爱的亮灯方式的控制数据），通过修改数据索引值（数据在表中的序号），不断取出亮灯数据来实现复杂而又有规律的亮灯控制方式。

为实现循环亮灯，把亮灯数据表中的最后一个数据设置为结束码，每次所取的亮灯数据与结束码比较，若判断是结束码，则一次循环亮灯结束，将索引值清"0"，转下一次循环亮灯；若不是结束码，则将所取数据输出显示，同时表示本次循环亮灯还没有结束，亮灯数据索引值加 1，转取下一个亮灯数据。

每两个亮灯数据之间应有相应的延时时间，以便看清每次的亮灯情况。本程序中将延时时间设置为 1s，调节该延时时间可调节亮灯速度。

1）初始化。本程序应用查表指令"MOVC A，@A+DPTR"取得亮灯数据，在使用查表指令时先要获得两个数据，即数据表首地址和索引值。所以，程序首先进行初始化，将数据表首地址赋给数据指针寄存器 DPTR，将索引值寄存器 R1 清"0"（在查表指令中，因为 A 在查表前存放索引值，在查表后存放查表所取得的数据，所以 A 不能直接作为索引值寄存器，只能用其他的存储单元 R1 作索引值存储单元，在进行查表时将数据索引值先传送给 A 再查表），查表指针（DPTR 中的值加上 A 中的值，即数据表首地址加上数据索引值）指向数据表中的第一个数据。

2）查表。初始化后，应用查表指令取得亮灯数据。

在使用查表指令时，数据表的首地址送给数据指针 DPTR，索引值送给 A，DPTR 的内容加上 A 的内容（即数据表首地址加上数据在表中的偏移量）即为所要取的数据在表中的地址，然后通过索引值加 1，依次取得表中数据，并将查表取得的数据存放在 A 中。

3）循环结束判断。每次取数据后应判断是否为一次循环结束，通过在数据表中放入一个结束码（结束码为在亮灯数据中不会出现的数据，本程序中取结束码为 3DH）来实现一次循环结束的判断，结束码放在数据表的最后。

若取得的数据为结束码，则表示一次循环结束，将索引值寄存器清"0"，转入下一次循环操作；若取得的数据不为结束码，则将数据送至 P2 口输出，驱动 LED 点亮，然后将数据索引值加 1，准备取下一个数据。

4）亮灯延时。每次输出亮灯数据后应延时，以便 LED 点亮一段时间，否则无法看清；通过调节延时时间来调节 LED 的闪烁速度，在本程序中通过调用延时子程序来实现延时。

按以上任务分析得到图 3-3 所示的程序设计流程图。

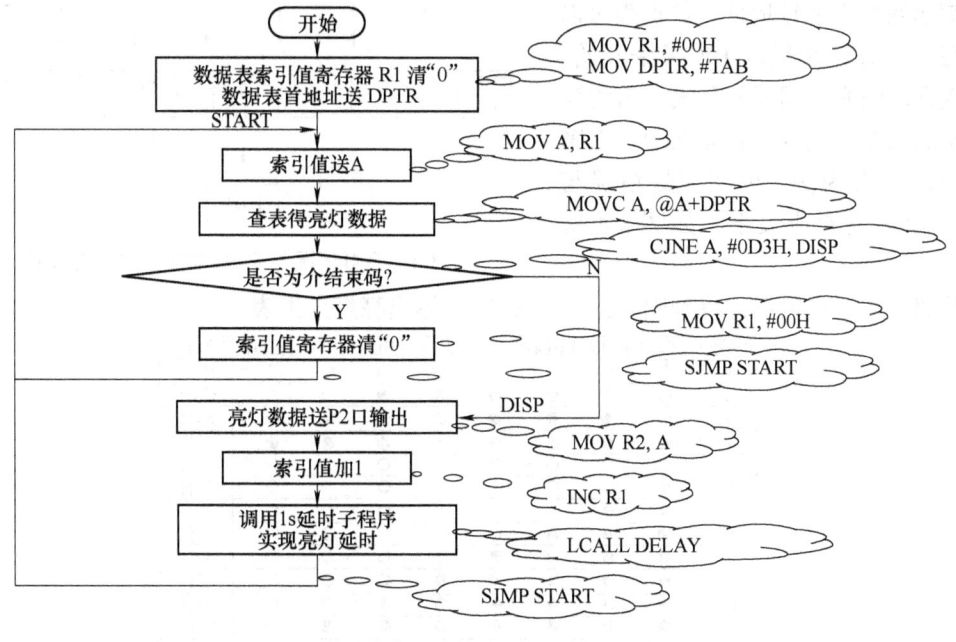

图 3-3　彩灯控制器程序设计流程图

（2）程序设计

1）初始化。在进行程序设计时，一般在程序开始部分均有初始化过程，给一些内存单元赋初值，初始化通常用数据传送指令来实现。在本程序中用数据传送指令"MOV R1，#00H"将索引值寄存器 R1 清"0"，用指令"MOV DPTR，#TAB"将数据首地址#TAB 赋给 DPTR。

2）查表。初始化后，进行查表，取得亮灯数据。在查表时首先要用数据传送指令"MOV A，R1"将存放在 R1 中的索引值送给 A，然后用查表指令"MOVC A，@A+DPTR"取出亮灯数据，DPTR 中的值加上 A 中的值即为所取数据的地址，并将该地址中的数据送给 A。

3）循环结束判断。对查表取出的数据进行判断是否为结束码，应用控制转移类指令中的比较转移指令"CJNE A，3DH，DISP"判断 A 中的数据是否等于结束码 3DH，若相等，则顺序执行下一条指令，即本次循环结束，用"MOV R1，#00H"将索引值寄存器清"0"，程序转移至标号为 START 的指令处执行，重新取数据表中的第一个数据，进行下一次循环亮灯操作；若 A 中的数据不等于结束码，则程序转移至标号为 DISP 的指令处执行，即用"MOV P2，A"指令将 A 中的数据送 P2 口输出，然后用加 1 指令"INC R1"将索引值加 1，为取下一个数据做准备。

4）亮灯延时。亮灯数据经 P2 口输出后，应使灯亮延时一段时间，然后再取下一个数据并输出，否则将无法看清当前数据的亮灯情况。应用子程序调用指令"LCALL DELAY"调用延时子程序实现延时，其中 DELAY 为延时子程序第一条指令的标号（相当于其他计算机语言中的子程序名）。

5）数据表。亮灯数据表用伪指令中的字节定义指令 DB 进行定义，标号 TAB 表示数据表的首地址。数据表可以分行写，但每行必须以 DB 指令开始。每个数据之间必须用逗号分隔，若为字母开头的数据，则要在前面加 0。以第一个亮灯状态为例，说明亮灯情况与 P2 口输出值的对应关系，如图 3-4 所示。

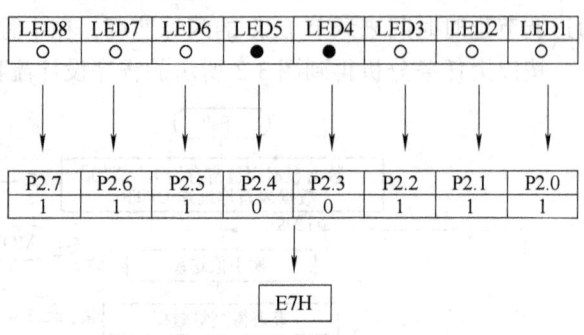

图 3-4 亮灯情况与 P2 口输出值的对应关系

按照上述对应关系，得到图 3-5 所示的 P2 口输出亮灯数据表。

序号	LED8	LED7	LED6	LED5	LED4	LED3	LED2	LED1	P2口值
1	○	○	○	●	●	○	○	○	E7H
2	○	○	●	●	●	●	○	○	C3H
3	○	●	●	●	●	●	●	○	81H
4	●	●	●	●	●	●	●	●	00H
5	○	○	○	○	○	○	○	○	FFH
6	●	○	○	○	○	○	○	○	7FH
7	●	●	○	○	○	○	○	○	3FH
8	●	●	●	○	○	○	○	○	1FH
9	●	●	●	●	○	○	○	○	0FH
10	●	●	●	●	●	○	○	○	07H
11	●	●	●	●	●	●	○	○	03H
12	●	●	●	●	●	●	●	○	01H
13	●	●	●	●	●	●	●	●	00H
14	○	○	○	○	○	○	○	○	FFH
15	●	○	●	○	●	○	●	○	55H
16	○	●	○	●	○	●	○	●	AAH
17	●	○	●	○	●	○	●	○	55H
18	○	●	○	●	○	●	○	●	AAH
19	○	○	○	○	○	○	○	○	FFH
20	●	●	●	●	●	●	●	●	00H
21	○	○	○	○	○	○	○	○	FFH
22	●	●	●	●	●	●	●	●	00H
23	○	○	○	○	○	○	○	○	FFH

● → 灯亮 → 0　　○ → 灯灭 → 1

图 3-5 P2 口输出亮灯数据表

根据以上任务分析和任务实施过程编写的源程序如下：
```
        ORG 0000H
        MOV R1，#00H           ；将数据表索引值寄存器清"0"
```

```
        MOV DPTR, #TAB          ;将数据表首地址赋给基址寄存器 DPTR
START：MOV A, R1                ;索引值送 A
        MOVC A, @A+DPTR         ;利用查表指令取出亮灯数据
        CJNE A, 3DH, DISP       ;判断是否为亮灯结束码,若是,则将索
                                ;引值清"0",进行下一次亮灯循环;
                                ;若不是,则输出
        MOV R1, #00H
        SJMP START
DISP：MOV P2, A                 ;将亮灯数据通过 P2 口输出
        INC R1                  ;索引值加 1
        LCALL DELAY             ;调用 1s 延时程序
        SJMP START              ;转取下一个亮灯数据
DELAY：MOV R5, #02              ;1s 延时子程序
    K1：MOV R6, #250
    K2：MOV R7, #250
    K3：NOP
        NOP
        DJNZ R7, K3
        DJNZ R6, K2
        DJNZ R5, K1
        RET
    TAB：DB 0E7H, 0C3H, 81H, 00H, 0FFH    ;亮灯数据表
        DB 7FH, 3FH, 1FH, 0FH, 07H, 03H, 01H, 00H, 0FFH
        DB 55H, 0AAH, 55H, 0AAH, 0FFH, 00H, 0FFH, 00H
        DB 0FFH, 3DH
```

3. 程序仿真与调试

1）运行伟福 6000 软件,将本任务中的汇编源程序以文件名 CD.ASM 保存,并添加到工程文件中。

2）利用伟福 6000 软件进行模拟仿真,如图 3-6 所示。端口 P2 显示亮灯输出变化情况,观察亮灯状况是否和设计相符。理解指令"CJNE A, #0D3H, DISP"和"MOVC A, @A+DPTR"的含义,将有关数据填入表 3-2 中。

3）如果发光二极管采用共阴极连接方式,即 8 只发光二极管阴极相连后接地,阳极分别通过一个电阻接到 P2 口的 8 位,仍按图 3-1 要求的方式亮灯,那么应该如何修改亮灯数据表？修改后仿真运行,观察电路运行情况。

表 3-2 彩灯控制器模拟仿真数据变化表

亮灯序号	A	DPTR	@A+DPTR	TAB 值
1				
9				

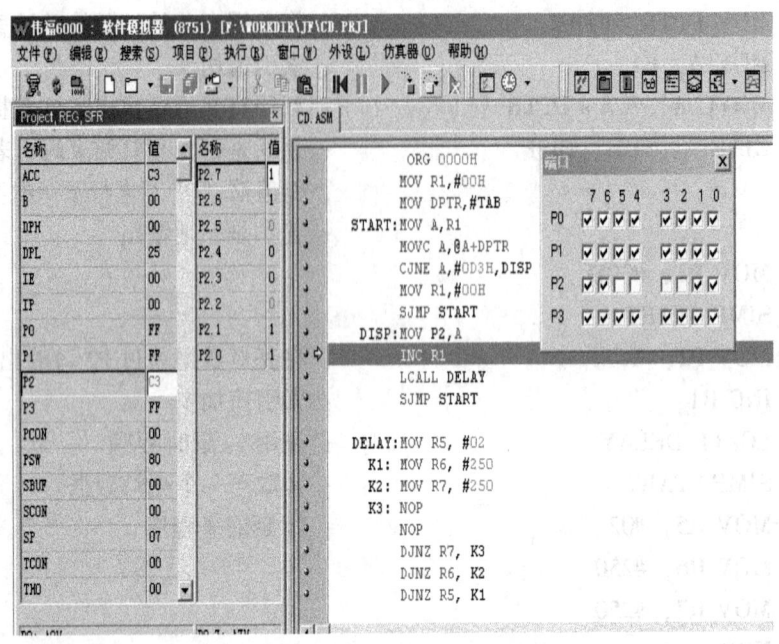

图 3-6 彩灯控制器模拟仿真

4. 彩灯控制器的制作

1）将存盘后的 CD. HEX 十六进制文件下载到 AT89S51 单片机中。

2）按电路原理图在万能电路板上按工艺要求布线、连线、焊接、安装。

3）将下载好程序的 AT89S51 单片机安装到单片机插座上，调试运行，首先按动复位键，看是否达到设计要求，总结成功经验并分析出现问题的原因。

检查评议

彩灯控制器安装调试考核表见表 3-3。

表 3-3 彩灯控制器安装调试考核表

评价项目	评价内容	配分/分	评价标准		得分
硬件电路	电路基础知识	20	认识电路中各元器件的功能及型号	10 分	
			掌握电路的工作原理	10 分	
焊接工艺	元器件的整形、插装	5	按照原理图及元器件焊接尺寸正确进行整形、安装	5 分	
	焊接	5	符合焊接工艺标准	5 分	
程序编制、调试、运行	指令学习	10	正确理解程序中所有指令的意义	10 分	
	程序的分析、设计	20	能正确分析程序的功能	10 分	
			能根据要求设计功能相似的程序	10 分	
	程序的调试与运行	20	程序输入正确	5 分	
			程序编译仿真正确	5 分	
			能修改程序并进行分析	10 分	
安全文明生产	使用设备和工具	10	正确使用设备和工具	酌情给分	
团结协作	集体意识	10	各成员分工协作，积极参与	酌情给分	

模块 3　单片机应用电路的设计及制作

 考证要点

1）用 Protel 软件绘制出本设计任务的电路原理图，设计印制电路板图并制作印制电路板。

2）连接仿真器，将本设计任务的程序输入到计算机中，并进行仿真调试及运行。

3）连接编程器，将通过仿真的程序代码下载到单片机中，脱机运行并观察电路运行情况。

4）自行设计一个亮灯数据表，修改程序后仿真运行，观察电路运行情况。

5）若要求每个亮灯状态延时时间为 2s，则应如何修改程序？程序修改后仿真运行，观察电路运行情况。

单元 2　加法运算器的设计及制作

知识目标

1. 理解"DA A"指令。
2. 熟练掌握 LED 数码管显示器的原理。

技能目标

1. 掌握加法运算器硬件电路的设计方法。
2. 掌握加法运算器软件的设计方法。
3. 掌握加法运算器硬件电路的安装和调试方法。

任务　个位数加法运算器的设计及制作

任务描述

接于 P0 口的 8 个拨动开关向单片机输入两个一位 BCD 码，经单片机运算和处理后由 P1 口和 P3 口输出，驱动两个数码管显示相加结果，即将两个一位 BCD 码数相加，由数码管显示出运算结果。

任务分析

学生通过对"DA A"指令和 LED 显示器原理的学习，应掌握 BCD 码加法程序设计和电路安装技能及数码管显示的有关知识，并能模拟仿真加法运算器。

相关知识

1. 十进制调整指令"DA A"

这条指令在进行 BCD 码加法运算时对所得结果进行十进制调整，使累加器 A 中的内容调整为压缩 BCD 码数。

【注意】：该指令只能跟在加法指令之后使用，不能对减法运算的结果进行调整。

执行该指令时，若 A（BCD 码加法运算结果）中的低 4 位大于 9 或（AC）=1，则低 4 位进行加 6 调整操作；若 A 中的高 4 位大于 9 或（CY）=1，则高 4 位进行加 6 调整操作。以上调整操作由"DA A"指令自动完成，用户无需关心。

表 3-4 中以两个十进制数为例，给出了十进制数、BCD 码及 BCD 码的十六进制书写格式之间的关系。从表可以看出，十进制数对应的 BCD 码的十六进制书写格式为在该十进制数的后面加一个 H。

表 3-4 十进制数、BCD 码及 BCD 码的十六进制书写格式之间的关系

十进制数	BCD 码	BCD 码的十六进制书写格式
28	00101000	28H
35	00110101	35H

例如：已知有两个 BCD 码分别是（A）= 28H、立即数 35H，执行加法指令"ADD A，#35H"及十进制调整指令"DA A"，说明指令的执行过程。

在单片机内部将两个 BCD 码按二进制数相加，因为在单片机内部只能进行二进制数加法运算，不能进行十进制数运算，所以执行"ADD A，#35H"指令的情况如下：

```
   00101000   (28 的 BCD 码)
+) 00110101   (35 的 BCD 码)
   ─────────
   01011101   (结果为 5DH)
```

显然，上面的结果不是 BCD 码，结果是错误的，是由单片机将十进制数按二进制规则运算造成的。

所以要将上面的结果进行十进制调整，运行"DA A"指令的情况如下：

```
   01011101   (A 中的数据)
+) 00000110   (十进制调整数据)
   ─────────
   01100011   (结果为 63H)
```

进行十进制调整后结果为 63，是正确的。所以，在进行 BCD 码加法运算时，在加法运算指令后一定要跟一条十进制调整指令"DA A"，将加法运算结果调整为 BCD 码。

在以后任务中不再讲解指令的有关知识，如在程序设计中用到前面任务中未讲解过的指令，请读者参阅附录中单片机指令系统的相关内容。

2. LED 显示器接口

在单片机应用系统中，LED 显示器是最常用的显示器，其价格低廉，结构简单。

下面介绍 LED 显示器的结构及静态显示方式。

（1）LED 显示器的结构 LED 显示器是由发光二极管按照一定的排列规律组成的显示器，也称为数码管显示器。其结构如图 3-7 所示。数码管显示器由 8 只发光二极管（以下简称字段）组成，给 8 只发光二极管加上不同的电平（高电平或低电平），使其对应的字段亮灯或熄灭，可以组合显示 0~9 十个数字、A~F 六个字母及小数点"."等。图 3-7 中 dp 表示小数点，com 表示 8 只发光二极管的公共端。

数码管显示器通常有共阴极和共阳极两种形式，如图 3-7b、c 所示。共阴极数码管的公

共端 com（阴极）接地，当某一发光二极管的阳极接高电平（+5V）时，此二极管点亮；共阳极数码管的公共端 com（阳极）接高电平（+5V），当某一发光二极管的阴极接低电平（地）时，此二极管点亮。要显示某字形时，应使该字形的相应段点亮，实际就是通过单片机的 I/O 口给数码管送一个字形码（代表不同电平组合的显示数据，其中 1 代表高电平，0 代表低电平）。若要显示字形"5"，则 a、c、d、f、g 段亮，b、e 段灭，其对应共阴极和共阳极数码管单片机 I/O 口输出显示数据如图 3-8 和图 3-9 所示。

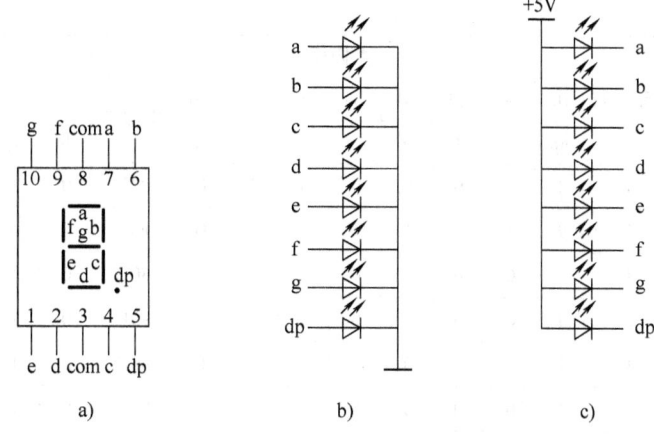

图 3-7 数码管显示器的结构
a）引脚配置 b）共阴极连接 c）共阳极连接

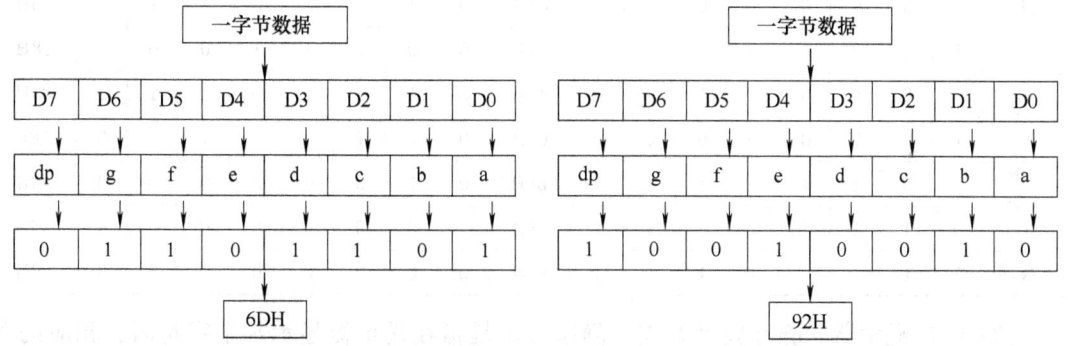

图 3-8 共阴极数码管显示字形"5"的数据　　图 3-9 共阳极数码管显示字形"5"的数据

按照上面的对应关系，可得其他字符的七段显示数据，见表 3-5。在程序设计时，通常将字符的七段显示码作成一个数据表存放在程序存储器中，将要显示的数据先转换为 BCD 码，然后再通过查表取得其对应的七段码（即在模块 2 单元 4 任务 2 中讲的七段码），经单片机的 I/O 口输出，驱动数码管显示出相应的字形。

表 3-5 字符的七段显示数据

显示字符	共阳极								共阴极							
	D7	D6	D5	D4	D3	D2	D1	D0	字型码	D7	D6	D5	D4	D3	D2	D1	D0	字型码
	dp	g	f	e	d	c	b	a		dp	g	f	e	d	c	b	a	
0	1	1	0	0	0	0	0	0	C0H	0	0	1	1	1	1	1	1	3FH
1	1	1	1	1	1	0	0	1	F9H	0	0	0	0	0	1	1	0	06H
2	1	0	1	0	0	1	0	0	A4H	0	1	0	1	1	0	1	1	5BH
3	1	0	1	1	0	0	0	0	B0H	0	1	0	0	1	1	1	1	4FH
4	1	0	0	1	1	0	0	1	99H	0	1	1	0	0	1	1	0	66H
5	1	0	0	1	0	0	1	0	92H	0	1	1	0	1	1	0	1	6DH

(续)

显示字符	共阳极									共阴极								
	D7	D6	D5	D4	D3	D2	D1	D0	字型码	D7	D6	D5	D4	D3	D2	D1	D0	字型码
	dp	g	f	e	d	c	b	a		dp	g	f	e	d	c	b	a	
6	1	0	0	0	0	0	1	0	82H	0	1	1	1	1	1	0	1	7DH
7	1	1	1	1	1	0	0	0	F8H	0	0	0	0	0	1	1	1	07H
8	1	0	0	0	0	0	0	0	80H	0	1	1	1	1	1	1	1	7FH
9	1	0	0	1	0	0	0	0	90H	0	1	1	0	1	1	1	1	6FH
A	1	0	0	0	1	0	0	0	88H	0	1	1	1	0	1	1	1	77H
b	1	0	0	0	0	0	1	1	83H	0	1	1	1	1	1	0	0	7CH
C	1	1	0	0	0	1	1	0	C6H	0	0	1	1	1	0	0	1	39H
d	1	0	1	0	0	0	0	1	A1H	0	1	0	1	1	1	1	0	5EH
E	1	0	0	0	0	1	1	0	86H	0	1	1	1	1	0	0	1	79H
F	1	0	0	0	1	1	1	0	8EH	0	1	1	1	0	0	0	1	71H
H	1	0	0	0	1	0	0	1	89H	0	1	1	1	0	1	1	0	76H
L	1	1	0	0	0	1	1	1	C7H	0	0	1	1	1	0	0	0	38H
P	1	0	0	0	1	1	0	0	8CH	0	1	1	1	0	0	1	1	73H
U	1	1	0	0	0	0	0	1	C1H	0	0	1	1	1	1	1	0	3EH
-	1	0	1	1	1	1	1	1	BFH	0	1	0	0	0	0	0	0	40H
.	0	1	1	1	1	1	1	1	7FH	1	0	0	0	0	0	0	0	80H
不显示	1	1	1	1	1	1	1	1	FFH	0	0	0	0	0	0	0	0	00H

（2）LED 显示器的静态显示方式　静态显示是指在显示器显示某个字符时，相应的字段（发光二极管）一直导通或截止，直至变换为其他字符。当数码管工作在静态显示方式下时，共阴极数码管显示器的 com 端接地，共阳极数码管显示器的 com 端接 +5V 电源，8 只发光二极管分别通过一个限流电阻接至单片机的一个 I/O 端口。本任务采用静态显示方式，两个数码管分别接到单片机 P1 口和 P3 口。

任务准备

1) 电工常用工具，每人一套。
2) 电工操作台，两人一台。
3) 装配有 MedWin V3.0 软件或伟福 6000 软件的计算机及下载设备，两人一套。
4) 材料准备：加法运算器元器件明细表见表 3-6。

表 3-6　加法运算器元器件明细表

序号	元器件名称	元器件型号	元器件数量	备注
1	单片机芯片	AT89S51	1 片	DIP 封装
2	数码管	LG5011BSR	2 只	普通型
3	晶振	12MHz	1 只	普通型

模块 3　单片机应用电路的设计及制作

(续)

序号	元器件名称	元器件型号	元器件数量	备注
4	电容	30pF	2只	瓷片电容
		10μF	1只	电解电容
5	电阻	470Ω	15只	碳膜电阻
		10kΩ	9只	碳膜电阻
6	万能电路板	4cm×15cm	1片	万能电路板
7	按键		9只	无自锁
8	40脚IC座		1片	安装AT89S51芯片
9	细导线、焊锡		若干	

任务实施

1. 电路分析和设计

（1）电路原理分析　P0口接8个拨动开关，其中开关S1~S4组成一位BCD码，开关S5~S8组成另一位BCD码。

P1口和P3口分别接一个数码管，其中P1口所接数码管显示结果的高位（十位），P3口所接数码管显示结果的低位（个位），数码管采用共阳极连接，即公共端接电源，每段接一个470Ω限流电阻。

8个拨动开关的公共端接地，另一端各通过一个10kΩ上拉电阻接电源，所以在输入时，开关断开则相应位为"1"（高电平），开关闭合则相应位为"0"（低电平）。

若输入2和8两个BCD码，则S2断开，S4、S3和S1闭合；S8断开，S7、S6、S5闭合。经内部程序相加，再经七段译码后，由P1口输出高位（十位）BCD码的七段码，P3口输出低位（个位）BCD码的七段码，并通过SMG1（显示十位）和SMG2（显示个位）两个数码管显示出相加结果。若输入2和8两个BCD码，则相加结果为10，SMG1显示1，SMG2显示0。

（2）电路设计　P0口接8个拨动开关，这8个拨动开关的一端相连接地，另一端分别接P0口的8位，并分别通过10kΩ的电阻接至电源。P1口和P3口分别经470Ω的限流电阻接到一个数码管的七段，P1.7和P3.7未用到。设计完成的电路原理图如图3-10所示。

2. 程序分析和设计

（1）程序分析　由P0口输入的两个一位BCD码（8个二进制位），高4位为一个BCD码，低4位为另一个BCD码。首先要将P0高4位和低4位分开，形成两个BCD码，然后将两个BCD码相加。在单片机内两个BCD码（二-十进制数）是按二进制相加的，所以相加后要得到正确的结果必须进行十进制调整。十进制调整后的结果（两位BCD码数）存于A中，其中十位存于A的高4位，个位存于A的低4位。结果要通过两个数码管显示出来，所以还要将BCD码进行七段译码。

为了使程序结构清晰，七段译码及输出显示是通过调用子程序的方式来实现的。在子程序中首先将A中的两个BCD码拆开，然后分别将两个BCD码通过查表方式译成LED七段码（在模块2中已详细讲解过），再通过P1口和P3口输出，驱动两个数码管显示出运算结

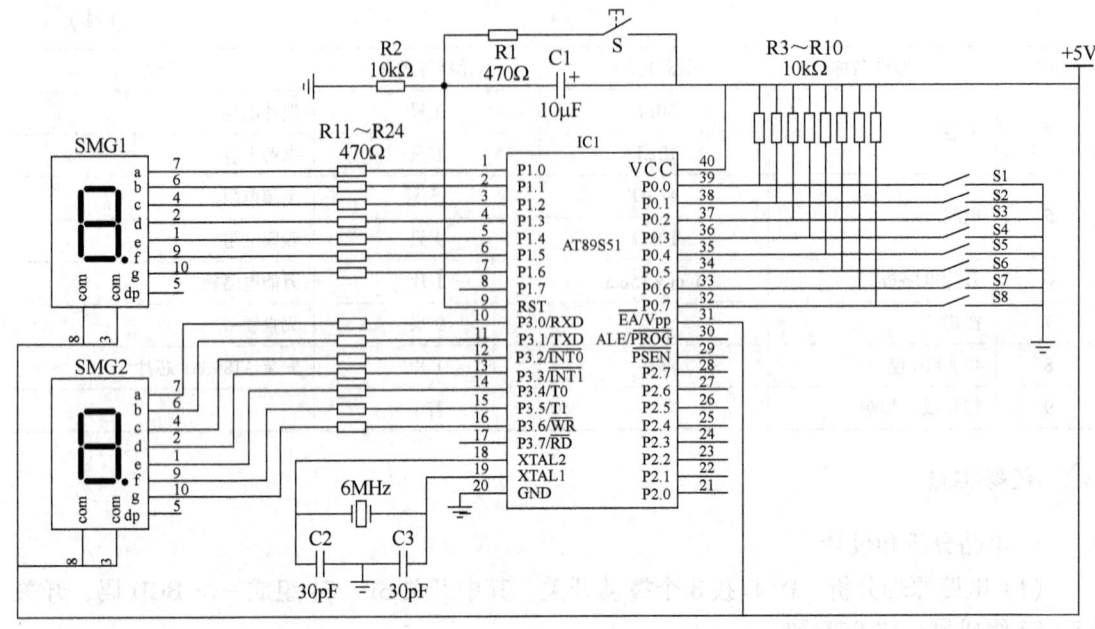

图 3-10　加法运算器电路原理图

果。其中，P1 口显示结果的十位，P3 口显示结果的个位。在查表程序中 BCD 码对应的七段码值存放在数据表中。

按以上任务分析绘制的程序设计流程图如图 3-11 和图 3-12 所示。

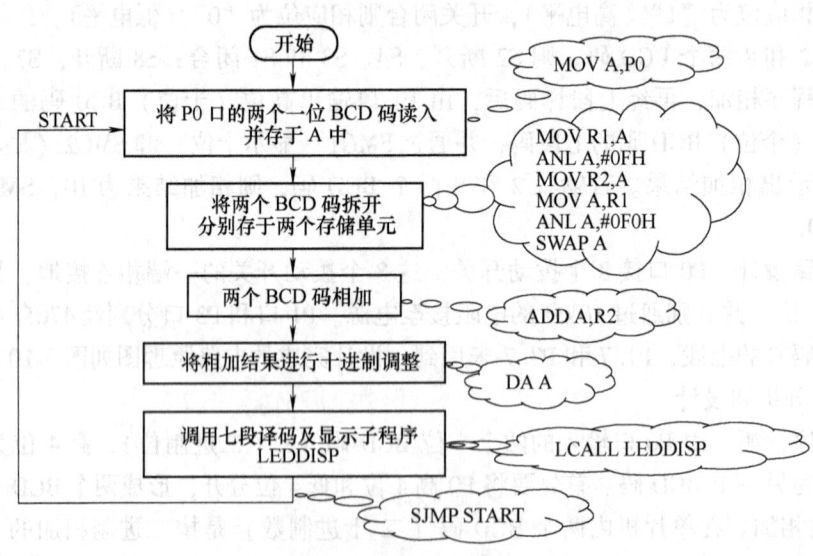

图 3-11　加法运算器主程序设计流程图

(2) 程序设计

1) 数据读入。用"MOV A，P0"指令将 P0 口输入的两个 BCD 码读入，存放于 A 中。

2) 数据拆分。在拆分前应先用"MOV R1，A"指令将输入的两个 BCD 码数据暂存于 R1 中，然后用逻辑与指令"ANL A，#0FH"取出 A 中的低 4 位（其中的一个 BCD 码），暂

模块 3　单片机应用电路的设计及制作

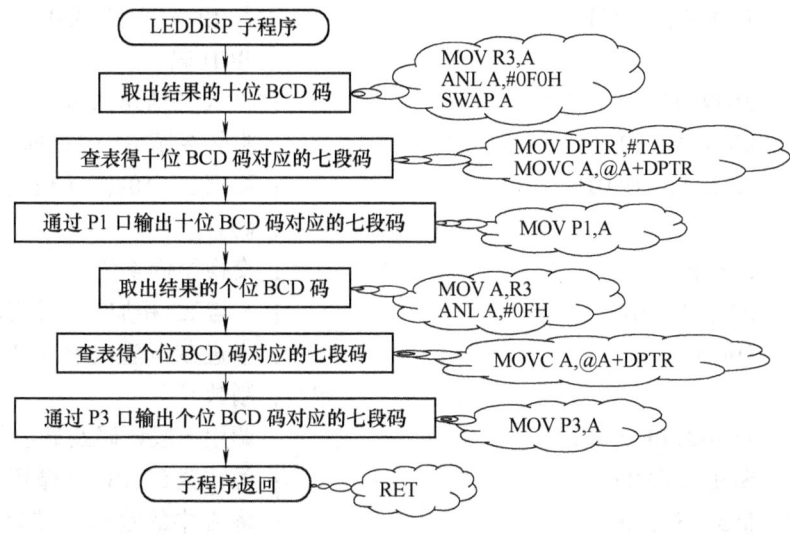

图 3-12　七段译码及显示子程序设计流程图

存于 R2 中，再将暂存于 R1 中的输入数据送给 A，用逻辑与指令"ANL A，#0F0H"取出 A 中的高 4 位（另一个 BCD 码），存于 A 中。该位 BCD 码现位于十位，必须再运用数据交换指令"SWAP A"将其变换为个位。

3) BCD 码相加。将拆分后分别存放于 R2 和 A 中的两个 BCD 码输入数据用不带进位标志位的加法指令"ADD　A，R2"进行相加，结果存于 A 中；然后用十进制调整指令"DA A"将相加后的结果进行十进制调整，以得到正确的十进制结果。

4) 七段译码输出。将七段译码输出编写为子程序，以使程序结构更清晰。同样，在译码前要将结果中的两位 BCD 码拆开为两个单独的 BCD 码，以便分别译码输出。

用"MOV R3，A"指令将结果暂存于 R3 中，用"ANL A，#0F0H"指令取出结果中的十位 BCD 码，用"SWAP A"指令将其变换到个位，然后进行查表，将 BCD 码转换为七段码。

先将七段码表的首地址用"MOV DPTR，#TAB"指令送给数据指针 DPTR，此时 A 中已存放要查数据，并且要查数据的值与要取得数据在数据表中的位置（即索引值）相等，接着用查表指令"MOVC A，@A+DPTR"取得十位 BCD 码对应的七段码并存放于 A 中，再用"MOV P1，A"指令将结果十位数的七段码输出到 P1 口，驱动 SMG1 数码管显示。

将暂存于 R3 的结果数据用"MOV A，R3"送给 A，用"ANL A，#0FH"指令将结果的个位 BCD 码取出，再用查表指令"MOVC A，@A+DPTR"取得个位 BCD 码对应的七段码并存放于 A 中，用"MOV P3，A"指令将结果个位数的七段码输出到 P3 口，驱动 SMG2 数码管显示。

按以上任务分析及任务实施过程编写的源程序如下：

```
        ORG 0000H
START： MOV A，P0          ；将 P0 口数据（两个一位 BCD 码）
                           ；读入 A 中
        MOV R1，A          ；将 A 中的数据暂存于 R1 中
```

	ANL A, #0FH	;取出 A 中的低 4 位（其中一个 BCD 码）
	MOV R2, A	;将 A 的值送入 R2 中
	MOV A, R1	;将暂存于 R1 的数据送入 A 中
	ANL A, #0F0H	;取出 A 中的高 4 位（另一个 BCD 码）
	SWAP A	;交换至低 4 位
	ADD A, R2	;A 与 R2 相加（两个 BCD 码相加）
	DA A	;十进制调整（将结果调整为十进制数）
	LCALL LEDDISP	;调用七段译码及显示子程序
	SJMP START	;跳转至 START（循环执行）
LEDDISP:	MOV R3, A	;将 A 中的数据（结果数据）暂存于 R3 中
	ANL A, #0F0H	;取出 A 的高 4 位（结果的十位 BCD 码）
	SWAP A	;交换至低 4 位（便于查表）
	MOV DPTR:; #TAB	;将 BCD 码对应的七段码数据表首地址送 DPTR
	MOVC A, @A+DPTR	;查表得十位 BCD 码对应的七段码
	MOV P1, A	;将 A 中的数据（十位 BCD 码对应的七段码）送 P1 口输出
	MOV A, R3	;将暂存于 R3 中的数据（结果数据）送入 A 中
	ANL A, #0FH	;取出 A 的低 4 位（结果的个位 BCD 码）
	MOVC A, @A+DPTR	;查表得个位 BCD 码对应的七段码
	MOV P3, A	;将 A 中的数据（个位 BCD 码对应的七段码）送 P3 口输出
	RET	;子程序返回
TAB:	DB 0C0H, 0F9H, 0A4H, 0B0H, 99H	;BCD 码对应的七段码数据表
	DB 92H, 82H, 0F8H, 80H, 90H	
	END	

3. 程序仿真与调试

1) 运行伟福 6000 软件，将 (P0) =#28H 代入汇编源程序中，并以文件名 JFJSQ. ASM 保存，添加到工程文件中。

2) 将已经保存的文件进行编译，若编译中检测到错误的符号，则会将错误信息用红色条反显，双击错误提示，即可以在对应位置进行修改。

3) 利用伟福 6000 软件进行模拟仿真（见图 3-13），观察 P1 和 P3 输出端口数值是否和设计相符。理解指令"DA A"的含义和 LED 显示器原理，将有关数据填入表 3-7 中。

表 3-7 加法运算器模拟仿真数据变化表

数值	P0 口输入数据	P1 口输出数据	P3 口输出数据
2			
8			

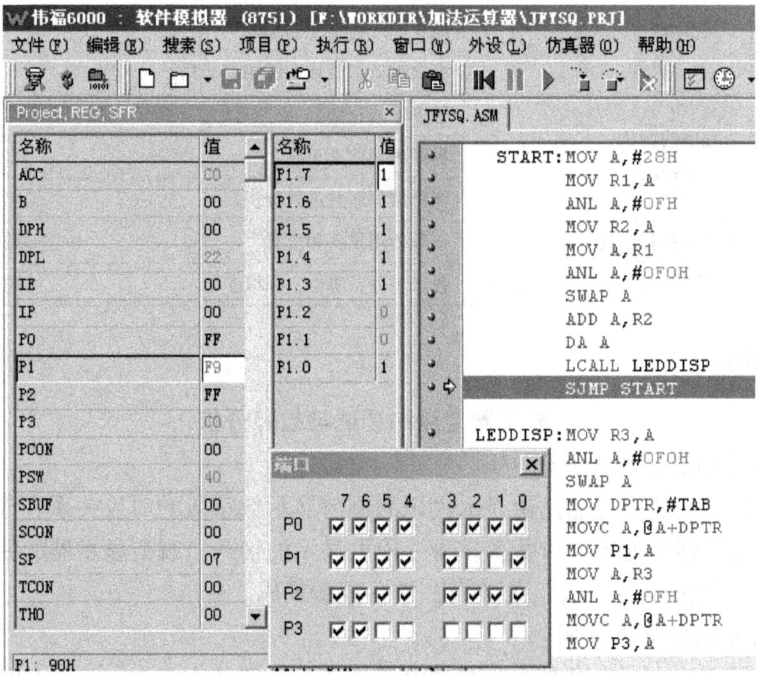

图 3-13 伟福 6000 软件模拟仿真

4）如果采用共阴极数码管，那么应该如何修改电路？程序中七段显示数码表中的数据又应如何进行修改？修改后仿真运行。

5）将程序中十进制数调整指令"DA A"删除，然后仿真运行，观察是否能得到正确的结果数据。

4. 加法运算器电路板的制作

1）将存盘后的 JFJSQ. HEX 十六进制文件下载到 AT89S51 单片机中。

2）按电路原理图在万能电路板上按工艺要求布线，布线时显示器件 3 和 8 脚接公共端，接线要尽量短，焊接要迅速，不然过多的焊锡会导致短路。

3）调试运行时 P0 口是二进制输入端，并分为高四位和低四位；P0.0 ~ P0.3 是一位数，P0.4 ~ P0.7 是另一位数；看是否达到设计要求，总结成功经验并找出问题的原因。

检查评议

加法运算器电路板安装调试考核表见表 3-8。

表 3-8　加法运算器电路板安装调试考核表

评价项目	评价内容	配分/分	评价标准		得分
硬件电路	电路基础知识	20	认识电路中各元器件的功能及型号	10 分	
			掌握电路的工作原理	10 分	
焊接工艺	元器件的整形、插装	5	按照原理图及元器件焊接尺寸进行正确整形、安装	5 分	
	焊接	5	符合焊接工艺标准	5 分	
程序的编制、调试、运行	指令学习	10	正确理解程序中所有指令的意义	10 分	
	程序的分析、设计	20	能正确分析程序的功能	10 分	
			能根据要求设计功能相似的程序	10 分	
	程序的调试与运行	20	程序输入正确	5 分	
			程序编译仿真正确	5 分	
			能修改程序并进行分析	10 分	
安全文明生产	使用设备和工具	10	正确使用设备和工具	酌情给分	
团结协作	集体意识	10	各成员分工协作，积极参与	酌情给分	

问题及防治

显示器电路的调试与故障分析

1. 所有数字的显示均为乱码

在电路设计中，这有可能是由显示代码的位与显示数字段的对应关系有误所致，可以通过仿真器，向显示器的输出端口每次发送一段可显示的信号，观察显示器的哪一段点亮，找出代码的"位"与显示器"段"的关系，然后重新编码。

2. LED 显示器的亮度太弱

LED 显示器亮度太弱通常是由于驱动电流太小，一般认为有 10mA 左右的电流就可以满足要求，但在背景光线较强时就显得亮度不够，只要加大驱动电流即可解决此问题。另外，在动态扫描的显示电路中，由于当显示器显示时，每一段的驱动电流可能会很大，在显示位数较多时尤其是这样，因而要检查电流驱动器件能否提供相应的电流。

考证要点

1. 选择题

（1）MCS-51 系列单片机指令系统中，指令 "DA A" 是_____。

A. 除法指令　　B. 加 1 指令　　C. 加法指令　　D. 十进制调整指令

（2）MCS-51 系列单片机指令系统中，指令 "DA A" 应跟在_____。

A. 加法指令后　　　　　　　　B. BCD 码的加法指令后

C. 减法指令后　　　　　　　　D. BCD 码的减法指令后

（3）在单片机算术运算过程中，指令 "DA A" 常用于_____运算。

A. 二进制　　B. 加法　　C. BCD 码加法　　D. 十六进制

（4）MCS-51 系列单片机指令系统中，执行下列指令后，其结果为_____。

MOV A, #68
ADD A, #53
DA A

A. (A) =21 (CY) =1 (OV) =0   B. (A) =21 (CY) =1 (OV) =1
C. (A) =21 (CY) =0 (OV) =0   D. 以上都不对

2. 技能训练

(1) 用 Protel 软件绘制出本设计任务的电路原理图,设计印制电路板图并制作印制电路板。
(2) 连接仿真器,将本设计任务的程序输入到计算机中,并进行仿真调试及运行。
(3) 连接编程器,将仿真通过的程序代码下载到单片机中,脱机运行并观察电路运行情况。

单元 3 数显抢答器的设计及制作

知识目标

熟练掌握键盘接口和独立式键盘的工作原理。

技能目标

1. 掌握数显抢答器硬件电路的设计方法。
2. 掌握数显抢答器软件的设计方法。
3. 掌握数显抢答器硬件电路的安装和调试方法。

任务 独立式键盘抢答器的设计及制作

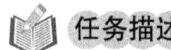任务描述(见表 3-9)

表 3-9 任务描述

工作任务	要求
学习键盘接口和独立式键盘的工作原理	熟练掌握键盘接口和独立式键盘的工作原理
数显抢答器硬件电路的设计	掌握数显抢答器硬件电路的设计方法
数显抢答器软件的设计	掌握数显抢答器软件的设计方法
数显抢答器硬件电路的安装和调试	掌握数显抢答器硬件电路的安装和调试方法

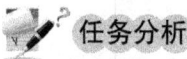任务分析

在各种竞答活动中,抢答器是一种被经常用到的十分重要的设备。用单片机控制的抢答器不仅电路简单,而且成本低,具有显示抢答者号码和防作弊功能。

在抢答器程序设计中,关键是对键盘扫描、按键判别及按键功能的编程。这就要求首先要掌握键盘接口和独立式键盘的工作原理。

任务内容为:在主持人按下抢答开始按钮(可用单片机复位按键作抢答开始按钮)发

布抢答命令后，8 位参赛选手通过按下各自的抢答按钮（键）进行抢答。哪位选手最先按下抢答按钮，数码管就显示其对应的号码，表示该名选手抢答成功，并且锁定，其他参赛选手本轮无法再进行抢答。

学生通过对本设计任务的学习，应掌握数显抢答器的软、硬件设计及设计制作数显抢答器的方法和技能。

 相关知识

1. 键盘接口

单片机应用系统通常都具有人机对话功能，用户通过按键向单片机系统发出控制指令，单片机接收到键盘指令后完成相应的控制功能。

在单片机应用系统中，常用的是独立式键盘和矩阵式键盘。此类键盘只简单提供通、断两种状态，其他工作如键盘扫描、按键去抖动及按键识别等都是依靠软件来完成的。

键盘控制程序需要完成的任务有：

（1）检测是否有按键被按下　当无按键被按下时，则等待按键被按下或继续执行原来的程序；当有按键被按下时，则进行按键去抖动处理。

（2）按键去抖动处理　按键去抖动有硬件或软件去抖动两种方法。

（3）多个按键同时被按下的处理　当有多个按键同时被按下时，则键盘扫描顺序只执行一个按键功能。

（4）按键一次仅执行一次操作　不管一次按键持续多长时间，仅执行一次按键功能程序。

2. 独立式键盘

在本任务中用到的是独立式键盘，有关矩阵式键盘将在模块 5 中详细讲解。独立式键盘是指直接用 I/O 口线构成的单个按键电路，每个按键单独占有一根 I/O 口线，各 I/O 口线的工作状态不会互相影响。独立式键盘接口电路如图 3-14 所示。

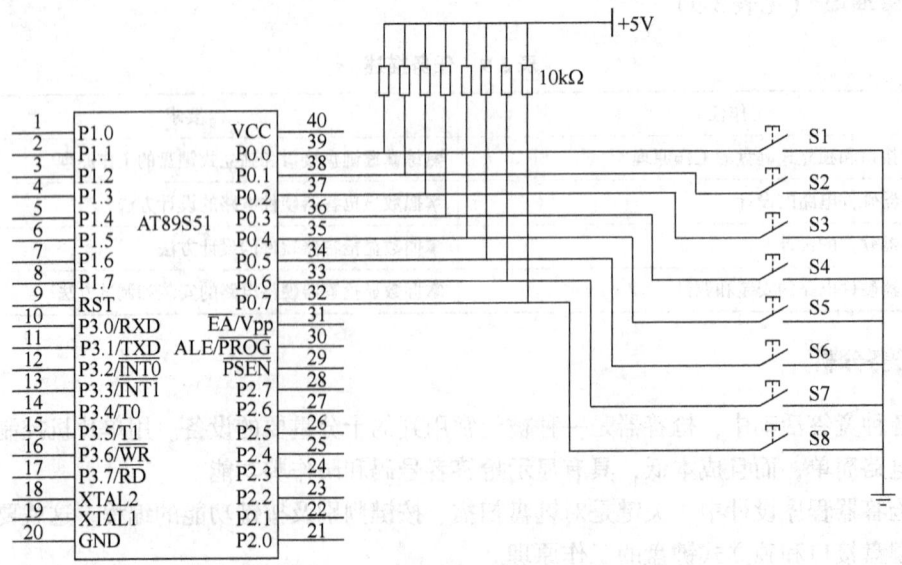

图 3-14　独立式键盘接口电路

独立式键盘接口电路的硬件电路和软件编程都比较简单,但每个按键必须占一根 I/O 口线。当按键个数较多时,I/O 口线资源浪费较大,故只在按键数量不多时采用这种键盘电路。

任务准备

1) 电工常用工具,每人一套。
2) 电工操作台,两人一台。
3) 装配有 MedWin V3.0 软件或伟福 6000 软件的计算机及下载设备,两人一套。
4) 材料准备:数显抢答器元器件明细表见表 3-10。

表 3-10 数显抢答器元器件明细表

序号	元器件名称	元器件型号/规格	元器件数量	备注
1	单片机芯片	AT89S51	1 片	DIP 封装
2	数码管	LG5011BSR	1 只	普通型
3	晶振	12MHz	1 只	普通型
4	电容	30pF	2 只	瓷片电容
		10μF	1 只	电解电容
5	电阻	470Ω	8 只	碳膜电阻
		10kΩ	9 只	碳膜电阻
6	万能电路板	4cm×15cm	1 片	万能电路板
7	按键		9 只	无自锁
8	40 脚 IC 座		1 片	安装 AT89S51 芯片
9	细导线、焊锡		若干	

任务实施

1. 电路分析和设计

1) 根据任务 P0 口接 8 个抢答开关,供 8 位参赛选手进行抢答。

P0 口接 8 个独立按键,按键输入低电平有效,所以按键一端接地,另一端接 P0 口的一条 I/O 口线。

由于 P0 口内部无上拉电阻,为保证按键断开时 I/O 口线有确定的高电平,所以在 P0 口外部要接上拉电阻,电阻值为 10kΩ。

2) P1 口接一个数码管显示器,用于显示抢答成功者的号码。

P1 口分别通过 470Ω 的电阻接到七段数码管上,数码管采用共阳极数码管,com 端接 +5V 电源。

8 位参赛选手在主持人按下抢答开始按钮(复位按钮)S,发出开始抢答命令后,迅速按下各自抢答按钮(S1~S8),数码管立即显示最先按下抢答按钮的参赛选手的号码,表明该选手抢答成功,获得答题权。同时其他按钮立即被封锁,后按下抢答按钮的选手无法抢答。

在主持人发布完下一道题，再次发出抢答命令前，要先按下抢答开始按钮 S，以清除上次抢答号码，同时开放各按钮，以备参赛选手进行下一道题的抢答。

设计完成的电路原理图如图 3-15 所示。

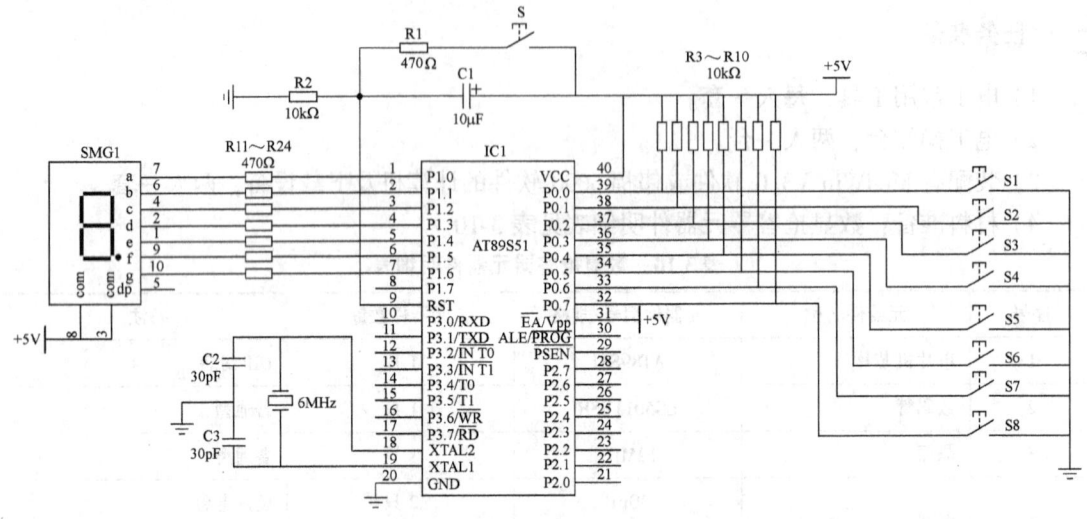

图 3-15 设计完成的电路原理图

2. 程序设计

P0 口外接 8 个抢答按键，若某按键被按下，则该按键对应的 P0 口相应位为 0，否则为 1。通过读入 8 个抢答按键的状态，判断是否有人按下按键，这样就要首先读取按键状态。

（1）读取按键状态　首先读取 P0 口的值，即读取 8 个输入按键的状态。应用 "MOV A，P0" 指令将 P0 口外接 8 个按键的状态读入到 A 中。

（2）判断是否有按键被按下　当某个按键被按下时，按键对应的 P0 口相应位为 0，否则为 1。运用比较转移指令 "CJNE A，#0FFH，PL0" 将存于 A 中的按键状态值与数值 FFH 比较，若不相等，则说明有人按键，程序转移至标号为 PL0 处执行；若按键值等于 FFH，则说明无人按键，程序顺序执行下一条指令 "SJMP START"，跳转至 START 处，重新读取，并判断按键状态。

（3）按键去抖动处理　当判断有按键被按下时，程序跳转至 PL0 处执行子程序调用指令 "LCALL DELAY"，调用 12ms 延时子程序以消除按键抖动。

（4）判断是否真正有人按键　在判断真正有按键被按下后，接着进行按键扫描，判读是谁最先按下按键的。运用 "MOV A，P0" 指令再次输入 P0 的值，执行 "CJNE A，#0FFH，PL1" 指令，再次判断是否有人按下按键。若真正有人按下按键，则程序转移至 PL1 处执行，继续判断哪个按键被按下；若判断无按键被按下，则说明是由干扰引起的误读操作，程序顺序执行下一条指令 "SJMP START"，转至 START 处重新读取按键状态。

（5）判断被按键号　当判断真正有按键被按下时，程序转移至 PL1 处执行，进行按键扫描。执行 "JNB ACC.0，K1" 指令，判断 A 的第 0 位是否为 0，若为 0（即对应按键被按下），则程序跳转至 K1 处执行，经判断如果是 1 号选手按下的，那么 P1 口输出 1 的七段码，驱动数码管显示 "1"；若为 1（即对应按键没被按下），则程序顺序执行下一条指令。

若第一个按键没被按下,则继续执行指令"JNB ACC.1,K2",判断第二个按键是否被按下。若第二个按键被按下,则程序转移至 K2 处执行。

若是 2 号选手按下的,则 P1 口输出 2 的七段码,驱动数码管显"2"。若第二个按键没被按下,则程序继续判断第三个按键是否被按下。

依此类推,直至执行"JNB ACC.7,K8"指令,判断第八个按键是否被按下,若被按下,则程序跳转至 K8 处执行。

若没有按键被按下,则说明是强干扰引起的误读操作,程序顺序执行下一条指令"LJMP START",跳转至 START 处重新读取按键状态。

按以上任务分析绘制的程序流程图如图 3-16 所示。

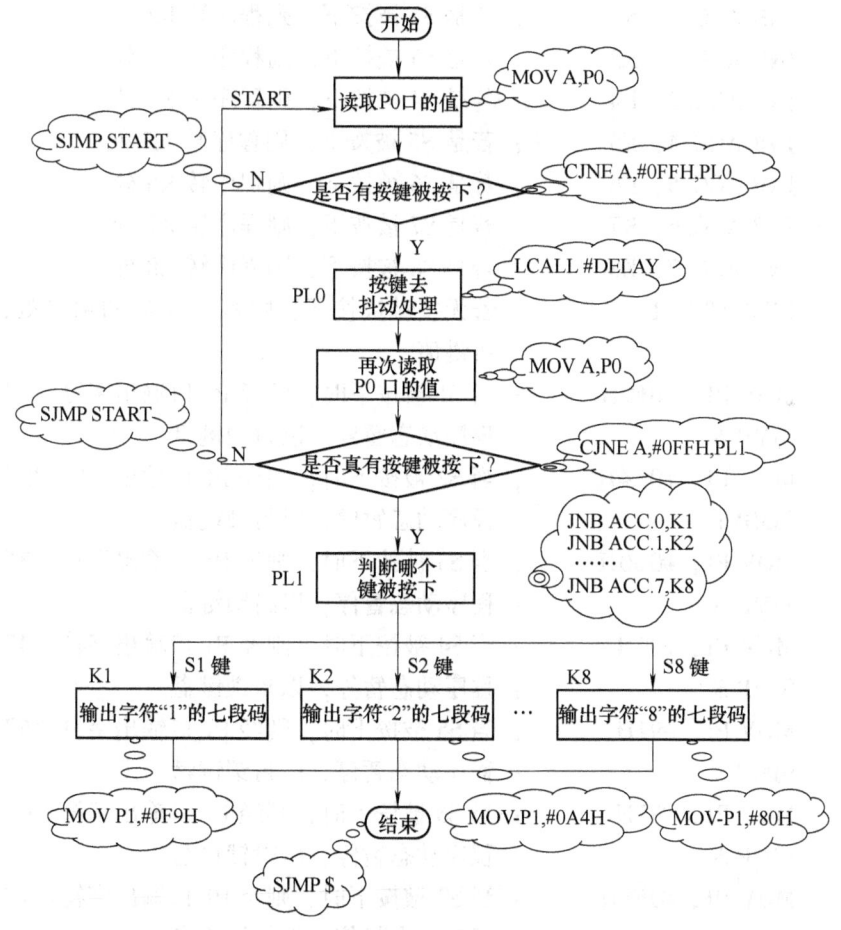

图 3-16 按以上任务分析绘制的程序流程图

按以上任务分析及任务实施过程编写的源程序如下:

```
        ORG 0000H
START:  MOV A, P0          ;读取 P0 的值至 A 中
        CJNE A, #0FFH, PL0 ;A 与立即数 0FFH 比较(即判断有无按键被按下),
                           ;若不相等(有按键被按下),则程序跳转至 PL0 处
        SJMP START         ;当无按键被按下时,转至 START 处,重新读取键盘
```

```
                                      ;（等待按键被按下）
PL0:    LCALL DELAY           ;当有按键被按下时,调用延时程序消除按键抖动
        MOV A, P0             ;再次读取键盘状态
        CJNE A, #0FFH, PL1    ;确认是否真有按键被按下,若真有键被按下,则程序
                              ;转至 PL1 处
        SJMP START            ;若第二次判断无按键被按下,则表明是干扰引起的
                              ;误读,键操程序转至 START 处
PL1:    JNB ACC.0, K1         ;进行键盘扫描,以判断被按下的是哪个按键,若是
                              ;S1 被按下,则程序转 K1 处
        JNB ACC.1, K2         ;若是 S2 被按下,则程序转 K2 处
        JNB ACC.2, K3         ;若是 S3 被按下,则程序转 K3 处
        JNB ACC.3, K4         ;若是 S4 被按下,则程序转 K4 处
        JNB ACC.4, K5         ;若是 S5 被按下,则程序转 K5 处
        JNB ACC.5, K6         ;若是 S6 被按下,则程序转 K6 处
        JNB ACC.6, K7         ;若是 S7 被按下,则程序转 K7 处
        JNB ACC.7, K8         ;若是 S8 被按下,则程序转 K8 处
        LJMP START            ;若无按键被按下,则程序转至 START 处,重新读取
                              ;按键值
K1:     MOV P1, #0F9H         ;当 S1 被按下时,则经 P1 口输出字符"1"的七段码
        SJMP $                ;程序动态暂停,以封锁键盘
K2:     MOV P1, #0A4H         ;当 S2 被按下时,则经 P1 口输出字符"2"的七段码
        SJMP $                ;程序动态暂停,以封锁键盘
K3:     MOV P1, #0B0H         ;当 S3 被按下时,则经 P1 口输出字符"3"的七段码
        SJMP $                ;程序动态暂停,以封锁键盘
K4:     MOV P1, #99H          ;当 S4 被按下时,则经 P1 口输出字符"4"的七段码
        SJMP $                ;程序动态暂停,以封锁键盘
K5:     MOV P1, #92H          ;当 S5 被按下时,则经 P1 口输出字符"5"的七段码
        SJMP $                ;程序动态暂停,以封锁键盘
K6:     MOV P1, #82H          ;当 S6 被按下时,则经 P1 口输出字符"6"的七段码
        SJMP $                ;程序动态暂停,以封锁键盘
K7:     MOV P1, #0F8H         ;当 S7 被按下时,则经 P1 口输出字符"7"的七段码
        SJMP $                ;程序动态暂停,以封锁键盘
K8:     MOV P1, #80H          ;当 S8 被按下时,则经 P1 口输出字符"8"的七段码
        SJMP $                ;程序动态暂停,以封锁键盘
DELAY:  MOV R6, #15           ;12ms 延时子程序
DEL2:   MOV R7, #200
DEL1:   DJNZ R7, DEL1
        DJNZ R6, DEL2
        RET
```

3. 程序仿真与调试

1）运行伟福 6000 软件，新建以 SXQDQ 为名称的项目文件并保存，新建以 SXQDQ.ASM 为名称的文档，并将其添加到 SXQDQ 为名称的项目文件中。汇编源程序，并生成以 SXQDQ.HEX 为名称的十六进制文件。

2）利用伟福 6000 软件进行模拟仿真。设 S6 被按下，则端口 P0.5 为 0 电位，如图 3-17 所示。P0 口为 11011111，程序执行完后 P3 口为 10000010，即对应的 82H，显示数字 6，符合控制要求；将有关数据填入表 3-11 中。

3）删除用于按键去抖动的 12ms 延时子程序调用指令，即删除"LCALL DELAY"指令，仿真运行，观察运行情况。

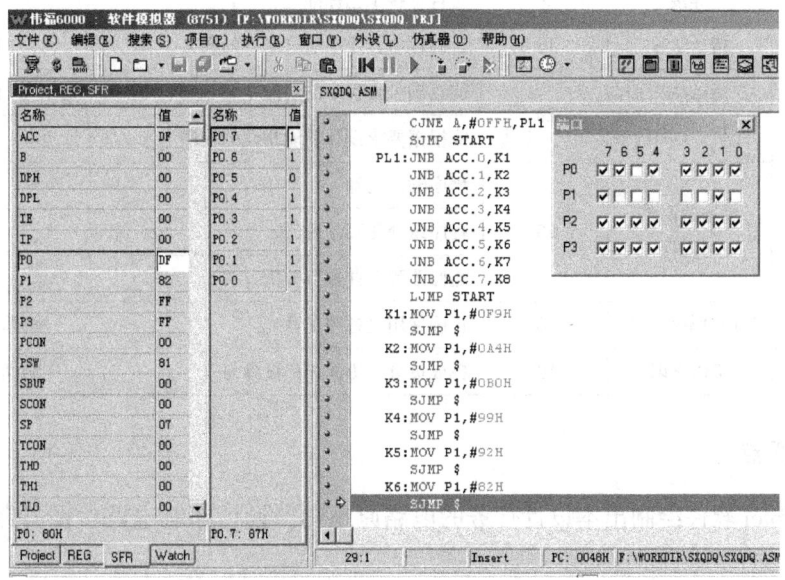

图 3-17 数显抢答器模拟仿真

表 3-11 数显抢答模拟仿真数据变化表

数值执行程序	P0 口	S 键值	P1 口
前	1		
后	7		

4）将延时程序的延时时间修改为 1ms，仿真运行并观察运行情况。

5）删除每个按键功能程序中的动态停机指令"SJMP $"，仿真运行并观察运行情况。

4. 数显抢答器的制作

1）将存盘后的 SXQDQ.HEX 十六进制文件下载到 AT89S51 单片机中。

2）按硬件电路原理图在万能电路板上按工艺要求布线，因按键较多首先要对按键布线，焊接及安装接线时要用排线。

3）调试运行，当出现乱码时可先复位，然后观察运行情况。

 **检查评议**

数显抢答器安装调试考核表见表3-12。

表3-12 数显抢答器安装调试考核表

评价项目	评价内容	配分/分	评价标准		得分
硬件电路	电路基础知识	20	认识电路中各元器件的功能及型号	10分	
			掌握电路的工作原理	10分	
焊接工艺	元器件的整形、插装	5	按照原理图及元器件焊接尺寸进行正确整形、安装	5分	
	焊接	5	符合焊接工艺标准	5分	
程序的编制、调试、运行	指令学习	10	正确理解程序中所有指令的意义	10分	
	程序的分析、设计	20	能正确分析程序的功能	10分	
			能根据要求设计功能相似的程序	10分	
	程序的调试与运行	20	程序输入正确	5分	
			程序编译仿真正确	5分	
			能修改程序并进行分析	10分	
安全文明生产	使用设备和工具	10	正确使用设备和工具	酌情给分	
团结协作	集体意识	10	各成员分工协作,积极参与	酌情给分	

考证要点

1) 用Protel软件绘制出本设计任务的电路原理图,设计印制电路板图并制作印制电路板。

2) 连接仿真器,将本设计任务的程序输入到计算机中,并进行仿真调试及运行。

3) 连接编程器,将通过仿真的程序代码下载到单片机中,脱机运行并观察电路运行情况。

单元4 篮球比赛计分器的设计及制作

知识目标

熟练掌握键盘接口和独立式键盘的工作原理。

技能目标

1. 掌握篮球比赛计分器硬件电路的设计方法。
2. 掌握篮球比赛计分器软件的设计方法。
3. 掌握篮球比赛计分器硬件电路的安装和调试方法。

模块 3　单片机应用电路的设计及制作

任务　两位数篮球比赛计分器的设计及制作

 任务描述（见表 3-13）

表 3-13　任务描述

工作任务	要求
学习键盘接口和独立式键盘的工作原理	熟练掌握键盘接口和独立式键盘的工作原理
篮球比赛计分器硬件电路的设计	掌握篮球比赛计分器硬件电路的设计方法
篮球比赛计分器软件的设计	掌握篮球比赛计分器软件的设计方法
篮球比赛计分器硬件电路的安装和调试	掌握篮球比赛计分器硬件电路的安装和调试方法

 任务分析

本任务介绍用于篮球比赛的计分器的设计，在此计分器的基础上稍加修改可设计成其他比赛用的计分器。

本设计任务程序主要部分是按键扫描、按键处理、按键功能编程及 BCD 码转换为七段码编程。

任务内容为：在篮球比赛过程中，根据比赛得分情况（得 1 分、2 分、3 分），分别通过 3 个计分按键进行加分（加 1 分、2 分、3 分），当前总分值通过两个数码管显示出来，若计分错误（多加分数），则可通过第 4 个按键进行减分，每按一次按键减 1 分。

 任务准备

1）电工常用工具，每人一套。
2）电工操作台，两人一台。
3）安装有伟福 6000 软件的计算机及下载设备，两人一套。
4）材料准备：篮球比赛计分器元器件明细表见表 3-14。

表 3-14　篮球比赛计分器元器件明细表

序号	元器件名称	元器件型号	元器件数量	备注
1	单片机芯片	AT89S51	1 片	DIP 封装
2	数码管	LG5011BSR	2 只	普通型
3	晶振	12MHz	1 只	普通型
4	电容	30pF	2 只	瓷片电容
		10μF	1 只	电解电容
5	电阻	470Ω	15 只	碳膜电阻
		10kΩ	5 只	碳膜电阻
6	万能电路板	4cm×15cm	1 片	万能电路板
7	按键		5 只	无自锁
8	40 脚 IC 座		1 片	安装 AT89S51 芯片
9	细导线、焊锡		若干	

任务实施

1. 电路设计

P0 口低 4 位接 4 个独立式按键，分别是总分加 1 分、加 2 分、加 3 分和减 1 分按键。P1 口和 P3 口分别接一个数码管，其中 P1 口所接数码管显示总分的十位数，P3 口所接数码管显示总分的个位数。

当比赛队得 1 分时，按下 S1 键加 1 分，得 2 分时按下 S2 键加 2 分，得 3 分时按下 S3 键加 3 分；当分数计错需减分时，每按一次 S4 键减 1 分。

设计完成的电路原理图如图 3-18 所示。

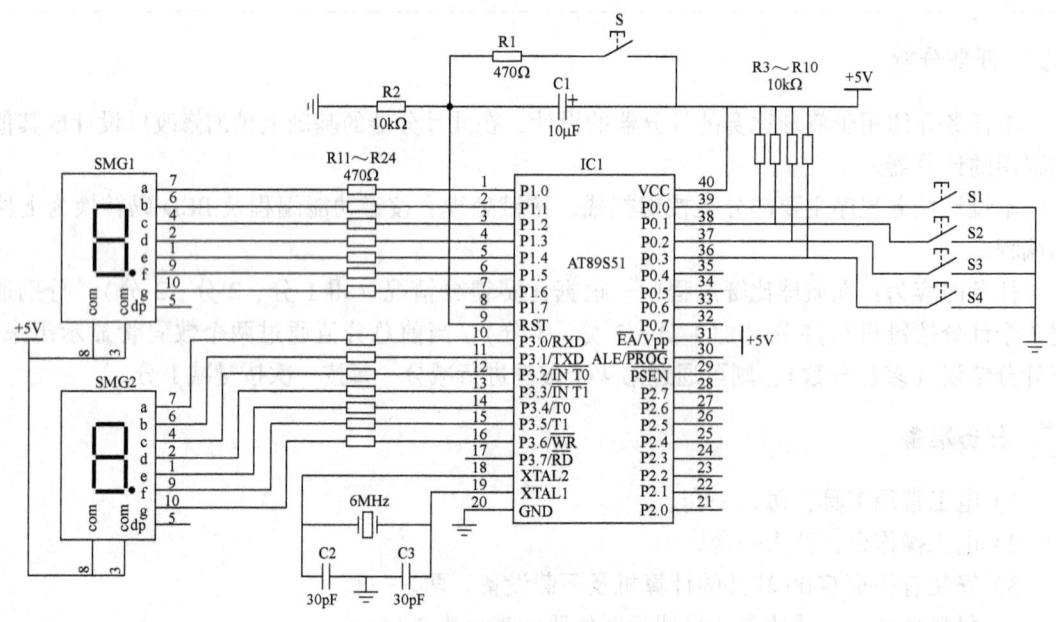

图 3-18　篮球比赛计分器电路原理图

2. 程序设计

程序设计时，首先读取按键状态，判断是否有按键被按下，当确认有按键被按下后，再进行键盘扫描，判断被按下的是哪个按键，并执行相应的按键功能，然后等待按键被释放，以确保每按一次按键只进行一次键处理，将总分转换为十进制数，再通过查表方法转换为七段码，经 P1 口和 P3 口输出，驱动数码管显示。

（1）程序流程图

1）初始化。先将用于存放总分的寄存器 R0 清 "0"，再将七段码表首地址送数据指针 DPTR。

2）判断是否有按键被按下。将 P0 口的值读入，即读取按键状态。因本电路中只用到了接于 P0 口低 4 位的 4 个按键，所以要将读入的 P0 值的高 4 位屏蔽，只取出其低 4 位，然后判断是否有按键被按下，若没有，则继续读取 P0 口值，等待按键；若有按键被按下，则调用延时程序以消除按键抖动。

3）判断是否真正有按键被按下。消除按键抖动后，再次读取按键状态，判断是否真正有按键被按下,若第二次判断为没有按键被按下,则该次按键为干扰引起的误读操作,重新读取按键状态;若第二次判断为有按键被按下,则可确认是一次真正的按键操作。

4) 判断被按键号。当判断确有按键被按下时,则进行键盘扫描,判断是哪个按键被按下。

5) 按键功能的执行。根据按键情况执行相应的按键功能,即前面分析的加、减分方式。

6) 等待按键被释放。功能执行完毕,等待按键被释放,以确保按一次按键,执行一次按键功能操作。

7) 数制转换。将总分二进制码转换为 BCD 码(十进制数),并通过 LED 数码管显示出来,因此,还要进一步将 BCD 码转换为七段码。

8) 输出显示。将转换为七段码形式的总分值经 P1 口和 P3 口输出显示,其中用 P1 口输出显示总分的十位数,P3 口输出显示总分的个位数。

根据以上分析绘制出的程序设计流程图如图 3-19 所示。

(2) 程序设计

1) 初始化。用"MOV R0,#0"指令将总分寄存器 R0 清"0",用"MOV DPTR,#TAB"指令将七段码表首地址送 DPTR。

2) 判断是否有按键被按下。用"MOV A,P0"指令将接于 P0 口的 4 个按键状态读入,因只用到 P0 口的低 4 位,所以应用"ANL A,#0FH"指令屏蔽 P0 口高 4 位,取出其低 4 位。根据原理图中 4 个按键的接线方式可知,当某按键被按下时其对应位为 0,当没有被按下时其对应位为 1,所以用"CJNE A,#0FH,KEY1"指令判断读入的按键值是否等于 0FH(即 4 个按键均没被按下,对应位均为 1),若相等,则说明没有按键被按下,程序顺序执行下一条指令"SJMP START",转到 START 处继续读取按键状态;若不相等,则程序转到 KEY1 处执行,调用 12 ms 延时子程序,以消除按键抖动。

3) 判断是否真正有按键被按下。再次用"MOV A,P0"指令读取按键状态,运用"ANL A,#0FH"指令取出 P0 口低 4 位,运用"CJNE A,#0FH,KEY2"指令再次判断是否有按键被按下,若 A 等于 0FH,则表明该次是由于干扰引起的误读操作,程序顺序执行下一条指令"SJMP START",转到 START 处继续读取按键状态;若不相等,则表明是一次真正的按键操作,程序转到 KEY2 处执行。

4) 判断被按下的是哪个按键。当真有按键被按下时,程序进行按键扫描,运用"JNB ACC.0,K1"、"JNB ACC.1,K2"、"JNB ACC.2,K3"和"JNB ACC.3,K4"指令判断是哪个按键被按下,并使程序转到相应的按键功能程序段处执行。

5) 按键功能的执行。当 S1 被按下时,得 1 分,运用"MOV R1,#1"指令给存放得分的寄存器 R1 送入 1,然后执行"LJMP ADDOPR"指令,程序转到 ADDOPR 处。

当 S2 被按下时,得 2 分,运用"MOV R1,#2"指令给 R1 送入 2,然后执行"LJMP ADDOPR"指令,程序转到 ADDOPR 处。

当 S3 被按下时,得 3 分,运用"MOV R1,#3"指令给 R1 送入 3,然后执行"LJMP ADDOPR"指令,程序转到 ADDOPR 处。

当程序转到 ADDOPR 处时,运用"MOV A,R0"指令和"ADD A,R1"指令将所得的分数加到总分上,然后运用"MOV R0,A"将总分送入存放总分的寄存器 R0 中。

当 S4 被按下时,用"DEC R0"指令将总分减 1 分,然后执行"LJMP WAIT"指令,转

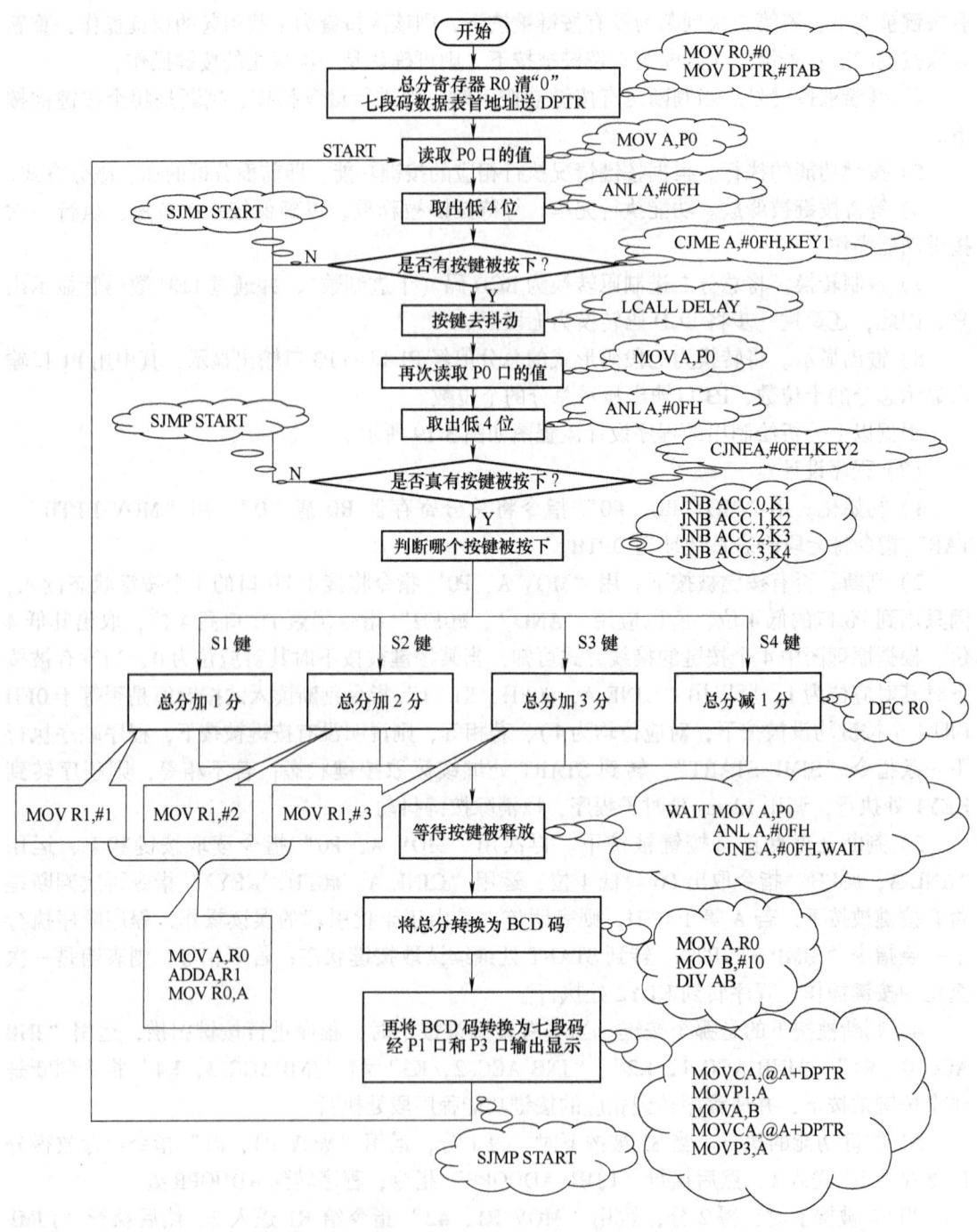

图 3-19 篮球比赛计分器程序设计流程图

到 WAIT 处。

6) 等待按键被释放。运用 "WAIT: MOV A, P0" 指令、"ANL A, #0FH" 指令、"CJNE A, #0FH, WAIT" 指令等待按键被释放,以确保每按一次按键,进行一次按键功能操作。

7) 二进制数转换为 BCD 码。存放总分的寄存器 R0 中的数为二进制数，应将其转换为人们习惯的十进制数（BCD 码）。用"MOV A, R0"指令将 R0 的值（总分）送到 A 中，再用"MOV B, #10"指令给寄存器 B 送入 10，最后用"DIV AB"指令将 A（总分）的值除以 10，并将结果的十位存放在 A 中，结果的个位存放在 B 中。

8) BCD 码转换为七段码并输出显示。因为总分要通过数码管显示出来，必须将 BCD 码再转换为七段码，运用查表法进行转换。

执行"MOVC A, @A+DPTR"指令，查得总分十位对应的七段码；执行"MOV P1, A"指令将总分十位的七段码输出至 P1 口，驱动 SMG1 数码管显示。

执行"MOV A, B"指令将总分个位送到 A 中，再执行"MOVC A, @A+DPTR"指令，查得总分个位对应的七段码，最后执行"MOV P3, A"指令，将总分个位的七段码经 P3 口输出，驱动 SMG2 数码管显示。

根据以上任务分析和任务实施过程编写的源程序如下：

```
            ORG 0000H
            MOV R0, #0              ;将 R0（存放总分的寄存器）清"0"
            MOV DPTR, #TAB          ;将七段码数据表首地址送 DPTR
START:      MOV A, P0               ;读取 P0 口（键盘状态）值
            ANL A, #0FH             ;取出 P0 口低 4 位（因只有低 4 位接按
                                    ;键）
            CJNE A, #0FH, KEY1      ;A 与 0FH 比较（即判断是否有按键被
                                    ;按下），若不相等（有键按下），则
                                    ;转移至 KEY1 处
            SJMP START              ;无按键被按下，则转移至 START 处，
                                    ;重新读取键盘状态
KEY1:       LCALL DELAY             ;若有按键被按下，则调用延时程序以消
                                    ;除按键抖动
            MOV A, P0               ;再次读取 P0 口（键盘状态）值
            ANL A, #0FH             ;取出 P0 口低 4 位
            CJNE A, #0FH, KEY2      ;再次判断是否有按键被按下，若有按键
                                    ;被按下，则程序转移至 KEY2 处
            SJMP START              ;若第二次判断为无按键被按下，则表明
                                    ;是由干扰引起的误读
KEY2:       JNB ACC.0, K1           ;进行键盘扫描，以判断按下的是哪个
                                    ;键，若按下的是 S1，则程序转 K1 处
            JNB ACC.1, K2           ;若按下的是 S2，则程序转 K2 处
            JNB ACC.2, K3           ;若按下的是 S3，则程序转 K3 处
            JNB ACC.3, K4           ;若按下的是 S4，则程序转 K4 处
            LJMP START              ;若无按键被按下，则程序转 START 处，
                                    ;重新读取键盘
K1:         MOV R1, #1              ;当 S1 被按下时，给 R1 送入 1
```

	LJMP ADDOPR	;程序跳转至 ADDOPR 处
K2：	MOV R1，#2	;当 S2 被按下时，给 R1 送入 2
	LJMP ADDOPR	;程序跳转至 ADDOPR 处
K3：	MOV R1，#3	;当 S3 被按下时，给 R1 送入 3
	LJMP ADDOPR	;程序跳转至 ADDOPR 处
K4：	DEC R0	;当 S4 被按下时，总分减 1
	LJMP WAIT	;程序跳转至 WAIT 处
ADDOPR：	MOV A，R0	;将 R0 的值（总分）送入 A
	ADD A，R1	;A 与 R1 相加（总分加上该次得分）
	MOV R0，A	;将总分送回 R0 中
WAIT：	MOV A，P0	;读取 P0 口（键盘状态）值
	ANL A，#0FH	;取出低 4 位
	CJNE A，#0FH，WAIT	;A 与#0FH 比较，若不相等，则转移至
		;WAIT 处（等待按键被释放）
	MOV A，R0	;将 R0 的值送入 A 中
	MOV B，#10	;将 10 送入 B 中
	DIV AB	;A 除以 B（即将二进制数转换为 BCD
		;码），结果，A 存放 BCD 码十位，B 存
		;放 BCD 码个位
	MOVC A，@A+DPTR	;查表得十位 BCD 码的七段码
	MOV P1，A	;将十位七段码送 P1 口输出
	MOV A，B	;将个位 BCD 码送入 A
	MOVC A，@A+DPTR	;查表得个位 BCD 码的七段码
	MOV P3，A	;将个位七段码送 P3 口输出
	LJMP START	;程序转移至 START 处
DELAY：	MOV R6，#15	;12 ms 延时子程序
DEL2：	MOV R7，#200	
DEL1：	DJNZ R7，DEL1	
	DJNZ R6，DEL2	
	RET	
TAB：	DB 0C0H，0F9H，0A4H，0B0H，99H	;七段码数据表
	DB 92H，82H，0F8H，80H，90H	

3. 程序仿真与调试

1）运行伟福 6000 软件，新建以计分器为名称的项目文件并保存，新建以 JFQ. ASM 为名称的文档，并将 JFQ. ASM 文档添加到以计分器为名称的项目文件中。汇编源程序，并生成以 JFQ. HEX 为名称的十六进制文件。

2）利用伟福 6000 软件进行模拟仿真。设 S3 被按下，则端口 P0.2 为 0 电位，端口 P0.2 打"√"号，如图 3-20 所示。当程序执行到"CJNE A，#0FH，WAIT"时，端口 P0.2 "√"号取消，程序执行完后 P3 口为 10110000，即对应的七段码为 0B0H，显示数字 3，符合控制要求，如图 3-21 所示。将有关数据填入表 3-15 中。

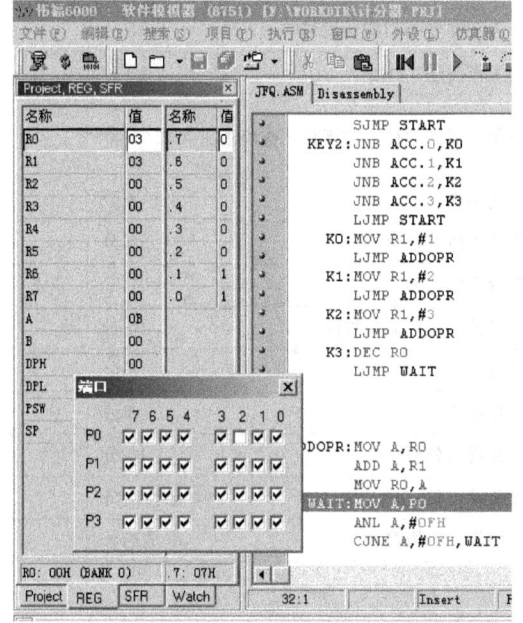
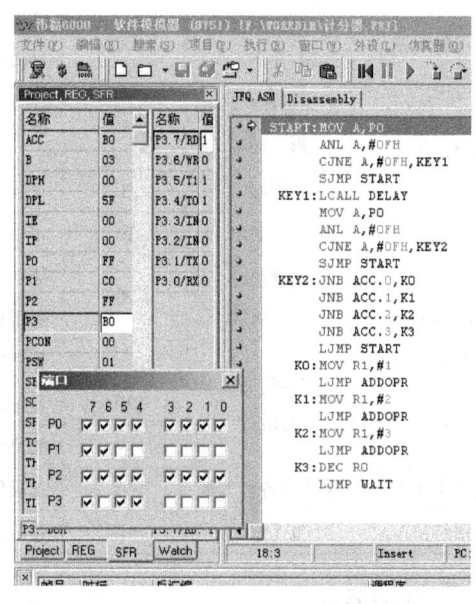

图 3-20　S3 被按下时端口 P0.2 的"√"号去掉　　　图 3-21　端口 P0.2"√"号取消

表 3-15　篮球比赛计分器模拟仿真数据变化表

S 键值	P0 口	R0	R1	P1 口	P3 口
1					
3					

3）把按键去抖动程序删除，即删除"LCALL DELAY"指令，仿真运行并观察运行情况。

4）把等待按键释放的程序段删除，即删除"WAIT：MOV A，P0"、"ANL A，#0FH"和"CJNE A，#0FH，WAIT"三条指令，仿真运行并观察运行情况。

5）若按 S1 加 2 分，按 S2 加 4 分，按 S3 加 6 分，按 S4 减 2 分，则应如何修改程序？修改后仿真运行，观察运行情况。

4．数显抢答器的制作

1）将存盘后的 JFQ.HEX 十六进制文件下载到 AT89S51 单片机中。

2）按电路原理图在万能电路板上按工艺要求首先布线，类似加法计算器布线，接线要尽量短，尽量使用排线，焊锡要少。

3）调试运行时，首先复位，要轻触各按键，以免产生抖动。

检查评议

篮球比赛计分器安装调试考核表见表 3-16。

表 3-16　篮球比赛计分器安装调试考核表

评价项目	评价内容	配分/分	评价标准		得分
硬件电路	电路基础知识	20	认识电路中各元器件的功能及型号	10 分	
			掌握电路的工作原理	10 分	
焊接工艺	元器件的整形、插装	5	按照原理图及元器件焊接尺寸进行正确整形、安装	5 分	
	焊接	5	符合焊接工艺标准	5 分	
程序的编制、调试、运行	指令学习	10	正确理解程序中所有指令的意义	10 分	
	程序的分析、设计	20	能正确分析程序的功能	10 分	
			能根据要求设计功能相似的程序	10 分	
	程序的调试与运行	20	程序输入正确	5 分	
			程序编译仿真正确	5 分	
			能修改程序并进行分析	10 分	
安全文明生产	使用设备和工具	10	正确使用设备及工具	酌情给分	
团结协作	集体意识	10	各成员分工协作，积极参与	酌情给分	

☞ **考证要点**

1）用 Protel 软件绘制出本设计任务的电路原理图，设计印制电路板图并制作印制电路板。

2）连接仿真器，将本设计任务的程序输入到计算机中，并进行仿真调试及运行。

3）连接编程器，将通过仿真的程序代码下载到单片机中，脱机运行并观察电路运行情况。

模块 4　单片机内部三大功能

单元 1　中断系统及其应用

知识目标

1. 了解单片机中断系统的工作原理。
2. 认识单片机中断系统的执行过程。
3. 理解单片机中断系统的编程结构。

技能目标

1. 灵活应用中断方式进行编程。
2. 灵活应用中断方式进行彩灯控制器硬件电路的设计。
3. 掌握应用中断方式进行彩灯控制器软件的设计。
4. 掌握中断方式彩灯控制器调试的方法和技能。

任务　中断控制彩灯控制器的制作

任务描述

利用单片机设计一个彩灯控制系统，控制要求如下：
1）正常情况下 P1 口的 8 只 LED 灯交替循环点亮，时间间隔是 1s。
2）当按下按键 S1 时，8 只 LED 灯间隔亮灯闪烁 6 次，闪烁周期为 1s。
3）闪烁结束后回到正常工作状态。

LED 彩灯是日常生活中常见的控制装置。学生通过对本设计任务的学习，应掌握利用中断知识设计 LED 灯光控制器的软硬件设计、制作及程序调试的方法和技能。

任务分析

当 CPU 正在处理某项事务时，如果系统出现了某些急需处理的异常情况或特殊请求，那么这时要求 CPU 暂停正在处理的工作，而转去处理这个随机发生的紧急或特殊事件，待将该事件处理完后，自动回到原来被中断的地方，继续执行被中断的程序，这个过程称为中断。

中断处理过程由中断请求、中断允许控制、中断查询、中断响应和中断处理等阶段组成。

🔍 **相关知识**

1. 中断系统的基本概念

（1）主程序　原来正常执行的程序。

（2）中断服务程序　中断之后处理的程序，也称为中断处理子程序。

（3）中断源　发出中断申请的信号或引起中断的事件。

（4）中断入口地址　中断响应后，中断执行的首地址。

2. 中断系统及其管理

（1）中断系统的结构　中断过程是在硬件基础上配以相应的软件实现的。MCS-51 系列单片机有 5 个固定的可屏蔽中断源，有两级中断嵌套，还有两个特殊功能寄存器用于中断控制和条件设置编程，其内部结构如图 4-1 所示。优先级也可由程序设置为高优先级或低优先级。

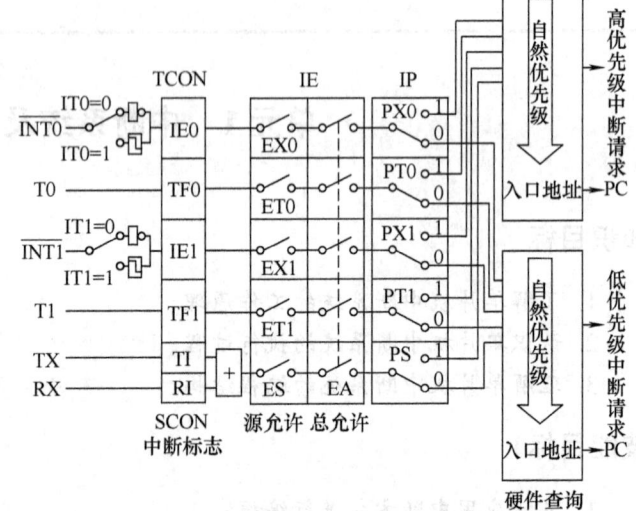

图 4-1　MCS-51 系列单片机中断系统的内部结构

外部中断 $\overline{INT0}$ 和 $\overline{INT1}$ 分别由 P3.2 和 P3.3 提供，外部中断有电平和脉冲两种触发方式；定时器/计数器 TF0 和 TF1 分别由片内定时器/计数器 0 和定时器/计数器 1 提供；串行口中断 RI 或 TI 由片内串行接口提供。

P3 口各引脚的第 2 功能定义如下：

① P3.0——串行输入口（RXD）。

② P3.1——串行输出口（TXD）。

③ P3.2——外部中断 0（$\overline{INT0}$）。

④ P3.3——外部中断 1（$\overline{INT1}$）。

⑤ P3.4——定时器/计数器 0 的外部输入口（T0）。

⑥ P3.5——定时器/计数器 1 的外部输入口（T1）。

⑦ P3.6——外部数据存储器写选通（$\overline{WR}$）。

⑧ P3.7——外部数据存储器读选通（$\overline{RD}$）。

当 P3 口用做 I/O 口使用时，第 2 功能信号线应保持高电平，与非门开通，以维持从锁存器到输出口数据输出通路畅通无阻。当 P3 口用做第二功能口使用时，该位的锁存器置高电平，使与非门对第 2 功能信号输出是畅通的，从而实现第二功能信号的输出。

第二功能为输入信号引脚，在 I/O 口线上的输入通路增设了一个缓冲器，输入的第二功能信号即从这个缓冲器的输出端取得。

当 P3 口作为 I/O 口线输入端时，信号取自三态缓冲器的输出端。这样，不管是 P3 口作为输入口使用还是第 2 功能信号输入，输出电路中的锁存器输出和第二功能输出信号线均应置"1"。

(2) 中断源 MCS-51 系列单片机有 2 个外部中断$\overline{INT0}$和$\overline{INT1}$，2 个内部定时器/计数器溢出中断 TF0、TF1 和 1 个内部串行接口中断 RI 或 TI。每个中断源可由程序控制其打开或关断，优先级也可由程序设置为高优先级或低优先级。

(3) 中断控制相关寄存器 MCS-51 系列单片机为用户提供了 4 个特殊功能寄存器：定时器/计数器控制寄存器 TCON、串行接口控制寄存器 SCON、中断允许控制寄存器 IE 和中断优先级控制寄存器 IP。它们可用来进行中断系统控制。

1) 定时器/计数器控制寄存器 TCON：用于锁存外部中断请求标志位及定时器/计数器溢出中断请求标志位。在进行字节操作时，其地址为 88H；当按位操作时，其各位的地址为 88H~8FH。其内容及位地址见表 4-1。

表 4-1 定时器/计数器控制寄存器 TCON 的内容及位地址

位地址	8FH	8EH	8DH	8CH	8BH	8AH	89H	88H
位符号	TF1	TR1	TF0	TR0	IE1	IT1	IE0	IT0

IT0 和 IT1 为外部中断请求触发方式控制位。

IT0（IT1）= 1 时为脉冲触发方式，下降沿有效；IT0（IT1）= 0 时为电平触发方式，低电平有效。该位由软件置"1"或清"0"。IE0 和 IE1 为外部中断请求标志位。

当 CPU 采样到$\overline{INT0}$（$\overline{INT1}$）端出现有效中断请求时，IE0（IE1）由硬件置"1"，当中断响应完成后转向中断服务时，再由硬件自动清"0"。

TR0（TR1）和 TF0（TF1）为定时器/计数器时的控制位，将在下个任务中介绍。

2) 串行接口控制寄存器 SCON：SCON 的低两位是串行接口的发送中断请求和接收中断请求标志位。当该寄存器进行字节操作时，其地址为 98H；当按位操作时，各位的地址为 98H~9FH。其内容及位地址见表 4-2。

表 4-2 串行接口控制寄存器 SCON 的内容及位地址

位地址	9FH	9EH	9DH	9CH	9BH	9AH	99H	98H
位符号	SM0	SM1	SM2	REN	TB8	RB8	TI	RI

RI 为串行接口接收中断请求标志位，当接收到一帧数据后由硬件置"1"，向 CPU 请求中断处理，完成后由软件进行清"0"。

TI 为串行接口发送中断请求标志位，当发送完一帧数据后由硬件置"1"，向 CPU 请求中断处理，完成后由软件进行清"0"。

3) 中断允许控制寄存器 IE：IE 负责控制各中断源的开放或屏蔽。当该寄存器进行字节操作时，其地址为 A8H；当按位操作时，各位的地址为 A8H~AFH。其内容及位地址见表 4-3。

表 4-3 中断允许控制寄存器 IE 的内容及位地址

位地址	AFH	AEH	ADH	ACH	ABH	AAH	A9H	A8H
位符号	EA			ES	ET1	EX1	ET0	EX0

EA 为中断允许总控制位，当 EA = 0 时禁止所有中断，当 EA = 1 时总允许后中断的禁止或允许由各中断源中断允许控制位进行设置。

EX0（EX1）为外部中断允许控制位，当 EX0（EX1）=1 时允许外部中断，当 EX0（EX1）=0 时禁止外部中断。

ET0（ET1）为定时器/计数器中断允许控制位，当 ET0（ET1）=1 时允许定时器/计数器中断，当 ET0（ET1）=0 时禁止定时器/计数器中断。

ES 为串行中断允许控制位，当 ES=1 时允许串行中断，当 ES=0 时禁止串行中断。

4）中断优先级控制寄存器 IP：IP 用于设置单片机中断系统的优先级，可以用程序将 5 个中断源设置为高优先级或低优先级。当该寄存器进行字节操作时，其地址为 B8H；当按位操作时，各位的地址为 B8H~BFH。其内容及位地址见表 4-4。

表 4-4　中断优先级控制寄存器 IE 的内容及位地址

位地址	BFH	BEH	BDH	BCH	BBH	BAH	B9H	B8H
位符号				PS	PT1	PX1	PT0	PX0

PX0（PX1）为外部中断优先级设定位，当 PX0（PX1）=1 时设定外部中断 0（1）为高优先级，当 PX0（PX1）=0 时设置外部中断 0（1）为低优先级。

PT0（PT1）为定时器/计数器中断优先级设定位，当 PT0（PT1）=1 时设定定时器/计数器中断为高优先级，当 PT0（PT1）=0 时设定定时器/计数器中断为低优先级。

PS 为串行中断优先级设定位，当 PS=1 时设定串行中断为高优先级，当 PS=0 时设定串行中断为低优先级。

当有多个同级别的中断源同时申请时，系统将按照外部中断 0→定时器/计数器 0→外部中断 1→定时器/计数器 1→串行接口的顺序响应中断。

（4）中断处理过程

1）中断响应条件。MCS-51 系列单片机 CPU 响应中断的条件有以下 4 个：

① 有中断源发出中断请求。

② 中断总允许控制位 EA=1，即允许所有中断源申请中断。

③ 申请中断的中断源其中断允许控制位为 1，即该中断可以向 CPU 申请中断。

④ 当正在中断请求时，CPU 没有执行更高级别的中断服务程序。

2）中断响应过程。当中断源发出中断请求后，满足中断响应条件，且不存在受阻情况时，CPU 将立即响应该中断请求，若有多个中断源同时提出中断申请，则将按中断源的优先级别分别作出响应。在响应中断请求后先将断点地址压入堆栈保存，以备中断结束后返回原程序，接着将相应中断处理程序的入口地址送入程序计数器 PC，使程序转向该中断入口地址，并执行中断服务程序。MCS-51 系列单片机的中断源及中断入口地址见表 4-5。

表 4-5　MCS-51 系列单片机的中断源及中断入口地址

中断源	外部中断 0	定时器/计数器 0	外部中断 1	定时器/计数器 1	串行接口
入口地址	0003H	000BH	0013H	001BH	0023H

3）中断处理。中断处理分保护现场、中断服务、恢复现场和中断返回 4 个步骤。

① 保护现场是指中断响应后，在中断服务程序开头将要使用的累加器、通用寄存器中的数据压入堆栈，以便恢复现场时数据不丢失。

② 中断响应后根据中断源入口地址进入中断服务子程序。

③ 恢复现场即将保护的累加器、通用寄存器的内容从堆栈中取出，其结尾必须是中断

返回指令 RETI。

④ 中断返回将中断响应时压入堆栈的 PC 值取出，从而使 CPU 返回原程序中断点继续执行。

(5) 中断请求撤销　中断响应后，应将 TCON 和 SCON 的中断请求标志位及时撤销；否则意味着中断请求仍然存在，将造成中断的重复响应。

1) 外部中断请求的撤销：

① 脉冲触发方式的外部中断请求撤销。外部中断 0 中断请求标志位 IE0 和外部中断 1 中断请求标志位 IE1 的清"0"是由单片机硬件自动完成的，用户无需参与。

② 电平触发方式的外部中断请求撤销。外部中断标志位的清"0"是自动完成的，但是如果在中断结束后低电平持续存在，那么 CPU 又会把中断请求标志位（IE0/IE1）置"1"。因此，对电平触发方式的外部中断请求信号，需要外加电路，即在中断响应后立即将 $\overline{INT0}$ 和 $\overline{INT1}$ 引脚电平从低电平强制为高电平。

2) 定时器/计数器中断请求的撤销：中断响应后，由硬件自动把定时器/计数器 0 中断请求标志位 TF0 和定时器/计数器 1 中断请求标志位 TF1 清"0"，此操作不需要用户参与。

3) 串行中断请求的撤销：中断响应后，没有用硬件清除 TI 或 RI，所以必须在中断服务程序中用软件（指令）将串行发送中断请求标志位 TI 或串行接收中断请求标志位 RI 清"0"。

根据上面的分析，得到图 4-2 所示的中断处理过程。

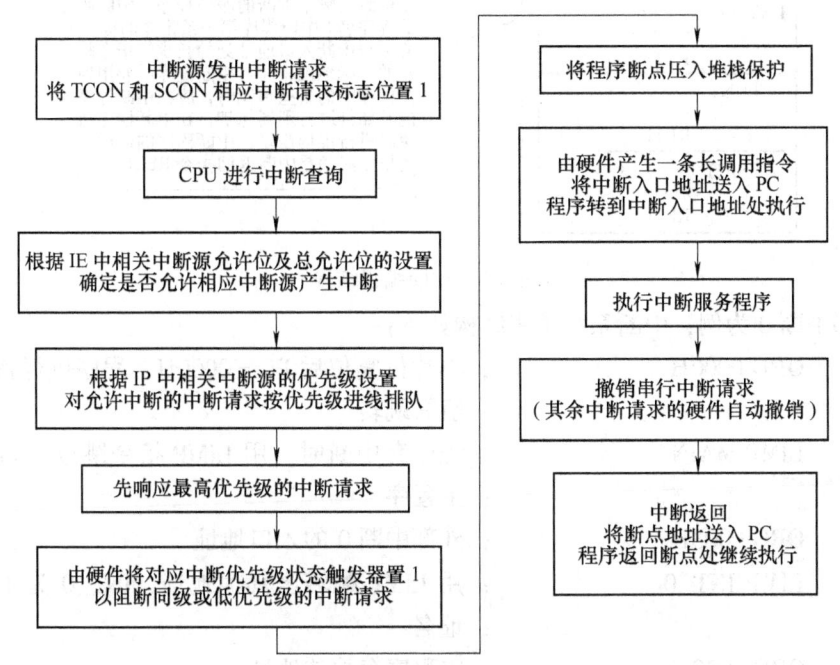

图 4-2　中断处理过程

(6) 中断编程结构　在中断处理过程中许多操作都是由单片机自动完成的，用户要做的工作就是用中断系统的 4 个专用寄存器进行中断控制编程。中断系统编程结构如图 4-3 所示。

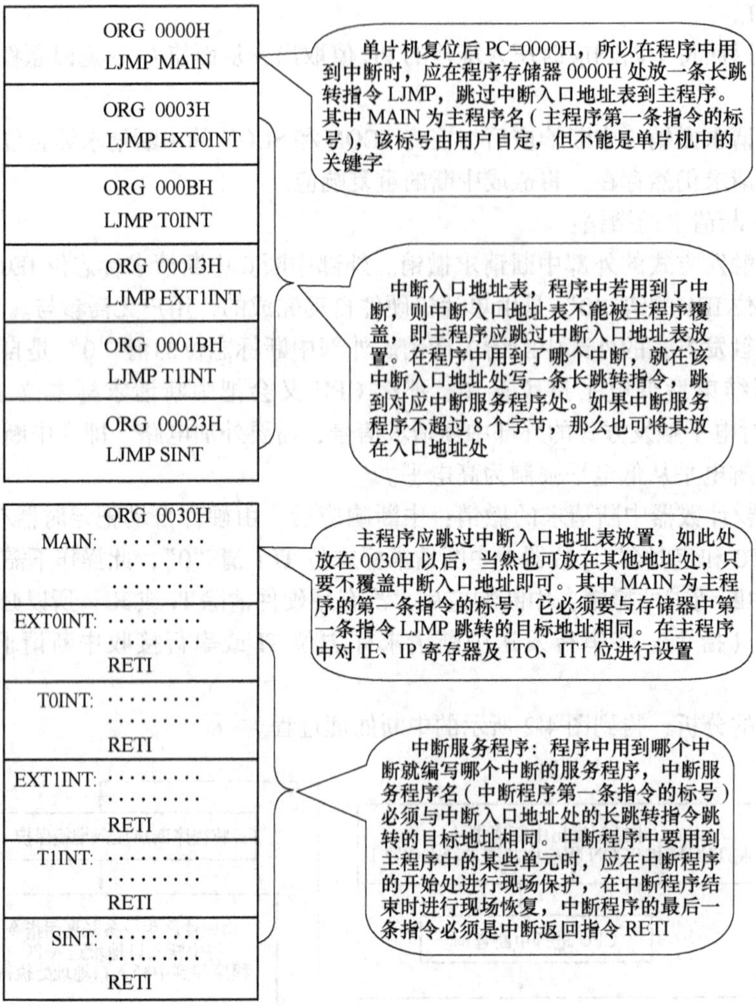

```
ORG  0000H
LJMP MAIN
```
> 单片机复位后 PC=0000H，所以在程序中用到中断时，应在程序存储器 0000H 处放一条长跳转指令 LJMP，跳过中断入口地址表到主程序。其中 MAIN 为主程序名（主程序第一条指令的标号），该标号由用户自定，但不能是单片机中的关键字

```
ORG  0003H
LJMP EXT0INT

ORG  000BH
LJMP T0INT

ORG  00013H
LJMP EXT1INT

ORG  0001BH
LJMP T1INT

ORG  00023H
LJMP SINT
```
> 中断入口地址表，程序中若用到了中断，则中断入口地址表不能被主程序覆盖，即主程序应跳过中断入口地址表放置。在程序中用到了哪个中断，就在该中断入口地址处写一条长跳转指令，跳到对应中断服务程序处。如果中断服务程序不超过 8 个字节，那么也可将其放在入口地址处

```
ORG 0030H
MAIN: ········
       ········
EXT0INT: ········
          ········
          RETI
T0INT: ········
        ········
        RETI
EXT1INT: ········
          ········
          RETI
T1INT: ········
        ········
        RETI
SINT: ········
       ········
       RETI
```
> 主程序应跳过中断入口地址表放置，如此处放在 0030H 以后，当然也可放在其他地址处，只要不覆盖中断入口地址即可。其中 MAIN 为主程序的第一条指令的标号，它必须要与存储器中第一条指令 LJMP 跳转的目标地址相同。在主程序中对 IE、IP 寄存器及 IT0、IT1 位进行设置

> 中断服务程序：程序中用到哪个中断就编写哪个中断的服务程序，中断服务程序名（中断程序第一条指令的标号）必须与中断入口地址处的长跳转指令跳转的目标地址相同。中断程序中要用到主程序中的某些单元时，应在中断程序的开始处进行现场保护，在中断程序结束时进行现场恢复，中断程序的最后一条指令必须是中断返回指令 RETI

图 4-3 中断编程结构

以外部中断 0 为例，中断系统编程结构如下：

```
            ORG 0000H              ;单片机复位后 PC=0000H，程序执行首地址，一
                                   ;般需跳转
            LJMP MAIN              ;程序有中断时，用 LJMP 指令跳过入口地址表到
                                   ;主程序
            ORG 0003H              ;外部中断 0 的入口地址
            LJMP INT_0             ;用 LJMP 跳转至其他地址，INT_0 为中断入口地
                                   ;址名
            ORG 0030H              ;主程序存放首地址
MAIN：      MOV SP, #60H           ;设置堆栈栈底地址，存放断点地址或数据
            ＊＊＊＊＊＊＊＊＊＊  ;初始化程序和主程序，需要对中断相关寄存器设置
INT_0：＊＊＊＊＊＊＊＊＊＊        ;中断服务程序
            RETI                   ;中断最后一条指令为 RETI，返回主程序
```

         END   ;最后用 END 指令表示程序结束
　　3. 中断系统的应用
　　中断系统主要用于编制应用程序。应用程序包括两部分内容：一部分是中断初始化，另一部分是中断服务子程序。
　　(1) 中断初始化　中断初始化应在产生中断请求前完成，一般要放在主程序中，与主程序的其他初始化内容一起完成设置。
　　(2) 中断服务子程序
　　1) 设置堆栈指针 SP。因为中断设计保护断点 PC 地址和保护现场数据，且均要用堆栈实现保护，因此需要设置适宜的堆栈深度。单片机复位时，SP = 07H，当堆栈深度要求不高且工作寄存器组 1 ~ 3 组不用时，可维持复位时的状态，堆栈深度为 24B。因为 20H ~ 2FH 为位寻址区，堆栈深度大于 24B 时，所以会进入该区。当要求具有一定堆栈深度时，可设置 SP = 60H 或 50H，堆栈深度分别为 32B 和 48B。
　　2) 定义中断优先级。IP 为中断优先级控制寄存器，单元地址是 B8H。MCS-51 系列单片机有两个中断优先级：高优先级和低优先级。可对中断进行编程，将 IP 各中断源设置高优选级或低优先级：将相应位置 "1"，即为高优先级；将相应位清 "0"，即为低优先级。
　　根据中断源的轻重缓急，使用 "MOV IP, #data" 或 "SETB bit" 指令，划分高优先级和低优先级。
　　① IE1：外部中断请求标志位。当 P3.3 引脚信号有效时，IE1 由硬件自动置 "1"；当 CPU 响应该中断后，由片内硬件自动清 "0"（只适用于边沿触发方式）；当选择电平触发时，由软件复位。
　　② IE0：外部中断请求标志位。其意义和功能与 IE1 相似。
　　③ IT1：外部中断触发方式控制位，由软件置位或复位。若 IT1 = 1，则触发方式为边沿触发方式，当 P3.3 引脚出现下跳边沿脉冲信号时有效；若 IT1 = 0，则触发方式为电平触发方式，当 P3.3 引脚出现低电平信号时有效。
　　④ IT0：外部中断触发方式控制位。其意义和功能与 IT1 相似。
　　3) 开放中断。IE 为中断允许控制寄存器，单元地址是 A8H。MCS-51 系列单片机对中断源的开放或关闭（屏蔽）是由中断允许控制寄存器 IE 控制的，可用软件对各位分别置 "1" 或清 "0"，从而实现对各中断源的开放或关断。
　　① EA：CPU 中断允许控制位。若 EA = 1，则 CPU 开中断总允许；若 EA = 0，则 CPU 关中断且屏蔽所有中断源。
　　② EX0：外部中断允许控制位。若 EX0 = 1，则开中断；若 EX0 = 0，则关中断。
　　③ EX1：外部中断允许控制位。若 EX0 = 1，则开中断；若 EX0 = 0，则关中断。
　　④ ET1：定时器/计数器 T1 中断允许控制位。若 ET1 = 1，则开 T1 中断；若 ET1 = 0，则关 T1 中断。
　　IE 寄存器的使用也可以利用 "MOV IE, #data" 或 "SETB bit" 指令设置。

任务准备

　　1) 电工常用工具，每人一套。
　　2) 电工操作台，两人一台。

3）装配有伟福 6000 软件的计算机及下载设备，两人一套。

4）材料准备：中断系统的应用元器件明细表见表 4-6。

表 4-6 中断系统的应用元器件明细表

序号	元器件名称	元器件型号	元器件数量	备注
1	单片机芯片	AT89S51	1 片	DIP 封装
2	发光二极管	φ5	8 只	普通型
3	晶振	12MHz	1 只	普通型
4	电容	30pF	2 只	瓷片电容
		10μF	1 只	电解电容
5	电阻	470Ω	9 只	碳膜电阻
		10kΩ	1 只	碳膜电阻
6	万能电路板	4cm×15cm	1 片	万能电路板
7	按键		2 只	无自锁
8	40 脚 IC 座		1 片	安装 AT89S51 芯片
9	细导线、焊锡		若干	

任务实施

1. 电路设计

为了保护 LED 正常工作，每只 LED 串联一个 470Ω 的限流电阻；控制按键 S1 接在单片机的 P3.2 口上；时钟电路采用 12MHz 的晶振和两个 30pF 的电容组成；复位电路采用 10μF 电解电容和 10kΩ 电阻构成。

控制电路采用 AT89S51 单片机，8 只 LED 灯采用共阳极接法，即将阳极接到 +5V 电源上，阴极分别接单片机的 P1.0～P1.7 引脚，设计完成的 LED 灯光控制器电路原理图如图 4-4 所示。

2. 程序设计

（1）程序分析

1）初始化。初始化需要做的工作是开放总中断并允许外部中断，设置外部中断的触发方式和彩灯点亮的初始值。

2）彩灯交替点亮。8 只彩灯循环交替点亮可采用移位指令实现，每移位 1 次延时 1s，移位 8 次后完成一个周期，然后再循环进行。

3）彩灯闪烁。按下按键 S1 后，首先让序号为偶数的灯点亮 1s，然后再让序号为奇数的灯点亮 1s，如此循环 6 次后返回主程序继续执行。

4）延时子程序。交替点亮时间间隔为 1s，而发生中断时闪烁周期为 2s，故编写延时 1s 的子程序。

（2）程序设计

1）主程序。主程序中首先要进行初始化，即用指令"SETB IT0"设置外部中断 0 的触发方式为脉冲触发，分别用指令"SETB EA"和"SETB EX0"开放中断和允许外部中断，用指令"MOV A, #0FEH"使 A 中存储点亮第一只 LED 灯的数据，利用指令"MOV P1,

模块 4　单片机内部三大功能

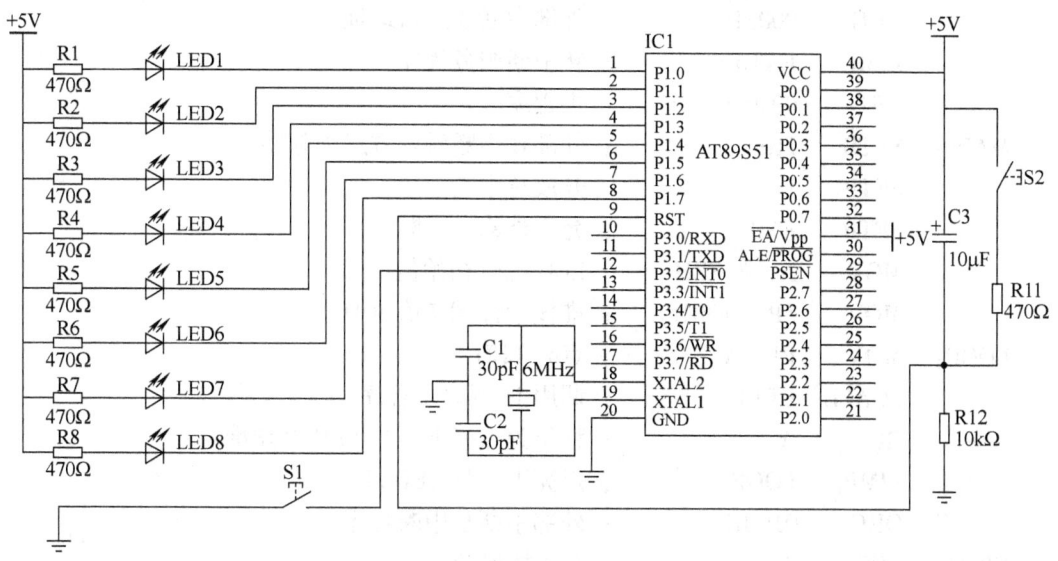

图 4-4　LED 灯光控制器电路原理图

A"和"RL A"实现 8 只 LED 灯循环点亮,通过调用延时子程序实现 1s 时间间隔。

2)延时子程序。由于程序中 LED 灯闪烁周期是 2s,即 1s 变化一次亮灯情况,LED 灯循环点亮时间间隔也是 1s,所以利用 3 个寄存器编写一个 1s 延时子程序。

3)中断服务程序。当引起中断时,首先利用"MOV R1,#06H"指令将闪烁次数存入寄存器 R1 中,利用"MOV A,#0AAH"指令将偶数亮灯初值送 A,延时 1s 后利用"CPL A"指令实现奇数灯 LED 点亮,再延时 1s 后循环,6 次闪烁之后,通过指令 RETI 返回主程序。

按以上任务分析绘制的主程序流程图如图 4-5 所示。中断服务程序流程图如图 4-6 所示。

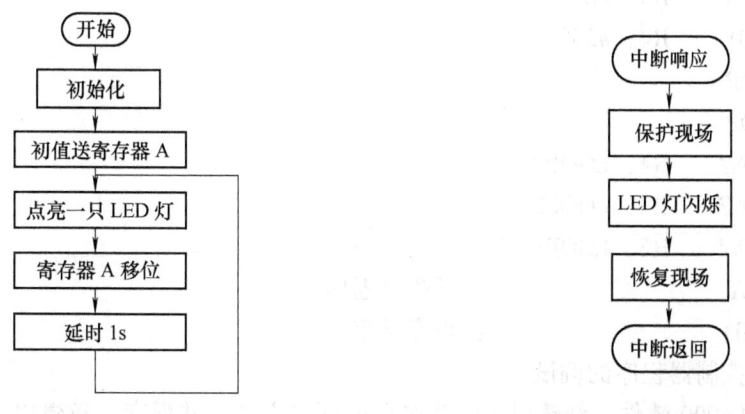

图 4-5　主程序流程图　　　　图 4-6　中断服务程序流程图

按以上任务分析及任务实施过程编写的源程序如下:

```
        ORG     0000H           ;单片机通电后复位地址
        LJMP    MAIN            ;转主程序
```

```
            ORG    0003H              ;外部中断0入口地址
            LJMP   EXT0               ;转中断服务程序
            ORG    0030H              ;主程序
MAIN:       SETB   IT0                ;外部0中断触发方式为脉冲
            SETB   EA                 ;开放总中断
            SETB   EX0                ;允许外部0中断
            MOV    A,#0FEH            ;LED亮灯初始值
            MOV    SP,#30H            ;堆栈指针赋初值30H
LOOP:       MOV    P1,A               ;点亮LED
            LCALL  DEL1               ;调用1s延时子程序
            RL     A                  ;移位为点亮下一只LED灯作准备
            SJMP   LOOP               ;点亮下一只LED灯
            ORG    0100H              ;外部中断0中断程序
EXT0:       PUSH   A                  ;A入栈保护
            SETB   RS0                ;选择第一组寄存器,保护第0组工作寄存器
            MOV    R1,#06H            ;置中断时灯闪烁的次数
            MOV    A,#0AAH            ;置中断时亮灯初值
FLASH:      MOV    P1,A               ;将中断时的亮灯数据送P1口输出
            LCALL  DEL                ;调用1s延时程序
            CPL    A                  ;A值取反
            DJNZ   R1,FLASH           ;闪烁次数不到转FLASH标号处
            RETI                      ;闪烁结束,中断返回
            ORG    0200H              ;1s延时程序
DEL1:       MOV    R2,#02H
LOOP1:      MOV    R3,#250
LOOP2:      MOV    R4,#250
LOOP3:      NOP
            NOP
            DJNZ   R4,LOOP3
            DJNZ   R3,LOOP2
            DJNZ   R2,LOOP1
            RET                       ;子程序返回
            END                       ;程序结束
```

3. LED灯光控制器程序的调试

1)运行伟福6000软件,新建以中断为名称的项目文件,并保存;新建以ZHD.ASM为名称文档,并将ZHD.ASM文档添加到中断为名称的项目文件中。汇编源程序,并生成以ZHD.HEX为名称的十六进制文件。

2)利用伟福6000软件进行模拟仿真。设S1未被按下时端口P1.0~P1.7交替循环点亮,如图4-7所示。当S1被按下,端口P3.2"√"号取消,P1端口8只LED灯间隔亮灯

模块 4　单片机内部三大功能

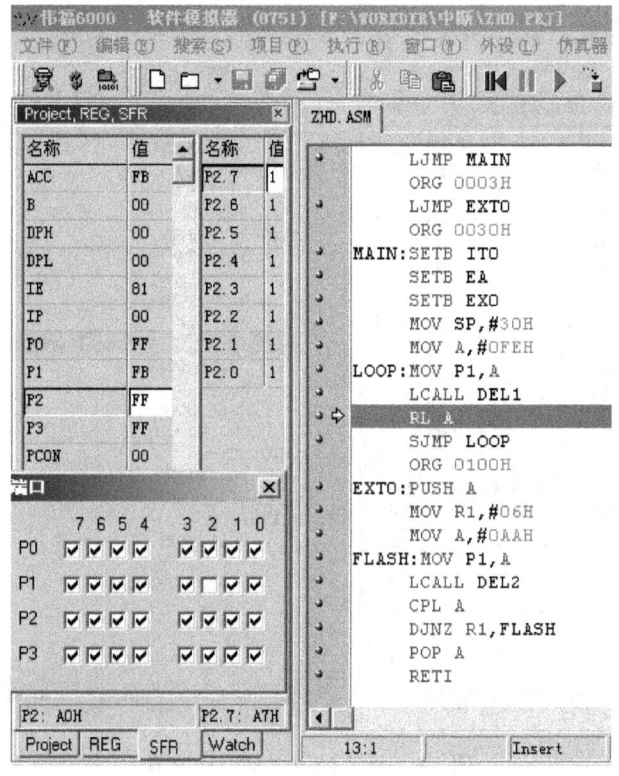

图 4-7　S1 未被按下时端口 P1 交替循环点亮

闪烁 6 次，交替循环点亮，如图 4-8 所示。

3）在调试过程中打开工作寄存器窗口、特殊功能寄存器窗口和片内 RAM 窗口，进行程序运行时各输入端口状态的设置，观察程序运行过程中各相关单元的值。在程序调试时，先用单步运行或跟踪运行，在程序调试通过后再用全速运行。打开工作寄存器窗口，跟踪执行，观测 A 中内容的变化，看能否把表中的数据读入 A 中。将有关数据填入表 4-7 中。

表 4-7　LED 灯光控制器模拟仿真数据变化情况

S1 键值	P3 口	P1 口	A
未按			
按下			

4）删除外部中断应用程序中的第一条指令"LJMP MAIN"，对程序进行修改后仿真运行，观察电路运行情况。

5）将主程序放在程序存储器开始处，对程序进行修改后仿真运行，观察电路运行情况。

6）将外部中断程序放在中断入口地址处，对程序进行修改后仿真运行，观察电路运行情况。

4. LED 灯光控制器的制作

1）将存盘后的 ZHD.HEX 十六进制文件下载到 AT89S51 单片机中。

2）按照电路原理图在万能电路板上按工艺要求进行布线、接线、焊接、安装等操作。

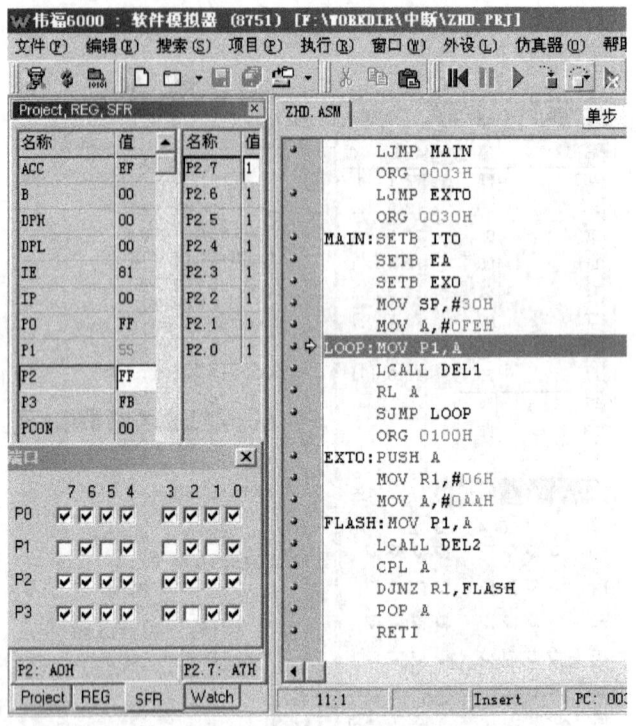

图 4-8　端口 P3.2 "√" 号取消

3）按硬件原理图调试运行，按 S1 观察是否能进行中断控制。

检查评议

LED 灯光控制器安装调试考核表见表 4-8。

表 4-8　LED 灯光控制器安装调试考核表

评价项目	评价内容	配分/分	评价标准		得分
硬件电路	电路基础知识	20	认识电路中各元器件的功能及型号	10 分	
			掌握电路的工作原理	10 分	
焊接工艺	元器件的整形、插装	5	按照原理图及元器件焊接尺寸进行正确整形、安装	5 分	
	焊接	5	符合焊接工艺标准	5 分	
程序的编制、调试、运行	指令学习	10	正确理解程序中所有指令的意义	10 分	
	程序的分析、设计	20	能正确分析程序的功能	10 分	
			能根据要求设计功能相似的程序	10 分	
	程序的调试与运行	20	程序输入正确	5 分	
			程序编译仿真正确	5 分	
			能修改程序并进行分析	10 分	
安全文明生产	使用设备和工具	10	正确使用设备及工具	酌情给分	
团结协作	集体意识	10	各成员分工协作，积极参与	酌情给分	

模块 4 单片机内部三大功能

问题及防治

使用中断需注意的问题

第一，在中断入口地址处只有 8 个字节的空间，若中断子程序很小，则写在这里即可；若中断子程序较大，则在入口处加一条跳转指令，转到相应的子程序处。

第二，中断可分为高优先级和低优先级两个级别。在可以响应中断时，高级别中断可以中断低级别中断，但在同一级别中不可中断。在同一优先级别中，又分为自然优先级，自然优先级是指如果有两个中断请求同时申请中断，那么自然优先级高者首先被响应，等该中断完成后，再响应自然优先级低的中断。

第三，在进入中断处理时，硬件的自动断点保护只保护断点处的地址。但在中断子程序执行过程中，通常会改变 A，B，Rn，PSW 等寄存器的内容，这些内容往往会在退出中断程序后，造成主程序执行的错误，因此在进入中断子程序后，首先要做的事情是进行现场的保护。但由于堆栈的空间有限，在保护时，只保护那些子程序中会改变的，且在退出中断子程序后对主程序有影响的寄存器。将现场保护好之后，就可执行中断程序了。执行完中断程序后，要切记现场的恢复，恢复的顺序与保护的顺序正好相反，最后才能退出中断服务子程序。另外，在保护和恢复现场的过程中，为了防止再度中断造成混乱，通常此时要屏蔽中断，等现场的保护和恢复完成后再开启中断。

第四，当中断服务子程序退出时，要使用 RETI 指令，而不能使用 RET 指令。虽然两者都是子程序的退出，但前者还有优先级激活触发器清除的功能，允许 CPU 在退出中断子程序后处理其他同级中断的请求，是中断子程序退出时的专用指令。

4 个 I/O 口的结构和功能比较

P0 口的输出级与 P1~P3 口的输出级在结构上是不同的，因此，它们的负载能力和接口要求也各不相同。

首先，P0 口与其他口不同，它的输出级无上拉电阻。当把它用做通用 I/O 口使用时，输出级是开漏电阻，故用其输出去驱动 NMOS，在输入时需外接上拉电阻；当把它用做输入时，应先向端口锁存器写 1；当把它当做地址/数据总线时，则无需外接上拉电阻；当把它用做数据输入时，也无需先写"1"。P0 口的每一位输出可以驱动 8 个 LS 型 TTL 负载。

其次，P1~P3 口的输出级接有内部上拉电阻，它们的每一位输出可以驱动 4 个 LS 型 TTL 负载。

作为输入口时，任何 TTL 或 NMOS 电路都能以正常的方式驱动 MCS-51 系列单片机的 P1~P3 口。由于它们的输出级具有上拉电阻，也可以被集电极（OC 门）或漏极开路所驱动，无需外接上拉电阻。对于 80C51 单片机（CHMOS），其端口只能提供几毫安的输出电流，故当做输出口去驱动一个普通晶体管的基极（或 TTL 电路输入端）时，应在端口和基极间串联一个电阻，以限制高电平输出时的电流。

P1~P3 口也都是准双向端口，作为输入时，必须先对相应端口锁存器写 1。

扩展知识

六路数字显示抢答器的设计

应用 AT89S51 芯片及简单的外围电路，设计制作一个 6 人抢答器，要求当按下"开始"

按键后,参赛选手进行抢答,使用1位数码管显示最先按键的选手的号码并保持到下一次抢答开始。

1. 硬件电路的设计

6只抢答按键分别连接到P0口的P0.0~P0.5引脚,通过按键是否动作来控制对应引脚电平的变化;同时将电平的变化作为74LS14N芯片的输入信号。当有选手抢答而按下按键时,74LS14N芯片的对应输出变为低电平,同时作为单片机的外部中断信号引入(P3.2)引脚。

图4-9给出了74LS14N芯片的外形、内部结构及输入/输出关系。由图4-9可知,此芯片为双列直插封装,共14个引脚。在使用时,将7号引脚(GND)接地,14号引脚(VCC)接电源正极,其余各引脚根据需要成对连接即可。本设计使用A1~A6输入,Y1~Y6输出。

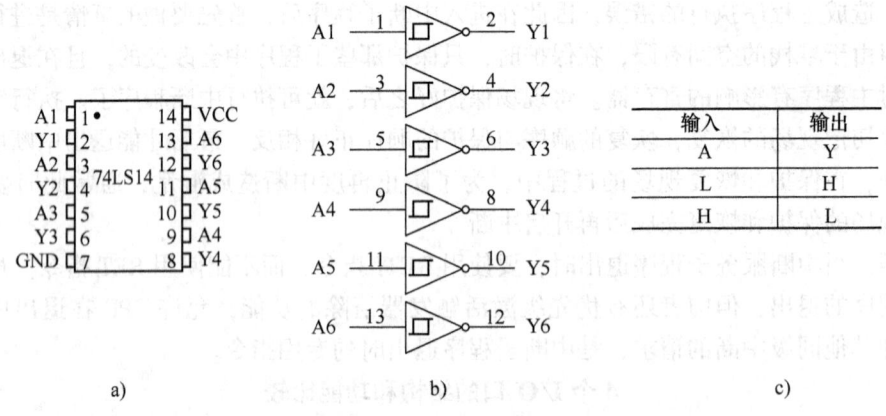

图4-9 74LS14N芯片的外形、内部结构及输入/输出关系
a) 芯片外形 b) 内部结构 c) 输入/输出真值表

当有被键按下时,芯片74LS14的输入端会得到一个高电位"1"信号,其对应输出端变为低电位"0",从而向单片机发出一个中断请求信号。单片机收到中断请求后,响应中断并到P2口查询哪个按键被按下,然后将其号码显示在LED数码管上。$\overline{INT0}$(P3.2)引脚是单片机外部中断"0"的输入引脚,与74LS14N的输出连接。当有选手按下按键时,$\overline{INT0}$为低电平,此时单片机响应中断。

综合以上设计,得到图4-10所示的6人抢答器控制电路原理图。

2. 控制程序的编写

编制汇编源程序如下:

```
        ORG   0000H       ;伪指令,指明程序从0000H单元开始存放
        LJMP  MAIN5       ;控制程序跳转到"MAIN5"处执行
        ORG   0003H       ;外部中断0的入口地址
        LJMP  INTT0       ;控制程序跳转到INTT0处执行
        ORG   0050H       ;主程序从0050H单元开始
MAIN5:  MOV   P1,#0FFH    ;没有按键被按下时,无显示
        SETB  IT0         ;设置外部中断0为负边沿触发
```

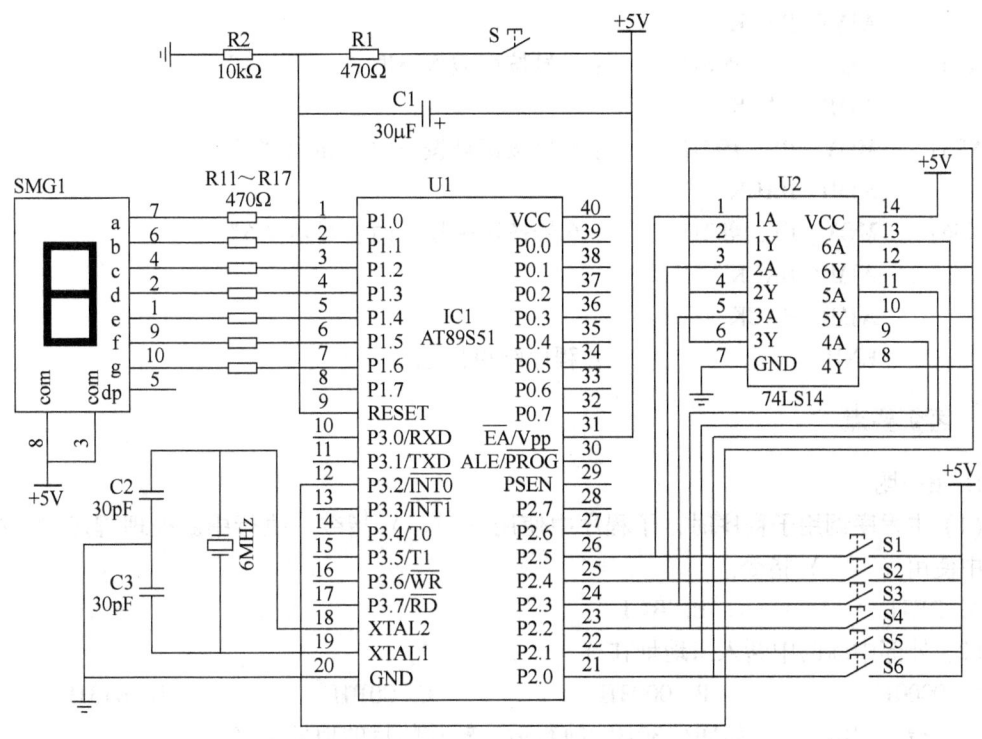

图 4-10 6 人抢答器控制电路原理图

```
        SETB  ET0           ;打开外部中断 0
        SETB  EA            ;打开所有中断
        SJMP  $             ;等待按键被按下
INTT0： PUSH                ;保护状态寄存器的内容
        PUSH  ACC           ;保护 A 的内容
        JB    P2.5，XS1     ;1 号按键是否被按下
        JB    P2.4，XS2     ;2 号按键是否被按下
        JB    P2.3，XS3     ;3 号按键是否被按下
        JB    P2.2，XS4     ;4 号按键是否被按下
        JB    P2.1，XS5     ;5 号按键是否被按下
        JB    P2.0，XS6     ;6 号按键是否被按下
BACK：  POP   ACC           ;弹出 A
        POP   PSW           ;弹出状态寄存器 PSW
        CLR   EA            ;关所有中断
        RETI                ;中断程序返回
XS1：   MOV   P1，#06H      ;1 号按键被按下时，显示 "1"
        AJMP  BACK
XS2：   MOV   P1，#5BH      ;2 号按键被按下时，显示 "2"
        AJMP  BACK
XS3：   MOV   P1，#4FH      ;3 号按键被按下时，显示 "3"
```

```
            AJMP  BACK
XS4：  MOV  P1, #66H      ；4号按键被按下时，显示"4"
            AJMP  BACK
XS5：  MOV  P1, #92H      ；5号按键被按下时，显示"5"
            AJMP  BACK
XS6：  MOV  P1, #82H      ；6号按键被按下时，显示"6"
            AJMP  BACK
            AJMP  BACK
            END                  ；程序结束标记
```

考证要点

1. 填空题

（1）主程序调用子程序时，子程序中使用（　　）指令，执行中断处理程序时，处理程序中使用（　　）指令。

A. RETI　　　　　　　B. RET

（2）外部中断的中断入口地址在（　　）。

A. 0000H　　　　B. 0003H　　　　C. 00BH　　　　D. 013H

（3）指令"0100H：AJMP 730H"执行后，转移的目的地址是（　　）。

A. 0730H　　　　B. 0830H　　　　C. 0732H　　　　D. 0832H

（4）MCS-51系列单片机CPU开中断的指令是＿＿＿＿。

A. "SETB EA"　　B. "SETB ES"　　C. "CLR EA"　　D. "SETB EX0"

（5）MCS-51系列单片机外部中断0开中断的指令是＿＿＿＿。

A. "SETB ET0"　　B. "SETB EX0"　　C. "CLR ET0"　　D. "SETB ET1"

（6）MCS-51系列单片机定时器外部中断1和外部中断0的触发方式选择位是＿＿＿＿。

A. TR1和TR0　　B. IE1和IE0　　C. IT1和IT0　　D. TF1和TF0

（7）8031响应中断后，中断的一般处理过程是＿＿＿＿。

A. 关中断，保护现场，开中断，中断服务，关中断，恢复现场，开中断，中断返回

B. 关中断，保护现场，保护断点，开中断，中断服务，恢复现场，中断返回

C. 关中断，保护现场，保护中断，中断服务，恢复断点，开中断，中断返回

D. 关中断，保护断点，保护现场，中断服务，关中断，恢复现场，开中断，中断返回

（8）MCS-51系列单片机响应中断的过程是＿＿＿＿。

A. 断点PC自动压栈，对应中断矢量地址装入PC

B. 关中断，程序转到中断服务程序

C. 断点压栈，PC指向中断服务程序地址

D. 断点PC自动压栈，对应中断矢量地址装入PC，程序转到该矢量地址，再转至中断服务程序首地址

（9）执行中断处理程序最后一句指令RETI后，＿＿＿＿。

A. 程序返回到ACALL的下一句　　　　　B. 程序返回到LCALL的下一句

C. 程序返回到主程序开始处　　　　　　D. 程序返回到响应中断时一句的下一句

（10）8051 单片机共有_____个中断源。
A. 4   B. 5   C. 6   D. 7
（11）单片机中 PUSH 和 POP 指令通常用来_____。
A. 保护断点   B. 保护现场
C. 保护现场、恢复现场   D. 保护断点、恢复断点

2. 程序分析

说明下面程序段的执行过程及执行结果。

    MOV SP, #45H
    MOV A, #90H
    MOV B, #23H
    PUSH ACC
    PUSH B
    POP ACC
    POP B

3. 简述

（1）简述中断处理过程。
（2）简述中断编程结构。

4. 技能训练

（1）用 Protel 软件绘制出本任务中的外部中断应用电路原理图，并设计印制电路板图及制作印制电路板。

（2）连接仿真器，将本任务中的外部中断应用程序输入到计算机中，并进行仿真调试及运行。

（3）连接编程器，将通过仿真的程序代码下载到单片机中，脱机运行并观察电路运行情况。

（4）单片机如何确定 5 个中断源的中断优先级别？分别写出中断优先级控制寄存器 IP = 05H 和 IP = 00H 时 5 个中断源的中断优先级顺序。

单元 2 定时器/计数器及其应用

知识目标

1. 了解单片机定时器/计数器的结构及工作原理。
2. 熟悉单片机定时器/计数器的工作方式。
3. 能根据定时器/计数器的工作方式熟练设置定时时间。

技能目标

1. 掌握单片机定时器/计数器的初始化编程结构。
2. 能熟练设计方波控制器硬件电路。
3. 能熟练设计方波控制器软件程序。

4. 掌握方波控制器硬件电路的安装和调试方法。

任务 定时器/计数器控制的方波发生电路设计及制作

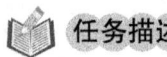

用定时器/计数器 T1 工作方式 1，产生周期为 2ms 的方波，并经 P1.0 输出；设单片机晶振频率为 6MHz。其电路原理图如图 4-11 所示。

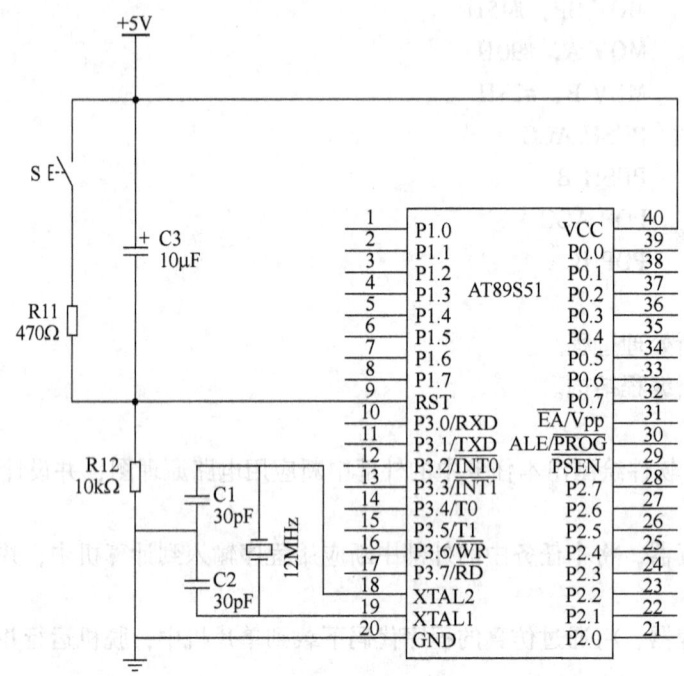

图 4-11 方波电路原理图

任务内容如下：
1）采用中断方式进行定时器/计数器溢出处理。
2）采用查询方式进行定时器/计数器溢出处理。

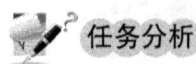

本任务是利用单片机定时器/计数器功能设计一个产生方波的电路，通过该设计可帮助学生了解单片机定时和计数的工作过程，掌握应用定时器/计数器的两个控制寄存器来实现定时和计数程序设计，以及定时器/计数器的初始化编程结构。在单片机应用系统中，为实现定时控制和对外部事件进行计数，需要用到单片机内部的另一个重要模块：定时器/计数器。这样需要首先明确定时器/计数器的工作方式，并通过指令控制定时器/计数器。

相关知识

MCS-51 系列单片机有两个 16 位可编程序定时器/计数器 T0 和 T1，简称为定时器 0 和定时器 1。T0 和 T1 分别由两个独立的 8 位专用寄存器组成，即 T0 由 TH0 和 TL0 组成，T1

由 TH1 和 TL1 组成，用于存放定时器/计数器的初值及对外部或内部脉冲进行计数。

定时器/计数器的工作方式寄存器 TMOD 用于进行定时或计数功能选择、启动方式选择及工作方式选择。定时器/计数器控制寄存器 TCON 用于启停控制及计数溢出控制。

1. 定时

当定时器/计数器工作方式寄存器 TMOD 中的功能选择位 C/$\overline{T}$ 为 0 时，工作于定时方式。此时定时器 T0 或 T1 对内部计数脉冲（由晶体振荡器产生的振荡信号经 12 分频得到的脉冲信号）进行计数，由于此时的计数脉冲信号频率与机器周期信号频率相等，所以可以将 T0 或 T1 看成是对机器周期信号进行计数，即 1 个机器周期输入 1 个计数脉冲，定时器加 1。

当定时器/计数器控制寄存器 TCON 中的启动控制位 TR0 和 TR1 为 1 时，定时器就从某一初始值开始计数，每个机器周期定时器加 1，当计数值达到最大值时，计数溢出，则将定时器的溢出标志位 TF0 或 TF1 置 "1"，发出一次中断请求。

2. 计数

当定时器/计数器工作方式寄存器 TMOD 中的功能选择位 C/$\overline{T}$ 为 1 时，工作于计数方式。此时计数器 T0 或 T1 对外部输入脉冲进行计数，每来一个外部输入脉冲信号，计数器就加 1。

在计数工作方式时，单片机在每个机器周期对外部引脚 T0（P3.4）或 T1（P3.5）的电平进行一次采样，当在某一个机器周期采样到高电平，而在下一机器周期采样到低电平时，则在第三个机器周期定时器加 1。所以在计数工作方式时，是对外部输入的负脉冲进行计数，计数器每次加 1 需要 2 个机器周期，则计数脉冲信号的最高工作频率为机器周期信号频率的 1/2。

与定时工作方式相同，当 TCON 中的 TR0 和 TR1 位为 1 时，计数器开始工作，从某一初始值开始计数，每来一个外部计数脉冲，计数器就加 1，当计数值达到最大值时，计数溢出，将溢出标志位 TF0 或 TF1 置 "1"，发出一次中断请求。

3. 定时器/计数器的控制

（1）定时器/计数器工作方式寄存器（TMOD） TMOD 是特殊功能寄存器区中的一个寄存器，地址为 89H，其功能是对 T0 和 T1 的功能、工作方式及启动方式进行控制。其各位的定义见表 4-9。其高 4 位对 T1 进行控制，低 4 位对 T0 进行控制，高 4 位与低 4 位的作用相同。

表 4-9 TMOD 寄存器各位的定义

T1				T0			
D7	D6	D5	D4	D3	D2	D1	D0
GATE	C/$\overline{T}$	M1	M0	GATE	C/$\overline{T}$	M1	M0

1）门控位：若 GATE = 0，则定时器/计数器仅受 TR（TCON 中的 TR0 或 TR1）控制，当 TR 为 1 时，定时器开始工作，此时称为软启动方式；若 GATE = 1，则只有当外部引脚 P3.2 或 P3.3 为高电平，且 TR 为 1 时，定时器/计数器才工作，如果两个信号中任意一个为低电平，那么定时器不工作，此时称为硬启动方式。

2）功能选择位：当 C/$\overline{T}$ = 0 时设定为定时器工作方式，当 C/$\overline{T}$ = 1 时设定为计数器工作方式。

3）工作方式选择位：M1 和 M0 组合可以定义 4 种工作方式，见表 4-10。

表 4-10 定时器/计数器的工作方式

M1	M0	工作方式	功能说明
0	0	方式 0	13 位定时器/计数器
0	1	方式 1	16 位定时器/计数器
1	0	方式 2	自动重装 8 位初值计数器
1	1	方式 3	T0：分为两个 8 位独立计数器；T1：停止计数

（2）定时器/计数器控制寄存器（TCON）见表 4-1 TCON 在特殊功能寄存器区中的地址为 88H，可进行位寻址，其功能是对定时器/计数器的启动、停止、计数溢出中断请求、外部中断请求和外部中断触发方式进行控制。其中高 4 位是对定时器/计数器进行控制，低 4 位是对外部中断进行控制，高 4 位中各位的定义如下：

1）溢出标志位：当计数满溢出时由硬件将 TF1（TF0）置"1"；当采用中断方式进行计数溢出处理时（中断开放），由硬件查询到 TF1（TF0）为 1 时，产生定时器中断，进行定时器中断服务处理，在中断响应后由硬件自动将 TF1（TF0）清"0"；当采用查询方式进行计数溢出处理时（中断关闭），由程序查询到 TF1（TF0）为 1 时，进行定时器溢出处理，在程序中用指令将 TF1（TF0）清"0"。

2）运行控制位：当 TR0 = 1（TR1 = 1）时，T0（T1）开始计数；当 TR0 = 0（TR1 = 1）时，T0（T1）停止计数。

4. 定时器/计数器的工作方式

MCS-51 系列单片机定时器/计数器共有 4 种工作方式。当工作在方式 0、方式 1 和方式 2 时，定时器/计数器 0（T0）和定时器/计数器 1（T1）的工作原理完全一样，现以 T0 为例进行讲解。

（1）方式 0　方式 0 是 13 位计数长度的工作方式，由 TH0 的 8 位和 TL0 的低 5 位构成，TL0 高 3 位未用。T0 工作在方式 0 时的结构如图 4-12 所示。

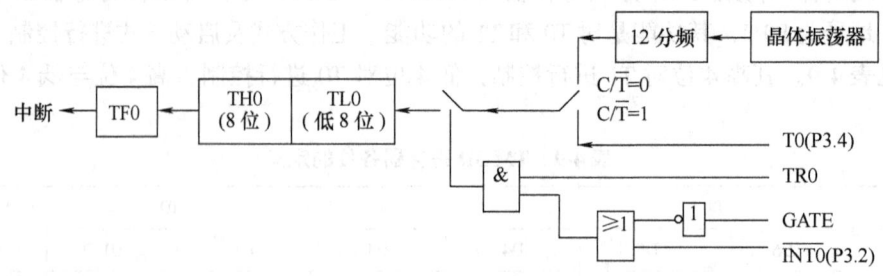

图 4-12　T0 工作在方式 0 时的结构

当 C/$\overline{T}$ = 0 时，多路转换开关接通晶体振荡器的 12 分频输出，13 位计数器对此脉冲信号（即机器周期）进行计数。计数器从某一计数初值开始每个机器周期加 1，当加到 n 个 1 时计数器溢出（到达计数器的最大值）。若计数器从初值计数到最大值（最大值与初值之差 n 称为计数器的计数值）所用机器周期数为 n，则所用时间为 n 个机器周期。因此改变不同的计数值 n（即改变计数初值，因最大值是固定的），可以实现不同的定时时间，这就是定时器/计数器的定时工作原理。其定时时间为

$$t = 计数值 n \times 机器周期 T_M = (最大值 - 初值) \times 机器周期 T_M = (2^{13} - 初值) \times T_M$$

当 C/T̄ = 1 时，多路转换开关接通计数引脚 T0（P3.4），计数脉冲由外部输入，当计数脉冲发生负跳变时，计数器加 1，从而实现对外部信号的计数功能。无论是定时功能还是计数功能，当计数溢出时，硬件自动把 13 位计数器清"0"，同时硬件将溢出标志位 TF0 置"1"。

当门控位 GATE = 0 时，或门输出高电平，与门的输出只受控制位 TR0 的控制。若 TR0 = 0，则与门输出为低电平，控制开关断开，定时器/计数器停止计数。若 TR0 = 1，则与门输出为高电平，控制开关闭合，定时器/计数器工作。此时称定时器/计数器为软启动方式。

当 GATE = 1 时，只有 TR0 和 INT0̄ 同时为高电平，定时器/计数器才工作，否则任意一个信号为低电平，定时器/计数器就不工作，此时称定时器/计数器为硬启动方式。

（2）方式 1 方式 1 是 16 位计数长度的工作方式，由 TH0 的 8 位和 TL0 的 8 位构成。其结构和工作原理与方式 0 完全相同，所不同的只是计数器的位数。方式 1 的定时时间为

$$t = (2^{16} - 初值) \times T_M$$

（3）方式 2 方式 2 为具有初值重装功能的 8 位计数器，其结构如图 4-13 所示。

在方式 2 中，TL0 用作 8 位计数器，TH0 用作保存计数初值。在定时器初始化编程时，TL0 和 TH0 由指令赋予相同的初值。一旦 TL0 计数溢出，就将 TF0 置"1"，同时将保存在 TH0 中的计数初值自动重装入 TL0，继续计数，TH0 中的内容保持不变，即 TL0 是一个自动恢复初值的 8 位计数器。

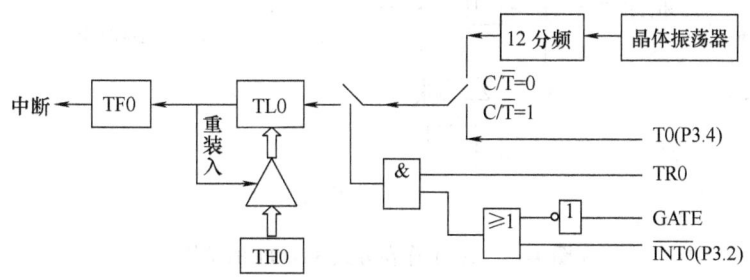

图 4-13 T0 工作在方式 2 时的结构

方式 2 的定时时间为

$$t = (2^8 - 初值) \times T_M$$

（4）方式 3 当 T0 在工作方式 3 下时，两个定时器的工作原理完全不同，因此分开介绍。

1）T0 工作在方式 3。T0 工作在方式 3 时的结构如图 4-14 所示。在方式 3 下，T0 被拆成两个独立的 8 位计数器 TL0 和 TH0。其中 TL0 既可以作计数功能使用，又可以作定时功能使用，占用了原 T0 的控制位、引脚和中断源，即 C/T̄、GATE、TR0、TF0、T0（P3.4）、INT0̄ 等引脚均用于 TL0 的控制。TH0，只能作定时功能使用，同时借用了 T1 的运行控制位 TR1 和溢出标志位 TF1，并占用了 T1 的中断源。TH0 启动和停止仅受 TR1 控制，而当计数溢出时则置位 TF1。

2）T0 工作在方式 3 时的 T1。当 T0 工作在方式 3 时，T1 可工作在方式 0、方式 1 和方式 2，此时 T1 的结构如图 4-15 所示。由于 TR1、TF1 和 T1 中断源均被 T0 占用，此时仅有

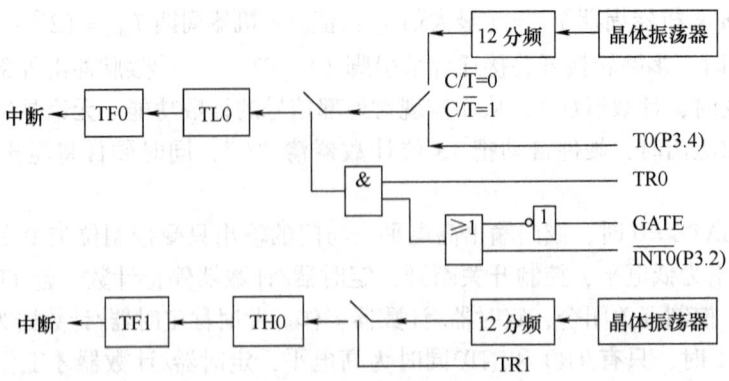

图 4-14 T0 工作在方式 3 时的结构

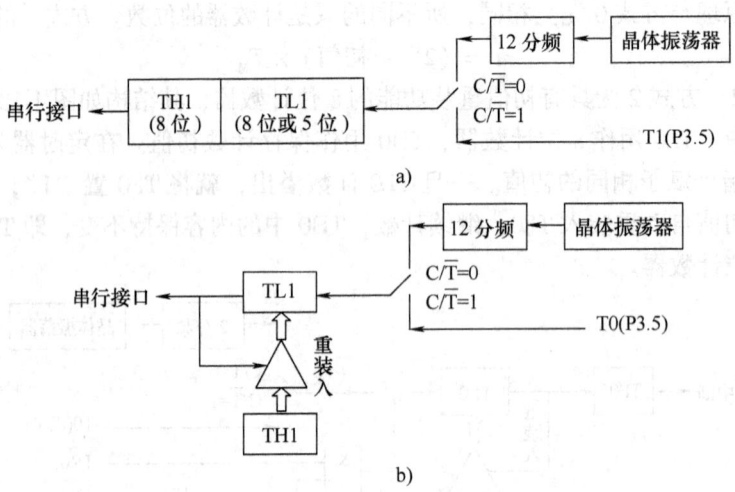

图 4-15 T0 工作在方式 3 时 T1 的结构
a) T1 工作在方式 1（或工作方式 0）　　b) T1 工作在方式 2

控制位 C/T̄切换其定时或计数工作方式，当计数溢出时，只能将输出送入串行接口。在这种情况下，T1 一般用作波特率发生器，只要设置好工作方式，便可自动开始运行。如果要停止工作，那么只需要把 T1 设置成工作方式 3 就可以了。

5. 定时器初始化编程

（1）定时器/计数器的组成及控制　由以上任务分析可知 MCS-51 系列单片机定时器/计数器的结构框图如图 4-16 所示。它由两个 16 位定时器/计数器 T0 和 T1，以及两个定时器/计数器控制用寄存器 TCON 和 TMOD 组成。其中 T0 由两个 8 位寄存器 TH0（地址为 8CH）和 TL0（地址为 8AH）组成，T1 由两个 8 位寄存器 TH1（地址为 8DH）和 TL1（地址为 8BH）组成。

T0 和 T1 用于存放定时或计数的初值，并对内部脉冲（定时）或外部脉冲（计数）进行加 1 计数。

定时器/计数器控制寄存器 TCON 主要用于定时器/计数器的启动、停止及计数溢出控制，定时器/计数器工作方式寄存器 TMOD 用于定时或计数功能选择、工作方式选择及启动

模块 4 单片机内部三大功能

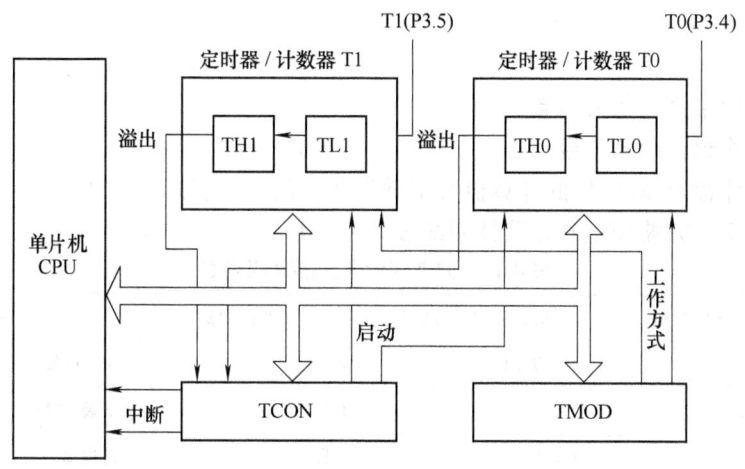

图 4-16 MCS-51 系列单片机定时器/计数器的结构框图

方式选择控制。

(2) 定时器/计数器初始化编程　在定时器初始化阶段,用户要做的工作就是设定采用哪个定时器及其工作方式,计算定时器的定时/计数初值,根据需要开放定时器/计数器中断及优先级设定并启动定时器工作,所以在使用定时器/计数器时在主程序中要先对其进行初始化,使其按设定的功能工作。其初始化步骤如图 4-17 所示。

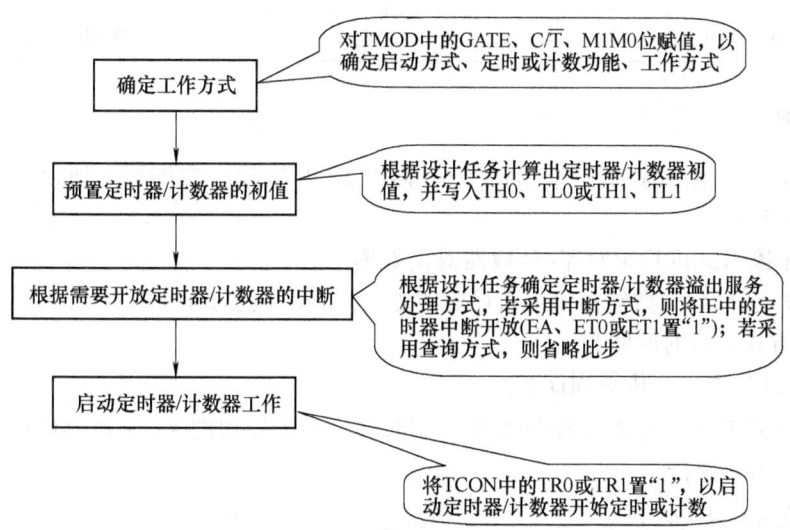

图 4-17　定时器/计数器初始化步骤

典型结构如下 (以定时器 0 为例):

```
MOV    TMOD, #****      ;定时器及其工作方式设定
MOV    TH0, #****       ;给定时器 0 定时/计数高位附初值
MOV    TL0, #****       ;给定时器 0 定时/计数低位附初值
MOV    IE, #82H         ;开放定时器中断
MOV    IP, #****        ;设定定时器优先级
SETB   TR0              ;启动定时器 0
```

任务准备

1）电工常用工具,每人一套。
2）电工操作台,两人一台。
3）装配有伟福6000软件的计算机及下载设备,两人一套。
4）材料准备：方波控制器元器件明细表见表4-11。

表4-11 方波控制器元器件明细表

序号	元器件名称	元器件型号/规格	元器件数量	备注
1	单片机芯片	AT89S51	1片	DIP封装
2	40脚IC座		1片	安装AT89S51芯片
3	晶振	6MHz	1只	普通型
4	电容	30pF	2只	瓷片电容
		10μF	1只	电解电容
5	电阻	470Ω	1只	碳膜电阻
		10kΩ	1只	碳膜电阻
6	万能电路板	4cm×15cm	1片	万能电路板
7	按键		1只	无自锁
8	细导线、焊锡		若干	细导线、焊锡

任务实施

分析：P1.0产生2ms的方波,1ms内只需对P1.0取反一次即可,所以定时器/计数器的定时时间为1ms。

1. 采用中断方式进行定时器/计数器溢出处理

(1) 计算定时器/计数器初值 若设定时器/计数器初值为X,则初值的计算方法如下：

1) 定时方式：定时时间为

$$t = 计数值 n \times 机器周期 T_M$$
$$= (定时器/计数器最大值 M - 定时器/计数器初值 X) \times 机器周期 T_M$$
$$= (M - X) T_M$$

所以初值 $X = M - t/T_M$。

2) 计数方式：

$$计数值 n = 定时器/计数器最大值 M - 定时器/计数器初值 X$$

所以初值 $X = M - n$。

在本设计任务中晶体振荡器频率为6MHz,所以机器周期为

$$T_M = 12 \times \frac{1}{f_{osc}} = 12 \times \frac{1}{6 \times 10^6} Hz = 2\mu s$$

当采用定时功能工作方式1时,初值

$$X = 2^{16} - \frac{1ms}{2\mu s} = 65536 - 500 = 65036 = FE0CH$$

(2) TMOD 的设置 因为 T1 定时，并工作在方式 1，以软启动方式启动，所以 TMOD 设置为 10H，见表 4-12。

表 4-12 TMOD 的设置

D_7	D_6	D_5	D_4	D_3	D_2	D_1	D_0
GATE	C/$\overline{T}$	M1	M0	GATE	C/$\overline{T}$	M1	M0
0	0	0	1	0	0	0	0

(3) 程序设计

```
            ORG     0000H
            LJMP    MAIN            ;跳转到主程序
            ORG     001BH           ;T1 中断入口地址
            LJMP    INTT1           ;跳转到 T1 中断服务程序
            ORG     0030H           ;主程序
MAIN:       MOV     TMOD, #10H      ;设置
            MOV     TH1, #0FEH
            MOV     TL1, #0CH
            SETB    EA
            SETB    ET1
            SETB    TR1
HERE:       SJMP    HERE
INTT1:      MOV     TH1, #0FEH
            MOV     TL1, #0CH
            CPL     P1.0
            RETI
```

2. 采用查询方式进行定时器/计数器溢出处理

定时器/计数器的初值和 TMOD 的设置同任务目标，编写程序如下：

```
            ORG     0000H
            LJMP    MAIN            ;跳转到主程序
            ORG     001BH           ;T1 中断入口地址
            LJMP    INTT1           ;跳转到 T1 中断服务程序
            ORG     0030H           ;主程序
MAIN:       MOV     TMOD, #10H      ;设置 TMOD（启动方式选择、功能选择、
                                    ;工作方式选择）
            MOV     TH1, #0FEH      ;赋初值
            MOV     TL1, #0CH
            SETB    TR1             ;启动 T1
            SETB    EA              ;开中断总允许位
            SETB    ET1             ;开 T1 中断允许位
            SETB    TR1             ;启动 T1
```

```
LOOP:   JBC    TF1, TIOPR      ;查询 TF1 是否为 1，若为 1 则转 TIOPR，
                               ;同时将 TF1 清"0"
        SJMP   LOOP            ;若 TF1 为 0，则等待 T1 计数溢出
TIOPR:  MOV    TH1, #0FEH      ;重装初值
        MOV    TL1, #0CH
        CPL    P1.0            ;P1.0 取反
        SJMP   LOOP
```

3. 方波控制器程序的调试

1）运行伟福 6000 软件，新建以"定时"为名称的项目文件，并保存；新建以 FB.ASM 为名称的文档，并将 FB.ASM 文档添加到以"定时"为名称的项目文件中。汇编源程序，并生成以 FB.HEX 为名称的十六进制文件。

2）利用伟福 6000 软件进行模拟仿真。在调试过程中打开工作寄存器窗口、特殊功能寄存器窗口和片内 RAM 窗口，进行程序运行时各输入端口状态的设置，观察程序运行过程中 TCON、IE、TL1 和 TH1、P1.0 端口，当 TH1 为 FF，TL1 增加到 FF 时，执行中断，如图 4-18 和图 4-19 所示。在程序调试时，先用单步或跟踪运行，在程序调试通过后再用全速运行。打开工作寄存器窗口，用跟踪执行观测 TL1 中数值的变化，看何时进入中断。将有关数据填入表 4-13 中。

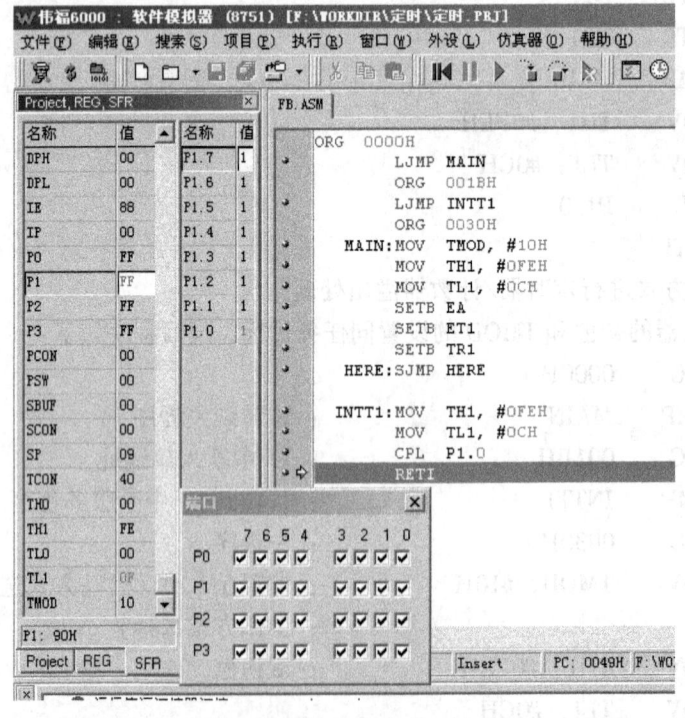

图 4-18　TL1 值为 FF 时执行中断

3）采用查询方式进行定时器/计数器溢出处理程序仿真运行，观察上述各寄存器运行情况；将"JBC TF1, TIOPR"指令改为"JB TF1, TIOPR"，修改程序后进行仿真运行，并用示波器测量 P1.0 引脚的电压波形。

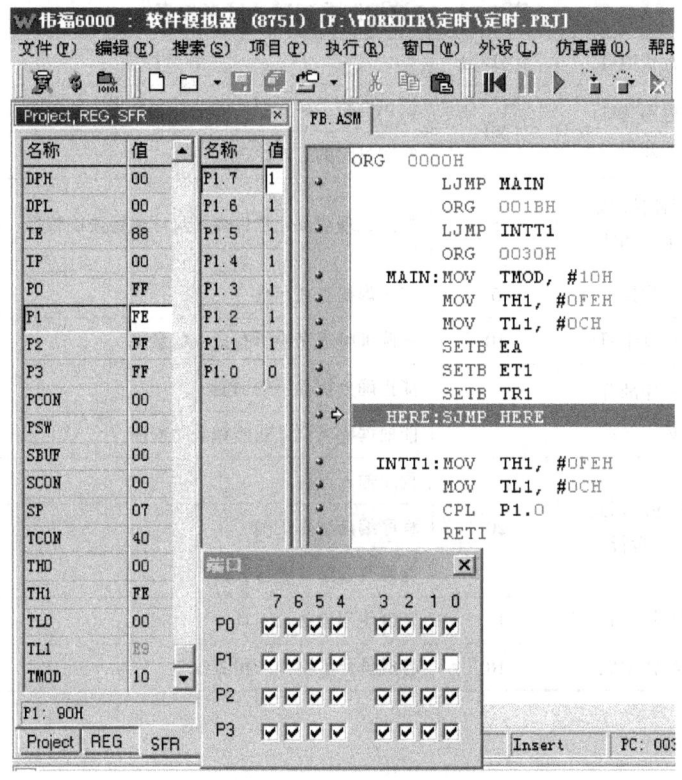

图 4-19　TL1 值未到 FF 时执行主程序

表 4-13　方波控制器模拟仿真数据变化情况

TCOM	TL1	TH1	P1.0 口
	A2	FE	
	FF	FF	

4）在本任务中，如果采用方式 0，试计算 T1 的初值，并设置 TMOD，修改程序后进行仿真运行，并用示波器检测 P1.0 引脚的电压波形。

5）在本任务中，如果在中断程序中不对 T1 重新赋初值，即删除"MOV TH1，#0FEH"和"MOV TL1，#0CH"两条指令，那么试在修改程序后进行仿真运行，并用示波器测量 P1.0 引脚的电压波形。

4. 方波控制器的制作

1）将存盘后的 FB.HEX 十六进制文件下载到 AT89S51 单片机中。

2）按电路原理图在万能电路板上按工艺要求布线、接线、焊接与安装。

3）按硬件图调试、运行，将示波器 Y 端接 P1.0 口，地接公共端，并观察产生的波形。

检查评议

方波控制器安装调试考核表见表 4-14。

表 4-14 方波控制器安装调试考核表

评价项目	评价内容	配分/分	评价标准		得分
硬件电路	电路基础知识	20	认识电路中各元器件的功能及型号	10 分	
			掌握电路的工作原理	10 分	
焊接工艺	元器件的整形、插装	5	按照原理图及元器件焊接尺寸进行正确整形、安装	5 分	
	焊接	5	符合焊接工艺标准	5 分	
程序的编制、调试、运行	指令学习	10	正确理解程序中所有指令的意义	10 分	
	程序的分析、设计	20	能正确分析程序的功能	10 分	
			能根据要求设计功能相似的程序	10 分	
	程序的调试与运行	20	程序输入正确	5 分	
			程序编译仿真正确	5 分	
			能修改程序并进行分析	10 分	
安全文明生产	使用设备和工具	10	正确使用设备及工具	酌情给分	
团结协作	集体意识	10	各成员分工协作，积极参与	酌情给分	

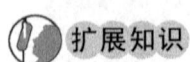
扩展知识

十字路口交通信号灯控制系统设计

十字路口交通信号灯是我们日常生活中常见的控制装置。用单片机可以控制交通信号灯的正常工作和紧急情况处理。十字路口交通信号灯控制系统要求如下：

1）东西方向：绿灯先亮 55s 后闪亮 3s，然后黄灯亮 2s，最后红灯亮 60s。
2）南北方向：红灯先亮 60s，然后绿灯亮 55s 后闪亮 3s，最后黄灯亮 2s。
具体工作状态见表 4-15。

表 4-15 十字路口交通信号灯的工作状态

	信号	绿灯亮	绿灯闪亮	黄灯亮	红灯亮		
东西方向	时间	55s	3 次共 3s	2s	60s		
南北方向	信号	红灯亮			绿灯亮	绿灯闪亮	黄灯亮
	时间	60s			55s	3 次共 3s	2s

要求编制十字路口交通信号灯控制程序如下：

1. 采用计时方式实现十字路口交通信号灯控制

（1）电路设计　控制电路采用 P1 口的 P1.0 ~ P1.2 控制南北方向的绿、黄、红灯，共需 6 个 LED 灯；采用 P1 口的 P1.3 ~ P1.5 控制东西方向的绿、黄、红灯，也需 6 个 LED 灯；每个交通信号灯串接 300Ω 限流电阻后接到单片机 P1 口。设计完成的十字路口交通信号灯电路原理图如图 4-20 所示。

（2）程序设计

1）初始化。首先用 "MOV TMOD, #01H" 指令设定定时器 0 工作方式 1，由于定时器 1 的最大延时时间为 65.536ms，为便于计算在此延时 50ms，则定时器的初值为 65536 −

50000=15536，转换成十六进制数为 3CB0H，所以用指令"MOV TH0，#3CH"和"MOV TL0，#0B0H"设定定时器 0 的初值，最后用指令"SETB TR0"启动定时器 0。

2）正常工作状态。单片机通电后，首先是东西方向的绿灯和南北方向的红灯亮，此时应用"MOV P1，#0F3H"指令实现；用指令"MOV R0，#110"实现 55s 延时；55s 后东西方向的绿灯闪烁，南北方向的红灯亮，此时每隔 0.5s 应用"CPL P1.3"指令实现；3s 后东西方向的黄灯亮，南北方向的红灯亮，此时应用"MOV P1，#0EBH"指令实现；2s 后东西方向的红灯亮，南北方向的绿灯亮，此时应用"MOV P1，#0DEH"指令实现；55s 后南北方向的绿灯闪烁，东西方向的红灯亮，此时每隔 1s 应用"CPL P1.0"指令实现；3s 后南北方向的黄灯亮，东西方向的红灯亮，应用"MOV P1，#0DDH"指令实现；2s 后完成一个周期，继续循环运行。

3）延时子程序。由于程序中绿灯有闪烁状态且周期是 1s，即 0.5s 高电平，0.5s 低电平，所以延时子程序为 0.5s 延时，又由于定时器计满后为 50ms，所以用 0.5s 需要查询 10 次，当 TF0 变为 1 时表示 50ms 时间到，再将计数值减 1 判断是否为 0，若不为 0 则继续延时，若为 0 则表示 0.5s 时间到，再通过 R0 中不同的数值实现 55s、0.5s 和 2s 延时。

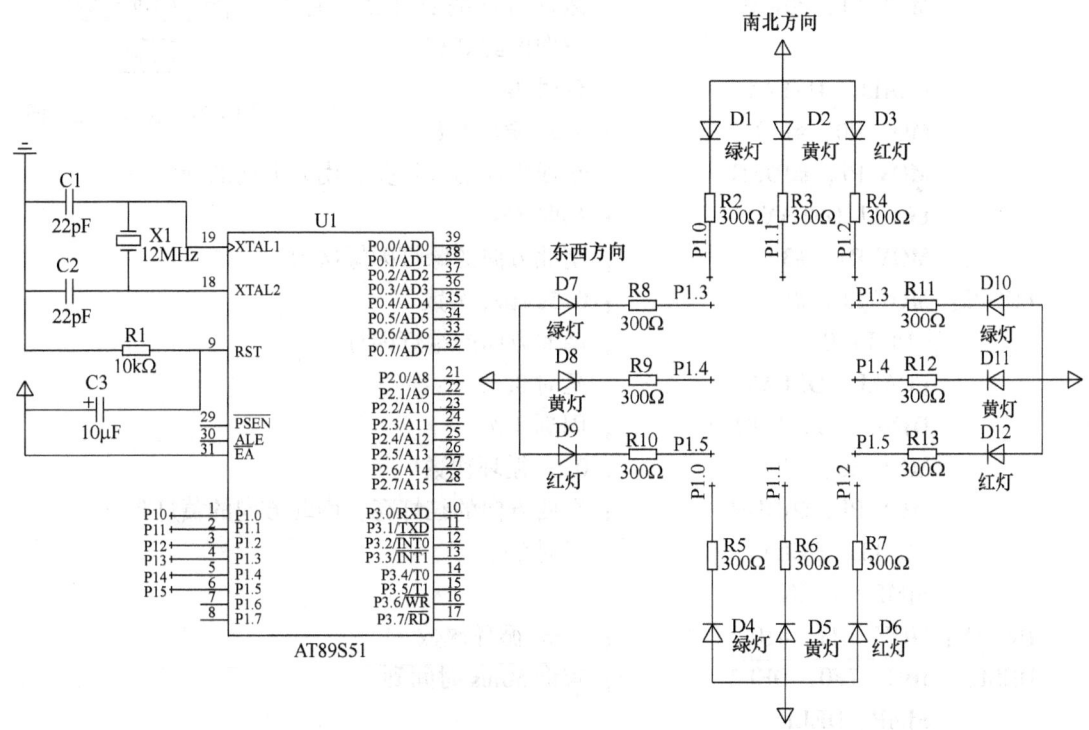

图 4-20 十字路口交通信号灯控制电路原理图

按以上任务分析绘制的主程序流程图如图 4-21 所示。按以上任务分析及任务实施过程编写的源程序如下：

```
ORG    0000H
ORG    0030H
       LJMP    MAIN
```

```
MAIN:   MOV TMOD, #01H      ;定时器0工作方式1
        MOV TH0, #3CH       ;定时50ms的初值
        MOV TL0, #0B0H
        SETB TR0            ;启动定时器0
        MOV R0, #110        ;0.5s循环次数
        MOV P1, #0F3H       ;东西方向的绿灯亮,南北
                             方向的红灯亮
        LCALL  DELAY        ;延时55s
        MOV R1, #3          ;东西方向的绿灯闪烁次数
LOOP1:  MOV R0, #1          ;0.5s循环次数
        CPL P1.3            ;东西方向的绿灯闪烁
        LCALL  DELAY        ;延时0.5s
        DJNZ R1, LOOP1      ;闪烁3次
        MOV R0, #4          ;0.5s延时次数
        MOV P1, #0EBH       ;东西方向的黄灯亮,南北
                             方向的红灯亮
        LCALL  DELAY        ;延时2s
        MOV R0, #110        ;0.5s循环次数
        MOV P1, #0DEH       ;东西方向的红灯亮,南北方向的绿灯亮
        LCALL DELAY         ;延时55s
        MOV R1, #3          ;南北方向的绿灯闪烁次数
LOOP2:  MOV R0, #1          ;0.5s循环次数
        CPL P1.0            ;南北方向的绿灯闪烁
        LCALL  DELAY        ;延时0.5s
        DJNZ R1, LOOP2      ;闪烁3次
        MOV R0, #4          ;0.5s循环次数
        MOV P1, #0DDH       ;东西方向的红灯亮,南北方向的黄灯亮
        LCALL  DELAY        ;延时2s
        SJMP  MAIN
DELAY:  MOV R2, #10         ;50ms循环次数
DEL1:   JBC TF0, DEL2       ;查询50ms时间到
        SJMP  DEL1
DEL2:   MOV TH0, #3CH       ;重装定时50ms初值
        MOV TL0, #0B0H
        DJNZ R2, DEL1       ;0.5ms延时是否到
        DJNZ R0, DELAY
        RET
        END
```

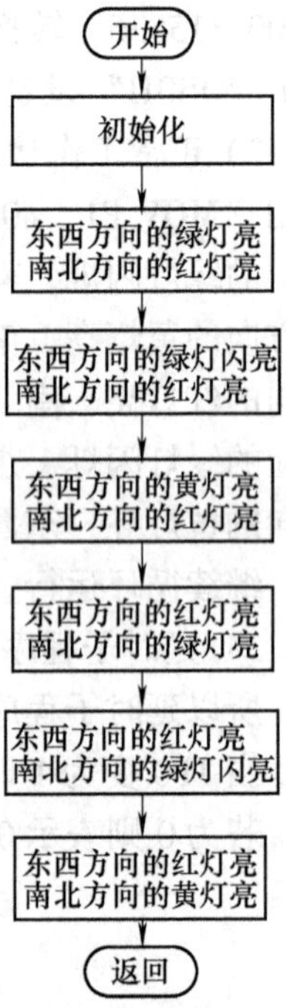

图4-21 主程序流程图

2. 采用定时器中断方式实现十字路口交通信号灯控制

(1) 主程序　主程序中需将定时器 0 中断的入口地址给出，初始化时还需设置 IE 的值。

(2) 中断服务程序　中断服务程序首先要重装初值，然后判断 0.5s 时间是否到，若时间到则将 0.5s 延时计数器加 1，返回主程序由主程序判断 55s、0.5s 和 2s 时间是否到。

按以上任务分析编写的源程序如下：

```
            ORG     0000H
            LJMP    MAIN
            ORG     000BH           ;定时器0中断入口地址
            LJMP    INT_T0
            ORG     0030H
MAIN:       MOV     TMOD, #01H      ;定时器0工作方式1
            MOV     TH0, #3CH       ;50ms定时器初值
            MOV     TL0, #0B0H
            MOV     IE, #82H        ;开中断，允许定时器0中断
            SETB    TR0             ;启动定时器
            MOV     R0, #10         ;50ms循环次数
LOOP1:      MOV     P1, #0F3H       ;东西方向的绿灯亮，南北方向的红灯亮
            CJNE    R1, #110, LOOP1 ;延时55s
            MOV     R2, #3          ;东西方向的绿灯闪烁次数
LOOP2:      MOV     R1, #0          ;0.5s延时初值
            CPL     P1.3            ;东西方向的绿灯闪烁
            CJNE    R1, #1, $
            DJNZ    R2, LOOP2       ;延时0.5s
            MOV     R1, #0
LOOP3:      MOV     P1, #0EBH       ;东西方向的黄灯亮，南北方向的红灯亮
            CJNE    R1, #4, LOOP3   ;延时2s
LOOP4:      MOV     P1, #0DEH       ;东西方向的红灯亮，南北方向的绿灯亮
            CJNE    R1, #110, LOOP4 ;延时55s
            MOV     R2, #3          ;南北方向的绿灯闪烁次数
LOOP5:      MOV     R1, #0
            CPL     P1.0            ;南北方向的绿灯闪烁
            CJNE    R1, #1, $
            DJNZ    R2, LOOP5       ;延时0.5s
            MOV     R1, #0
LOOP6:      MOV     P1, #0DDH       ;东西方向的红灯亮，南北方向的黄灯亮
            CJNE    R1, #4, LOOP6
            SJMP    MAIN
INT_T0:     MOV     TH0, #3CH       ;重装定时器初值
            MOV     TL0, #0B0H
            DJNZ    R0, RETT        ;不够0.5s返回
```

```
                MOV     R0,  #10
                INC     R1                  ;0.5s 循环次数加 1
RETT:           RETI                        ;中断返回
                END
```

考证要点

1. 选择题

（1）若 8051 的定时器 T0 用作计数并采用模式 1（16 位），则工作方式控制字为_____。

　A. 01H　　　　　　B. 02H　　　　　　C. 04H　　　　　　D. 05H

（2）若 8051 的定时器 T0 用作定时并采用模式 2，则工作方式控制字为_____。

　A. 01H　　　　　　B. 02H　　　　　　C. 04H　　　　　　D. 05H

（3）若 8031 的定时器 T0 用作定时并采用模式 1（16 位计数器），则应用指令_____初始化编程。

　A. "MOV TMOD, #01H"　　　　　　B. "MOV TMOD, 01H"
　C. "MOV TMOD, #05H"　　　　　　D. "MOV TCON, #01H"

（4）若定时器 T1 以工作方式 1 计数，要求每计满 10 次产生溢出标志，则 TH1、TL1 的初始值分别是_____。

　A. FFH、F6H　　　B. F6H、F6H　　　C. F0H、F0H　　　D. FFH、F0H

（5）启动定时器 0 开始定时的指令是_____。

　A. "CLR TR0"　　　B. "CLR TR1"　　　C. "SETB TR0"　　　D. "SETB TR1"

（6）若 8031 的定时器 T0 用作定时，并采用模式 2，则应_____。

　A. 在启动 T0 前向 TH0 置入计数初值并将 TL0 置 "0"，以后在每次重新计数前要重新置入计数初值

　B. 在启动 T0 前向 TH0、TL0 置入计数初值，以后在每次重新计数前要重新置入计数初值

　C. 在启动 T0 前向 TH0、TL0 置入计数初值，以后不再置入

　D. 在启动 T0 前向 TH0、TL0 置入相同的计数初值，以后不再置入

（7）当 MCS-51 系列单片机的两个定时器作定时使用时，TMOD 的 D6 或 D2 应分别为_____。

　A. 0, 0　　　　　　B. 1, 0　　　　　　C. 0, 1　　　　　　D. 1, 1

（8）MCS-51 系列单片机的 TMOD 模式控制寄存器是一个专用寄存器，用于控制 T1 和 T0 的操作模式及工作方式，其中 C/T 表示的是_____。

　A. 门控位　　　　　　　　　　　　B. 操作模式控制位
　C. 功能选择位　　　　　　　　　　D. 启动位

（9）若 8031 单片机晶振频率 $f_{osc}=12MHz$，则一个机器周期为_____ μs。

　A. 12　　　　　　B. 1　　　　　　C. 2　　　　　　D. $\frac{1}{12}$

（10）MCS-51 系列单片机定时器溢出标志是_____。

A. TR1 和 TR0   B. IE1 和 IE0   C. IT1 和 IT0   D. TF1 和 TF0

（11）用定时器 T1 工作方式 2 计数，要求每计满 100 次向 CPU 发出中断请求，TH1、TL1 的初始值是_____。

A. 9CH   B. 20H   C. 64H   D. A0H

（12）MCS-51 系列单片机定时器 T1 的溢出标志位 TF1，若计满数产生溢出时不用中断方式而用查询方式，则应_____。

A. 由硬件清"0"   B. 由软件清"0"
C. 由软件置"1"   D. 可不处理

（13）MCS-51 系列单片机定时器 T0 的溢出标志位 TF0，若计满数产生溢出，则其值为_____。

A. 00H   B. FFH   C. 1   D. 计数值

（14）MCS-51 系列单片机定时器 T0 的溢出标志位 TF0，若计满数产生溢出时，则在 CPU 响应中断后_____。

A. 由硬件清"0"   B. 由软件清"0"
C. A 和 B 都可以   D. 随机状态

（15）在 8051 单片机计数初值的计算中，若设最大计数值为 M，则模式 1 下的 M 值为_____。

A. $M = 2^{13} = 8192$ B. $M = 2^8 = 256$
C. $M = 2^4 = 16$ D. $M = 2^{16} = 65536$

（16）当单片机工作方式为定时工作方式时，其定时工作方式的计数初值为_____。

A. $X = M - f_{osc}$ B. $X = M + f_{osc}$
C. $X = M - \dfrac{f_{osc} \times t}{12}$ D. $X = M - (f_{osc} \times t)$

2. 简述题

简述定时器/计数器的初始化步骤。

3. 技能训练

（1）用 Protel 软件绘制出本任务中定时器的应用电路原理图，设计印制电路板图并制作印制电路板。

（2）连接编程器，将通过仿真的程序代码下载到单片机中，脱机运行并用示波器测量 P1.0 引脚的电压波形。

（3）在采用中断方式进行定时器/计数器溢出处理的过程中，如果采用工作方式 0，那么试计算 T1 的初值，并设置 TMOD，修改程序后进行仿真运行，并用示波器检测 P1.0 引脚的电压波形。如果在中断程序中不对 T1 重新赋初值，即删除"MOV TH1, #0FEH"和"MOV TL1, #0CH"两条指令，那么试修改程序进行仿真运行，并用示波器测量 P1.0 引脚的电压波形。

（4）在采用查询方式进行定时器/计数器溢出处理的过程中，如果将"JBC TF1, TIOPR"指令改为"JB TF1, TIOPR"，那么试修改程序进行仿真运行，并用示波器测量 P1.0 引脚的电压波形。

单元 3 单片机通信控制系统的设计

知识目标

1. 了解单片机串行通信工作原理。
2. 理解单片机串行通信工作方式。

技能目标

1. 掌握单片机通信的编程方法。
2. 掌握单片机通信控制器硬件电路的设计方法。
3. 能够灵活设计单片机通信控制器。
4. 熟练掌握单片机通信控制器硬件电路的安装和调试方法。

任务 单片机双机通信的实现

任务描述

两只单片机进行串行通信，具体要求如下：

1）甲机发送信号数据 AAH，乙机在正确接收到该信号数据后，使接于 P0.0 的 LED 闪烁 3 次，同时给甲机发送接收正确应答信号 BBH。

2）乙机在没能正确接收到该信号数据时，使接于 P0.1 的 LED 点亮，同时给甲机发送接收错误应答信号 FFH。

3）甲机若收到 BBH 应答信号，则使接于 P0.0 的 LED 闪烁 3 次；甲机若收到 FFH 应答信号，则使接于 P0.1 的 LED 点亮。

通过两只单片机进行串行通信，使学生掌握单片机串行通信的控制过程及串行通信程序的设计方法。

任务分析

串行通信是单片机与外界交换信息的一种基本通信方式。MCS-51 系列单片机配置了一个全双工的异步串行通信接口 UART，通过 RXD（P3.0）引脚接收串行数据，通过 TXD（P3.1）引脚发送串行数据，此接口也可用作同步移位寄存器方式下的串行扩展接口。

要掌握单片机与外界通信必须明确通信基础知识、串行通信控制、串行接口工作方式和串行接口初始化编程等知识。

相关知识

1. 通信基础知识

（1）并行通信与串行通信 系统之间的信息交换称为通信，通信的基本方式分为并行通信和串行通信两种。并行通信和串行通信示意图如图 4-22 所示。

并行通信是数据的各位同时发送或接收数据，例如主机内部 CPU 与硬盘或光驱的通信，

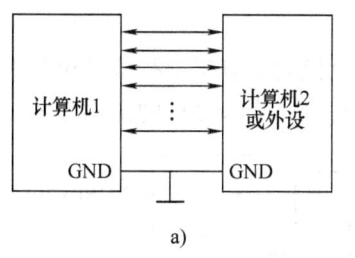 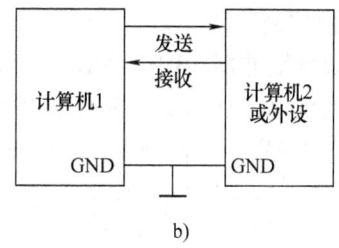

图 4-22 并行通信和串行通信示意图
a) 并行通信 b) 串行通信

其特点是传送速度快，缺点是连接线较多，不利于远距离通信；串行通信是数据的各位依次逐位发送或接收，例如单片机与单片机或 PC 之间的通信，其优点是连接线较少，适合远距离通信，缺点是传送速度慢。

（2）异步通信与同步通信　异步通信是指通信的发送与接收设备使用各自的时钟来控制数据的发送和接收过程。异步通信是以帧为单位进行传输，一帧数据包含起始位、数据位、校验位和停止位。异步通信依靠起始位和停止位保持通信同步，其数据帧格式如图 4-23 所示。

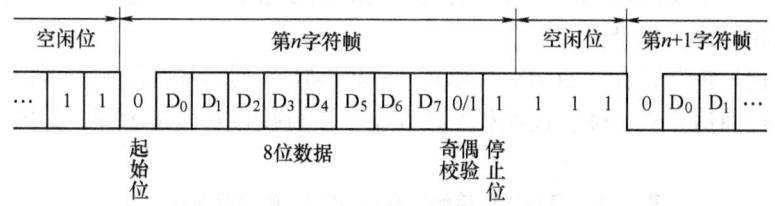

图 4-23 异步串行通信数据帧格式

1）起始位：表示发送端开始发送一帧数据，位于字符帧的开头，只占一位，为逻辑 0。
2）数据位：位于起始位的后面，低位在前，高位在后，一般为 8 位或 9 位。
3）检验位：位于数据位的后面，只占一位，根据需要采用奇校验或偶校验。
4）停止位：表示一帧数据发送完毕，位于数据帧末尾，通常可取 1 位、1.5 位、2 位，位逻辑 1（高电平）。

同步通信是指发送方时钟和接收方时钟严格一致的通信方式。同步通信依靠同步字符保持通信同步，由 1 或 2 个同步字符和多字节数据位组成。同步字符作为起始位以触发同步时钟开始发送或接收数据，每位占用的时间相等。多字节数据之间若没有数据传送，则用同步字符来填充。

（3）单工、半双工与全双工通信　串行通信按照数据传送方向可分为单工、半双工、全双工三种方式。

1）单工：甲乙双方通信时只能单向传递数据，发送方和接收方固定。
2）半双工：通信双方都具有发送器和接收器，既可发送也可接收，但不能同时接收和发送。
3）全双工：通信双方均具有发送器和接收器，可实现甲乙双方同时发送和接收数据。

（4）传输速率　数据的传输速率用比特率表示。比特率是指每秒钟传输的二进制代码的位数，单位是位/秒（bit/s）。常用的比特率有 9600bit/s、4800bit/s、2400bit/s 等。

2. 串行通信控制

（1）串行数据缓冲器 SBUF　MCS-51 系列单片机的全双工串行接口包含串行发送器和接收器，有两个物理上独立的发送缓冲器和接收缓冲器。串行接口的结构如图 4-24 所示。

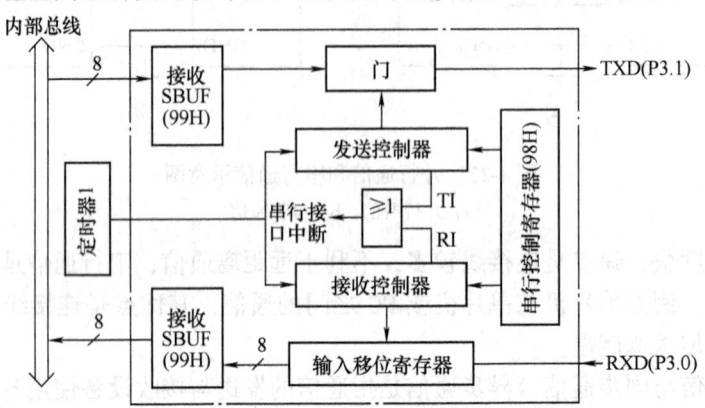

图 4-24　串行接口的结构

串行数据缓冲器 SBUF 是一个可直接寻址的专用寄存器，在逻辑上 SBUF 的发送和接收寄存器具有同一个单元地址 99H。CPU 通过不同的操作指令来区别这两个寄存器，所以不会因地址和名称相同而产生错误。

（2）串行接口控制寄存器 SCON　SCON 是 MCS-51 系列单片机的一个可位寻址的专用寄存器，用于串行通信方式选择、接收和发送控制、串行接口状态指示等，其内容及位地址见表 4-16。

表 4-16　串行接口控制寄存器 SCON 的内容及位地址

位地址	9FH	9EH	9DH	9CH	9BH	9AH	99H	98H
位符号	SM0	SM1	SM2	REN	TB8	RB8	TI	RI

1）串行接口工作方式选择位：串行接口有 4 种工作方式，根据 SM0 和 SM1 的值来确定采用哪种工作方式。

2）多机通信控制位：当串行接口工作于方式 2 或方式 3 时，SM2 用于主-从多机通信控制。

3）允许接收控制位：当 REN = 1 时允许接收，当 REN = 0 时禁止接收。

4）发送第 9 位：多机通信时发送数据的第 9 位，当 TB8 = 1 时表示发送地址帧，当 TB8 = 0 时表示发送数据帧，也可作为奇偶校验位用。

5）接收第 9 位：多机通信时接收数据的第 9 位，当 RB8 = 1 时表示接收地址帧，当 RB8 = 0 时表示接收数据帧，也可作为奇偶校验位用。

6）发送中断标志：在数据发送完毕后，由硬件使 TI = 1，向 CPU 申请中断，由软件清 "0"。

7）接收中断标志：在数据接收完毕后，由硬件使 RI = 1，向 CPU 申请中断，由软件清 "0"。

（3）电源控制寄存器 PCON　电源控制寄存器 PCON 不可位寻址，字节地址为 87H，与串行通信有关的只有 D7 位，其内容及位地址见表 4-17。

表 4-17　电源控制寄存器 PCON 的内容及位地址

位地址	D7	D6	D5	D4	D3	D2	D1	D0
位符号	SMOD				GF1	GF0	PD	IDL

D7 为波特率倍增位。当串行接口工作在方式 1、2、3 时，SMOD = 1 时的波特率是 SMOD = 0 时的 2 倍。

3. 串行接口工作方式

MCS-51 系列单片机串行通信有 4 种工作方式，由 SCON 中的 SM0 和 SM1 位确定。

(1) 方式 0　串行接口工作在方式 0 时，作同步移位寄存器使用，以 8 位数据为一帧，无起始位和停止位。串行数据由 RXD（P3.0）端输入或输出，同步移位脉冲由 TXD（P3.1）端输出。这种工作方式常用于扩展 I/O 口中，外接移位寄存器（并入串出移位寄存器 74LS165 或串入并出移位寄存器 74LS164），实现数据并行输入或输出。当串行接口工作在方式 0 时，波特率固定为 $f_{osc}/12$，即每个机器周期输入或输出一位数据。

1) 数据的发送：数据在写入 SBUF 后，从 RXD 端输出，并在移位脉冲的控制下，逐位移入 74LS164，由 74LS164 完成数据的串并转换。在将 8 位数据全部输出后，硬件将 TI 置 "1"，发出中断请求。数据由 74LS164 并行输出，其接口电路如图 4-25 所示。RXD 端接 74LS164 的串行输入端 A、B，TXD 接 74LS164 的时钟脉冲输入端 CLK，P1.0 接 74LS164 的清 "0" 端。由图 4-25 可知，通过外接 74LS164，串行接口能够实现数据的并行输出。

2) 数据的接收：要实现数据的接收，必须首先把 SCON 中的允许接收位 REN 置 "1"。当 REN 为 1 时，数据在移位脉冲的控制下，从 RXD 端输入。当接收完 8 位数据时，硬件将接收中断标志位 RI 置 "1"，发出中断请求。数据由 74LS165 并行输入，其接口电路如图 4-26所示。RXD 接 74LS165 的数据输出端 Q，TXD 接 74LS165 的时钟脉冲输入端 CLK，P1.0 接移位/置数端。由该电路可知，通过外接 74LS165，串行接口能够实现数据的并行输入。

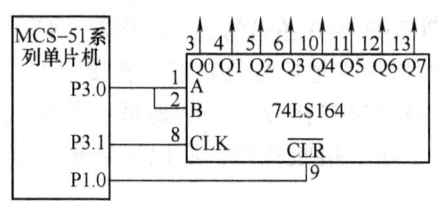
图 4-25　单片机与 74LS164 接口电路

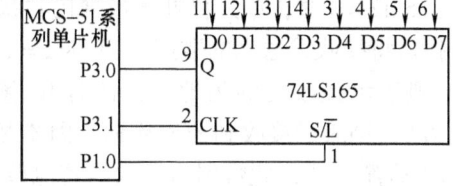
图 4-26　单片机与 74LS165 接口电路

(2) 方式 1　方式 1 为 10 位异步串行通信方式，其帧格式为 1 个起始位、8 个数据位和 1 个停止位，其波特率可调。

1) 数据的发送：在将数据写入 SBUF 后，就启动发送器开始发送，此时由硬件加入起始位和停止位，构成一帧数据，由 TXD 串行输出。在发送完一帧数据后，将 TI 置 "1"，通知 CPU 可以进行下一个数据的发送。

2) 数据的接收：在 REN = 1 且接收到起始位后，就开始接收一帧数据。在停止位到来后，把停止位送入 RB8 中，并置位 RI，通知 CPU 接收到一个数据，将其从 SBUF 中取走。

3) 波特率的确定：当串行接口工作在方式 1 时，其波特率是可变的，波特率的计算公式为

$$\text{波特率} = \frac{2^{\text{SMOD}}}{32} \times (T1 \text{ 溢出率})$$

当定时器 1 作波特率发生器使用时选用工作方式 2，可以避免由程序反复装入定时初值所引起的定时误差，使波特率更加稳定。设 T1 初值为 X，则溢出周期为

$$T = \frac{12}{f_{osc}} \times (256 - X)$$

溢出率为溢出周期的倒数，则波特率的计算公式为

$$\text{波特率} = \frac{2^{\text{SMOD}}}{32} \times \frac{f_{osc}}{12 \times (256 - X)}$$

T1 的初值为

$$X = 256 - \frac{f_{osc} \times 2^{\text{SMOD}}}{384 \times \text{波特率}}$$

（3）方式 2　方式 2 为 11 位异步串行通信方式。其帧格式为 1 个起始位、9 个数据位和 1 个停止位。与方式 1 相比，方式 2 增加了一个第 9 位数据位（DB8），其功能由用户确定，是一个可编程序位。

1) 数据的发送：发送前先根据通信协议用指令设置好 SCON 中的 TB8（发送端发送的第 9 位数据，双机通信时作奇偶校验位；多机通信时作地址/数据标志位，TB8 为 1 时发送的为地址，TB8 为 0 时发送的为数据），然后将要发送的数据（D0～D7）写入 SBUF 中，而 D8 位的内容则由硬件电路从 TB8 中直接送到发送移位寄存器的第 9 位，并以此来启动串行发送。一帧数据发送完毕，将 TI 位置"1"。其他过程与方式 1 相同。

2) 数据的接收：方式 2 的接收过程也与方式 1 基本类似，所不同的只在第 9 位数据上，串行接口把接收到的前 8 位数据送入 SBUF，而把第 9 位数据送入 RB8。在接收前先将 REN 位置"1"，将 RI 位清"0"，然后根据 SM2 的状态和接收到的 RB8 的状态决定串行接口在数据到来后是否使 RI 置"1"，若 RI 置"1"则接收数据，否则不接收数据。

当 SM2 = 0 时，单片机处于数据接收状态，不管 RB8 为 0 还是为 1，RI 均置"1"，此时串行接口将接收发送来的数据；当 SM2 = 1 时，单片机处于地址接收状态。若接收到的 RB8 为 1，则表示接收到的为地址，此时 RI 置"1"，串行接口接收发来的地址；若接收到的 RB8 为 0，则表示接收到的为数据，因本机当前处于地址接收状态，所以该数据不能被接收，RI 不置"1"，此数据为发送给其他单片机的数据。

3) 波特率的确定：方式 2 的波特率是固定的，由晶振频率及 SMOD 的值确定。当 SMOD 为 1 时，波特率为晶振频率的 1/32，即 $f_{osc}/32$；当 SMOD 为 0 时，波特率为晶振频率的 1/64，即 $f_{osc}/64$。波特率用公式表示为

$$\text{波特率} = \frac{2^{\text{SMOD}}}{64} \times f_{osc}$$

（4）方式 3　方式 3 同方式 2 相似，只不过方式 3 的波特率是可变的，由用户来确定。其波特率的确定同方式 1。

4. 串行接口初始化编程

（1）串行接口结构及控制　MCS-51 系列单片机串行接口主要由两个数据缓冲器 SBUF、一个输入移位寄存器、一个串行控制寄存器 SCON 及一个波特率发生器组成，其结构框图如图 4-27 所示。

模块 4 单片机内部三大功能

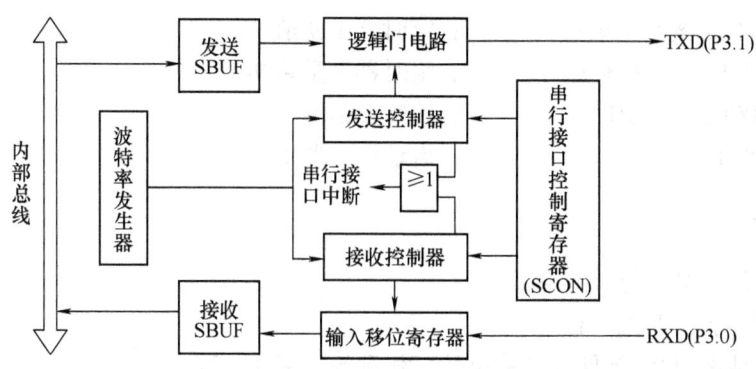

图 4-27 串行接口结构框图

发送和接收缓冲寄存器采用同一个地址 99H，其寄存器名也同样为 SBUF。CPU 通过不同的操作指令来区别这两个寄存器，所以不会因地址和名称相同而产生错误。

在发送和接收数据前，先设置好波特率（设置好 PCON 中的 SMOD 位，T1 方式 2 的初值，注意发送和接收端的波特率要相同），并设置好 SCON 中的相应控制位。

当开始发送数据时，向 SBUF 中写入要发送的数据，串行接口自动启动数据发送，串行数据从 TXD（P3.1）引脚输出；当一帧数据发送完毕时，将 TI 位置"1"，供 CPU 采用中断或查询方式进行串行发送处理。

当开始接收数据时，串行数据从 RXD（P3.0）引脚输入；当一帧数据接收完毕时，将 RI 位置"1"，通知 CPU 将接收到的数据取走，并进行相应的接收处理。无论采用中断方式还是查询方式，在相应的处理程序中都要用指令将 TI 位和 RI 位清"0"。

（2）串行接口初始化编程 串行接口初始化编程时，主要是对波特率发生器 T1 及其对应的 TH1 和 TL1、串行接口控制寄存器 SCON 及电源控制寄存器 PCON 中的波特率倍增位 SMOD 等进行设置，其初始化步骤如图 4-28 所示。

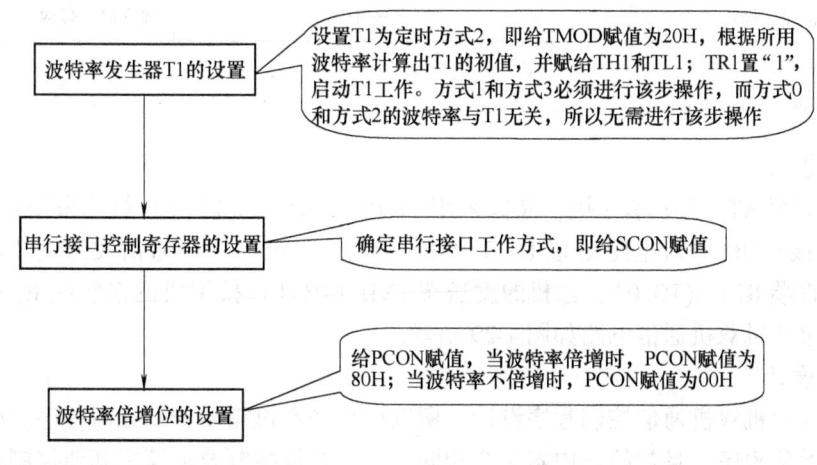

图 4-28 串行接口初始化步骤

典型结构如下：

```
MOV    SCON, #* * * *        ;设定串行接口工作方式
MOV    TMOD, #20H            ;设定定时器1工作于方式2
```

```
MOV    TH1, #****        ;定时器1初值
MOV    TL1, #****        ;定时器1重装初值
MOV    PCON, #80H        ;波特率倍增
SETB   TR1               ;启动定时器1
```

任务准备

1）电工常用工具，每人一套。
2）电工操作台，两人一台。
3）装配有伟福6000软件的计算机及下载设备，两人一套。
4）材料准备：双机通信元器件明细表见表4-18。

表4-18 双机通信元器件明细表

序号	元器件名称	元器件型号/规格	元器件数量	备注
1	单片机芯片	AT89S51	2片	DIP封装
2	40脚IC座		2片	安装AT89S51芯片
3	晶振	6MHz	1只	普通型
4	电容	30pF	2只	瓷片电容
		10μF	1只	电解电容
5	电阻	470Ω	5只	碳膜电阻
		10kΩ	1只	碳膜电阻
6	万能电路板	15cm×15cm	1片	万能电路板
7	按键		1只	无自锁
8	触发器	74LS14	1只	
9	细导线、焊锡		若干	细导线、焊锡

任务实施

1. 电路设计

控制器采用AT89S51单片机，晶振采用11.0592MHz，4只LED灯均采用共阳极接法，每个LED串接470Ω限流电阻后接P0.0和P0.1上，甲机的串行通信发送端TXD（P3.1）接乙机的接收端RXD（P3.0），乙机的发送端TXD（P3.1）接甲机的接收端RXD（P3.0），设计完成的单片机双机通信电路如图4-29所示。

2. 程序设计

由于是单片机双机通信控制程序设计，所以甲机和乙机需要分别编写程序，两者都需要串行接口初始化程序，且初始化内容完全相同，然后根据控制要求编写其他控制程序。

（1）甲机程序　根据任务目标可知，串行接口工作于方式1且允许接收，所以首先利用指令"MOV SCON, #50H"设定串行接口工作方式；此时定时器1作为波特率发生器，其工作于方式2，利用指令"MOV TMOD, #20H"实现；若波特率不加倍，则利用指令"MOV PCON, #00H"实现。

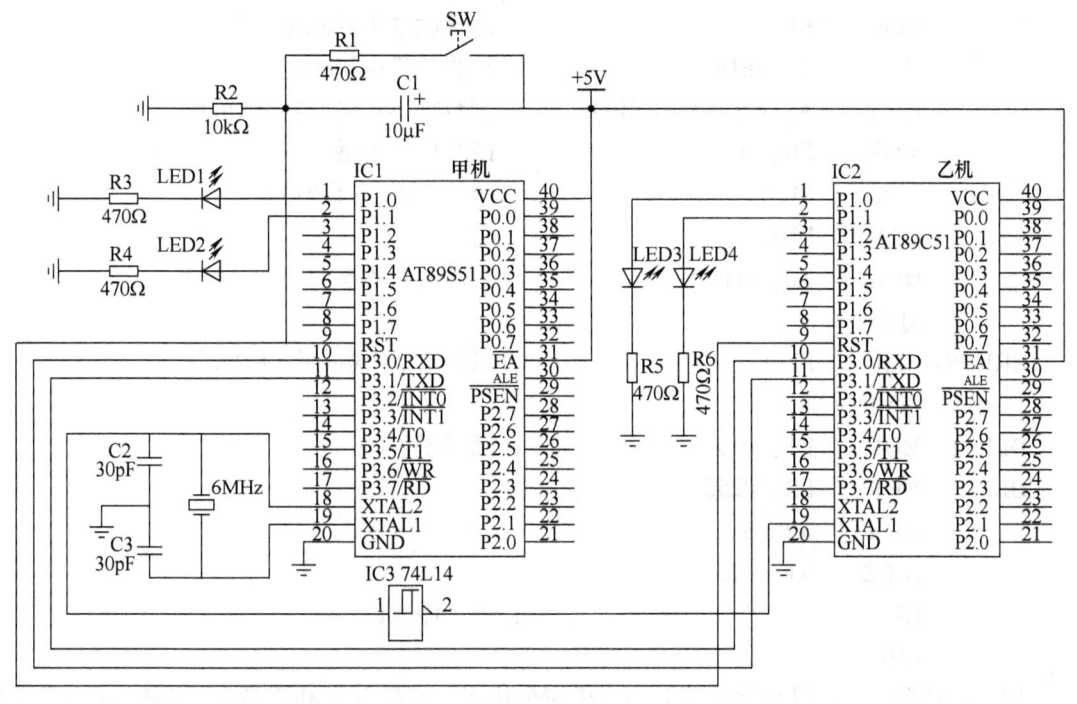

图 4-29 单片机双机通信电路

若波特率采用 2400bit/s，则定时器初值为 $X = 256 - \frac{11059200}{384 \times 2400} = 0F3H$，利用指令"MOV TH1，#0F3H"和"MOV TL1，#0F3H"实现；利用指令"SETB TR1"启动定时器 1；甲机首先利用指令"MOV SBUF，#0AAH"将数据发送，当数据传送结束时，用指令"CLR TI"清除传送结束标志；当乙机响应后接收过程类似于发送过程，通过指令"MOV A，SBUF"接收乙机应答信号；若应答信号正确，则通过指令"CPL P1.0"实现 LED 闪烁，闪烁调用 50ms 延时子程序；若不正确，则通过指令"CLR P1.1"实现 LED 点亮。

双机通信控制甲机程序如下：

```
        ORG     0000H
        LJMP    MAIN
        ORG     0030H
MAIN:   MOV     SCON，#50H       ;串行接口工作方式1，允许接收
        MOV     TMOD，#20H       ;定时器1工作方式2
        MOV     TH1，#0F3H       ;定时器计数初值
        MOV     TL1，#0F3H
        MOV     PCON，#00H       ;波特率不加倍
        SETB    TR1              ;启动定时器1
        MOV     SBUF，#0AAH      ;发送数据 AAH
        JNB     TI，$            ;等待发送
        CLR     TI               ;清发送结束标志位
        JNB     RI，$            ;等待接收
```

```
           CLR     RI                      ;清接收结束标志位
           MOV     A, SBUF                 ;接收乙机应答数据
           CJNE    A, #0BBH, ERROR         ;若数据不正确则转 ERROR
           MOV     R0, #6                  ;LED 闪烁次数
LOOP:      CPL     P1.0                    ;P1.0 对应的 LED 闪烁
           LCALL   DELAY                   ;延时
           DJNZ    R0, LOOP                ;闪烁次数不够继续
           SJMP    $
ERROR:     CLR     P1.1                    ;点亮 P1.1 对应的 LED 灯
           SJMP    $
DELAY:     MOV     R1, #200                ;延时子程序
DEL:       MOV     R2, #250
           DJNZ    R2, $
           DJNZ    R1, DEL
           RET                             ;子程序返回
           END
```

(2) 乙机程序　乙机初始化部分与甲机完全相同。乙机首先利用指令"JNB RI, $"判断接收是否结束,结束后利用"CLR RI"清除接收结束标志位,然后利用指令"MOV A, SBUF"接收数据,根据接收数据进行 LED 灯控制,控制过程类似甲机；接着将应答信号传送给甲机,再通过指令"JNB TI, $"等待传送结束,通过指令"CLR TI"清除发送结束标志位。

双机通信控制乙机程序如下：

```
           ORG     0000H
           LJMP    MAIN
           ORG     0030H
MAIN:      MOV     SCON, #50H              ;串行接口工作方式 1,允许接收
           MOV     TMOD, #20H              ;定时器 1 工作方式 2
           MOV     TH1, #0F3H              ;定时器计数初值
           MOV     TL1, #0F3H
           MOV     PCON, #00H              ;波特率不加倍
           SETB    TR1                     ;启动定时器
           JNB     RI, $                   ;等待接收
           CLR     RI                      ;清接收结束标志位
           MOV     A, SBUF                 ;接收甲机发送数据
           CJNE    A, #0AAH, ERROR         ;若数据不为 0AAH 则转 ERROR
           MOV     R0, #6                  ;LED 闪烁次数
LOOP:      CPL     P1.0                    ;P1.0 对应的 LED 闪烁
           LCALL   DELAY                   ;延时
           DJNZ    R0, LOOP                ;闪烁次数不够继续
```

	MOV	SBUF, #0BBH	；发送应答信号0BBH
	JNB	TI, $	；等待发送结束
	CLR	TI	；清发送结束标志位
	SJMP	$	
ERROR:	CLR	P1.1	；点亮 P1.1 对应的 LED 灯
	MOV	SBUF, #0FFH	；发送 0FFH 应答信号
	JNB	TI, $	；等待发送结束
	CLR	TI	；清发送结束标志位
	SJMP	$	
DELAY:	MOV	R1, #200	；延时子程序
DEL:	MOV	R2, #250	
	DJNZ	R2, $	
	DJNZ	R1, DEL	
	RET		；子程序返回
	END		

3. 双机通信控制器程序的调试

1) 运行伟福 6000 软件，新建以"双机通信"为名称的项目文件，并保存；新建以 SJTX.ASM 为名称文档，并将 SJTX.ASM 文档添加到以"双机通信"为名称的项目文件中。汇编源程序，并生成以 SJTX.HEX 名称的十六进制文件。

2) 运行伟福 6000 软件进行模拟仿真。当 TL1 值为 FF 时执行中断，如图 4-30 所示；当 TL1 值未到 FF 时执行主程序，如图 4-31 所示。

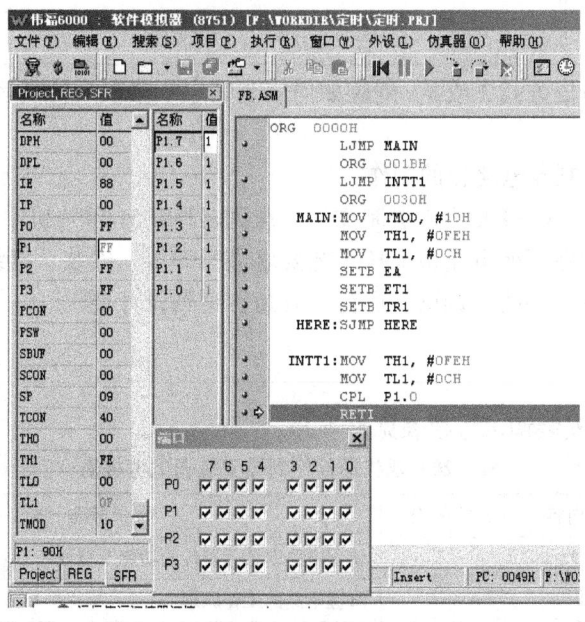

图 4-30　TL1 值为 FF 时执行中断

3) 利用 Protues 软件进行模拟仿真，将生成的 SJTX.HEX 文件下载到仿真图中的单片机中，然后启动调试开关，观察 D1 和 D3 的工作情况，将有关数据填入表 4-19 中。

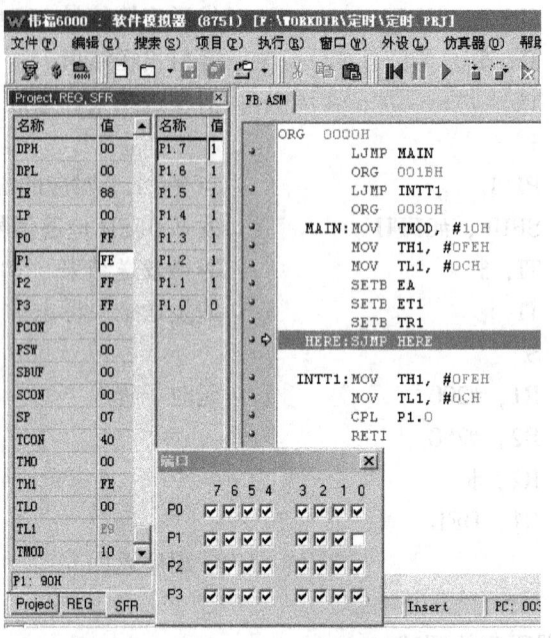

图 4-31　TL1 值未到 FF 时执行主程序

表 4-19　单片机通信控制器模拟仿真数据变化情况

D1		甲机 P1.0
D2		甲机 P1.1
D3		乙机 P1.0
D4		乙机 P1.1

4）若采用串行通信方式 2 或 3，则应如何修改程序？修改后仿真运行，观察电路运行情况。

4. 单片机通信控制器电路板的制作

1）将存盘后的 SJTX.HEX 十六进制文件下载到 AT89S51 单片机中。

2）按电路原理图在万能电路板上按工艺要求进行焊接、安装、接线。

3）按硬件图安装、接线、调试、运行，看是否达到设计要求。

检查评议

双机通信控制器安装调试考核表见表 4-20。

表 4-20　双机通信控制器安装调试考核表

评价项目	评价内容	配分/分	评价标准		得分
硬件电路	电路基础知识	20	认识电路中各元器件的功能及型号	10 分	
			掌握电路的工作原理	10 分	
焊接工艺	元器件的整形、插装	5	按照原理图及元器件焊接尺寸进行正确整形、安装	5 分	
	焊接	5	符合焊接工艺标准	5 分	

（续）

评价项目	评价内容	配分/分	评价标准		得分
程序的编制、调试、运行	指令学习	10	正确理解程序中所有指令的意义	10 分	
	程序的分析、设计	20	能正确分析程序的功能	10 分	
			能根据要求设计功能相似的程序	10 分	
	程序调试与运行	20	程序输入正确	5 分	
			程序编译仿真正确	5 分	
			能修改程序并进行分析	10 分	
安全文明生产	使用设备和工具	10	正确使用设备及工具	酌情给分	
团结协作	集体意识	10	各成员分工协作，积极参与	酌情给分	

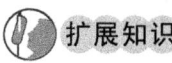

问题及防治

1）芯片下载和安装时不要插反，否则将会烧坏芯片。

2）在将芯片自下载器卸下安装到演示板上的过程中，注意消除手上的静电，手不要太干燥。

3）注意波特率的计算方法和定时器初值的计算方法。

扩展知识

采用串行通信方式实现数码管间隔 1s 显示 0～9 十个数字

应用串行通信方式 0 和串入并出移位寄存器 74LS164，在移位寄存器的并行输出端接一个 LED 数码管，通过编程实现数码管间隔 1s 显示 0～9 十个数字，并反复循环。

1. 电路分析

AT89S51 与 74LS164 相连，其串行接收引脚 RXD 接 74LS164 的 A、B 端，其串行发送引脚 TXD 接 74LS164 的时钟端 CLK，其 P1.0 接 74LS164 的清"0"端；74LS164 的输出端 Q7～Q0 分别接数码管的 a～g 段（低位在前，高位在后）；7 段数码管采用共阳极接法，即将公共端接电源。设计完成的单片机与移位寄存器控制电路如图 4-32 所示。

2. 程序设计

由控制要求可知，该控制要求需使串行接口工作于方式 0，即 8 位移位寄存器状态，此时波特率由晶体振荡器的频率决定，与 T1 无关，因此无需对 T1 进行设置。本设计中波特率不倍增，因此无需对 PCON 进行设置。因为采用串行通信方式 0，所以利用指令"MOV SCON，#00H"将 SCON 设置为 00H，编写的程序如下：

```
        ORG   0000H
        LJMP  MAIN
        ORG   0030H
MAIN：  MOV   SCON, #00H    ；串行接口工作方式 0
        CLR   P1.0          ；74LS164 清"0"
        SETB  P1.0          ；允许 74LS164 移位
        MOV   DPTR, #TAB    ；表格首地址送 DPTR
```

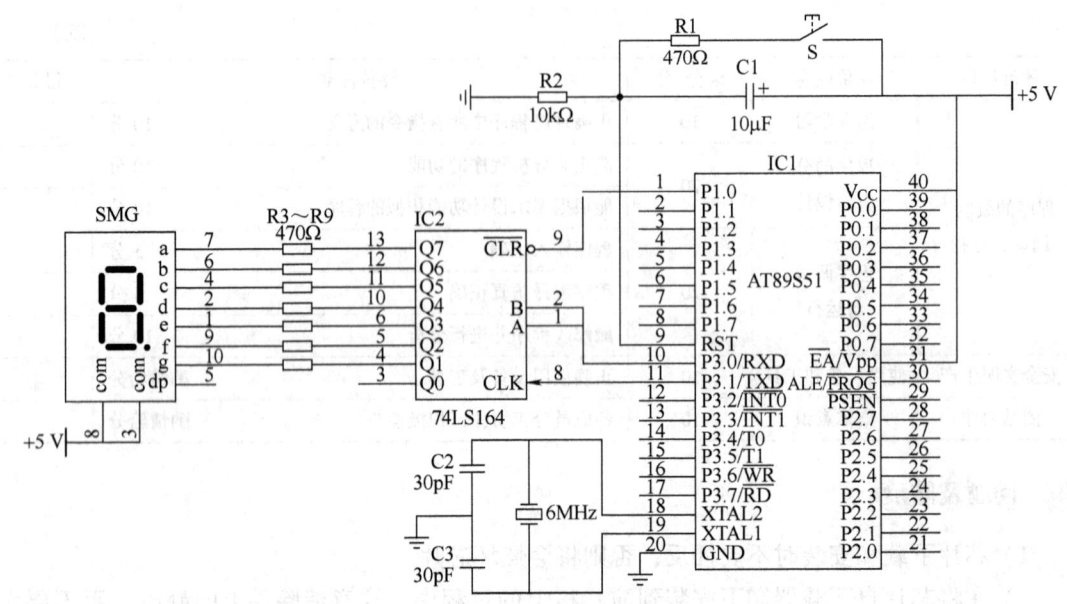

图 4-32 单片机与移位寄存器控制电路

```
LOOP2： MOV    R0，#10          ；显示数据个数
        MOV    R1，#0           ；数据表首地址
LOOP1： MOV    A，R1
        MOVC   A，@A+DPTR       ；查数字 0~9 对应的段码表
        MOV    SBUF，A          ；取出段码送 SBUF，启动串行接口发送
        JNB    TI，$            ；等待数据传送结束
        CLR    TI               ；清传送结束标志位
        LCALL  DELAY            ；调 1s 延时子程序
        INC    R1               ；索引值加 1
        DJNZ   R0，LOOP1        ；显示下一个数字
        SJMP   LOOP2            ；从头开始显示
DELAY： MOV    R2，#10          ；1s 延时子程序
DEL1：  MOV    R3，#200
DEL2：  MOV    R4，#250
        DJNZ   R4，$
        DJNZ   R3，DEL2
        DJNZ   R2，DEL1
        RET                     ；子程序返回
TAB：   DB 0C0H，0F9H，0A4H，0B0H，99H，92H，82H，0F8H，80H，90H
        END
```

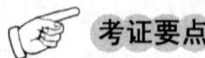 考证要点

1. 选择题

(1) MCS-51 系列单片机串行接口接收数据的次序是下述的_____。
(a) 接收完一帧数据后,硬件自动将 SCON 的 RI 置"1"
(b) 用软件将 RI 清"0"
(c) 接收到的数据由 SBUF 读出
(d) 置 SCON 的 REN 为 1,外部数据由 RXD(P3.0)输入
A. (a)(b)(c)(d)　　　　　B. (d)(a)(b)(c)
C. (d)(c)(a)(b)　　　　　D. (c)(d)(a)(b)

(2) MCS-51 系列单片机串行接口发送数据的次序是下述的_____。
(a) 待发送数据送 SBUF
(b) 硬件自动将 SCON 的 TI 置"1"
(c) 经 TXD(P3.1)串行发送一帧数据完毕
(d) 用软件将 TI 清"0"
A. (a)(c)(b)(d)　　　　　B. (a)(b)(c)(d)
C. (d)(c)(a)(b)　　　　　D. (c)(d)(a)(b)

(3) 8051 单片机串行接口用工作方式 0 时,_____。
A. 数据从 RDX 串行输入,从 TXD 串行输出
B. 数据从 RDX 串行输出,从 TXD 串行输入
C. 数据从 RDX 串行输入或输出,同步信号从 TXD 输出
D. 数据从 TXD 串行输入或输出,同步信号从 RXD 输出

2. 简述题

(1) 简述串行接口初始化的步骤。

(2) 简述 SM2、TB8 和 RB8 位的作用。

3. 技能训练

(1) 用 Protel 软件绘制出本任务中两个例题的串行接口应用电路原理图,设计印制电路板图并制作印制电路板。

(2) 在扩展知识例题中,使单片机 RXD 引脚只接 74LS164 的 A 引脚或 B 引脚,修改电路后运行程序,观察电路运行情况。将 74LS164 的 Q0 接数码管的 a 段,Q1 接 b 段,…,Q6 接数码管的 g 段,修改电路后运行程序,观察电路运行情况。

模块5 单片机接口电路及其应用

单元1 键盘接口电路及其应用

知识目标

1. 理解 2×4 行列式键盘的有关知识。
2. 理解 4×4 矩阵式键盘的有关知识。

技能目标

1. 掌握 2×4 行列式键盘的编程方法。
2. 掌握多功能 LED 灯光控制器电路的设计方法。
3. 掌握多功能 LED 灯光控制器软件的设计方法。
4. 熟练进行多功能 LED 灯光控制器电路的安装和调试。
5. 熟练掌握 4×4 矩阵式键盘的编程方法。
6. 掌握密码锁控制器电路的安装和调试方法。
7. 掌握密码锁控制器程序的设计方法。
8. 掌握密码锁控制器电路的设计方法。

任务1 多功能 LED 灯光控制器的设计及制作

任务描述

利用矩阵式键盘设计一个多种模式控制的多功能 LED 灯光控制器,具体控制要求如下:
1) 4 种模式控制。
2) 4 路、8 路灯光控制。
3) 慢速、快速控制。

任务分析

在单片机应用系统中,键盘用于数据及指令的输入,以实现人机对话。键盘电路设计及软件编程是单片机应用系统设计中经常需要进行的工作。前面已介绍过独立式键盘电路设计及程序编制方法,本任务主要介绍 2×4 行列式键盘电路的设计及程序的编制。行列式键盘通过判断键盘有无按键被按下、按键去抖动处理、键盘扫描和计算按键值等程序实现人机对话。

相关知识

键盘是单片机应用系统中最常用的人机对话输入设备,用户通过键盘向单片机输入数据或指令。键盘控制程序需要完成的任务有:监测是否有按键被按下,当有按键被按下时,在无硬件去抖动电路中应用软件延时方法消除按键抖动的影响;当有多个按键同时被按下时,只处理一个按键,不管一次按键持续多长时间,仅执行一次按键功能程序。这些知识在前面任务中已介绍过,此处不再赘述。

1. 2×4 行列式键盘的结构及工作原理

2×4 行列式键盘电路如图 5-1 所示。在图 5-1 中,P1 口的 6 位 P1.0~P1.5 为键盘口线,组成 2 行 4 列共 8 个按键的行列式键盘矩阵。其中,行线 P1.0 和 P1.1 为键盘扫描输出线,列线 P1.2~P1.5 为键盘扫描输入线,通过 4 个上拉电阻接到电源。在行线与列线的交叉点上为按键,行线和列线分别接到按键开关的两端。

当键盘上没有按键闭合时,行线和列线之间是断开的,所有列线输入全部为高电平。当键盘上某个按键被按下时,对应的行线和列线短接,行线输出即为列线输入。

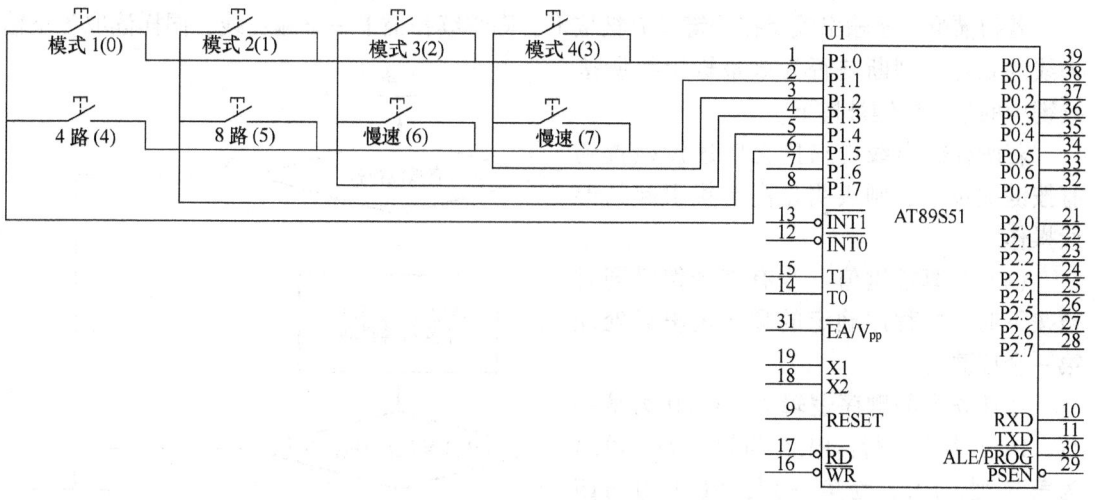

图 5-1 2×4 行列式键盘电路

当键盘初始化时,所有行线输出低电平,通过读取列线值是否全为 1,即可判断有无按键被按下,但究竟是哪个按键被按下的,此时并不能判断出来,还必须通过键盘扫描才能判断。

在键盘扫描时,先让第一行 P1.0 输出低电平 0,其余行(即 P1.1 行)输出高电平 1,检查各列(P1.2~P1.5 列)的输入状态值,若某列的输入电平为 0,则第一行线和对应列线相交处的按键被按下,否则可判断 P1.0 行的按键没有被按下。

若 P1.0 行无按键被按下,则继续扫描下一行(P1.1 行),即让 P1.1 行输出低电平 0,其余行(即 P1.0 行)输出高电平 1,同样检查各列(P1.2~P1.5 列)的输入状态值。若某列的输入电平为 0,则第二行和对应列线相交处的按键被按下,否则可判断 P1.1 行无按键被按下。若在两行均扫描完后仍未检查到列线输入值有 0 的情况,则表示此次并无按键被按下。这种工作方式称为键盘扫描。

2. 2×4 行列式键盘控制程序需要完成的任务

键盘的工作方式有循环扫描方式和中断扫描方式两种，本任务采用循环扫描方式。在 CPU 完成其他任务的空余时间，通过调用键盘扫描子程序来响应按键的输入。在执行按键功能程序时，CPU 不再响应按键输入要求。

键盘扫描子程序一般应完成如下任务：

（1）判断键盘有无按键被按下　其方法是在键盘输出线（行线 P1.0 和 P1.1）输出全为 0 时，读取键盘输入线（列线 P1.2 ~ P1.5）的状态，若输入线的状态全为 1，则无按键被按下；若不全为 1，则有按键被按下。

（2）按键去抖动处理　在有按键被按下时，调用一个延时时间为 10ms 左右的软件延时子程序，以消除按键抖动的影响，然后再次读取键盘输入线的状态，判断是否有按键被按下，若判断仍为有按键被按下，则认为有一确定的按键被按下，否则认为是干扰引起的误读操作。

（3）键盘扫描　在确认有按键被按下时，依次扫描键盘各条输出线，即先让第一条输出线输出 0，然后读取各条输入线的状态，若不全为 1，则表明是该条输出线所接按键中的某一按键被按下，否则不是该条输出线所接的按键被按下。

若扫描第一条输出线所接按键没有被按下，则继续扫描下一条输出线，同样读取各条输入线的状态，判断是否为该条输出线所接按键中的某一按键被按下。

若所有输出线均扫描完毕还没检查到有按键被按下，则表明是由干扰引起的误读操作。

（4）计算按键值　当有多个按键同时被按下时，按程序确定的顺序逻辑只处理第一个按键。

本任务中的顺序逻辑为：P1.0 为第一行，P1.1 为第二行；P1.5 为第一列，P1.4 为第二列，P1.3 为第三列，P1.2 为第四列。即上面为第一行，下面为第二行，左边为第一列，依次为第二列、第三列、第四列。当有多个按键同时被按下时，按行列序号的顺序处理最优先的一个按键。

各按键的键值为：第一行从左边开始为 0、1、2、3，第二行从左边开始为 4、5、6、7。第一行起始按键的键值为 FFH，第二行起始按键的键值为 03H。其余各按键的键值为起始按键的键值加上对应的列号。

按以上分析可以得到行列式键盘子程序流程图如图 5-2 所示。

3. 2×4 行列式键盘编程

按图 5-2 所示流程图编写的键盘子程序

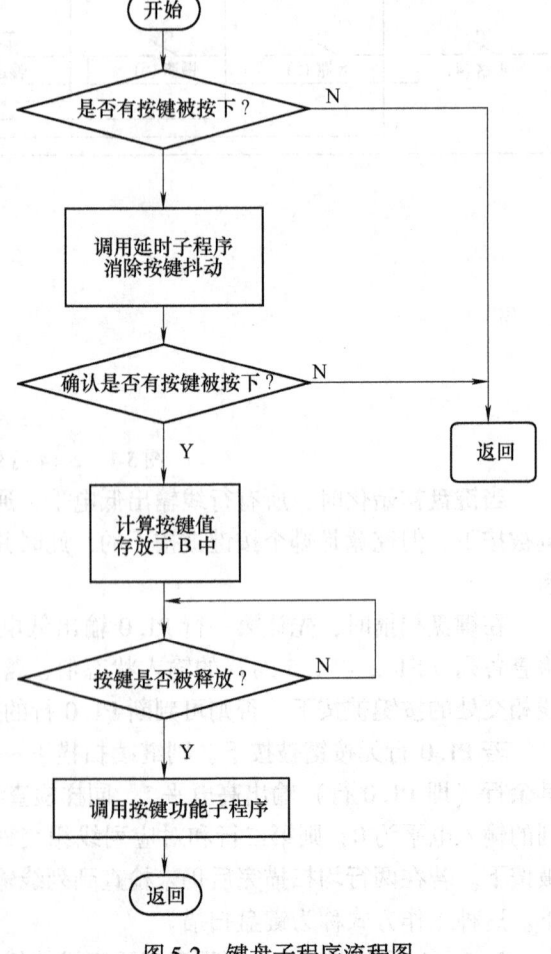

图 5-2　键盘子程序流程图

如下：

```
            ORG    0100H
KEYSCAN：MOV    P1，#3CH          ；两条键盘输出线（行线 P1.0 和 P1.1）
                                  ；均输出 0
            MOV    A，P1          ；读取键盘口 P1 的值
            ANL    A，#3CH        ；取出输入线（列线 P1.2~P1.5）状态值
            CJNE   A，#3CH，KEY1  ；判断输入线状态是否全为 1（即有无按键
                                  ；被按下）
            LJMP   KEYEND         ；无按键被按下，返回
KEY1：     LCALL  DEL12          ；有按键被按下，调用 12ms 延时子程序，以消
                                  ；除按键抖动
            MOV    A，#3EH        ；扫描第一行，即 P1.0 输出为 0
KEY2：     MOV    R2，A          ；将扫描码暂存于 R2 中
            MOV    P1，A          ；扫描码输出给键盘口 P1
            MOV    A，P1          ；读取键盘口的状态
            ANL    A，#3CH        ；取出输入线（列线）的状态
            CJNE   A，#3CH，KEY3  ；判断列线是否全为 1，即第一行是否有按键被
                                  ；按下，当有按键被按下时转计算键值
            MOV    A，#3DH        ；第一行没有按键被按下，接着扫描第二行
            MOV    R2，A          ；将扫描码暂存于 R2 中
            MOV    P1，A          ；将第二行扫描码输出给 P1
            MOV    A，P1          ；读取 P1 口的状态
            ANL    A，#3CH        ；取出列线的状态
            CJNE   A，#3CH，KEY3  ；判断列线是否全为 1，即第二行是否有按键被
                                  ；按下，当有按键被按下的转计算键值
            LJMP   KEYEND         ；返回
KEY3：     MOV    B，#0FBH       ；键值寄存器 B 赋初值 0FBH
            RL     A              ；因 P1.7 和 P1.6 没有按键被按下，所以应将其
                                  ；移出
            RL     A
KEY4：     RLC    A              ；判断是哪列按键被按下
            INC    B              ；第一列键值加 1、第二列键值加 2、第三列键
                                  ；值加 3、第四列键值加 4
            JC     KEY4
            MOV    A，R2          ；将扫描码送 A
KEY5：     RRC    A              ；判断是哪行按键被按下
            INC    B              ；第一行键值加 4
            INC    B              ；第二行键值加 8
            INC    B
```

```
              INC   B
              JC    KEY5
KEY6:         MOV   A,P1           ；读取键盘口 P1 的值
              ANL   A,#3CH         ；取出键盘列线状态
              CJNE  A,#3CH,KEY6    ；判断按键是否被释放，若没被释放则等待按键
                                   ；被释放
              LCALL DEL12          ；调用 12ms 延时子程序，以消除按键抖动
              LCALL OPREAT         ；调用按键功能子程序
KEYEND：RET                        ；返回
```

根据任务要求，编写的按键功能子程序流程图如图 5-3 所示。

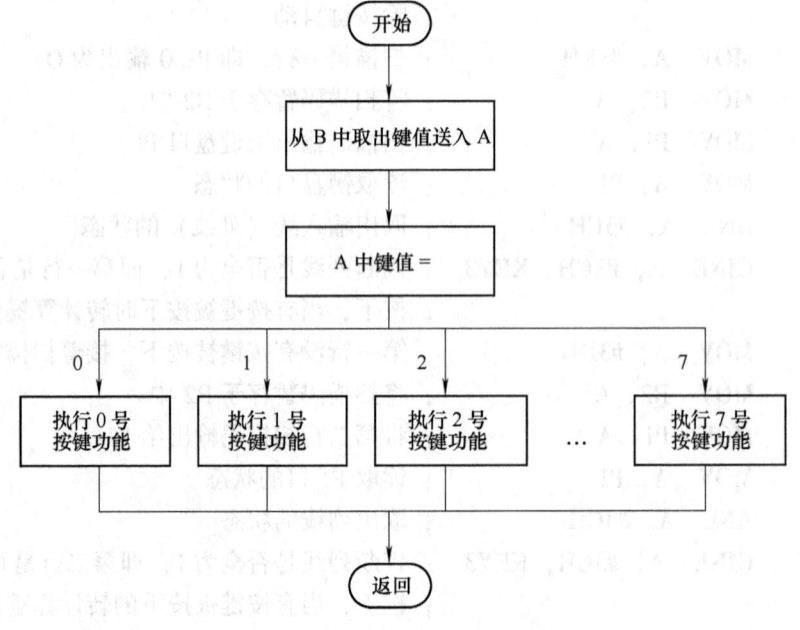

图 5-3 按键功能子程序流程图

根据图 5-3 所示流程图及设计任务要求编写的按键功能子程序如下：

```
              ORG   0200H
OPREAT:       MOV   A,B             ；从 B 中取出键值送入 A 中
              RL    A                ；A 的值左移一位，即 A 的值乘 2
              MOV   DPTR,#TABLE1     ；将按键功能入口地址表表首地址送 DPTR
              JMP   @A+DPTR          ；根据 A 的值（即键值）跳转至相应的按键功能
                                      ；入口地址处
TABLE1:       AJMP  K0               ；0 号按键功能入口地址
              AJMP  K1               ；1 号按键功能入口地址
              AJMP  K2               ；2 号按键功能入口地址
              AJMP  K3               ；3 号按键功能入口地址
              AJMP  K4               ；4 号按键功能入口地址
              AJMP  K5               ；5 号按键功能入口地址
```

```
                AJMP    K6              ;6号按键功能入口地址
                AJMP    K7              ;7号按键功能入口地址
K0:             MOV     R3,#00H         ;0号按键被按下时将灯光模式寄存器R3置0
                                        ;（模式1）
                LJMP    OPR
K1:             MOV     R3,#01H         ;1号按键被按下时将灯光模式寄存器R3置"1"
                                        ;（模式2）
                LJMP    OPR
K2:             MOV     R3,#02H         ;2号按键被按下时将灯光模式寄存器R3置
                                        ;2（模式3）
                LJMP    OPR
K3:             MOV     R3,#03H         ;3号按键被按下时将灯光模式寄存器R3置
                                        ;3（模式4）
                LJMP    OPR
K4:             MOV     R4,#00H         ;4号按键被按下时将灯光路数寄存器R4
                                        ;置"0"（4路）
                LJMP    OPR
K5:             MOV     R4,#04H         ;5号按键被按下时将灯光路数寄存器R4置
                                        ;4（8路）
                LJMP    OPR
K6:             MOV     30H,#04H        ;6号按键被按下时将30H单元（灯光速度存储
                                        ;单元）置4（慢速）
                LJMP    OPR
K7:             MOV     30H,#02H        ;7号按键被按下时将30H单元（灯光速度存储
                                        ;单元）置2（快速）
OPR:            MOV     A,R3            ;R3与R4相加形成灯光数据表入口地址
                ADD     A,R4
                RL      A
                MOV     DPTR,#TABLE2    ;将灯光数据入口地址表首地址送DPTR
                JMP     @A+DPTR         ;根据A的值（灯光路数和模式）跳转至相
                                        ;应的灯光数据入口地址处
TABLE2:         AJMP    KK0             ;4路模式1时灯光数据入口地址
                AJMP    KK1             ;4路模式2时灯光数据入口地址
                AJMP    KK2             ;4路模式3时灯光数据入口地址
                AJMP    KK3             ;4路模式4时灯光数据入口地址
                AJMP    KK4             ;8路模式1时灯光数据入口地址
                AJMP    KK5             ;8路模式2时灯光数据入口地址
                AJMP    KK6             ;8路模式3时灯光数据入口地址
                AJMP    KK7             ;8路模式4时灯光数据入口地址
```

```
KK0:    MOV   DPTR, #TAB41    ;将4路模式1灯光数据表首地址送DPTR
        SJMP  OPREND
KK1:    MOV   DPTR, #TAB42    ;将4路模式2灯光数据表首地址送DPTR
        SJMP  OPREND
KK2:    MOV   DPTR, #TAB43    ;将4路模式3灯光数据表首地址送DPTR
        SJMP  OPREND
KK3:    MOV   DPTR, #TAB44    ;将4路模式4灯光数据表首地址送DPTR
        SJMP  OPREND
KK4:    MOV   DPTR, #TAB81    ;将8路模式1灯光数据表首地址送DPTR
        SJMP  OPREND
KK5:    MOV   DPTR, #TAB82    ;将8路模式2灯光数据表首地址送DPTR
        SJMP  OPREND
KK6:    MOV   DPTR, #TAB83    ;将8路模式3灯光数据表首地址送DPTR
        SJMP  OPREND
KK7:    MOV   DPTR, #TAB84    ;将8路模式4灯光数据表首地址送DPTR
OPREND: MOV   R1, #00H        ;将灯光数据表索引值寄存器清"0"
        RET
```

任务准备

1) 电工常用工具,每人一套。
2) 电工操作台,两人一台。
3) 安装有伟福6000和Proteus软件的计算机及下载设备,两人一套。
4) 材料准备:多功能LED灯光控制器元器件明细表见表5-1。

表5-1 多功能LED灯光控制器元器件明细表

序号	元件名称	元件型号/规格	元件数量	备注
1	单片机芯片	AT89S51	1片	DIP封装
2	发光二极管	φ5	8只	普通型
3	晶振	6MHz	1只	普通型
4	电容	30pF	2只	瓷片电容
		10μF	1只	电解电容
5	电阻	470Ω	9只	碳膜电阻
		10kΩ	1只	碳膜电阻
6	万能电路板	15cm×15cm	1片	万能电路板
7	按键		9只	无自锁
8	40脚IC座		1片	安装AT89S51芯片
9	细导线、焊锡		若干	

任务实施

1. 多功能LED灯光控制器电路设计

该电路由 AT89S51 单片机作控制器，P1.0～P1.5 为键盘口线，其中 P1.0 和 P1.1 为键盘扫描输出线，P1.2～P1.5 为键盘扫描输入线，组成 2×4 共 8 个功能按键，包括 4 个"灯光闪烁模式"选择按键（模式 1 键、模式 2 键、模式 3 键、模式 4 键），2 个"灯光输出路数"选择按键（4 路键和 8 路键），2 个"灯光闪烁速度"选择按键（慢速键和快速键）。P0 口为 8 路灯光输出，8 只发光二极管供操作人员监视用，采用共阳极方式连接，P0 口低电平输出灯亮，9 脚为复位端。该电路具有上电复位和按键复位两种复位功能。

18 脚、19 脚接 6 MHz 晶振和 30pF 电容器。

根据以上任务分析设计出的多功能 LED 灯光控制器电路原理图如图 5-4 所示。

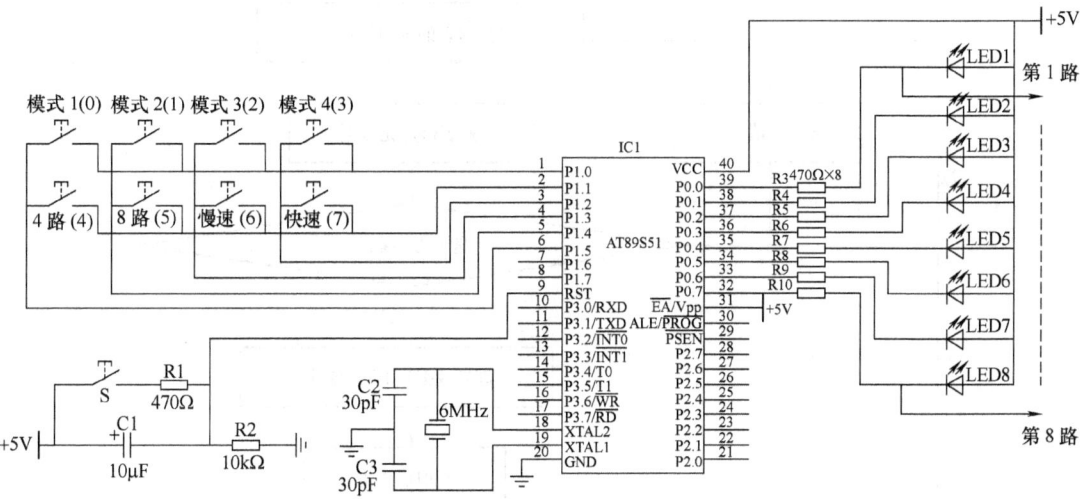

图 5-4　多功能 LED 灯光控制器电路原理图

2. 多功能 LED 灯光控制器程序设计

在程序中 R1 为灯光数据表的索引值寄存器，R3 为灯光模式寄存器（模式 1 时为 0，模式 2 时为 1，模式 3 时为 2，模式 4 时为 3），R4 为灯光路数寄存器（4 路时为 0, 8 路时为 4），30H 单元为灯光速度存储单元（慢速时为 4，快速时为 2）。

程序开始进行上述单元的初始化，将 R1 置为 0，R3 置为 0，R4 置为 4，30H 单元置为 4，所以初始灯光为 8 路、模式 1、慢速闪烁方式。

接着将 8 路模式 1 灯光数据表首地址送 DPTR，将索引值送 A，查表得灯光数据。

判断取得的灯光数据是否为结束码（标志完成一次亮灯循环，结束码由用户自行设定，只要不是灯光数据表中的数据均可作为结束码，在本程序中设定为 0D3H），若是结束码，则将索引值寄存器 R1 清 "0"，重新进行下一次亮灯循环；若不是结束码，则将灯光数据送 P0 口输出，然后调用键盘扫描子程序。

利用键盘扫描子程序进行键盘扫描并计算出按键值，存放于 B 中，在按键释放后调用按键操作子程序，根据按键值转入对应按键的功能程序。

若是 0 号按钮则给 R3 送入数据 0，若是 1 号按钮则给 R3 送入数据 1，若是 2 号按钮则给 R3 送入数据 2，若是 3 号按钮则给 R3 送入数据 3，若是 4 号按钮则给 R4 送入数据 0，若是 5 号按钮则给 R4 送入数据 4，若是 6 号按钮则给 30H 单元送入数据 4，若是 7 号按钮则给 30H 单元送入数据 2；最后，根据 R3 和 R4 的值将 8 个灯光数据表中的某一数据表首地址送 DPTR。

键盘扫描子程序结束后,再调用显示延时子程序,根据 30H 单元中的数据进行相应时间的灯光延时,然后取下一个灯光数据。

按以上任务分析画出的主程序流程图如图 5-5 所示。

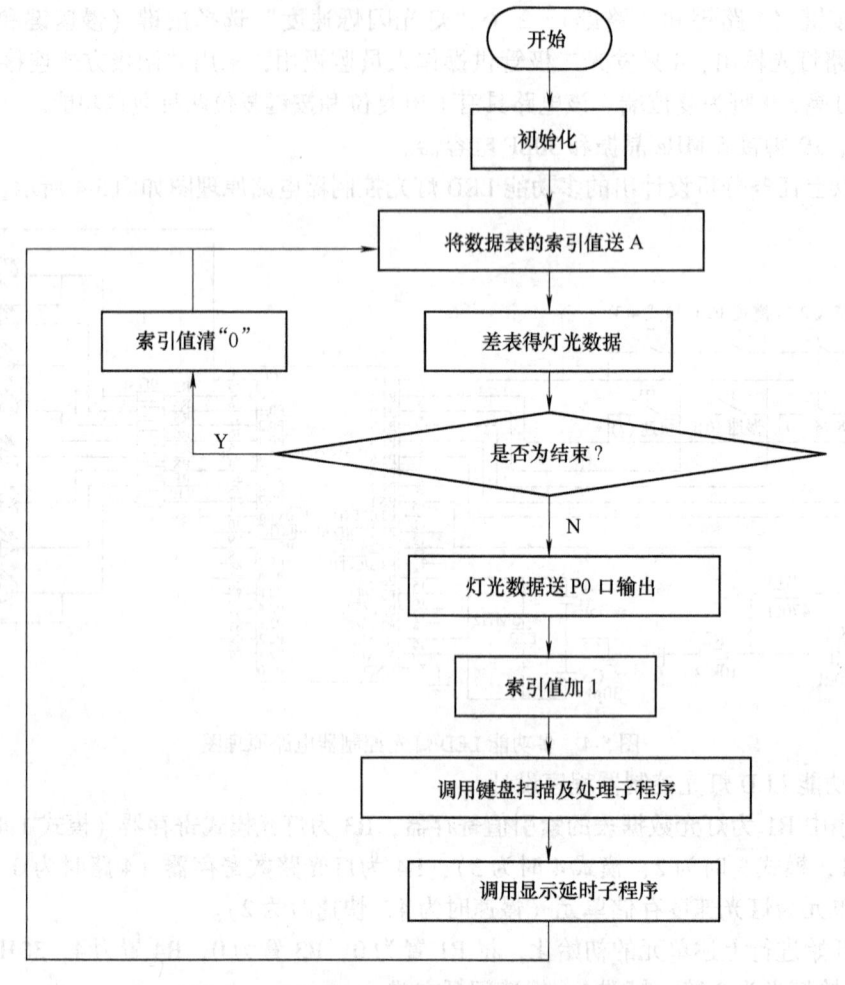

图 5-5 多功能 LED 灯光控制器主程序流程图

根据以上任务分析及相关知识编写的多功能 LED 灯光控制器程序如下:

```
            ORG    0000H              ;主程序
            MOV    P0,#0FFH           ;将 P0 口置为 0FFH,所有灯全灭
            MOV    R1,#00H            ;将灯光数据表索引值寄存器清"0"
            MOV    R3,#00H            ;将灯光模式寄存器 R3 置 0(模式 1)
            MOV    R4,#04H            ;将灯光路数寄存器 R4 置 4(8 路)
            MOV    SP,#20H            ;将栈指针置 20H
            MOV    30H,#04H           ;将灯光速度存储单元置 4(慢速)
            MOV    DPTR,#TAB81        ;将 8 路模式 1 灯光数据表首地址送 DPTR
    START:  MOV    A,R1               ;将索引值送 A
            MOVC   A,@A+DPTR          ;查表得灯光数据
            CJNE   A,#0D3H,DISP       ;判断灯光数据是否为结束码 0D3H
```

```
                MOV   R1, #00H      ;为结束码,则将索引值清"0"
                SJMP  START         ;跳转至 START 处,重新进行下一次灯光
                                    ;循环
DISP:           MOV   P0, A         ;不为结束码,将灯光数据输出给 P0 口
                INC   R1            ;索引值加 1
                LCALL KEYSCAN       ;调键盘扫描及处理子程序
                LCALL DISPDEL       ;调显示延时子程序
                SJMP  START         ;跳转至 START 处
                ORG   0100H         ;键盘扫描及处理子程序
KEYSCAN:        MOV   P1, #3CH
                MOV   A, P1
                ANL   A, #3CH
                CJNE  A, #3CH, KEY1
                LJMP  KEYEND
KEY1:           LCALL DEL12
                MOV   A, #3EH
KEY2:           MOV   R2, A
                MOV   P1, A
                MOV   A, P1
                ANL   A, #3CH
                CJNE  A, #3CH, KEY3
                MOV   A, #13DH
                MOV   R2, A
                MOV   P1, A
                MOV   A, P1
                ANL   A, #3CH
                CJNE  A, #3CH, KEY3
                LJMP  KEYEND
KEY3:           MOV   B, #0FBH
                RL    A
                RL    A
KEY4:           RLC   A
                INC   B
                JC    KEY4
                MOV   A, R2
KEY5:           RRC   A
                INC   B
                INC   B
                INC   B
```

```
                INC   B
                JC    KEY5
KEY6:           MOV   A, P1
                ANL   A, #3CH
                CJNE  A, #3CH, KEY6
                LCALL DEL12
                LCALL OPREAT1
KEYEND:  RET
                ORG   0200H              ；按键功能子程序
OPREAT1: MOV   A, B
                RL    A
                MOV   DPTR, #TABLE1
                JMP   @A+DPTR
TABLE1:  AJMP  K0
                AJMP  K1
                AJMP  K2
                AJMP  K3
                AJMP  K4
                ATMP  K5
                AJMP  K6
                AJMP  K7
K0:      MOV   R3, #00H
                LJMP  OPR
K1:      MOV   R3, #01H
                LJMP  OPR
K2:      MOV   R3, #02H
                LJMP  OPR
K3:      MOV   R3, #03H
                LJMP  OPR
K4:      MOV   R4, #00H
                LJMP  OPR
K5:      MOV   R4, #04H
                LJMP  OPR
K6:      MOV   30H, #04H
                LJMP  OPR
K7:      MOV   30H, #02H
OPR:     MOV   A, R3
                ADD   A, R4
                RL    A
```

```
            MOV   DPTR, #TABLE2
            JMP   @A+DPTR
TABLE2:     AJMP  KK0
            AJMP  KK1
            AJMP  KK2
            AJMP  KK3
            AJMP  KK4
            AJMP  KK5
            AJMP  KK6
            AJMP  KK7
KK0:        MOV   DPTR, #TAB41
            SJMP  OPREND
KK1:        MOV   DPTR, #TAB42
            SJMP  OPREND
KK2:        MOV   DPTR, #TAB43
            SJMP  OPREND
KK3:        MOV   DPTR, #TAB44
            SJMP  OPREND
KK4:        MOV   DPTR, #TAB81
            SJMP  OPREND
KK5:        MOV   DPTR, #TAB82
            SJMP  OPREND
KK6:        MOV   DPTR, #TAB83
            SJMP  OPREND
KK7:        MOV   DPTR, #TAB84
OPREND:     MOV   R1, #00H
            RET
            ORG   0300H           ;显示延时子程序
DISPDEL:    MOV   R5, 30H
DISPDEL1:   MOV   R6, #0FAH
DISPDEL2:   MOV   R7, #0FAH
DISPDEL3:   DJNZ  R7, DISPDEL3
            DJNZ  R6, DISPDEL2
            DJNZ  R5, DISPDEL1
            RET
            ORG   0350H           ;按键去抖动延时子程序
DEL12:      MOV   R6, #1EH
DEL2:       MOV   R7, #64H
DEL1:       DJNZ  R7, DEL1
```

```
        DJNZ    R6, DEL2
        RET
TAB41:  DB  0DFH, 0EFH                ; 4 路模式 1 灯光数据表
        DB  0F7H, 0FBH, 0F7H, 0EFH, 0DFH, 0FFH
        DB  0DFH, 0CFH, 0C7H, 0C3H, 0FBH, 0F3H, 0E3H, 0C3H, 0FFH
        DB  0D7H, 0EBH, 0D7H, 0EBH, 0FFH, 0C3H, 0FFH, 0C3H, 0FFH, 0D3H
TAB42:  DB  0DFH, 0EFH                ; 4 路模式 2 灯光数据表
        DB  0F7H, 0FBH, 0F7H, 0EFH, 0D3H
TAB43:  DB  0DFH, 0CFH, 0C7H          ; 4 路模式 3 灯光数据表
        DB  0C3H, 0FFH, 0FBH, 0F3H, 0E3H, 0C3H, 0FFH, 0D3H
TAB44:  DB  0D7H, 0EBH, 0D3H          ; 4 路模式 4 灯光数据表
TAB81:  DB  0E7H, 0DBH, 0BDH          ; 8 路模式 1 灯光数据表
        DB  7EH, 0BDH, 0DBH, 0E7H, 0FFH
        DB  0E7H, 0C3H, 81H, 00H, 00H, 81H, 0C3H, 0E7H, 0FFH, 0D3H
TAB82:  DB  7FH, 0BFH, 0DFH           ; 8 路模式 2 灯光数据表
        DB  0EFH, 0F7H, 0FBH, 0FDH, 0FEH, 7EH, 0BEH, 0DEH
        DB  0EEH, 0F6H, 0FAH, 0FCH, 7CH, 0BCH, 0DCH
        DB  0ECH, 0F4H, 0F8H, 78H, 0B8H, 0D8H, 0E8H, 0F0H
        DB  70H, 0B0H, 0D0H, 0E0H, 60H, 0A0H, 0C0H, 40H, 80H
        DB  00H, 00H, 0D3H
TAB83:  DB  7FH, 3FH, 1FH             ; 8 路模式 3 灯光数据表
        DB  0FH, 07H, 03H, 01H, 00H
        DB  01H, 03H, 07H, 0FH, 1FH, 3FH, 7FH, 0FFH, 0D3H
TAB84:  DB  0AAH, 55H, 0D3H           ; 8 路模式 4 灯光数据表
        END
```

3. 多功能 LED 灯光控制器程序的调试

1) 源程序的输入、编辑及编译。运行伟福 6000 软件，新建以 "多功能 LED 灯光控制器" 为名称的项目文件并保存；新建以 DGNDGKZQ.ASM 为名称的文档，并将 DGNDGKZQ.ASM 文档添加到以 "多功能灯光控制器" 为名称的项目文件中。汇编源程序，并生成以 DGNDGKZQ.HEX 为名称的十六进制文件。

2) 调试程序。在调试过程中打开工作寄存器窗口、特殊功能寄存器窗口和片内 RAM 窗口，进行程序运行时各输入端口状态的设置，观察程序运行过程中各相关单元的值。在调试程序时，先用单步或跟踪运行，在程序调试通过后再用全速运行。打开工作寄存器窗口，用跟踪执行观测 A 中内容的变化。

3) 用 Proteus 软件模拟仿真。利用 Proteus 软件绘制出的多功能 LED 灯光控制器仿真图，选中 AT89S51 单片机并单击，打开 "Edit Component" 对话框，在 "Clock Frequency" 栏中设置单片机晶振频率，在 "Program File" 栏中选择伟福 6000 软件产生的目标代码文件（DGNDGKZQ.HEX），单击运行图标，运行仿真电路，仿真电路图如图 5-6 所示。

4) 在键盘扫描程序中，将按键去抖动和等待按键释放程序段删除，修改程序后上机调

模块 5　单片机接口电路及其应用

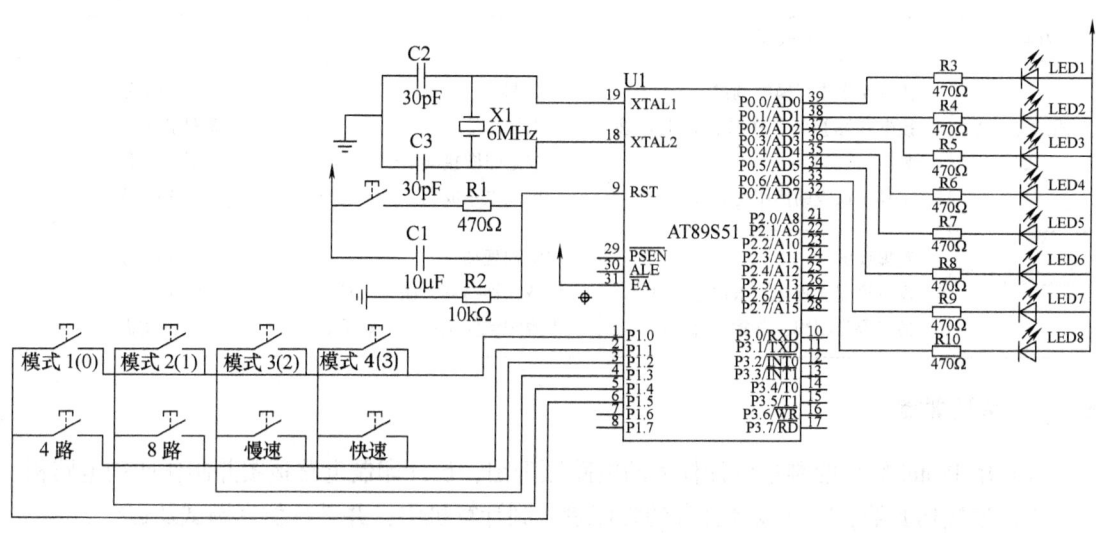

图 5-6　多功能 LED 灯光控制器仿真电路图

试运行，观察电路运行情况，并分析原因。

4．多功能 LED 灯光控制器的制作

1）将存盘后的 DGNDGKZQ.HEX 十六进制文件下载到 AT89S51 单片机中。

2）按电路原理图在万能电路板上按工艺要求布线，接线尽量用排线，焊接时间要短，并安装下载好的芯片。

3）按硬件图安装、接线，调试运行，分别按动各按键，观察各模式的运行状态。

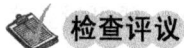检查评议

多功能 LED 灯光控制器安装调试考核表见表 5-2。

表 5-2　多功能 LED 灯光控制器安装调试考核表

内容/分	考核要求	评分标准		得分
实训准备 10	工具、材料、仪表准备完好 穿戴劳保用品	工具、材料、仪表未准备完好 未穿戴劳保用品	一项扣 2 分 扣 5 分	
电路设计 15	列出单片机最小系统 根据任务设计电路图	电路图设计不全或设计有错 输入、输出遗漏或错误 电路图表达不正确或画法不规范	每处扣 2 分 每处扣 1 分 每处扣 2 分	
程序设计 25	根据任务设计程序 编制正确的程序	程序有错 程序结构不合理，层次混乱	每处扣 2 分 酌情扣分	
程序的编译 及下载 20	程序存入 D 盘建立的文件 熟练操作并输入程序 将编译正确的程序下载到单片机	不能熟练操作输入程序 不会建立文件 程序未存盘 不会将程序下载到单片机	扣 2 分 扣 2 分 扣 2 分 扣 4 分	

（续）

内容/分	考核要求	评分标准		得分
调试与安装 20	按照要求进行模拟调试 按电路图接线，在模拟板上正确安装 工具、仪表的使用符合规范	不会调试 焊点松动 不按电路图接线 一次试电不成功	扣3分 每处扣1分 每处扣2分 扣15分	
安全文明生产 10	整理现场 设备仪器无损坏，未遗忘工具 遵守课堂纪律，尊重老师	未整理现场 设备仪器损坏，遗忘工具 不遵守课堂纪律，不尊重老师	扣10分 每项扣10分 取消实训	

考证要点

1）用 Protel 软件绘制本设计任务的电路原理图，设计印制电路板图并制作印制电路板。
2）连接仿真器，将本设计任务的程序输入到计算机中，并进行仿真调试及运行。
3）连接编程器，将通过仿真的程序代码下载到单片机中，脱机运行并观察电路运行情况。
4）在任务中自行设计几组亮灯数据，上机调试运行，观察电路运行情况。

任务2　密码锁控制器的设计及制作

任务描述

用单片机设计一个密码锁控制器，要求密码锁控制器工作稳定可靠，保密性高，实用性强，并具有报警控制功能。所设密码由8个字符组成（用户对程序稍加修改，便可设置为任意位数的密码），每位字符可为数字0~9及字母A~E中的任意一个，确保密码的保密性。

任务分析

在工业生产中，对于一些关键的控制核心部分，为防止非法进入并修改，需要设置密码电路，因此这里学习用单片机设计密码锁控制器。

相关知识

1. 4×4 矩阵式键盘的结构

4×4 矩阵式键盘适用于按键数量较多的场合，它由行线与列线组成，按键位于行、列的交叉点上。一个 3×3 的行列结构可以构成一个有 9 个按键的键盘。同理，一个 4×4 的行列结构可以构成一个有 16 个按键的键盘。很明显，在按键数量较多的场合，矩阵式键盘与独立式键盘相比，要节省很多 I/O 接口。图5-7所示为 4×4 矩阵式键盘。

4×4 矩阵式键盘可以节省 I/O 接口，但其按键的识别较复杂，也就是说，节省 I/O 接口是以增加软件工作量为代价的。

4×4 矩阵式键盘按键的识别由三个步骤组成：

模块5 单片机接口电路及其应用

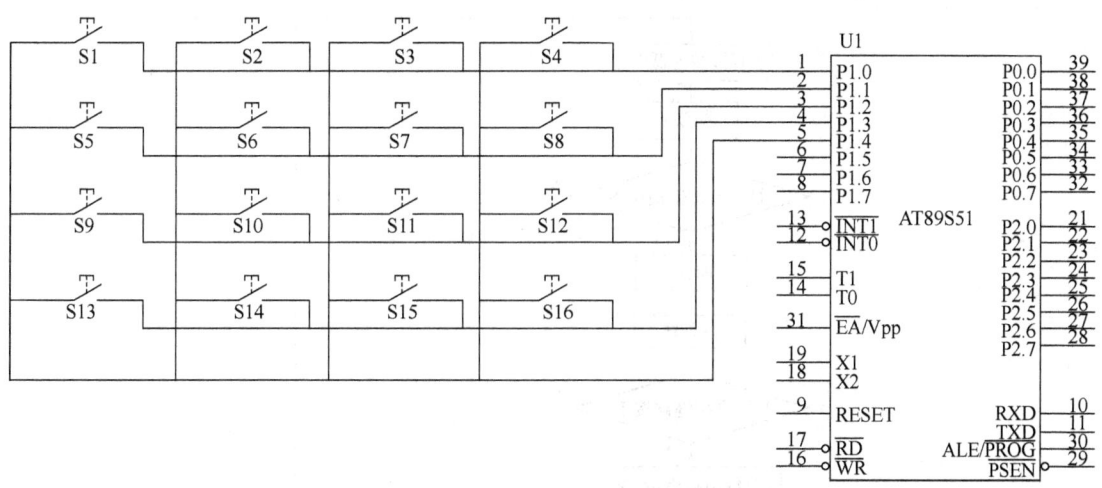

图 5-7　4×4 矩阵式键盘

1) 判断是否有按键被按下。
2) 按键的去抖动和窜键处理。
3) 按键的识别。

2. 4×4 矩阵式键盘的编程

（1）判断是否有按键被按下　首先，CPU 使所有的行线均为低电平，此时读取各列线的状态即可知道是否有按键被按下。当无按键被按下时，各行线与各列线相互断开，各列线仍保持高电平。当有按键被按下时，相应的行线与列线相连，该列线就变为低电平。由此可见，若各列线均为高电平，则无按键被按下；否则，有按键被按下。

（2）按键的去抖动和窜键处理　为了避免由按键抖动引起的 CPU 误动，一般需要进行按键的去抖动处理，最好的办法是使 CPU 在检测到有按键被按下时，延时 20ms 再进行扫描。

（3）按键的识别　当 CPU 发现有按键被按下时，应识别哪一个按键被按下，采用扫描法识别按键。

扫描法是指 CPU 依次对每一行进行扫描。首先，使被扫描的行为低电平，其他所有的行均为高电平，接着检测各列线的状态（称为"列码"）。若各列均为高电平（即列码为全1），则被按下的按键不在此行，继续扫描下一行；若列线不全为高电平（即列码为非全1），则被按下的按键在此行，根据行扫描码及列码就可知被按下的按键的坐标值（又称为位置码）。

例如，当 S6 被按下时，行扫描码 R3R2R1R0 = 1101，列码 C3C2C1C0 = 1101。位置码 = 11011101。于是得到了被按下的按键的位置码后，就可通过计算获取键号。

其流程图如图 5-8 所示。根据以上流程图，写出处理程序如下：

```
GETKEY: MOV     P1, #0F0H    ;低4位为0, 高4位送1, 以防误读
        MOV     A, P1        ;读高4位, 判断有无按键被按下
        ANL     A, #0F0H
        CJNE    A, #0F0H, DLY
        SJMP    GETKEY       ;无按键被按下, 继续检测
DLY:    LCALL   DLYMS        ;延时, 去抖动
```

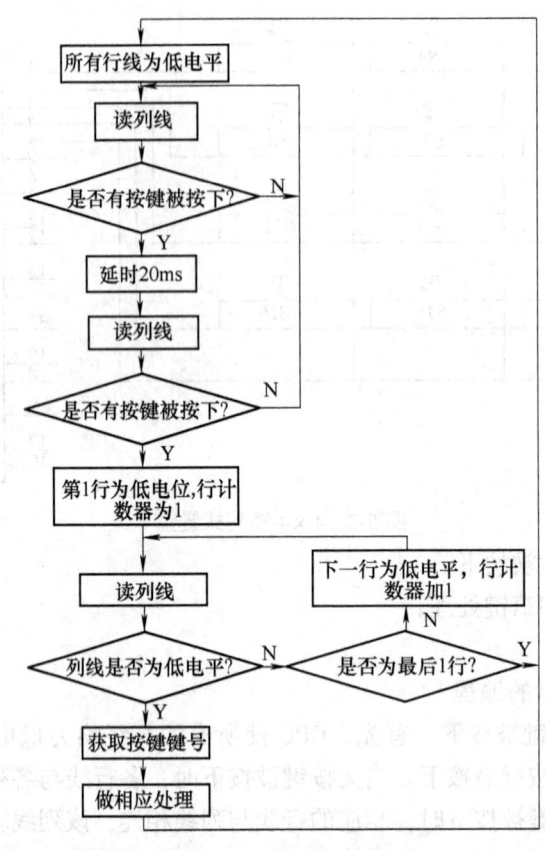

图 5-8 按键扫描流程图

```
            MOV     A, P1
            ANL     A, #0F0H
            CJNE    A, #0F0H, SCAN      ;再检测有无按键被按下
            SJMP    GETKEY
SCAN：      MOV     A, #0FEH
            MOV     R4, #01H            ;行计数器
SNEXT：     MOV     P1, A               ;某一行线拉低
            MOV     R1, A               ;暂存行码
            MOV     A, P1               ;读高4位，判断有无按键被按下
            ANL     A, #0F0H
            MOV     R2, A               ;读取的信息暂存R2中
            CJNE    A, #0F0H, GET       ;有按键被按下，获取键码
            MOV     A, R4
            CJNE    A, #04H, NXTL       ;是否为最后一行
            SJMP    GETKEY              ;是最后一行，重新检测
NXTL：      MOV     A, R1               ;不是最后一行，检测下一行
            RL      A
            INC     R4
```

	SJMP	SNEXT	
GET:	MOV	A, P1	;检测按键是否被释放
	ANL	A, #0F0H	
	CJNE	A, #0F0H, GET	;按键没被释放，继续检测
	MOV	A, R2	;列码送A，判断按键在哪列
	MOV	R3, #04H	
	CLR	C	
NEXTB:	RLC	A	;获取列号
	JNC	DLR	
	DEC	R3	
	SJMP	NEXTB	
DLR:	MOV	R2, #01H	
	MOV	A, R1	;取行码
NEXTR:	RRC	A	
	JNC	OVER	
	INC	R2	
	INC	R2	
	INC	R2	
	INC	R2	
	SJMP	NEXTR	
OVER:	MOV	A, R3	
	ADD	A, R2	;计算键号
	DEC	A	;调整键号
	DEC	A	
	LCALL	KEYPROC	;根据位置码做相应处理
	LJMP	GETKEY	;继续扫描键盘
DLYMS:	MOV	R6, #8FH	
INLP1:	MOV	R7, #60H	
INLP2:	NOP		
	DJNZ	R7, INLP2	
	DJNZ	R6, INLP1	
	RET		
	END		

任务准备

1）电工常用工具，每人一套。
2）电工操作台，两人一台。
3）装有伟福6000、Protues 7.5、Protel 99SE仿真器和下载软件的计算机，两人一套。
4）材料准备：密码锁控制器元器件明细表见表5-3。

表 5-3 密码锁控制器元器件明细表

序号	元器件名称	元器件型号/规格	元器件数量	备注
1	单片机芯片	AT89S51	1 片	DIP 封装
2	发光二极管	φ5（红、绿、蓝各一个）	3 只	普通型
3	晶振	6MHz	1 只	普通型
4	电容	30pF	2 只	瓷片电容
		10μF	1 只	电解电容
5	电阻	470Ω	4 只	碳膜电阻
		10kΩ	1 只	碳膜电阻
6	万能电路板	10cm×15cm	1 片	万能电路板
7	按键		16 只	无自锁
8	40 脚 IC 座		1 片	安装 AT89S51 芯片
9	细导线、焊锡		若干	

任务实施

1. 密码锁控制器电路设计

AT89S51 单片机的 P2 口作键盘口，其中 P2.4～P2.7 为键盘扫描输出线，P2.0～P2.3 为键盘扫描输入线。P1 口为信号输出口，其中 P1.0 输出开锁控制信号驱动电磁锁，P1.1 输出密码错信号，P1.2 输出报警控制信号驱动报警器。

键盘由 4×4 共 16 个按键组成，包括 15 个数字或字母键，1 个输入键。本任务程序所设密码由 8 个字符组成（用户对程序稍加修改，便可设置为任意位数的密码），每位字符可为数字 0～9 及字母 A～E 中的任意一个，确保密码的保密性。

通电复位，电路进入就绪状态，等待用户输入密码。当用户输入密码并按下输入按键 INPUT 后，由程序判断输入的密码是否正确。若输入的密码正确，则由 P1.0 输出开锁控制信号，同时点亮绿灯；若输入的密码错误，则由 P1.1 输出密码错误指示信号，点亮红灯，用户可再次输入密码；若连续 3 次输入密码错误，则由 P1.2 输出报警控制信号，同时点亮黄灯。一旦输出报警信号，就必须等待解除报警后方可重新输入密码。

根据以上任务分析设计出的密码锁控制器电路原理图如图 5-9 所示。

2. 密码锁控制器程序设计

程序开始向 P1 口输出 0FFH，使密码正确指示信号灯（P1.0）、密码错误指示信号灯（P1.1）和报警指示信号灯（P1.2）灭，然后进行初始化，将密码输入错误次数寄存器 R4 清"0"，将输入密码存储指针寄存器 R0 置为 1FH（即输入密码存储于片内 RAM 20H 单元开始的若干个单元中），将输入密码位数计数寄存器 R3 清"0"，接下来，进行键盘扫描及计算键号，并将其存于 B 中，再调用按键操作子程序。

在按键操作子程序中，按键扫描时首先将列线拉低行线锁存器置"1"，然后读取按键行线值，只要行线有低电平就进行按键去抖动处理，10ms 后再次读取行线值，若仍然有低电平，则认为有按键被按下。在确定有按键被按下后，再分别给各列依次送低电平，其他列为高电平，然后读行线值，若行线有低电平，则可知按键在这一行上；若没有，则进行下一列扫描。

模块5 单片机接口电路及其应用

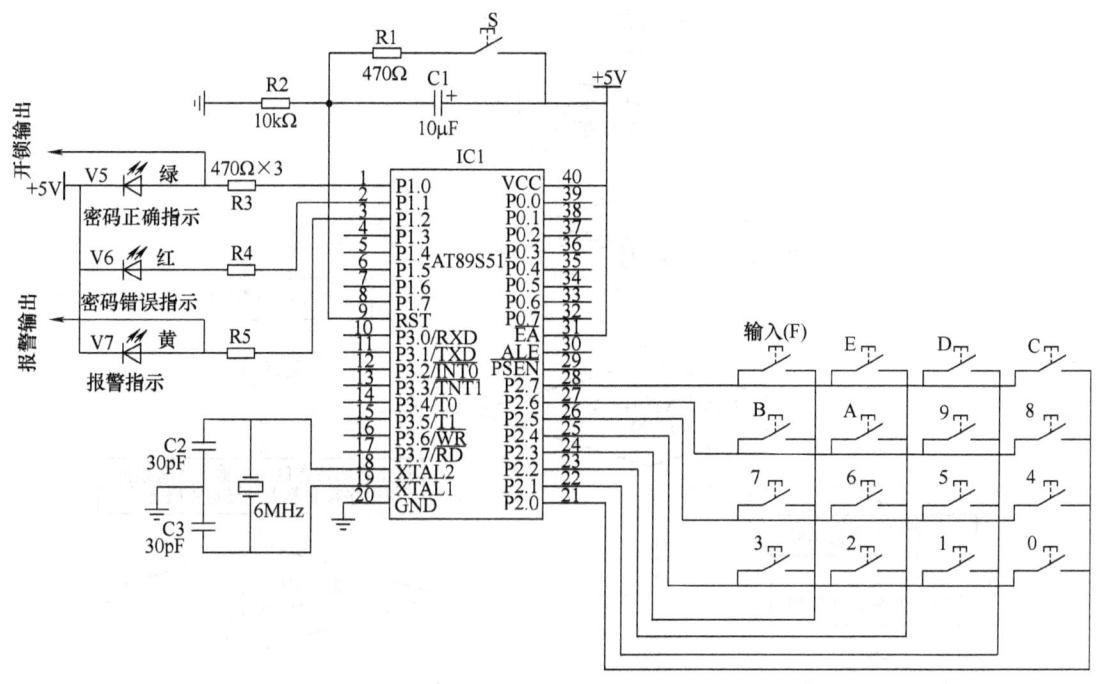

图 5-9 密码锁控制器电路原理图

扫描时将按键列值存入内存单元 51H 中，按键每增加一列，按键键值加 1；将按键行值存入内存单元 52H 中，按键每增加一行，按键键值加 4。每次在确定按键所在的行和列之后，根据键值 = 行线 ×4 + 列线，可得按键键号，然后将输入的按键号（即输入的密码字符）存于片内 RAM 的 20H 单元开始的密码暂存区中，再判断是不是输入按键（按键号为 F），若不是输入按键，则密码位数计数器 R3 加 1；若是输入按键，则表示密码输入结束。

接着将输入密码与存储在程序存储器中的设定密码进行比较。首先，判断输入密码位数是否为程序设定的 8 位（用户可修改），若不是 8 位，则不比较，密码错误指示灯点亮，将输入密码错误次数计数器 R4 加 1。其次，判断密码输入错误次数是否为 3 次，若达到 3 次，则输出报警信号，同时点亮报警指示灯，程序动态停机；若输入密码错误次数不到 3 次，则可再次重新输入密码。若输入密码位数为 8 位，则将暂存于片内 RAM 中的输入密码与设定密码逐位比较。若比较结果为输入密码与设定密码相同，则输出开锁信号，同时点亮密码正确指示灯，延时 3s 后重新锁定；若任何一位密码均不相同，则进行如前所述的密码错误处理操作。

按以上分析可得图 5-10 和图 5-11 所示的程序设计流程图。

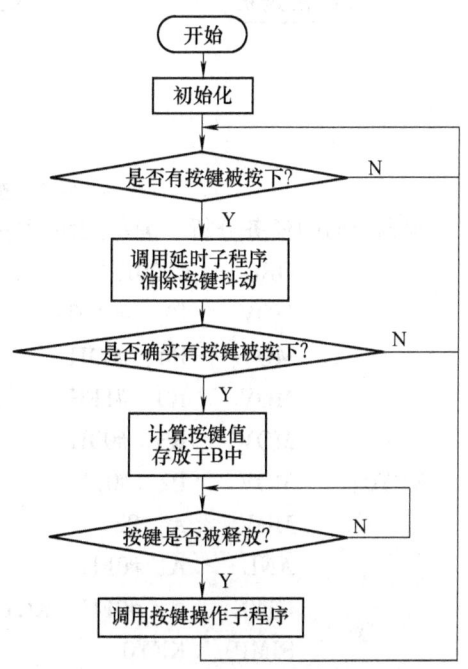

图 5-10 密码锁控制器主程序流程图

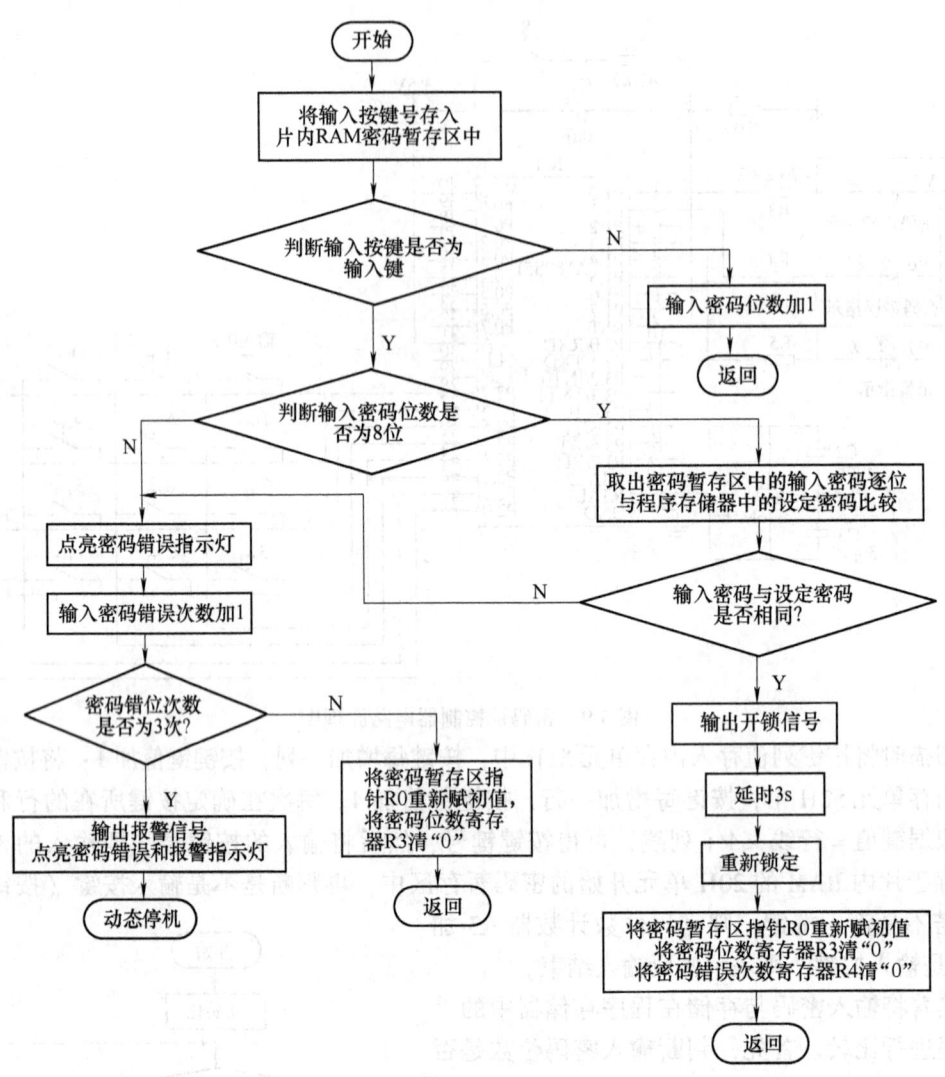

图 5-11 按键操作子程序流程图

根据前面的任务分析，编写的源程序如下：

```
        ORG   0000H            ;主程序
        MOV   P1, #0FFH        ;P1 口输出 0FFH
        MOV   R4, #00H         ;错误次数寄存器 R4 清 "0"
        MOV   R0, #1FH         ;密码暂存区指针 R0 初值为 1FH
        MOV   R3, #00H         ;密码位数寄存器 R3 清 "0"
KEY0:   MOV   P2, #0FH         ;键盘按行扫描初值
        MOV   A, P2            ;读 P2 口列线
        ANL   A, #0FH          ;屏蔽行线
        CJNE  A, #0FH, KEY1    ;行线不全为 1, 转 KEY1
        SJMP  KEY0             ;无按键被按下, 重新扫描
KEY1:   LCALL DELAY            ;有按键被按下, 延时去抖动
```

	MOV	P2, #0FH		;再次读取列线
	MOV	A, P2		
	ANL	A, #0FH		
	CJNE	A, #0FH, KEY2		;有按键被按下，转 KEY2
	SJMP	KEY		
KEY2:	MOV	A, #0EFH		;按行扫描初值
	MOV	50H, #00H		;循环初值
	MOV	51H, #00H		;行线初值
	MOV	52H, #00H		;列线初值
KEY3:	MOV	R2, A		;开始扫描
	MOV	P2, A		
	MOV	A, P2		;读取列线
	ANL	A, #0FH		;屏蔽行线
	CJNE	A, #0FH, KEY4		;有按键被按下，转 KEY4
KEY8:	INC	50H		;无按键被按下，循环次数加 1
	MOV	A, R2		;转下一行扫描
	SETB	C		;C 位置 "1"
	RLC	A		;带 C 位左移循环
	JC	KEY3		;C 位不为 1，则扫描继续
	SJMP	KEY		;C 位为 1，则 4 行扫描结束，重新开始
KEY4:	CJNE	A, #0EH, KEY5		;不是第 0 列，则转 KEY5
	MOV	51H, #00H		;是第 0 列，则列值为 0
	MOV	52H, 50H		;行值送 52H
	SJMP	ZHI		;转计算键值
KEY5:	CJNE	A, #0DH, KEY6		;不是第 1 列，则转 KEY6
	MOV	51H, #01H		;是第 1 列，则列值为 1
	MOV	52H, 50H		;行值送 52H
	SJMP	ZHI		;转计算键值
KEY6:	CJNE	A, #0BH, KEY7		;不是第 2 列，则转 KEY7
	MOV	51H, #02H		;是第 2 列，则列值为 2
	MOV	52H, 50H		;行值送 52H
	SJMP	ZHI		;转计算键值
KEY7:	CJNE	A, #07H, KEY8		;不是第 3 列，则转 KEY8
	MOV	51H, #03H		;是第 3 列，则列值为 3
	MOV	52H, 50H		;行值送 52H
	SJMP	ZHI		;转计算键值
ZHI:	MOV	A, 52H		;行值送 A
	RL	A		;行值×4+列值
	RL	A		

```
                ADD     A, 51H
                MOV     B, A                    ; 键值送 B 保存
KEY9：          MOV     A, P2                   ; 判断按键是否被释放
                ANL     A, #0FH
                CJNE    A, #0FH, KEY9
                LCALL   OPERAT                  ; 调用按键操作子程序
                LJMP    KEY
                ORG     0100H                   ; 按键操作子程序
OPERAT：        INC     R0                      ; 密码暂存区指针加 1
                MOV     A, B                    ; 键值送入 A
                MOV     @R0, A                  ; 输入密码暂存片内 RAM
                CJNE    A, #0FH, COUNT          ; 判断按键是否为输入键，若不是，则转 COUNT
                CJNE    R3, #08H, ERROR         ; 判断密码是否为 8 位，若不是，则转 ERROR
                MOV     R1, #20H                ; 将 R1 置 20H
                MOV     B, #00H                 ; 密码数据索引表清 "0"
                MOV     DPTR, #TAB              ; 密码表首地址送 DPTR
LOOP1：         MOV     A, B                    ; 索引值送 A
                MOVC    A, @A+DPTR              ; 查表取得设定密码数据
                CLR     C                       ; C 位清 "0"
                SUBB    A, @R1                  ; 输入密码与设定密码比较
                JNZ     ERROR                   ; 若不相等，则转至 ERROR
                INC     R1
                INC     B
                DJNZ    R3, LOOP1               ; 逐位比较
OPEN：          MOV     P1, #0FEH               ; 若相等，则输出开锁信号
                LCALL   DEL                     ; 开锁延时 3s
                MOV     P1, #0FFH               ; 重新锁定
                MOV     R0, #1FH                ; 密码暂存区指针 R0 初值为 1FH
                MOV     R3, #00H                ; 密码位数寄存器 R3 清 "0"
                MOV     R4, #00H                ; 密码错误次数寄存器 R4 清 "0"
                RET
ERROR：         MOV     P1, #0FDH               ; 输出输入密码错误信号
                INC     R4                      ; 密码错误次数加 1
                CJNE    R4, #03H, AGAIN         ; 若不够 3 次，则转 AGAIN
ALARM：         MOV     P1, #0F9H               ; 3 次错误输出报警信号
                LJMP    $                       ; 动态停机
AGAIN：         MOV     R0, #1FH                ; 不够 3 次时重新输入密码，R0 赋初值 1FH
                MOV     R3, #00H                ; R3 清 "0"
                RET
```

COUNT：	INC	R3		；输入密码位数加 1
	RET			
	ORG	0200H		；按键延时去抖动子程序
DELAY：	MOV	R6，#1EH		
DELA1：	MOV	R7，#64H		
DELA2：	DJNZ	R7，DELA2		
	DJNZ	R6，DELA1		
	RET			
	ORG	0250H		；开锁延时子程序
DEL：	MOV	R5，#06H		
DEL1：	MOV	R6，#0FAH		
DEL2：	MOV	R7，#0FAH		
DEL3：	NOP			
	NOP			
	DJNZ	R7，DEL3		
	DJNZ	R6，DEL2		
	DJNZ	R5，DEL1		
	RET			
TAB：	DB	01H，03H，05H，07H，02H，04H，06H，08H；设定密码数据表		
	END			

3. 密码锁控制器程序的调试

1）源程序的输入、编辑及编译。运行伟福 6000 软件，新建以"密码锁控制器"为名称的项目文件并保存；新建以 MMS.ASM 为名称的文档，并将 MMS.ASM 文档添加到以"密码锁控制器"为名称的项目文件中。汇编源程序，并生成以 MMS.HEX 为名称的十六进制目标代码文件。

2）调试程序。在调试过程中打开工作寄存器窗口、特殊功能寄存器窗口和片内 RAM 窗口，进行程序运行时各输入端口状态的设置，观察程序运行过程中各相关单元的值。

在调试程序时，先用单步或跟踪运行，在程序调试通过后再用全速运行。打开工作寄存器窗口、特殊功能寄存器窗口，执行"自动跟踪/单步"，观测 A 中内容的变化。

3）电路仿真。利用 Proteus 软件绘制出的密码锁控制器仿真图，选中 AT89S51 单片机并单击，打开"Edit Component"对话框，在"Clock Frequency"栏中设置单片机晶振频率，在"Program File"栏中选择伟福 6000 软件产生的目标代码文件（MMS.HEX 文件），单击运行图标，运行仿真电路，密码正确时仿真电路图如图 5-12 所示。

4）在本任务中将密码位数修改为 10 位并自行设计一组密码，修改程序后上机调试运行，观察电路运行情况。

5）在本任务的键盘扫描程序中，将按键去抖动和等待按键释放程序段删除，修改程序后上机调试运行，观察电路运行情况，并分析原因。

4. 密码锁控制器的制作

1）将存盘后的 MMS.HEX 十六进制文件下载到 AT89S51 单片机中。

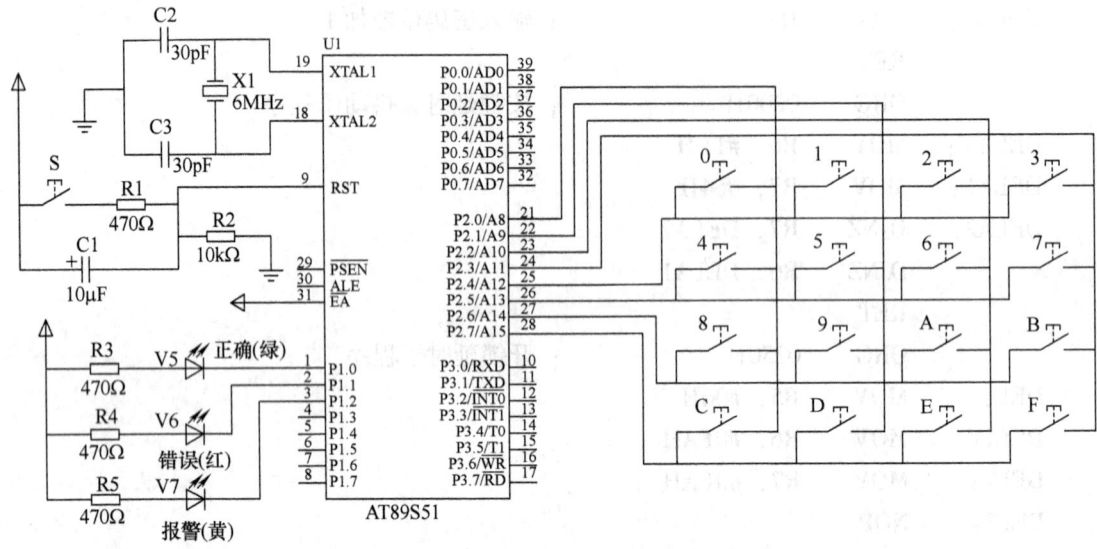

图 5-12 密码锁仿真电路图

2）按电路原理图在万能电路板上按工艺要求布线，因按键较多，必须先布置芯片，然后布置按键，焊接时锡焊时间不要太长，以免短路，然后安装单片机。

3）按硬件电路图调试运行，分别输入不同的密码，观察绿、红、黄灯哪个亮。

**检查评议**

密码锁控制器安装调试考核表见表5-4。

表 5-4 密码锁控制器安装调试考核表

内容/分	考核要求	评分标准		得分
实训准备 10	工具、材料、仪表准备完好 穿戴劳保用品	工具、材料、仪表未准备完好 未穿戴劳保用品	一项扣 2 分 扣 5 分	
电路设计 15	列出单片机最小系统 根据任务设计电路图	电路图设计不全或设计有错 输入、输出遗漏或错误 电路图表达不正确或画法不规范	每处扣 2 分 每处扣 1 分 每处扣 2 分	
程序设计 25	根据任务设计程序 编制正确的程序	程序有错 程序结构不合理，层次混乱	每处扣 2 分 酌情扣分	
程序的编译及下载 20	程序存入 D 盘建立的文件 熟练操作并输入程序 将编译正确的程序下载到单片机	不能熟练操作输入程序 不会建立文件 程序未存盘 不会将程序下载到单片机	扣 2 分 扣 2 分 扣 2 分 扣 4 分	
调试与安装 20	按照要求进行模拟调试，达到设计要求 按电路图接线，在模拟板上正确安装 工具、仪表的使用符合规范	不会调试 焊点松动 不按电路图接线 一次试电不成功	扣 3 分 每处扣 1 分 每处扣 2 分 扣 15 分	

(续)

内容/分	考核要求	评分标准	得分
安全文明生产 10	整理现场 设备仪器无损坏，未遗忘工具 遵守课堂纪律，尊重老师	未整理现场　　　　　　扣 10 分 设备仪器损坏，遗忘工具　每项扣 10 分 不遵守课堂纪律，不尊重老师　取消实训	

  问题及防治

矩阵式键盘的调试

矩阵式键盘的工作方式为扫描工作方式，其扫描数据是在时刻变化的，不便于观测，因而在调试中应与仿真器结合，按先静态后动态的顺序进行。

第一步，通过仿真器向扫描线输出口写数据，使每一条扫描线分别输出为低电平，通过示波器观察其实际的电平是否与输出的数据一致，若有问题，则查明原因，并调试至一致。

第二步，使其中一条扫描线输出为低电平，读列线输入端口的数据，应全为 1，让该线上的每一个按键分别动作，每动作一次，读一次数据，相应的位为 0，其他位为 1，这样完成一条扫描线的调试，依次重复测试每一条扫描线。

第三步，编写一段动态扫描的子程序，检查动态扫描的结果。

矩阵式键盘键号的识别——反转法

通过对扫描法的介绍，我们不难发现扫描法要逐行（列）扫描查询，当所按下的按键在最后一行（列）时，要经过多次扫描才能获得键值。当采用反转法时，只要经过两个步骤即可获得键值。这两个步骤具体如下：

第一步，将 R0～R3 编程为输入线，将 C0～C3 编程为输出线，并使输出 C3C2C1C0 = 0000，此时读 R3R2R1R0 即得行扫描码，例如，当 S6 被按下时，行扫描码 R3R2R1R0 = 1101。

第二步，将 R0～R3 编程为输出线，将 C0～C3 编程为输入线，并使输出 R3R2R1R0 = 0000，此时读 C3C2C1C0 即得列码，例如，当 S6 被按下时，列码 C3C2C1C0 = 1101。

第三步，根据位置码（行扫描码和列码）通过计算就可得到它的键号。

 考证要点

1. 分析程序

（1）在本任务的键盘扫描程序中，将按键去抖动和等待按键释放程序段删除，修改程序后上机调试运行，观察电路运行情况，并分析原因。

（2）分析本任务中的键盘扫描及处理程序，并分析键值的计算方法，考虑是否还能用其他方法来编写键盘扫描程序。

（3）图 5-13 所示为设计出的一个 2×2 行列式键盘电路。根据编写的键盘扫描子程序，写出注释内容。

其中，键盘扫描子程序如下：

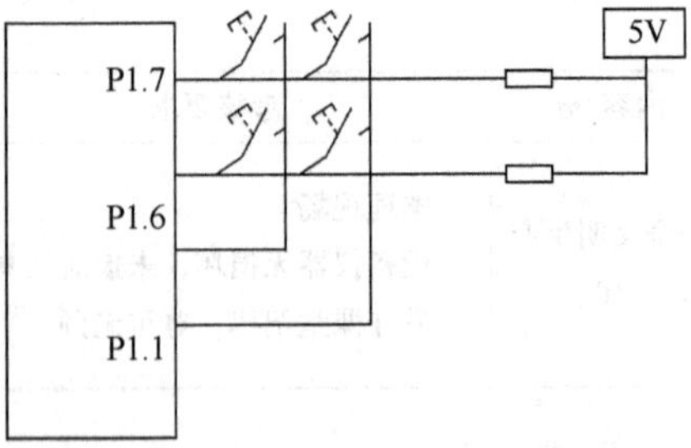

```
KEY1:   ACALL   KS1
        JNZ     LK1
        AJMP    KEY1
LK1:    ACALL   T12MS
        ACALL   KS1
        JNZ     LK2
        AJMP    KEY1
LK2:    MOV     R4,#00H
        MOV     R2,#0FEH
LK4:    MOV     A,R2
        MOV     P1,A
        MOV     A,P1
        JB      ACC.0,LONE
        MOV     A,#00H
        AJMP    LKP
LONE:   JB      ACC.1,NEXT
        MOV     A,#02
LKP:    ADD     A,R4
        PUSH    ACC
LK3:    ACALL   KS1
        JNZ     LK3
        POP     ACC
        RET
NEXT:   INC     R4
        MOV     A,R2
        JNB     ACC.1,KND
        RL      A
        MOV     R2,A
        AJMP    LK4
        AJMP    KEY1
        MOV     A,#0FCH
        MOV     P1,A
        MOV     A,P1
        CP1     A
        ANL     A,#0C0H
        RET
```

图 5-13　2×2 行列式键盘电路

2. 技能训练

（1）用 Protel 软件绘制出本设计任务的电路原理图，设计印制电路板图并制作印制电路板。

(2) 连接仿真器，将本设计任务的程序输入到计算机中，并进行仿真调试及运行。
(3) 连接编程器，将通过仿真的程序代码下载到单片机中，脱机运行并观察电路运行情况。

单元 2　显示器接口电路及其应用

知识目标

理解数码管动态显示的有关知识。

技能目标

1. 掌握单片机控制的数字电子钟电路的设计方法。
2. 掌握单片机控制的数字电子钟软件的设计方法。
3. 掌握单片机控制的数字电子钟的安装和调试方法。

任务　数码管动态显示及数字电子钟的设计及制作

任务描述

设计一个由单片机控制的数字电子钟，由4个按键进行当前时间的调节，由4个数码管显示当前时间的时和分。其中，4个按键采用独立式按键，4个数码管采用动态显示方式。

任务分析

在本任务中，用4个数码管显示当前时间的时和分，由于数码管个数较多，若采用静态显示方式，则占用单片机的I/O口线太多；若采用定时器/计数器的串行移位寄存器工作方式及外接串入并出移位寄存器74LS164的方式，则电路复杂。所以，在数码管个数较多时，常采用动态显示方式。

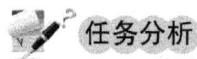相关知识

1. 数码管动态显示电路

图5-14所示为单片机控制的电子钟电路。它是单片机应用系统中的一种数码管动态显示电路，其中4个数码管的阳极并联在一起组成共阳极控制。

2. 数码管动态显示电路的结构

由一个8位I/O口（P1口）输出的字形码控制显示某一字形，每个数码管的公共端由另外一个I/O口（P0口）输出的字位码控制，即数码管显示的字形是由单片机P1口输出的字形码确定的，而哪个数码管点亮则是由单片机P0口输出的字位码确定的。

数码管有共阴极和共阳极两种，对于共阳极数码管，字形驱动输出0有效，字位驱动输出1有效；而共阴极数码管则相反，即字形驱动输出1有效，字位驱动输出0有效。

任务准备

1）电工常用工具，每人一套。

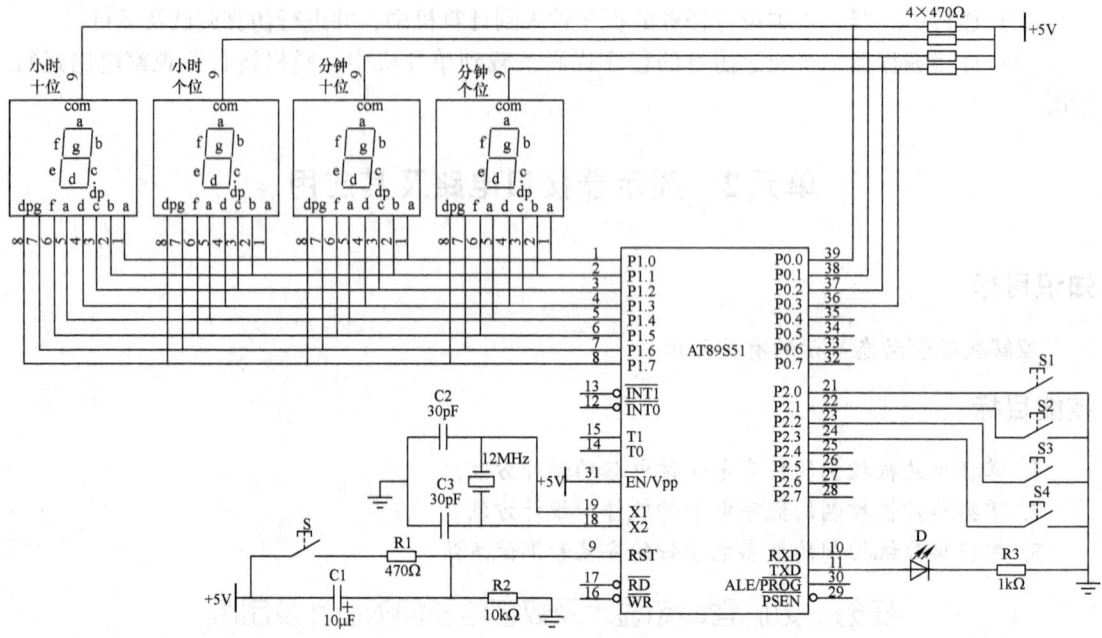

图 5-14 单片机控制的电子钟电路

2）电工操作台，两人一台。

3）装配有伟福 6000、Proteus 软件的计算机、仿真器及下载设备，两人一套。

4）材料准备：单片机控制的数字电子钟制作元器件明细表见表 5-5。

表 5-5 单片机控制的数字电子钟制作元器件明细表

序号	元器件名称	元器件型号/规格	元器件数量	备注
1	单片机芯片	AT89S51	1 片	DIP 封装
2	发光二极管	φ5	1 只	普通型
3	晶振	12MHz	1 只	普通型
4	电容	30pF	2 只	瓷片电容
		10μF	1 只	电解电容
5	电阻	470Ω	5 只	碳膜电阻
		10kΩ	1 只	碳膜电阻
		1kΩ	1 只	碳膜电阻
6	万能电路板	10cm×15cm	1 片	万能电路板
7	按键		5 只	无自锁
8	七段数码管	LG5011BSR	4 只	共阳极
9	40 脚 IC 座		1 片	安装 AT89S51 芯片
10	细导线、焊锡		若干	

任务实施

1. 数字电子钟电路原理图的设计

接于 P2.0 ~ P2.3 的 4 个按键 S1 ~ S4 为当前时间调节按键，其中 S1 为时间调节开始按

模块 5 单片机接口电路及其应用

键，S2 为小时调节按键，S3 为分钟调节按键；按下 S1 进入时间调节状态，每按一次 S2 小时加 1，每按一次 S3 分钟加 1，按下 S4 则退出时间调节状态。

4 个数码管用于显示当前时间的时和分，采用动态显示方式，由 P1 口接 4 个数码管的八段，P0 口分别接 4 个数码管的公共端，P1 口输出数码管的字形码，P0 口输出数码管的字位码。接于 P3.0 的 LED 作秒指示，每秒钟亮或灭一次。

根据以上任务分析及相关知识设计出的数字电子钟电路原理图如图 5-14 所示。

2. 数字电子钟程序的设计

在本任务中，晶体振荡器频率为 12MHz，定时时间为 50ms，T0 工作方式 1，则 T0 的初值为

$X = $（最大计数值 M – 定时时间 t/ 机器周期 T_M）= 2^{16} – 50ms/1μs = 15536 = 3CB0H

(1) 存储单元的分配

1) 30H 单元为小时十位显示单元；31H 单元为小时个位显示单元。

2) 32H 单元为分钟十位显示单元；33H 单元为分钟个位显示单元。

3) 34H 单元为小时计数单元；35H 单元为分钟计数单元。

4) 36H 单元为秒计数单元；37H 单元为 50ms 计数单元。

(2) 主程序的设计 由于用到了 T0 中断，所以按中断系统的编程结构在 0000H 处放置一条长跳转指令 "LJMP START" 跳转到主程序入口处，在 T0 的中断入口地址 000BH 处放置一条长跳转指令 "LJMP T0INT" 跳转到 T0 中断服务程序处。

在主程序运行过程中还要用到一些存储单元的初始化 T0 的初始化以及时间显示和进行 S1 扫描。

首先，进行存储单元初始化，给数码管显示单元 30H ~ 33H 赋 "00.00" 字形数据，将时间计数单元 34H ~ 37H 清 "0"。然后，进行 T0 的初始化，设置 T0 的功能、工作方式及启动方式，给 T0（定时 50ms）赋初值，开启 T0 中断及启动 T0 开始工作。之后，调用数码管显示数据转换子程序和数码管动态显示子程序，最后进行 S1（进入时间调节状态）扫描。

主程序不断调用数码管显示数据转换子程序、数码管动态显示子程序及进行 S1 扫描循

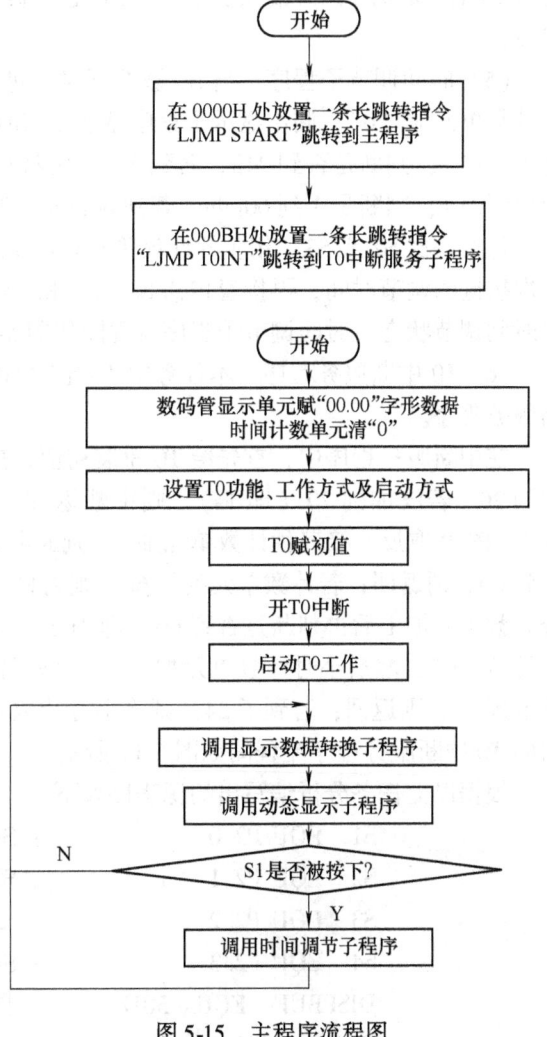

图 5-15 主程序流程图

环操作，等待T0中断。主程序流程图如图5-15所示。

（3）数码管显示数据转换子程序CONV　由于时、分计数单元存放的是二进制数，而用户熟悉的是十进制数，所以应将时、分计数单元中的二进制数转换为十进制数，即BCD码。要通过数码管显示出当前时间，还必须将BCD码进一步转换为七段码，转换的最终数据存放于显示缓冲区30H～33H单元中，其中30H单元存放小时的十位七段码，31H单元存放小时的个位七段码，32H单元存放分的十位七段码，33H单元存放分的个位七段码。

（4）数码管动态显示子程序　本任务由P1口输出字形码，P0口输出字位码。先将存放于30H单元的小时十位七段码由P1口输出，同时P0输出使小时十位显示数码管点亮的字位码。由于采用的是共阳极数码管，所以只有该位数码管对应的P0.0位为1，其他位P0.1～P0.3为0，点亮延时10ms。然后P1口输出小时个位的七段码，P0.1为1，小时个位数码管点亮，延时10ms。接着P1口输出分钟十位的七段码，P0.2为1，分钟十位数码管点亮，延时10ms。最后P1口输出分钟个位的七段码，P0.3为1，分钟个位数码管点亮，延时10ms。

（5）时间调节子程序　当S1被按下时，进入时间调节状态。首先使T0停止工作，将秒计数单元清"0"，调用显示子程序显示当前时间，然后扫描键盘；当S2被按下时，时计数单元加1，判断是否到24h，若到24h，则将小时计数单元清"0"；当S3被按下时，分计数单元加1，判断是否到60min，若到60min，则将分计数单元清"0"。

每按一次S2或S3，相应的计数单元只加1，同时调用数据转换和显示子程序，以显示每次按键的调节时间，再接着扫描S2、S3和S4。当按下S4时，开启T0，子程序返回，退出时间调节状态。时间调节子程序流程图如图5-16所示。

（6）T0中断服务程序　本任务中T0定时50ms，每到50ms，T0产生一次中断，进入中断服务程序。

在中断服务程序中，首先给T0重装初值，然后50ms计数单元加1，判断计数单元是否加到20，若没加到20（即1s），则中断返回；若加到了20，则首先将50ms计数单元清"0"，P3.0取反，接着秒计数单元加1，判断秒计数单元是否到60（即1min）。若计数单元没到60，则返回；若计数单元到了60，则将秒计数单元清"0"，然后分计数单元加1。在分计数单元加1后再判断是否到60（即1h），若没到60，则返回，若到了60，则将分计数单元清"0"，然后小时计数单元加1。在小时计数单元加1后再判断是否到24（即1天），若没到24，则返回；若到了24，则将小时计数单元清"0"，然后返回。按以上任务分析作出的T0中断服务程序流程图如图5-17所示。

根据以上任务分析编写出的源程序如下：

```
        S1     EQU  P2.0        ;S1引脚定义
        S2     EQU  P2.1        ;S2引脚定义
        S3     EQU  P2.2        ;S3引脚定义
        S4     EQU  P2.3        ;S4引脚定义
        DISPBUF  EQU  30H       ;显示缓冲区首地址定义
        HOUR   EQU  34H         ;小时存放单元
        MIN    EQU  35H         ;分存放单元
        SEC    EQU  36H         ;秒存放单元
```

模块 5　单片机接口电路及其应用

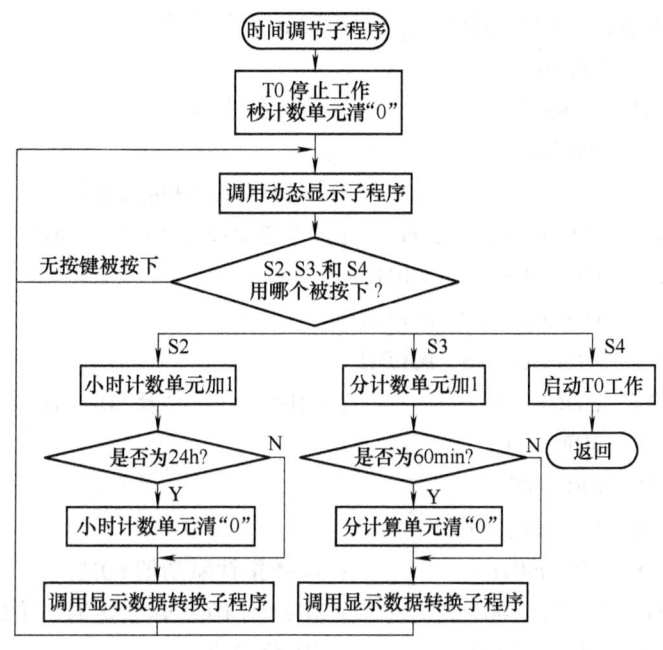

图 5-16　时间调节子程序流程图

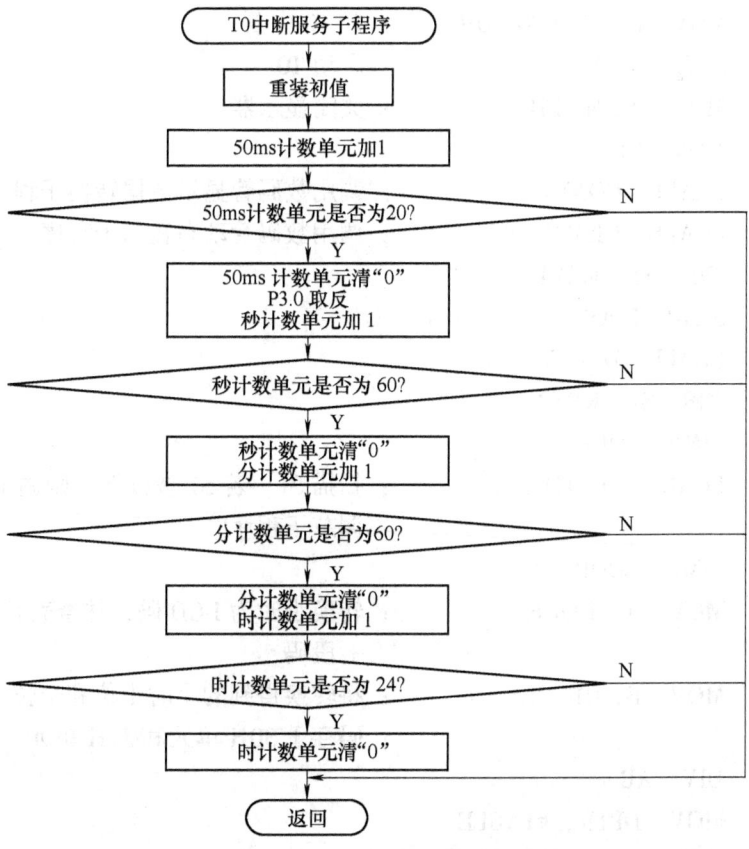

图 5-17　T0 中断服务程序流程图

```
              COUNT   EQU    37H              ;50ms 计数单元
              ORG     0000H
              LJMP    START                   ;跳转到主程序
              ORG     000BH
              LJMP    T0INT                   ;跳转到 T0 中断服务程序
START:        MOV     DISPBUF, #0C0H          ;4 个数码管显示 "00.00" 字形数据
              MOV     DISPBUF+1, #40H
              MOV     DISPBUF+2, #0C0H
              MOV     DISPBUF+3, #0C0H
              MOV     HOUR, #0                ;给时、分、秒及 50ms 计数单元赋初值 0
              MOV     MIN, #0
              MOV     SEC, #0
              MOV     COUNT, #0
              MOV     SP, #60H                ;堆栈指针赋初值 60H
              MOV     TMOD, #01H              ;初始化 T0 工作于定时、方式 1、软启动
              MOV     TH0, #3CH               ;T0 赋初值
              MOV     TL0, #0B0H
              MOV     IE, #10000010B          ;开 T0 中断
              SETB    TR0                     ;启动 T0
              MOV     A, #0FFH                ;关闭显示器
              MOV     P1, A
LOOP:         LCALL   CONV                    ;调用数码管显示数据转换子程序 CONV
              LCALL   DISPSCAN                ;调用数码管动态显示子程序
              JNB     S1, KEY1
              SJMP    LOOP
KEY1:         LCALL   DELAY
              JNB     S1, KEY2
              SJMP    LOOP
KEY2:         LCALL   SETTIME                 ;扫描 S1,若 S1 被按下,则调用时间
                                              ;调节子程序
              SJMP    LOOP
CONV:         MOV     A, HOUR                 ;转换小时为 BCD 码,并查表转换为
                                              ;七段码
              MOV     B, #10                  ;将转换得到的小时十位和个位七段
                                              ;码存于 30H 单元和 31H 单元
              DIV     AB
              MOV     DPTR, #TABLE
              MOVC    A, @A+DPTR
              MOV     DISPBUF, A
```

```
            MOV    A, B
            MOV    DPTR, #TABLE1
            MOVC   A, @A+DPTR
            MOV    DISPBUF+1, A
            MOV    A, MIN            ;转换分为 BCD 码,并查表转换为七
                                     ;段码
            MOV    B, #10            ;将转换得到的分十位和个位七段码
                                     ;存于 32H 单元和 33H 单元
            DIV    AB
            MOV    DPTR, #TABLE
            MOVC   A, @A+DPTR
            MOV    DISPBUF+2, A
            MOV    A, B
            MOVC   A, @A+DPTR
            MOV    DISPBUF+3, A
            RET
DISPSCAN:   MOV    R0, #DISPBUF      ;将显示缓冲区首地址 30H 送 R0
            MOV    R2, #4            ;将循环次数 4 送 R2
            MOV    A, #01H           ;将数码管显示字位码初值 01H 送 A
SC:         PUSH   ACC
            MOV    A, @R0
            MOV    P1, A             ;经 P1 口输出一个字形码
            POP    ACC
            MOV    P0, A             ;经 P0 口输出一个字位码
            LCALL  DELAY1            ;调用显示延时子程序
            RL     A                 ;字位码左移一位
            INC    R0                ;显示缓冲区地址加 1
            DJNZ   R2, SC            ;4 个数码管循环显示一次
            RET
SETTIME:    CLR    TR0               ;T0 暂停工作
            MOV    SEC, #0           ;秒计数单元清"0"
L0:         LCALL  DISPSCAN          ;调用动态显示子程序
            JB     S2, L1            ;若 S2 被按下,则小时计数单元加 1
            JNB    S2, $
            INC    HOUR
            MOV    A, HOUR
            CJNE   A, #24, L11       ;若小时计数单元为 24,则将其清"0"
            MOV    HOUR, #0
L11:        LCALL  CONV              ;调用数码管显示数据转换子程序
```

```
              LCALL   DISPSCAN        ;调用数码管动态显示子程序
              SJMP    L0              ;继续扫描时间调节按键
       L1：   JB      S3, L2          ;若S3被按下,则分计数单元加1
              JNB     S3, $
              INC     MIN
              MOV     A, MIN
              CJNE    A, #60, L21     ;若分计数单元为60,则将其清"0"
              MOV     MIN, #0
       L21：  LCALL   CONV
              LCALL   DISPSCAN
              SJMP    L0
       L2：   JB      S4, L0          ;若S4被按下,则退出时间调节状态
              JNB     S4, $
              SETB    TR0
              RET
       T0INT：PUSH    ACC
              MOV     TH0, #3CH       ;T0重装初值
              MOV     TL0, #0B0H
              INC     COUNT           ;50ms计数单元加1
              MOV     A, COUNT
              CJNE    A, #20, TT1     ;若50ms计数单元为20(即1s),则
                                      ;将其清0,同时秒计数单元加1
              MOV     COUNT, #0
              CP1     P3.0            ;P3.0取反
              INC     SEC
              MOV     A, SEC
              CJNE    A, #60, TT1     ;若秒计数单元为60,则分计数单元加
                                      ;1,同时秒计数单元清"0"
              MOV     SEC, #0
              INC     MIN
              MOV     A, MIN
              CJNE    A, #60, TT1     ;若分计数单元为60,则小时计数单元
                                      ;加1,同时分计数单元清"0"
              MOV     MIN, #0
              INC     HOUR
              MOV     A, HOUR
              CJNE    A, #24, TT1     ;若小时计数单元为24,则将其清"0"
              MOV     SEC, #0
              MOV     MIN, #0
```

```
                MOV    HOUR, #0
TT1:            POP    ACC
                RETI
DELAY:          MOV    R6, #50           ;10ms 延时子程序
D1:             MOV    R7, #100
                DJNZ   R7, $
                DJNZ   R6, D1
                RET
DELAY1:         MOV    R6, #5            ;1ms 延时子程序
D2:             MOV    R7, #100
                DJNZ   R7, $
                DJNZ   R6, D2
                RET
TABLE:          DB     0C0H, 0F9H, 0A4H, 0B0H, 99H
                                         ;不带点的七段码数据表
                DB     92H, 82H, 0F8H, 80H, 90H
                DB     88H, 83H, 0C6H, 0A1H, 86H
                DB     8EH
TABLE1:         DB     40H, 79H, 24H, 30H, 19H
                                         ;带点的七段码数据表
                DB     12H, 02H, 78H, 00H, 10H
                DB     08H, 03H, 46H, 21H, 06H
                DB     0EH
                END
```

3. 单片机控制的电子钟程序的调试

1) 源程序的输入、编辑及编译。运行伟福 6000 软件，新建以"单片机控制的电子钟"为名称的项目文件并保存；新建以 DZZ.ASM 为名称的文档，并将 DZZ.ASM 文档添加到以"单片机控制的电子钟"为名称的项目文件中。汇编源程序，并生成以 DZZ.HEX 为名称的十六进制文件。

2) 调试程序。在调试过程中打开工作寄存器窗口、特殊功能寄存器窗口和片内 RAM 窗口，进行程序运行时各输入端口状态的设置，观察程序运行过程中各相关单元的值。

在调试程序时，先单步或跟踪运行，在程序调试通过后再用全速运行。打开工作寄存器窗口，执行"自动跟踪/单步"，观测寄存器 A 中内容的变化。

3) 用 Proteus 软件模拟仿真。利用 Proteus 软件绘制出单片机控制的电子钟仿真电路图，选中 AT89S51 单片机并单击，打开"Edit Component"对话框，在"Clock Frequency"栏中设置单片机晶振频率，在"Program File"栏中选择伟福 6000 软件产生的目标代码文件（DZZ.HEX 文件），单击运行图标，运行仿真电路。仿真电路图如图 5-18 所示。

4) 修改数码管动态显示子程序中每个数码管的点亮时间，修改程序后上机调试运行，并观察电路运行情况。

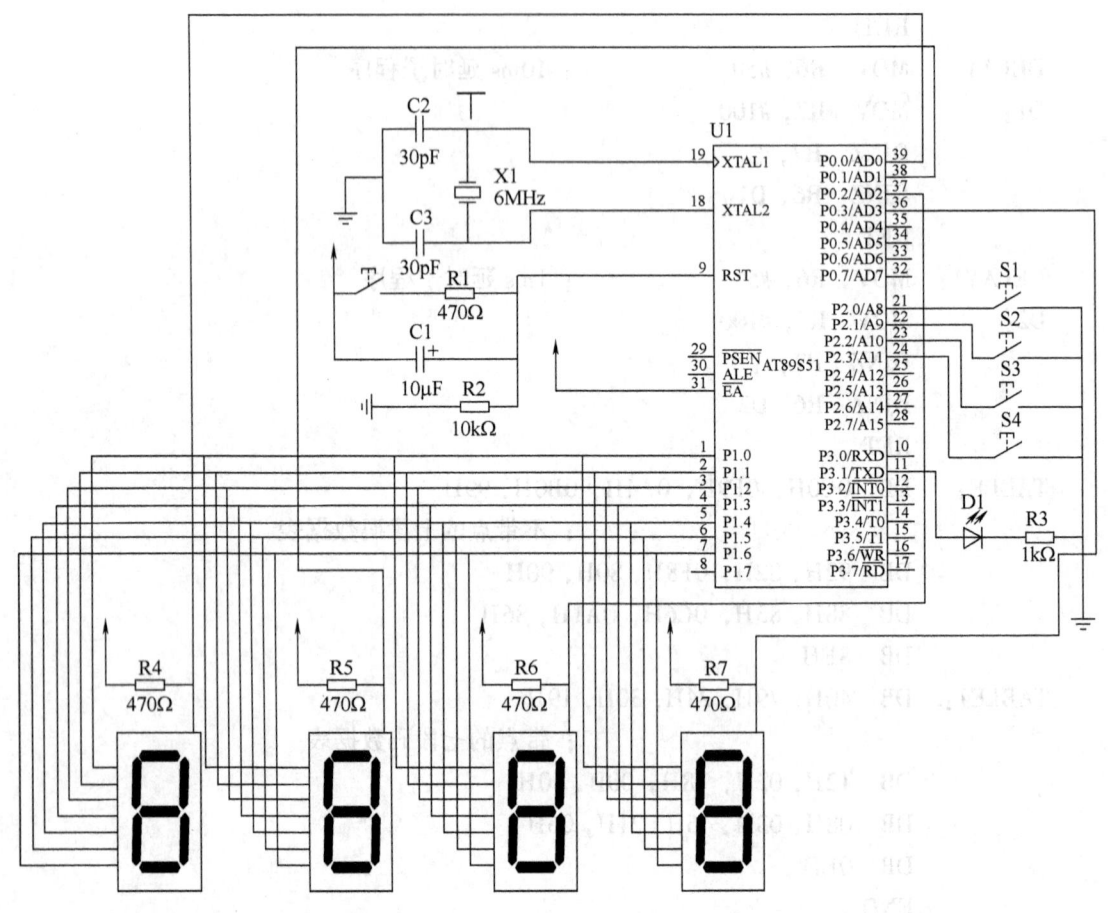

图 5-18 用 Proteus 软件模拟电子钟仿真电路图

5)若在本任务中用 T1 方式 1 定时 10ms,则应如何修改程序?修改程序后上机调试运行,并观察电路运行情况。

6)若在本任务中用 T1 方式 2,则又应如何修改程序?修改程序后上机调试运行,并观察电路运行情况。

4.单片机控制的电子钟的制作

1)将存盘后的 DZZ. HEX 十六进制文件下载到 AT89S51 单片机中。

2)按电路原理图在万能电路板上按工艺要求布线,先安装显示器件,注意 com 接 P0 口。因为焊点较小,所以焊接时间要短。最后安装单片机。

3)按电路原理图调试、运行,按动复位按键,校准时间。

检查评议

单片机控制的电子钟设计安装调试考核表见表 5-6。

表 5-6　单片机控制的电子钟设计安装调试考核表

内容/分	考核要求	评分标准		得分
实训准备 10	工具、材料、仪表准备完好 穿戴劳保用品	工具、材料、仪表未准备完好 未穿戴劳保用品	一项扣 2 分 扣 5 分	
电路设计 15	列出单片机最小系统 根据任务设计电路图	电路图设计不全或设计有错 电路图表达不正确或画法不规范	每处扣 2 分 每处扣 2 分	
程序设计 25	根据任务设计程序 编制正确的程序	程序有错 程序结构不合理，层次混乱	每处扣 2 分 酌情扣分	
程序的编译及下载 20	程序存入 D 盘建立的文件 熟练操作并输入程序 将编译正确的程序下载到单片机	不能熟练操作输入程序 不会建立文件 程序未存盘 不会将程序下载到单片机	扣 2 分 扣 2 分 扣 2 分 扣 4 分	
调试与安装 20	按照要求进行模拟调试，达到设计要求 按电路图接线，在模拟板上正确安装 工具、仪表的使用符合规范	不会调试 焊点松动 不按电路图接线 一次试电不成功	扣 3 分 每处扣 1 分 每处扣 2 分 扣 15 分	
安全文明生产 10	整理现场 设备仪器无损坏，未遗忘工具 遵守课堂纪律，尊重老师	未整理现场 设备仪器损坏、遗忘工具 不遵守课堂纪律，不尊重老师	扣 10 分 每项扣 10 分 取消实训	

 问题及防治

首先，在本任务中，为了减小初学者的学习难度，字形码和字位码都没有加驱动电路，在实际应用中应加驱动电路。

其次，4 个数码管分时轮流循环点亮，在同一时刻只有 1 个数码管点亮，但由于数码管具有余辉特性及人眼具有视觉暂留特性，所以适当地选取循环扫描频率，看上去所有数码管是同时点亮的，觉察不出闪烁现象。

第三，动态显示方式所接数码管不能太多，否则会因每个数码管所分配的实际导通时间太少而使数码管的亮度不足。

 扩展知识

倒计时定时器

1. 任务目标

倒计时定时器在现实生活和控制设备中经常用到，本任务介绍一种可设定时间的倒计时定时器，可选择 2/5/15/20/30/45/50/60s（八个档次）倒计时时间设定。倒计时开始和倒计时停止，由 Key1（UP-key）、Key2（Down-key）、Key3（set-key）、Key4（Start-key）、Key5（Stop-key）来控制。敲击 Key3（set-key），进入时间设定状态；敲击 Key1（UP-key）、Key2（Down-key），可以选择 2/5/15/20/30/45/50/60s 倒计时，选择的时间会在 LED 上显

示。选择好倒计时时间后敲击 Key4（Start-key），退出时间设定状态，进入倒计时，LED 上会显示剩余的倒计时时间。定时时间到了，蜂鸣器会发出蜂鸣声，敲击任何键都会结束蜂鸣声。Key5（Stop-key）为停止倒计时按键。P2 为键盘输入，P3.7 为蜂鸣器输出；P1 为 LED 显示数据输出口；P3.2、P3.3 分别控制数码管个位数和十位数的显示。

2. 倒计时定时器电路原理图

根据以上任务分析设计出的倒计时定时器电路原理图如图 5-19 所示。

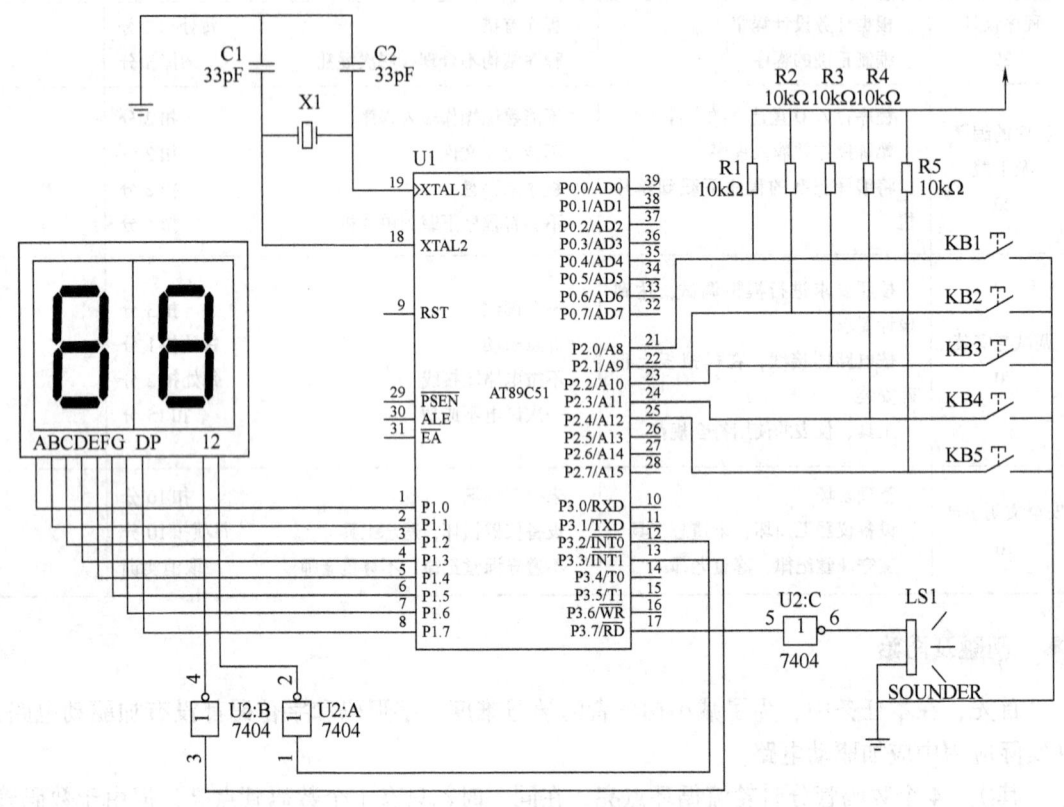

图 5-19 倒计时定时器电路原理图

3. 倒计时定时器程序的设计

倒计时定时器程序主要由主处理程序、时间显示处理程序、按键处理程序和时钟中断处理程序组成。主处理程序处于无穷循环中，每次循环作一次时间显示处理程序调用以及键盘的检测；若检测到有按键被按下，则调用键盘处理程序，否则进行下次循环。时间显示处理程序负责动态显示倒计时时间。按键处理程序判断在不同情况下每个按键的处理。时钟中断处理程序每秒进行一次时间的更新。

程序流程图如图 5-20 ~ 图 5-22 所示。

设计的倒计时定时器源程序如下：

```
                        ;常数定义
CSP        EQU    60H    ;堆栈开始使用的位置
CUPKEY     EQU    01H    ;按键键值
CDOWNKEY   EQU    02H
```

模块5 单片机接口电路及其应用

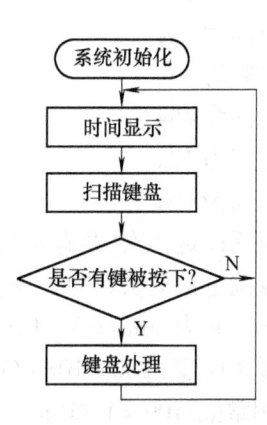

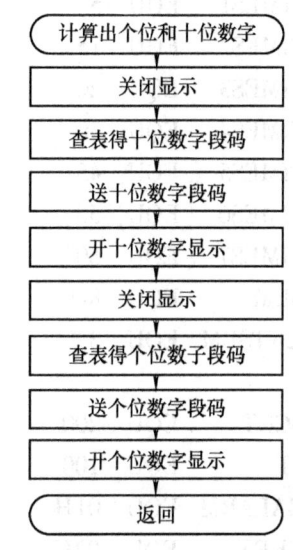

图 5-20 主程序流程图

图 5-21 时间显示处理程序流程图

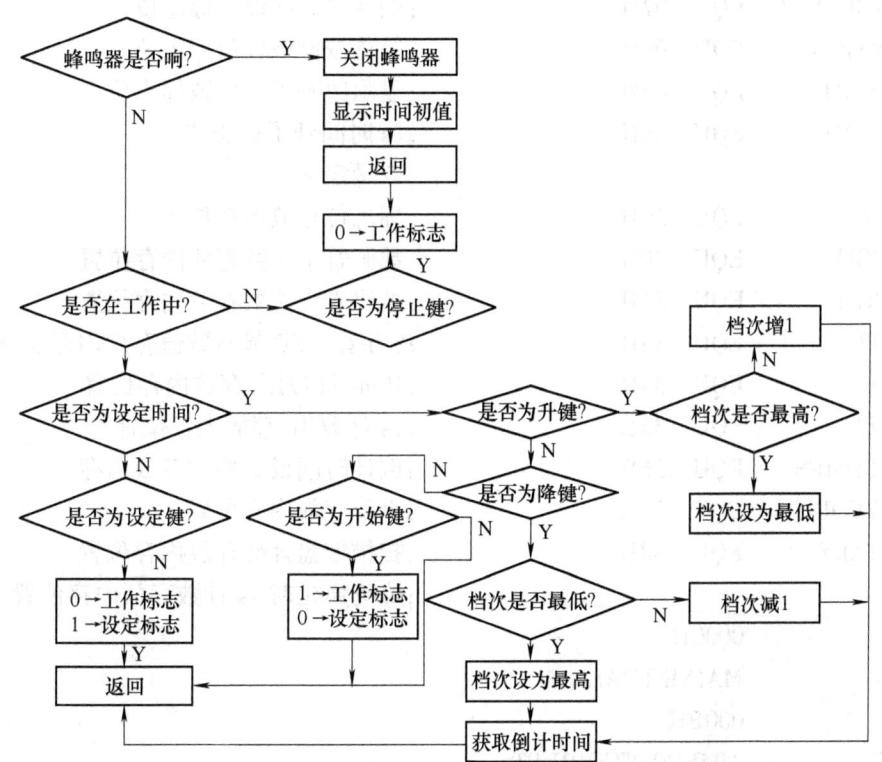

图 5-22 倒计时按键处理程序流程图

```
CSETKEY        EQU    04H
CSTARTKEY      EQU    08H
CSTOPKEY       EQU    10H
CCNTTIMES0     EQU    2              ;倒计时时间为2s
```

```
CCNTTIMES1      EQU     5           ;倒计时时间为5s
CCNTTIMES2      EQU     15          ;倒计时时间为15s
CCNTTIMES3      EQU     20          ;倒计时时间为20s
CCNTTIMES4      EQU     30          ;倒计时时间为30s
CCNTTIMES5      EQU     45          ;倒计时时间为45s
CCNTTIMES6      EQU     50          ;倒计时时间为50s
CCNTTIMES7      EQU     60          ;倒计时时间为60s
CCNTSUM         EQU     8-1         ;倒计时时间设定档次,共有8档
CKEYCNTSUM      EQU     3           ;扫描键盘确定键值次数为3,去除
                                    ;键盘抖动时间为30ms=3×10ms
C10MSCNT        EQU     200         ;10ms计数用常数:200=10ms/50μs
C1SCNT          EQU     100         ;1s计数用常数:100=1s/10ms
CFLAGALARM      EQU     01H         ;定时时间到,发出蜂鸣声标志位
CFLAGKEY        EQU     02H         ;10ms时间到,扫描键盘标志位
CFLAGCNSTART    EQU     03H         ;倒计时开始标志位
CFLAGCNSET      EQU     07H         ;倒计时时间设定标志位
CFKEYREL        EQU     04H         ;等待按键被释放标志位
CFADIGIT        EQU     05H         ;显示数码管个位数标志位
CF1STIME        EQU     06H         ;1s时间到了标志位
                                    ;变量定义
VFLAG           EQU     20H         ;标志位存放内存位置
VADIGIT         EQU     30H         ;数码管个位数存放内存位置
VBDIGIT         EQU     31H         ;数码管十位数存放内存位置
VCNT1           EQU     33H         ;8字型LED显示数值存放内存位置
VCNT2           EQU     34H         ;10ms计数用,存放内存位置
VCNT3           EQU     35H         ;1s计数用,存放内存位置
VCNTTIMES       EQU     36H         ;倒计时间设定档次存放内存位置
VKEYCODE        EQU     37H         ;键值存放内存位置
VCNTKEY         EQU     38H         ;扫描键盘计数存放内存位置
                                    ;蜂鸣声延时1s计数存放内存位置

        ORG     0000H
        AJMP    MAININITIAL
        ORG     000BH
        LJMP    TIMER0INTERRUPT
        ORG     0050H
TIMER0INTERRUPT:
        DJNZ    VCNT2,TIMER0INTOUT  ;10ms时间到了
        SETB    VFLAG,CFLAGKEY      ;10ms时间到,设置扫描键盘标志位
        MOV     VCNT2,#C10MSCNT     ;10ms时间到了,重新装载计数变量
```

```
        JNB         VFLAG,CFLAGCNSTART,TIMER0INTOUT
                                            ;倒计时还没开始?
        DJNZ        VCNT3,TIMER0INTOUT      ;1s 时间到了
        MOV         VCNT3,#C1SCNT           ;1s 时间到了,重新装载计数变
                                            ;量 VCNT3
        SETB        VFLAG,CF1STIME          ;设置"1"s 时间到了标志位
        JB          VFLAG,CFLAGALARM,TIMER0INTOUT
                                            ;蜂鸣器正在发出蜂鸣声
        DJNZ        VCNT1,TIMER0INTOUT      ;倒计时时间完成
        SETB        VFLAG,CFLAGALARM        ;定时时间到了,设置蜂鸣器发
                                            ;出蜂鸣声标志位
                    CLR  VFLAG,CFLAGCNSTART
                                            ;倒计时开始标志位清"0"
TIMER0INTOUT:
        RETI                                ;中断返回
        ORG         0630H
MAININITIAL1:                               ;初始化特殊寄存器及变量
        MOV         SP,#CSP                 ;指定堆栈开始使用的位置
        MOV         VFLAG,#0                ;清除标志位变量
        MOV         VCNT2,#C10MSCNT         ;装载计数变量 VCNT2 初值
        MOV         VCNT3,#C1SCNT           ;装载计数变量 VCNT3 初值
        MOV         VCNTTIMES,#CCNTSUM      ;装载倒计时时间档次初值为 7
        MOV         VCNT1,#CCNTTIMES7       ;装载倒计时时间初值为 60
        MOV         VCNTKEY,#0
        MOV         VKEYCODE,#0
        MOV         TMOD,#02H               ;设置 T0 工作方式 2
        MOV         TH0,#0D2H               ;设置计数初值,用于延时 50μs
        MOV         TL0,#0D2H               ;使用 11.0592MHz 晶振
        SETB        EA                      ;开中断
        SETB        ET0                     ;允许 TIMER0 中断
        CLR         TR0                     ;停止定时
        SETB        TR0                     ;启动定时
        MOV         P0,#0FFH                ;关闭所有 LED 灯
STARTWORK:
        ACALL       DISPLAY                 ;8 字形 LED 显示倒计时时间
        ACALL       ALARM                   ;发出蜂鸣声
        JNB         VFLAG,CFLAGKEY,SATRTWORK
                                            ;10ms 时间到了
        CLR         VFLAG,CFLAGKEY          ;清扫描键盘标志位
```

```
        ACALL     SCANKEYIO                      ;扫描键盘
        ANL       A,#0FFH
        MOV       R0,A
        JZ        NOTGETKEY                      ;键盘上无按键被按下
        XRL       A,VKEYCODE                     ;键盘有按键
        JNZ       NOTGETKEY                      ;有按键被按下,键值与上次的相同吗
        JB        VFLAG,CFKEYREL,SATRTWORK
                                                 ;正在等待按键被释放
        MOV       VKEYCODE,R0                    ;键值与上次的相同,保存键值
        INC       VCNTKEY                        ;增加(键值与上次相同的)计数器
        MOV       R1,VCNTKEY
        CJNE      R1,#CKEYCNTSUM,SATRTWORK
                                                 ;去抖动,键值已经三次相同吗
        ACALL     PROCESSKEY                     ;获得有效按键,按键处理
        SETB      VFLAG,CFKEYREL                 ;设置等待按键被释放标志位为1
        AJMP      SATRTWORK
NOTGETKEY:
        MOV       VKEYCODE,R0
        MOV       VCNTKEY,#0
        CLR       VFLAG,CFKEYREL                 ;等待按键被释放标志位清"0"
        AJMP      SATRTWORK
PROCESSKEY:
        JB        VFLAG,CFLAGALARM,CLOSEALARM
                                                 ;蜂鸣器正在发出蜂鸣声
        JB        VFLAG,CFLAGCNSTART,COUNTING
                                                 ;倒计时进行中
        JB        VFLAG,CFLAGCNSET,SETTING
                                                 ;倒计时时间设定中
        MOV       A,VKEYCODE                     ;非上述三种状态下按键处理
        CJNE      A,#CSETKEY,NEXTKEYD1           ;是时间设定键吗
        CLR       VFLAG,CFLAGCNSTART             ;倒计时开始标志位清"0"
        SETB      VFLAG,CFLAGCNSET               ;置倒计时时间设定标志位为1
        MOV       VCNTTIMES,#CCNTSUM             ;装载倒计时时间档次初值为7
        MOV       VCNT1,#CCNTTIMES7              ;装载倒计时时间初值为60
        AJMP      PROCESSKEYOUT
NEXTKEYD1:
        CJNE      A,#CSTARTKEY,NEXTKEYD2
                                                 ;是倒计时开始键吗
        CLR       VFLAG,CFLAGCNSET               ;倒计时时间设定标志位清"0"
```

```
        SETB        VFLAG,CFLAGCNSTART       ;置倒计时开始标志位为1
NEXTKEYD2:
        AJMP        PROCESSKEYOUT
SETTING:                                     ;倒计时时间设定中按键处理
        MOV         A,VKEYCODE
        CJNE        A,#CUPKEY,NEXTKEYS1      ;是倒计时时间设定档次增加键吗
        MOV         A,VCNTTIMES
        CJNE        A,#CCNTSUM,NOMAX         ;倒计时时间档次不为7吗
        MOV         VCNTTIMES,#0             ;倒计时时间档次为0(最小值)
        AJMP        GETCNTTIMESDATA
NOMAX:
        INC         VCNTTIMES                ;倒计时时间档次增加1
        AJMP        GETCNTTIMESDATA
NEXTKEYS1:
        CJNE        A,#CDOWNKEY,NEXTKEYS2
                                             ;是倒计时时间设定档次减少键吗
        MOV         A,VCNTTIMES
        CJNE        A,#0,NOMIN               ;倒计时时间档次不为0吗
        MOV         VCNTTIMES,#CCNTSUM       ;倒计时时间档次为7
        AJMP        GETCNTTIMESDATA
NOMIN:
        DEC         VCNTTIMES                ;倒计时时间档次减少1
GETCNTTIMESDATA:                             ;获得该倒计时时间档次的倒计时
                                             ;时间
        MOV         A,VCNTTIMES
        MOV         DPTR,#CNTTIMETAB
        MOVC        A,@A+DPTR                ;查表获得该倒计时时间档次的倒
                                             ;计时时间
        MOV         VCNT1,A
        AJMP        PROCESSKEYOUT
NEXTKEYS2:
        CJNE        A,#CSTARTKEY,NEXTKEYS3
                                             ;是倒计时开始键吗
        CLR         VFLAG,CFLAGCNSET         ;倒计时时间设定标志位清"0"
        SETB        VFLAG,CFLAGCNSTART       ;置倒计时开始标志位为1
NEXTKEYS3:
        AJMP        PROCESSKEYOUT
COUNTING:                                    ;倒计时进行中按键处理
        MOV         A,VKEYCODE
```

```
          CJNE          A,#CSTOPKEY,NEXTKEYC1    ;是倒计时停止键吗
          CLR           VFLAG,CFLAGCNSTART       ;清倒计时开始标志位为0
NEXTKEYC1:
          AJMP          PROCESSKEYOUT
CLOSEALARM:                                      ;蜂鸣器正在发出蜂鸣声按键处理
          CLR           VFLAG,CFLAGALARM         ;清蜂鸣器发出蜂鸣声标志位为0
          SETB          P3.7
          MOV           VCNTTIMES,#CCNTSUM       ;装载倒计时时间档次初值为7
          MOV           VCNT1,#CCNTTIMES7        ;装载倒计时时间初值为60
PROCESSKEYOUT:
          RET
CNTTIMETAB:                                      ;可以选择的倒计时时间表
          DB    CCNTTIMES0,CCNTTIMES1,CCNTTIMES2,CCNTTIMES3,CCNTTIMES4,
          DB    CCNTTIMES5,CCNTTIMES6,CCNTTIMES7
SCANKEYIO:
          MOV           P2,#0FFH                 ;将P2口各位置"1"
          MOV           A,P2
          ANL           A,#1FH
          XRL           A,#1FH
          RET
ALARM:
          JNB           VFLAG,CFLAGALARM,ALARMOUT
                                                 ;蜂鸣器不发出蜂鸣声
          JNB           VFLAG,CF1STIME,ALARMOUT
          NOP
          NOP
          NOP
          NOP                                    ;延时1s时间还没到
          CLR           VFLAG,CF1STIME           ;清除1s时间到了标志位
          CP1           P3.7                     ;输出1kHz方波
ALARMOUT:
          RET
DISPLAY:
          JB            VFLAG,CFADIGIT,DISPADIDIT
                                                 ;现在显示数码管个位数？
          MOV           A,VCNT1                  ;将TEMP中的十六进制数转换成十进制数
          MOV           B,#10
          DIV           AB                       ;A除以B,商在A,余数在B
          MOV           VBDIGIT,A                ;十位在A
```

MOV	VADIGIT,B	;个位在 B
MOV	DPTR,#DIGITTAB	;指定查表启始地址
SETB	P3.2	;关闭个位显示
MOV	A,VBDIGIT	;取十位数
MOVC	A,@A+DPTR	;查十位数的 7 段代码
MOV	P1,A	;送出十位数的 7 段代码
CLR	P3.3	;开十位显示
CPL	VFLAG,CFADIGIT	;设置标志位为下一次显示个位数
AJMP	DISPLAYOUT	

DISPADIDIT： ;显示个位数

MOV	DPTR,#DIGITTAB	;指定查表启始地址
SETB	P3.3	;关闭十位显示
MOV	A,VADIGIT	;取个位数
MOVC	A,@A+DPTR	;查个位数的 7 段代码
MOV	P1,A	;送出个位数的 7 段代码
CLR	P3.2	;开个位显示
CPL	VFLAG,CFADIGIT	;设置标志位为下一次显示十位数

DISPLAYOUT：
    RET
DIGITTAB：   ;试验板上的 7 段数码管 0~9 数字
                                                         ;的共阳极显示代码
    DB   0C0H,0F9H,0A4H,0B0H,99H,92H,82H,0F8H,80H,90H
    END

 考证要点

1. 分析程序

分析本任务中数码管动态显示子程序和 T0 中断服务程序的编程方法。

2. 技能训练

（1）用 Protel 软件绘制出本设计任务的电路原理图，设计印制电路板图并制作印制电路板。

（2）连接仿真器，将本设计任务的程序输入到计算机中，并进行仿真调试及运行。

（3）连接编程器，将通过仿真的程序代码下载到单片机中，脱机运行并观察电路运行情况。

（4）在本任务的基础上设计能显示秒的电子钟，并制作电路板，上机观察运行状态。

单元 3   模-数及数-模转换接口电路的应用

知识目标

1. 了解模-数转换器 ADC0809 的有关知识。

2. 了解数-模转换器 DAC0832 的有关知识。

技能目标

1. 掌握单片机控制的自控温度调节器电路的设计方法。
2. 掌握单片机控制的自控温度调节器程序的设计方法。
3. 掌握单片机控制的自控温度调节器的安装和调试方法。

任务　单片机控制的自控温度调节器电路的设计及制作

任务描述

自控温度调节器广泛用于家用电器、工业测控、仪器仪表等。其控制要求如下：

1）温度控制器由温度传感器检测环境温度，经模/数转换器 ADC0809 将模拟量温度转换为数字量送入单片机中。

2）单片机内部程序处理后输出驱动信号，并由 4 个指示灯分别指示工作情况，即输出驱动指示、温度正常指示、高于上限温度指示和低于下限温度指示。

3）由 7 段数码管显示当前的温度值。

4）在外设电路工作后，温度下降；在外设电路停止工作后，温度上升。

任务分析

在温度控制器程序设计中，关键是对模/数转换器 ADC0809 的编程，这样就要求掌握模/数转换器 ADC0809 的有关知识。

相关知识

A-D 转换器的作用是将模拟量转换为数字量。A-D 转换器的种类很多，按转换原理可分为逐次逼近式 A-D 转换器、双积分式 A-D 转换器、计数式 A-D 转换器和并行式 A-D 转换器 4 种。

1. ADC0809 的结构及引脚功能

ADC0809 是一种 8 路模拟输入 8 位并行数字输出的逐次逼近式 A-D 转换器。8 路模拟信号分时采集，片内有 8 路模拟选通开关以及相应的通道选择锁存用译码电路，其转换时间为 100μs 左右。

（1）ADC0809 的内部结构　ADC0809 的内部结构如图 5-23 所示。图 5-23 中的多路开关可选通 8 个模拟通道，允许 8 路模拟量分时输入，共用一个 8 位 A-D 转换器进行转换。地址锁存与译

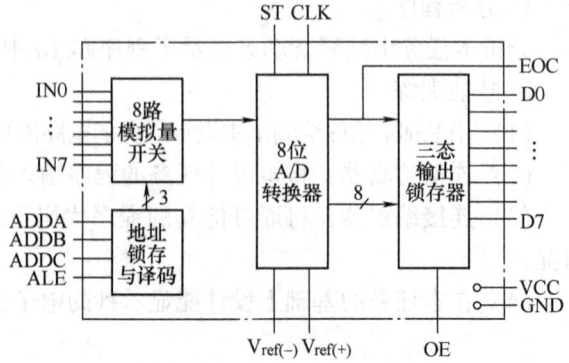

图 5-23　ADC0809 的内部结构

码电路完成对 A、B、C 三个地址位进行锁存和译码，其译码输出用于通道选择，其转换结果通过三态输出锁存器输出，因此可以直接与系统数据总线相连。地址锁存与译码电路通道选择见表 5-7。

（2）ADC0809 的引脚功能 ADC0809 的引脚排列如图 5-24 所示。其引脚功能说明如下：

表 5-7 地址锁存与译码电路通道选择

地址编码			选中通道	地址编码			选中通道
C	B	A		C	B	A	
0	0	0	IN0	1	0	0	IN4
0	0	1	IN1	1	0	1	IN5
0	1	0	IN2	1	1	0	IN6
0	1	1	IN3	1	1	1	IN7

1）IN0～IN7——8 路模拟量输入端。

2）A、B、C——模拟通道地址选择端，A 为低位，C 为高位。

3）ALE——地址锁存允许信号，高电平有效。当此信号有效时，A、B、C 三位地址信号送入地址锁存器中。

4）SC——转换启动信号，正脉冲有效，当为上升沿时，将内部逐次逼近寄存器清"0"；当为下降沿时，启动 A-D 转换。在 A-D 转换期间，SC 应保持低电平。

5）D0～D7——数据输出端，为三态缓冲输出形式，可以和单片机的数据线直接相连。

6）OE——输出允许信号，高电平有效，用于控制三态输出锁存器向单片机输出转换得到的数据。若 OE = 0，则输出数据线呈高阻；若 OE = 1，则输出转换得到的数据。

7）CLK——时钟信号输入端，决定 A-D 转换的速度。ADC0809 的内部没有时钟电路，所需时钟信号由外部提供，因此有时钟信号引脚，时钟信号频率范围为 50～800kHz。

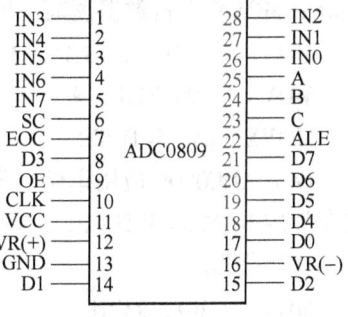

图 5-24 ADC0809 的引脚排列

8）EOC——转换结束信号，高电平有效，表示一次 A-D 转换结束。若 EOC = 0，则正在进行转换；若 EOC = 1，则转换结束。该信号既可作为查询的状态标志，又可用作中断请求信号。

9）VR——基准参考电压端，决定了输入模拟量的量程范围。

（3）ADC0809 与 89S51 单片机的连接 ADC0809 与单片机的连接如图 5-25 所示。

1）电路连接：8 路模拟通道选择信号 A、B、C 分别接 P2.0、P2.1、P2.2。A-D 转换结果数据 D0～D7 与单片机 P0 口相连。单片机 P2.3 与 $\overline{WR}$ 经一或非门接 ADC0809 的 ALE 和 SC 端，控制模拟输入通道地址锁存和 A-D 转换启动；P2.3 与 $\overline{RD}$ 经一或非门接 ADC0809 的 OE 端，控制转换结果数据输出；ADC0809 的 EOC 端通过一非门接单片机 $\overline{INT1}$ 端，当数据转换结束时向单片机申请一次中断，以读取 A-D 转换结果数据。芯片地址由 P2 和 P0 口确定，若按图 5-25 连接，则 ADC0809 芯片地址由 P2.0、P2.1、P2.2 和 P2.3 确定，8 路模拟通道的地址为 F0FFH～F7FFH。

2）数据传送：单片机将扩展的外设与片外数据存储器同等对待，统一编址，运用相同

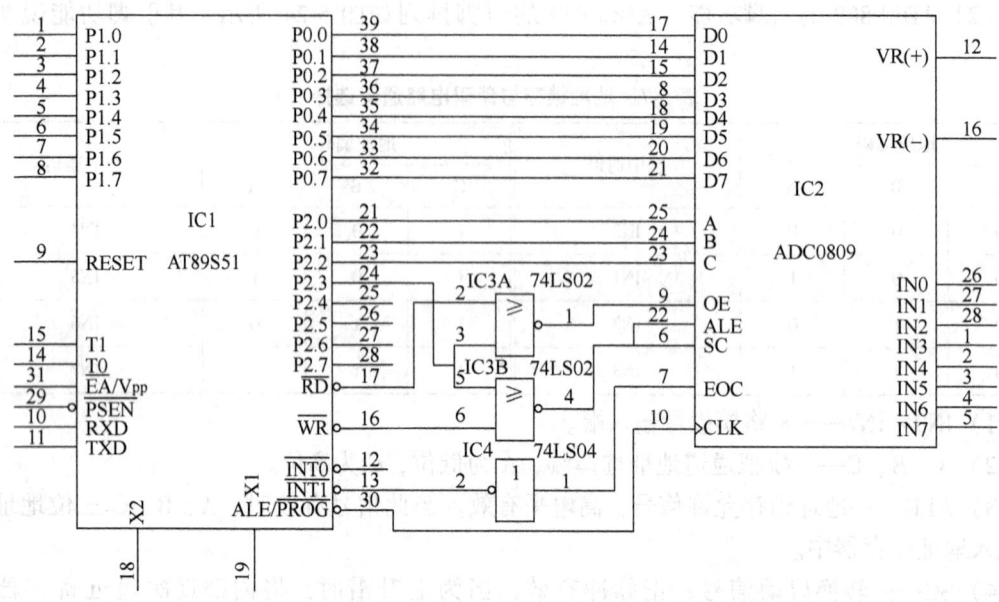

图 5-25 ADC0809 与单片机的连接

的指令 MOVX 进行数据读写,所以启动和读取 ADC0809 芯片指令如下:

```
MOV     DPTR,#XXXXH        ;其中 XXXXH 为 ADC0809 的通道地址
MOVX    @DPTR,A            ;启动 A-D 转换,此处 A 的数据与 A-D 转换无关
MOVX    A,@DPTR            ;读取 A-D 转换结果数据
```

(4) ADC0809 应用举例 设有一个 8 路模拟量输入的巡回监测系统,采样数据依次存放在片内 RAM 的 30H~37H 单元中。其数据采样的程序如下:

初始化程序:

```
MOV     R0,#30H            ;数据存储区首地址送 R0
MOV     R2,#08H            ;8 路计数初值送 R2
SETB    EA                 ;中断总允许
SETB    EX1                ;允许外部 1 中断
SETB    IT1                ;设外部中断 1 为边沿触发
MOV     DPTR,#0F0FFH       ;A-D 转换器首地址送 DPTR
MOVX    @DPTR,A            ;启动 A-D 转换
SJMP    $                  ;等待中断
```

中断服务程序如下:

```
MOVX    A,@DPTR            ;读取转换数据
MOVX    @R0,A              ;数据存储
INC     DPTR               ;指向下一通道
INC     R0                 ;指向下一数据存储单元
MOVX    @DPTR,A            ;启动下一通道 A-D 转换
DJNZ    R2,BACK            ;8 个通道数据是否读取完,若未完,则中断返回
CLR     EA                 ;若结束,则关中断
```

BACK：RETI

2. 数/模转换

在单片机应用系统中，有些被控对象需要用模拟量进行控制。此时要把单片机处理的结果数据（数字量）转换为相应的模拟量，以便操纵控制对象，这一过程称为数/模（D-A）转换。能实现 D-A 转换的器件称为 D-A 转换器或 DAC。

（1）DAC0832 的结构及引脚功能

1）DAC0832 的结构：DAC0832 是一个 8 位 D-A 转换器芯片，采用单电源供电，从 +5 ~ +15V 均可正常工作，基准电压的范围为 -10 ~ +10V。其内部结构如图 5-26 所示。它由 1 个 8 位输入寄存器、1 个 8 位 DAC 寄存器和 1 个 8 位 D-A 转换器组成。

2）DAC0832 的引脚功能：DAC0832 为 20 引脚双列直插式封装，引脚排列如图 5-27 所示。

① DI0 ~ DI7——数据输入端，TTL 电平，有效时间大于 90ns。

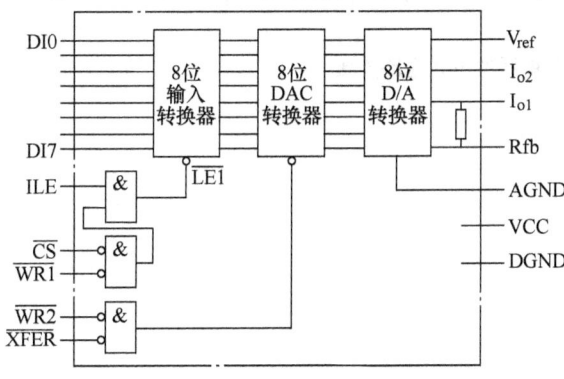
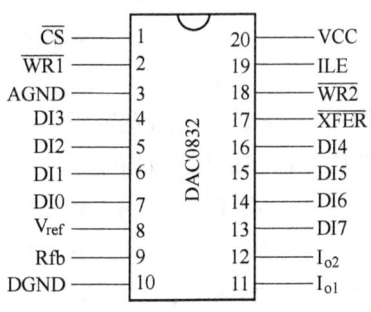

图 5-26　DAC0832 内部结构图　　图 5-27　DAC0832 的引脚排列

② $\overline{CS}$——片选信号输入端，低电平有效。
③ ILE——数据锁存允许控制信号输入端，高电平有效。
④ $\overline{WR1}$——输入寄存器写选通输入端，负脉冲有效。
⑤ $\overline{WR2}$——DAC 寄存器写选通输入端，负脉冲有效。
⑥ $\overline{XFER}$——数据传送控制信号输入端，低电平有效。
⑦ I_{o1}——电流输出端，当输入数据全为 1 时，输出电流最大；当输入数据全为 0 时，输出电流最小。
⑧ I_{o2}——电流输出端，$I_{o1} + I_{o2}$ = 常数。
⑨ Rfb——反馈电阻端，芯片内部此端与 I_{o1} 之间已接有一个 15kΩ 电阻。
⑩ V_{ref}——基准电压输入端，该电压可正可负，范围为 -10 ~ +10V。
⑪ DGND——数字地。
⑫ AGND——模拟地。

（2）DAC0832 的应用　DAC0832 利用 $\overline{WR1}$、$\overline{WR2}$、ILE、$\overline{XFER}$ 控制信号可以构成 3 种不同的工作方式：单缓冲方式、双缓冲方式和直通方式。下面介绍常用的单缓冲方式电路的连接及应用。

在实际应用中，如果只有一路模拟量输出，或虽然是多路模拟量，但是并不要求输出同步的情况下，就可采用单缓冲方式。在这种方式下，将两级寄存器的控制信号并接，输入数据在控制信号的作用下，直接送入 DAC 寄存器中。DAC 0832 单缓冲方式电路连接如图 5-28

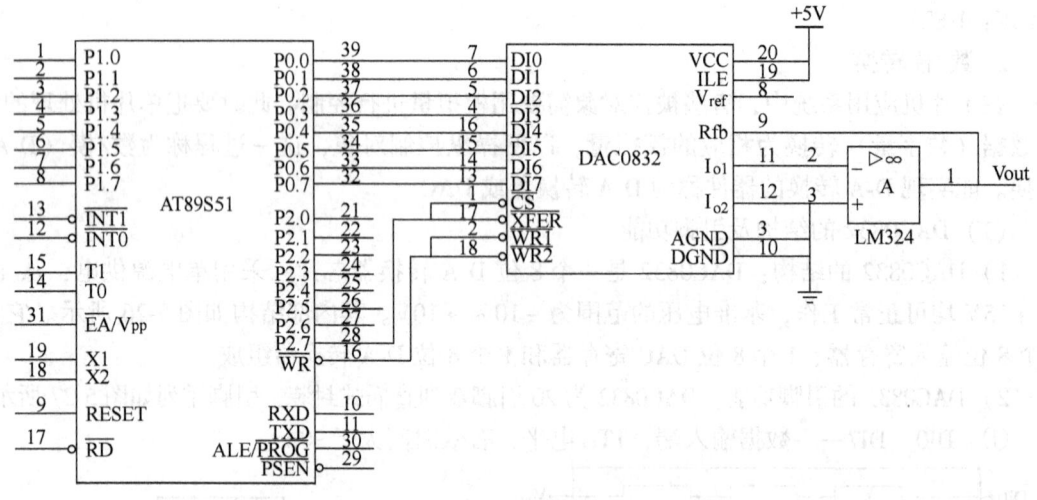

图 5-28 DAC0832 单缓冲方式电路连接

所示。

例 5-1 锯齿波电压发生器。

产生锯齿波的程序如下：

```
        MOV     A, #00H
        MOV     DPTR, #7FFFH
LP:     MOVX    @DPTR, A
        INC     A
        SJMP    LP
```

例 5-2 矩形波电压发生器。

产生矩形波的程序如下：

```
        MOV     DPTR, #7FFFH
LP:     MOV     A, #dataH
        MOVX    @DPTR, A
        LCALL   DELAYH
        MOV     A, #dataL
        MOVX    @DPTR, A
        LCALL   DELAYL
        SJMP    LP
```

例 5-3 三角波电压发生器。

产生三角波的程序如下：

```
        MOV     A, #00H
        MOVX    DPTR, #7FFFH
L1:     MOVX    @DPTR, A
        INC     A
        JNZ     L1
L2:     DEC     A
```

```
MOVX    @DPTR, A
JNZ     L2
SJMP    L1
```

任务准备

1) 电工常用工具,每人一套。
2) 电工操作台,两人一台。
3) 装配有伟福6000、Protues7.5、Protel 99SE、仿真器和下载软件的计算机,两人一套。
4) 材料准备:自控温度调节器元器件明细表见表5-8。

表5-8 自控温度调节器元器件明细表

序号	元器件名称	元器件型号/规格	数量	标号	备注
1	单片机	AT89S51	1	U1	DIP 封装
2	晶振	6MHz	1	Y1	时钟电路
3	电容	30pF	2	C2~C3	瓷片电容
		10μF	1	C1	电解电容
4	电阻	200Ω	4	R1~R4	限流电阻
		10kΩ	1	R6	复位电阻
		20kΩ	1	R7	分压电阻
		100kΩ	1	R8	分压电阻
		470Ω	21	R10~R30	限流电阻
5	热敏电阻	50kΩ	1	RT	温度测量
6	发光二极管	红色	4	LED1~LED4	普通
7	移位寄存器	74LS164	3	JP1~JP3	串入并出
8	A-D 转换器	ADC0809	1	U2	8 位
9	或非门	74LS02	1	U3	
10	数码管	七段共阴极	3	J1~J3	温度显示
11	电路板	万能电路板	1	20cm×40cm	
12	40 脚 IC 座		1 片		安装 AT89S51 芯片
13	细导线、焊锡		若干		

任务实施

1. 自控温度调节器电路原理图的设计

本电路由 AT89S51 单片机、温度传感器、模/数转换器 ADC0809、串入并出移位寄存器 74LS164、数码管和 LED 显示电路等组成。

由热敏电阻温度传感器测量环境温度,将其电压值送入 ADC0809 的 IN0 通道进行模/数转换,转换所得数字量由数据端 D7~D0 输出到 AT89S51 的 P0 口,经软件处理后将测得的温度值经单片机的 RXD 端串行输出到 74LS164,经 74LS164 串并转换后,输出到数码管的 7 个显示段,用数字形式显示出当前温度值。

AT89S51 的 P2.0、P2.1、P2.2 分别接 ADC0809 通道地址选择端 A、B、C,因此 ADC0809 的 IN0 通道的地址为 F0FFH。

输出驱动控制信号由 P1.0 输出,4 个 LED 为状态指示,其中 LED1 为输出驱动指示,LED2 为温度正常指示,LED3 为高于上限温度指示,LED4 为低于下限温度指示。

当温度高于上限温度值时,P1.0 输出驱动信号,驱动外设电路工作,同时 LED1 亮、

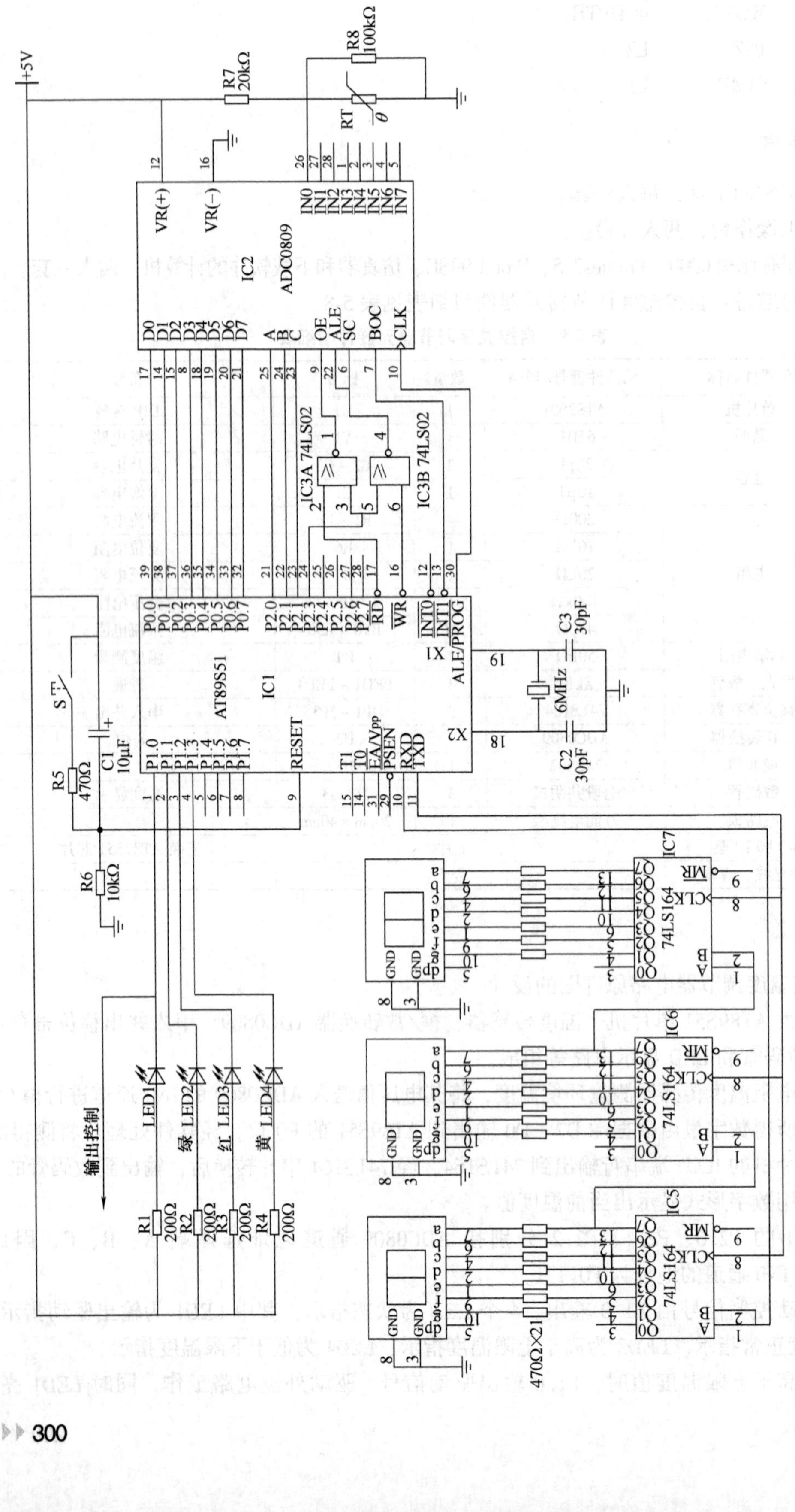

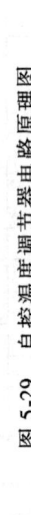

图 5-29 自控温度调节器电路原理图

LED2 灭、LED3 亮、LED4 灭。在外设电路工作后,温度下降,当温度降到正常温度后,LED1 亮、LED2 亮、LED3 灭、LED4 灭。

若温度继续下降,则当温度下降到下限温度值时,P1.0 驱动信号停止输出,外设电路停止工作,同时 LED1 灭、LED2 灭、LED3 灭、LED4 亮。在外设电路停止工作后,温度开始上升,接着进行下一工作周期。

按以上任务分析及相关知识设计出的自控温度调节器电路原理图如图 5-29 所示。

2. 温度数据表

在自控温度调节器电路原理图中,热敏电阻的连接如图 5-30 所示。

本任务所使用 NTC(负温度系数)

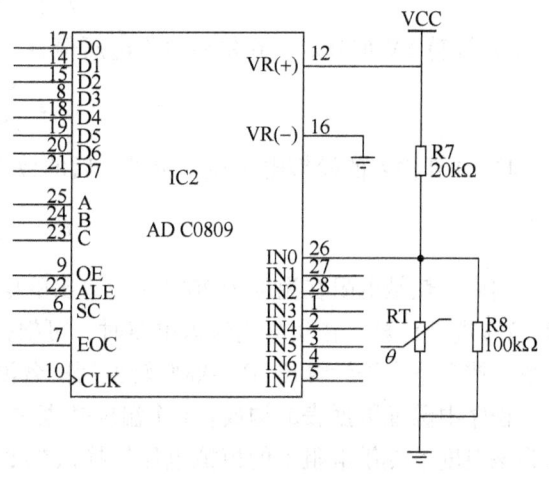

图 5-30 热敏电阻的连接

热敏电阻型号为 MF58—503—390,其标称阻值为 50kΩ,材料常数 B 值为 3900K。MF58—503—390 型热敏电阻的分度表(电阻—温度特性表)及经 ADC0809 转换后的电压数字量见表 5-9。转换后的电压数字量的计算方法如下:

表 5-9 热敏电阻的分度表及经 ADC0809 转换后的电压数字量

温度/℃	数字量	温度/℃	数字量	温度/℃	数字量	温度/℃	数字量	温度/℃	数字量
0	194	1	193	2	192	3	191	4	190
5	189	6	188	7	187	8	186	9	185
10	184	11	182	12	181	13	180	14	178
15	177	16	175	17	174	18	173	19	171
20	169	21	168	22	166	23	165	24	163
25	161	26	159	27	158	28	156	29	154
30	152	31	150	32	149	33	147	34	145
35	143	36	141	37	139	38	137	39	135
40	133	41	131	42	129	43	127	44	125
45	123	46	121	47	118	48	116	49	114
50	112	51	110	52	108	53	106	54	104
55	102	56	100	57	99	58	97	59	95
60	93	61	91	62	89	63	87	64	86
65	84	66	82	67	80	68	79	69	77
70	75	71	74	72	72	73	71	74	69
75	68	76	66	77	65	78	63	79	62
80	60	81	59	82	57	83	56	84	55
85	54	86	52	87	51	88	50	89	49
90	48	91	46	92	45	93	44	94	43
95	42	96	41	97	40	98	39	99	38

1)计算热敏电阻 RT 与 R8 并联后的总电阻 R

$$R = \frac{RT \times R8}{RT + R8}$$

2）计算 R 与 R7 串联后的分压值 V

$$V = \frac{R}{R + R7} \times 5\text{V}$$

3）计算 5V 被分成 256 份后每份电压值 Δ

$$\Delta = \frac{5\text{V}}{256}$$

4）计算输入的模拟电压经 8 位量化后的数字量 D

$$D = \frac{V}{\Delta}$$

例如，热敏电阻在温度为 20℃时计算出的电压数字量为 169，注意在计算中 R7 用阻值 19.6kΩ 进行计算。在实际制作该电路时，可根据自己选择的热敏电阻的分度表及相关电路参数，按上述方法计算出 ADC0809 转换后的各温度对应的电压数字量。

程序中温度数据表的构成：1 个温度数据占 1 个字节，前一个字节为温度值，后一个字节为该温度下热敏电阻上的模拟电压转换成的 8 位数字量。例如在 20℃时，热敏电阻对应的电压数字量为 169，则 20，169 组成一个温度为 20℃的温度数据。按照这种方法组成 0 ~ 49℃的温度数据如下：

```
DATATAB: DB   0, 194,  1, 193,  2, 192,  3, 191,  4, 190
         DB   5, 189,  6, 188,  7, 187,  8, 186,  9, 185
         DB  10, 184, 11, 182, 12, 181, 13, 180, 14, 178
         DB  15, 177, 16, 175, 17, 174, 18, 173, 19, 171
         DB  20, 169, 21, 168, 22, 166, 23, 165, 24, 163
         DB  25, 161, 26, 159, 27, 158, 28, 156, 29, 154
         DB  30, 152, 31, 150, 32, 149, 33, 147, 34, 145
         DB  35, 143, 36, 141, 37, 139, 38, 137, 39, 135
         DB  40, 133, 41, 131, 42, 129, 43, 127, 44, 125
         DB  45, 123, 46, 121, 47, 118, 48, 116, 49, 114
```

在温度采样及模/数转换子程序中，采样得到的当前温度下热敏电阻上的数字电压存于 20H 单元，在温度计算子程序中通过查表方法从表中第一个温度（0℃）下热敏电阻上的数字电压开始，依次取出各温度下热敏电阻上的数字电压，与存于 20H 单元的当前温度下热敏电阻上的数字电压比较，若大于当前温度的数字电压，则再取出下一温度的数字电压与当前温度的数字电压比较，直到小于或等于当前温度的数字电压，比较过程才结束；若小于当前温度的数字电压，则取前一温度作为当前温度存于 21H 单元；若等于当前温度的数字电压，则将该温度作为当前温度存于 20H 单元。

3. 自控温度调节器程序的设计

本软件系统由 1 个主程序和 6 个子程序组成。其中 6 个子程序分别为定时器/计数器 0 中断服务程序 T0INT、温度采样及模/数转换子程序 ADCON、温度计算子程序 CALCU、驱动控制子程序 DRVCON、十进制转换子程序 METR 及数码管显示子程序 DISP。

因自控温度调节器程序较复杂，故分步骤进行讲解。

（1）主程序　主程序进行系统初始化操作，主要是进行中断的初始化。中断初始化主程序流程图如图 5-31 所示。

（2）定时器/计数器 0 中断服务程序　运用定时器/计数器 0 中断服务程序的目的是进行定时采样，消除数码管温度显示时的闪烁现象，用户可根据实际环境温度变化率进行采样时间的调整。

当定时时间到时，调用温度采样及模/数转换子程序 ADCON，得到一个温度样本，并将其转换为数字量，传送给 AT89S51 单片机，然后再调用温度计算子程序 CALCU、驱动控制子程序 DRVCON、十进制转换子程序 METR、温度数码显示子程序 DISP，如图 5-32 ~ 图 5-35 所示。

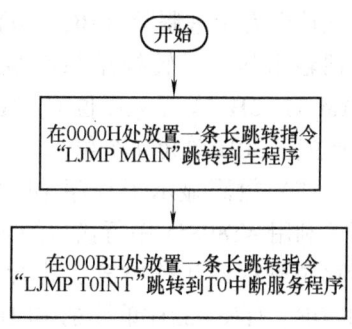

图 5-31　中断初始化主程序流程图

（3）温度采集及模/数转换子程序 ADCON　该子程序进行温度采样并将其转换为 8 位数字量传送给 AT89S51 的 P0 口。采样得到的温度数据存放在片内 RAM 的 20H 单元。

（4）温度计算子程序 CALCU　根据热敏电阻的分度值和电路参数计算出一张温度表，存放在 TAB 数据表中，本程序只给出 0 ~ 49℃ 的温度数据。

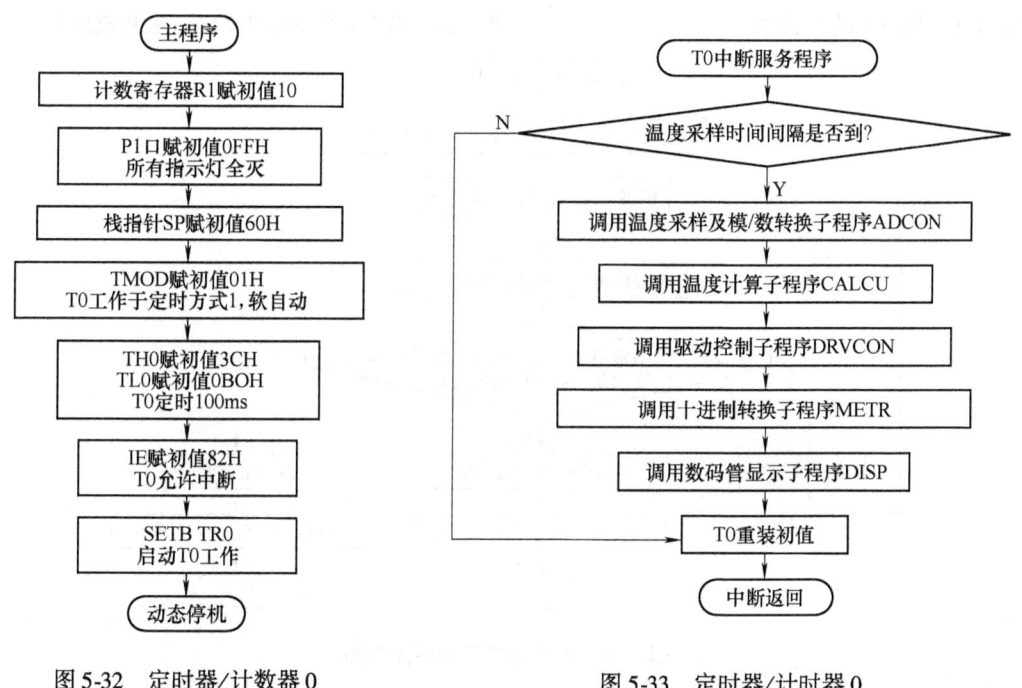

图 5-32　定时器/计数器 0
的初始化主程序流程图

图 5-33　定时器/计时器 0
中断服务程序流程图

根据采样值，通过查表及比较的方法计算出当前的温度值，并将其存入片内 RAM 的 21H 单元。

（5）驱动控制子程序 DRVCON　该子程序用于调节温度，当温度高于上限温度时（本程序设为 30℃），由 P1.0 输出驱动控制信号，驱动外设工作降温；当温度下降到下限温度时（本程序设为 25℃），P1.0 停止输出，温度上升，周而复始，工作状态由 LED1 ~ LED4 指示。

（6）十进制转换子程序 METR　将存放于片内 RAM 21H 单元的当前温度值的二进制数

形式转换为十进制数（BCD 码）形式，以便输出显示，转换结果存放在片内 RAM 的 32H 单元（百位）、31H 单元（十位）、30H 单元（个位）。

（7）数码显示子程序 DISP 该子程序利用 AT89S51 串行接口的方式 0 串行移位寄存器工作方式，将片内 RAM 的 30H、31H、32H 单元的 BCD 码转换为七段码后由 RXD 端串行发送出去，然后经 74LS164 串并转换，将七段值传送给数码管，以十进制数字形式显示当前温度值。

在本任务中，晶体振荡器的频率为 6MHz，T0 定时时间为 100ms，T0 工作于方式 1，则 T0 的初值为

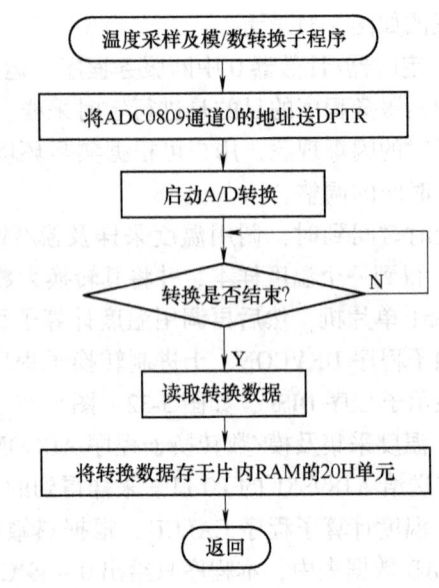

图 5-34 温度采样及模/数转换子程序流程图

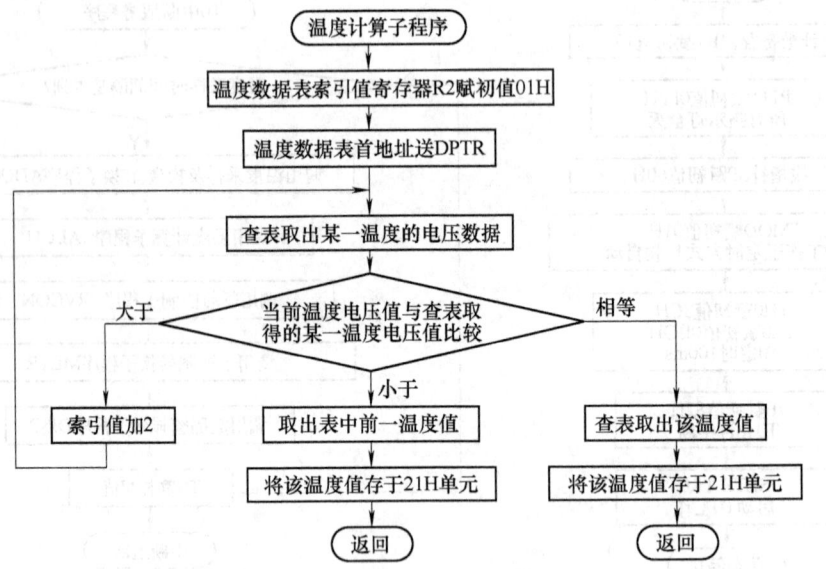

图 5-35 温度计算子程序流程图

$$X = \left(最大计数值\ M - \frac{定时时间\ t}{机器周期\ T_M}\right) = 2^{16} - \frac{100\text{ms}}{2\mu\text{s}} = 15536 = 3\text{CB0H}$$

设计完成的自控温度控制器源程序如下：

```
        ORG   0000H
        LJMP  MAIN1
        ORG   000BH        ;定时器/计数器 0 中断入口地址
        LJMP  T0 INT
        ORG   0030H
MAIN1： MOV   R1, #10       ;100ms 定时溢出次数
```

```
              MOV    P1, #0FFH         ; 所有指示灯灭
              MOV    SP, #60H          ; 堆栈初值
              MOV    TMOD, #01H        ; T0 定时、方式 1、软启动
              MOV    TL0, #0B0H        ; T0 赋初值
              MOV    TH0, #3CH
              MOV    IE, #82H          ; 开放总中断允许和 T0 中断
              SETB   TR0               ; 启动定时器
              SJMP   $
T0   INT:DJNZ  R1, NEXT                ; T0 溢出 10 次为 1s
              LCALL  ADCON             ; 调温度采样及转换子程序
              LCALL  CALCU             ; 调温度计算子程序
              LCALL  DRVCON            ; 调驱动控制子程序
              LCALL  METR              ; 调十进制转换子程序
              LCALL  DISP              ; 调显示子程序
              MOV    R1, #10           ; R1 重赋初值
NEXT:   MOV    TL0, #0B0H              ; T0 重装初值
              MOV    TH0, #3CH
              RETI
ADCON:  MOV    DPTR, #0F0FFH           ; 选通 ADC0809 通道 0
              MOV    A, #00H
              MOVX   @DPTR, A          ; 启动 A-D 转换
HERE:   JNB    P3.3, HERE              ; 判断数据转换是否结束
              MOVX   A, @DPTR          ; 读取转换后的数据
              MOV    20H, A            ; 电压存于 20H 单元
              RET
CALCU:  MOV    R2, #01H                ; 数据表索引值寄存器
              MOV    DPTR, #TAB        ; 温度数据首地址送 DPTR
NEXT1:  MOV    A, R2                   ; 索引值送 R2
              MOVC   A, @A+DPTR        ; 查表取出某一温度数字电压值
              CJNE   A, 20H, K1        ; 与当前温度数字电压值比较
              DEC    R2                ; 若等于当前温度数字电压值，则取出
              MOV    A, R2             ; 取出温度值作为当前温度值
              MOVC   A, @A+DPTR
              LJMP   K3
K1:     JNC    K2                      ; 若大于当前温度的数字电压值，则继续
              DEC    R2                ; 若小于当前温度的数字电压值，则查表
              DEC    R2
              DEC    R2
              MOV    A, R2
```

```
            MOVC   A, @A+DPTR
            LJMP   K3
K2:         INC    R2
            INC    R2
            LJMP   NEXT1
K3:         MOV    21H, A                    ;将当前温度值存于21H单元
            RET
TAB:        DB     0, 194, 1, 193, 2, 192, 3, 191, 4, 190
                                             ;温度数据表
            DB     5, 189, 6, 188, 7, 187, 8, 186, 9, 185
            DB     10, 184, 11, 182, 12, 181, 13, 180, 14, 178
            DB     15, 177, 16, 175, 17, 174, 18, 173, 19, 171
            DB     20, 169, 21, 168, 22, 166, 23, 165, 24, 163
            DB     25, 161, 26, 159, 27, 158, 28, 156, 29, 154
            DB     30, 152, 31, 150, 32, 149, 33, 147, 34, 145
            DB     35, 143, 36, 141, 37, 139, 38, 137, 39, 135
            DB     40, 133, 41, 131, 42, 129, 43, 127, 44, 125
            DB     45, 123, 46, 121, 47, 118, 48, 116, 49, 114
DRVCON:     MOV    A, 21H                    ;取出当前温度值
            CJNE   A, #30, J1                ;与上限温度值比较
            LJMP   GO
J1:         JNC    DRV1                      ;若低于下限温度,驱动信号停止输出
            CJNE   A, #25, J2
            LJMP   GO
J2:         JC     DRV2
            LJMP   GO1
DRV1:       CLR    P1.0
            SETB   P1.1
            CLR    P1.2
            SETB   P1.3
            LJMP   OVER
DRV2:       SETB   P1.0
            SETB   P1.1
            SETB   P1.2
            CLR    P1.3
            LJMP   OVER
GO1:        CLR    P1.1                      ;在下限温度和上限温度之间则保持
            SETB   P1.2
            SETB   P1.3
```

```
OVER:   RET
METR:   MOV    R3, #00H           ; 十进制转换子程序
        MOV    R4, #00H
        MOV    A, 21H
        CLR    C
W1:     SUBB   A, #100
        JC     W2
        INC    R4
        LJMP   W1
W2:     ADD    A, #100
        CLR    C
W3:     SUBB   A, #10
        JC     W4
        INC    R3
        LJMP   W3
W4:     ADD    A, #10
        MOV    30H, A
        MOV    31H, R3
        MOV    32H, R4
        RET
DISP:   MOV    R5, #03H           ; 温度显示子程序
        MOV    R0, #30H
        MOV    DPTR, #TAB1
LOOP:   MOV    A, @R0
        MOVC   A, @A+DPTR
        MOV    SBUF, A
WAIT:   JNB    TI, WAIT
        CLR    TI
        INC    R0
        DJNZ   R5, LOOP
        RET
TAB1:   DB  3FH, 06H, 5BH, 4FH, 66H, 6DH, 7DH, 07H, 7FH, 6FH
                                 ; 七段码数据表
        END
```

4. 自控温度调节器程序的调试

（1）源程序的输入、编辑及编译　运行伟福 6000 软件，新建以"自控温度调节器"为名称的项目文件并保存；新建以 ZKWD. ASM 为名称的文档，并将 ZKWD. ASM 文档添加到以"自控温度调节器"为名称的项目文件中。汇编源程序，并生成以 ZKWD. HEX 为名称的十六进制目标代码文件。

（2）调试程序　在调试过程中打开工作寄存器窗口、特殊功能寄存器窗口和片内 RAM

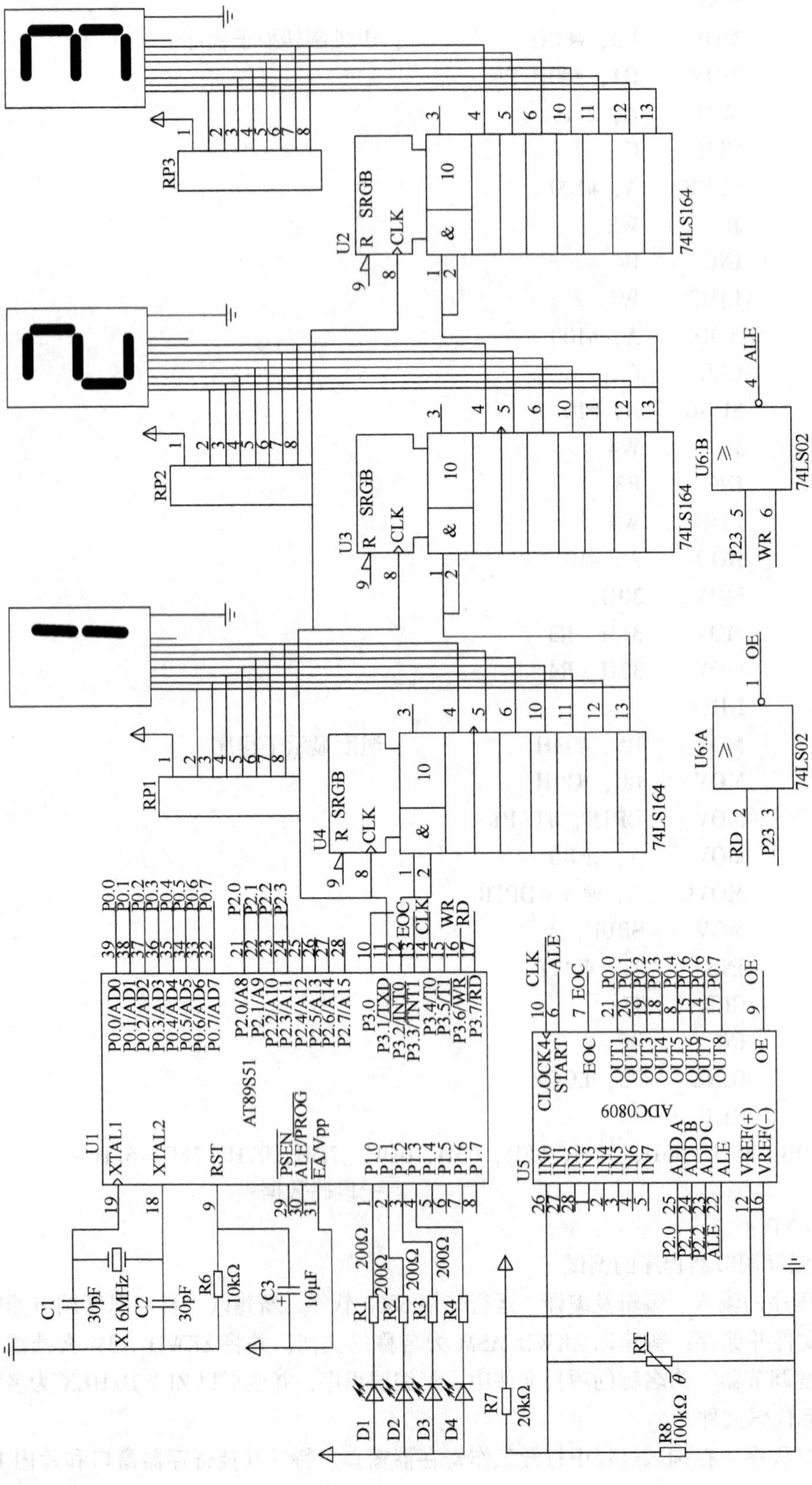

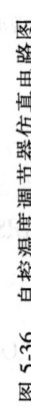

图 5-36 自控温度调节器仿真电路图

窗口，进行程序运行时各输入端口状态的设置，观察程序运行过程中各相关单元的值。

在调试程序时，先用单步或跟踪运行，在程序调试通过后再用全速运行。打开工作寄存器窗口、特殊功能寄存器窗口，执行"自动跟踪/单步"，观测 A 中内容的变化。

（3）电路仿真 利用 Proteus 软件绘制出自控温度调节器仿真电路图。将伟福 6000 软件和仿真器相连对电路进行可视化模拟仿真，选中 AT89C51 单片机并单击，打开"Edit Component"对话框，在"Clock Frequency"栏中设置单片机晶振频率，在"Program File"栏中选择伟福 6000 软件产生的目标代码文件（ZKWD. HEX 文件），单击运行图标，运行仿真电路。

自控温度调节器仿真电路图如图 5-36 所示。

（4）电路调整与测试

1）若在温度控制器电路中将热敏电阻接于 IN1 通道，则应如何修改电路和程序？修改后上机调试运行，并观察电路运行情况。

2）如果自控温度调节器电路原理图（见图 5-29）中单片机的 P2.7 作为 ADC0809 的控制信号端，即将 P2.3 控制改为用 P2.7 控制，那么又应如何修改电路和程序？修改后上机调试运行，并观察电路运行情况。

5. 自控温度调节器的制作

1）将存盘后的 ZKWD. HEX 十六进制文件下载到 AT89S51 单片机中。

2）按电路原理图在万能电路板上按工艺要求布线，布线时显示器件的 8 和 3 引脚要连接在一起；ADC0809 的 26 引脚接可变电阻；因为引脚细小焊接时不能粘连，所以安装芯片时要在不带电的情况下进行。

3）按电路原理图调试运行，可用灯泡调节温度来改变热敏电阻。

 检查评议

自控温度调节器设计安装调试考核表见表 5-10。

表 5-10 自控温度调节器设计安装调试考核表

内容/分	考核要求	评分标准		得分
实训准备 10	工具、材料、仪表准备完好 穿戴劳保用品	工具、材料、仪表未准备完好 未穿戴劳保用品	一项扣2分 扣5分	
电路设计 15	列出单片机最小系统 根据任务设计电路图	电路图设计不全或设计有错 输入、输出遗漏或错误 电路图表达不正确或画法不规范	每处扣2分 每处扣1分 每处扣2分	
程序设计 25	根据任务设计程序 编制正确的程序	程序有错 程序结构不合理，层次混乱	每处扣2分 酌情扣分	
程序的编译 及下载 20	程序存入 D 盘建立的文件 熟练操作并输入程序 将编译正确的程序下载到单片机	不能熟练操作输入程序 程序未存盘 不会将程序下载到单片机	扣2分 扣2分 扣4分	
调试与安装 20	按照要求进行模拟调试，达到设计要求 按电路图接线，在模拟板上正确安装 工具、仪表的使用符合规范	不会调试 焊点松动 不按电路图接线 一次试电不成功	扣3分 每处扣1分 每处扣2分 扣15分	

(续)

内容/分	考核要求	评分标准		得分
安全文明生产 10	整理现场 设备仪器无损坏，未遗忘工具 遵守课堂纪律，尊重老师	未整理现场 设备仪器损坏，遗忘工具 不遵守课堂纪律，不尊重老师	扣10分 每项10分 取消实训	

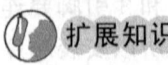 问题及防治

在A-D转换电路中，常见的故障有转换的数据不稳定，模拟量数据无法转换，有时读取的数据不正确等。

1. 转换的数据不稳定

可能的原因是参考电压不稳定。在A-D转换的过程中，转换的结果与参考电压的大小成正比，若参考电压不稳定，则会造成转换的数据不稳定。

2. 模拟量数据无法转换

可能的原因是参考电压较小，可适当增大参考电压，进一步调试。

3. 有时读取的数据不正确

当ADC的分辨率大于8位时，单片机需要分多次读取数据，此时应检查软件编程是否正确，同时也应检查一下硬件的接口电路。

扩展知识

数/模转换接口电路的应用

任务要求：使用两个按键（一个加计数按键，一个减计数按键）使单片机输出可调的数字量，经DAC0832转换后输出可调电压，驱动白炽灯调光。初步掌握数/模转换器件的用法。

1. 电路设计

DAC0832工作于单缓冲方式。DAC0832的$\overline{CS}$和$\overline{XFER}$接AT89C51的P2.7，$\overline{WR1}$和$\overline{WR2}$一起接在AT89C51的$\overline{WR}$上，参考电压为5V，数据输入口与AT89C51的P0口相连。因为DAC0832的输出信号形式为电流输出，所以在DAC0832的输出端接LM324运算放大器，将电流输出转换为电压输出。用该电压信号来驱动功放电路，控制白炽灯的亮度。

根据以上任分析设计出的调压电路原理图如图5-37所示。

2. 程序设计

控制程序由键盘检测程序及处理程序组成。程序设置一数/模转换存储单元和数据改变标志，当键盘检测程序检测到加计数按键被按下时，处理程序判断存储单元的内容是否为最大值255，如果小于它，那么其值加1并设置数据改变标志；否则数据不变，不修改数据改变标志。当检测到减计数按键被按下时，也做类似的处理。

其程序流程图如图5-38所示。

根据上面的流程图，编写的源程序如下：

```
        ORG     0000H
        LJMP    START1
        ORG     0003H
```

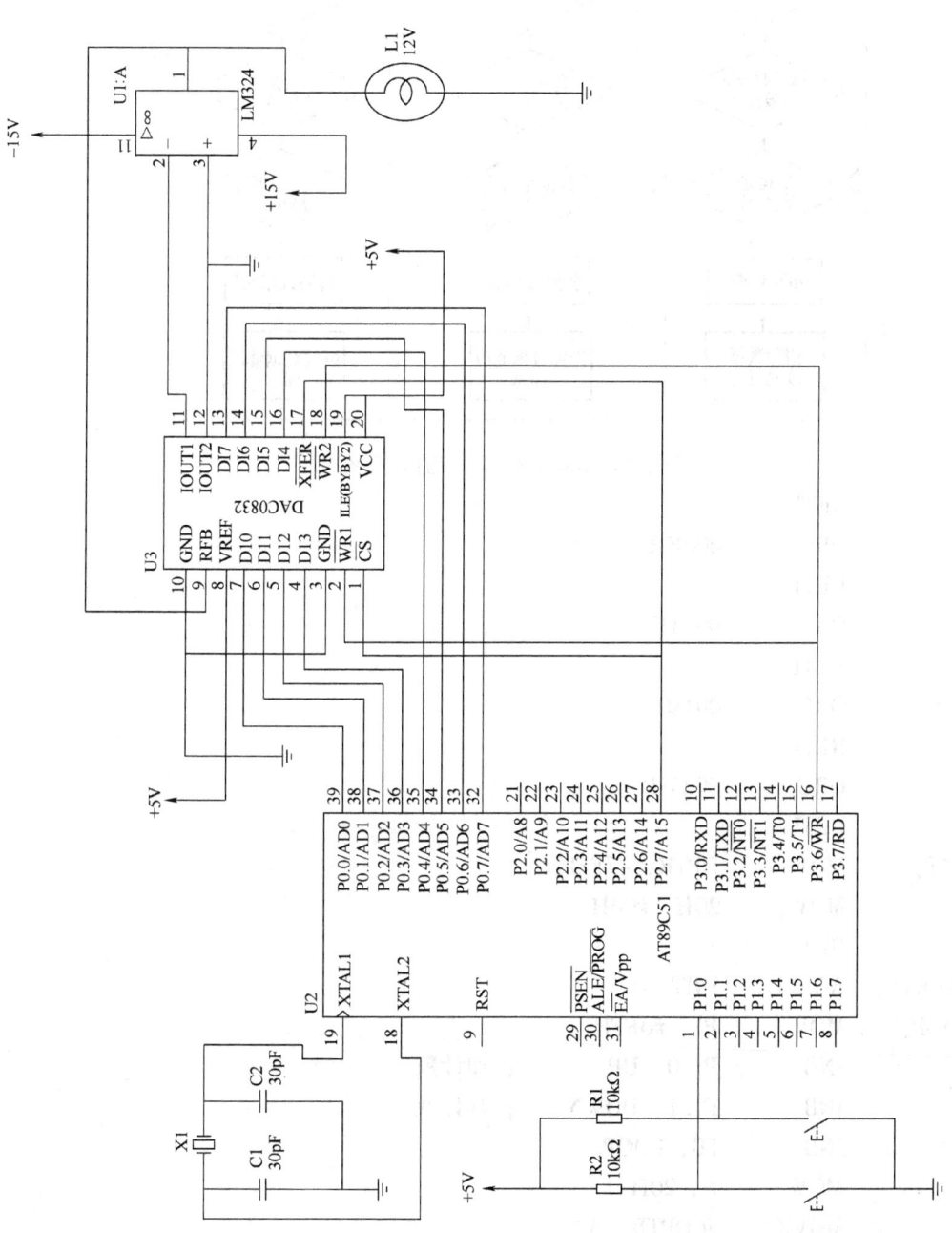

图 5-37　DAC0832 调压电路原理图

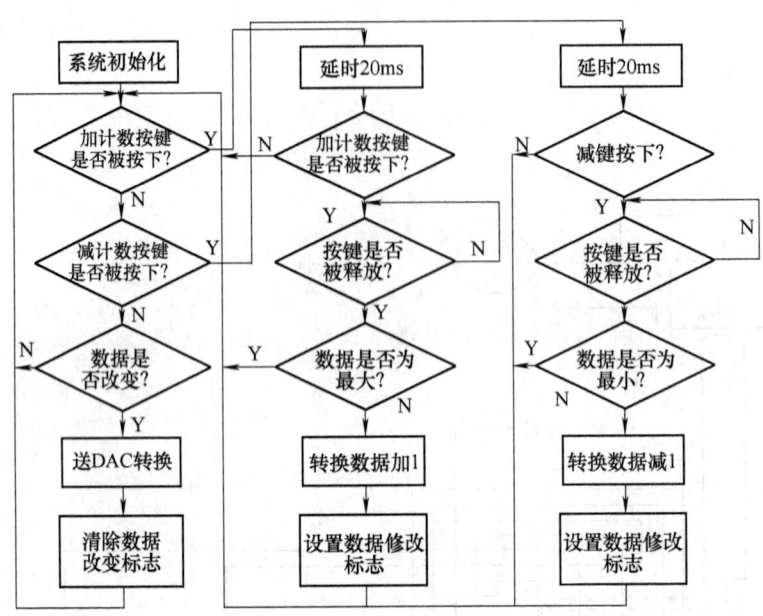

图 5-38　DAC0832 调压程序流程图

```
           RETI
           ORG     000BH
           RETI
           ORG     0013H
           RETI
           ORG     001BH
           RETI
           ORG     0023H
           RETI
INIT：     MOV     DPTR, #7FFFH
           MOV     20H, #00H
           RET
START1：   ACALL   INIT
LOOP：     MOV     P1, #0FFH
           JNB     P1.0, UP        ;加计数
           JNB     P1.1, DOWN      ;减计数
           JNB     F0, LOOP
           MOV     A, 20H
           MOVX    @DPTR, A
           CLR     F0
           AJMP    LOOP
UP：       CALL    DL20MS          ;消除抖动
           JB      P1.0, LOOP
```

```
WAITL0： JNB     P3.3，WAITL0  ；等待按键被释放
         MOV     A，20H
         CJNE    A，#0FFH，RAISE
         AJMP    LOOP
RAISE：  INC     20H
         SETB    F0
         AJMP    LOOP
DOWN：   LCALL   DL20MS       ；消除抖动
         JB      P1.1，LOOP
WAITL1： JNB     P3.3，WAITL1 ；等待按键被释放
         MOV     A，20H
         CJNE    A，#00H，FALL
         AJMP    LOOP
FALL：   DEC     20H
         SETB    F0
         AJMP    LOOP
DL512：  MOV     R2，#0FFH
LOOP1： DJNZ    R2，LOOP1
         RET
DL20MS： MOV    R3，#28H
LOOP2： LCALL   DL512
         DJNZ    R3，LOOP2
         RET
         END
```

考证要点

1. 选择题

下列把 DAC0832 连接成双缓冲方式措施中错误的是（　　）。

A. 给两个寄存器各分配一个地址

B. 把两个地址译码信号分别接$\overline{CS}$和$\overline{XFER}$引脚

C. 在程序中使用一条 MOVX 指令输出数据

D. 在程序中使用一条 MOVX 指令输入数据

2. 填空题

（1）A-D 转换的功能是把_____量变成_____量，D-A 转换的功能是把_____量变成_____量。

（2）一个 10 位 D-A 转换器，其分辨率为_____。

（3）若某 8 位 D-A 转换器的输出满刻度电压为 +5V，则其分辨率为_____；某 8 位 ADC 芯片，输入满量程电压为 10V，若输入模拟电压为 3V，则 A-D 转换结果为_____。

（4）DAC0832 与单片机的连接方式有_____，_____，_____ 3 种。

（5）A-D 转换芯片通过_____，_____和_____ 3 种控制方式将转换数据传送给单片机。

3. 判断题

（1）ADC0809 是 8 位逐次逼近式模/数转换接口。（　）

（2）ADC0809 有 3 个模拟输入通道，其数字输出范围是 00H ~ FFH。（　）

（3）D-A 转换是指将一个随着时间连续变化的模拟信号转换为计算机所能接收的数字信号。（　）

（4）在 DAC 用作单极性电压输出时，输出电压小于或等于 0V。（　）

4. 技能训练

（1）用 AT89S51 单片机控制 ADC0809，轮流采集 4 个加热炉的温度值，并将温度值存于片内 RAM 中以 50H 为起始地址的单元中，要求每隔 1s 采集一次。

（2）采用 AT89S51 单片机单缓冲方式控制 DAC0832 输出方波、三角波和锯齿波。

（3）用 Protel 软件绘制出本设计任务的电路原理图，设计印制电路板图并制作印制电路板。

（4）连接仿真器，将本设计任务的程序输入到计算机中，并进行仿真调试及运行。

（5）连接编程器，将通过仿真的程序代码下载到单片机中，脱机运行并观察电路运行情况。

（6）试根据任务中给出的电路参数及热敏电阻的分度表，计算出经 ADC0809 转换后的每一温度下的电压数字量。

附　　录

附录 A　ASCII 码字符表

十进制	十六进制	控制字符	十进制	十六进制	控制字符
0	0	nul	24	18	↑
1	1	☺	25	19	↓
2	2		26	1A	
3	3	♥	27	1B	
4	4	♦	28	1C	∟
5	5	♣	29	1D	♦
6	6	♠	30	1E	▲
7	7	Beep	31	1F	▼
8	8	BackSpace	32	20	空格
9	9	Tab	33	21	!
10	0A	换行	34	22	"
11	0B		35	23	#
12	0C		36	24	$
13	0D	回车	37	25	%
14	0E		38	26	&
15	0F		39	27	'
16	10	▶	40	28	(
17	11	◀	41	29	)
18	12	↕	42	2A	*
19	13	‼	43	2B	+
20	14	¶	44	2C	,
21	15	§	45	2D	-
22	16		46	2E	.
23	17		47	2F	/

(续)

十进制	十六进制	控制字符	十进制	十六进制	控制字符
48	30	0	77	4D	M
49	31	1	78	4E	N
50	32	2	79	4F	O
51	33	3	80	50	P
52	34	4	81	51	Q
53	35	5	82	52	R
54	36	6	83	53	S
55	37	7	84	54	T
56	38	8	85	55	U
57	39	9	86	56	V
58	3A	:	87	57	W
59	3B	;	88	58	X
60	3C	<	89	59	Y
61	3D	=	90	5A	Z
62	3E	>	91	5B	[
63	3F	?	92	5C	\
64	40	@	93	5D	]
65	41	A	94	5E	^
66	42	B	95	5F	_
67	43	C	96	60	'
68	44	D	97	61	a
69	45	E	98	62	B
70	46	F	99	63	c
71	47	G	100	64	d
72	48	H	101	65	e
73	49	I	102	66	f
74	4A	J	103	67	g
75	4B	K	104	68	h
76	4C	L	105	69	i

(续)

十进制	十六进制	控制字符	十进制	十六进制	控制字符
106	6A	j	117	75	u
107	6B	k	118	76	v
108	6C	l	119	77	w
109	6D	m	120	78	x
110	6E	n	121	79	y
111	6F	o	122	7A	z
112	70	p	123	7B	{
113	71	q	124	7C	|
114	72	r	125	7D	}
115	73	s	126	7E	~
116	74	t	127	7F	

附录 B　单片机指令系统

1. 数据传送类指令

数据传送类指令共有 29 条。这类指令的操作一般是把源操作数传送到目的操作数，指令执行完成后，源操作数不变，目的操作数修改为源操作数。

【注意】：数据传送类指令用到的助记符有：MOV、MOVX、MOVC、XCH、XCHD、PUSH、POP 和 SWAP。

若要求在进行数据传送时目的操作数不会丢失，则不能用直接传送指令，而应采用交换型的数据传送指令。数据传送指令一般不影响标志位，但传送目的操作数为 A 的指令将影响奇偶标志位 P。

（1）片内 RAM 数据传送指令

1）以累加器 A 为目的操作数的指令：

MOV　A, #data　　　　　；A←data
MOV　A, direct　　　　　；A←(direct)
MOV　A, Rn　　　　　　；A←(Rn)
MOV　A, @Ri　　　　　　；A←((Ri))

2）以直接地址为目的操作数的指令：

MOV　direct, A　　　　　；direct←(A)
MOV　direct, #data　　　　；direct←data
MOV　direct1, direct2　　　；direct1←(direct2)
MOV　direct, Rn　　　　　；direct←(Rn)
MOV　direct, @Ri　　　　　；(direct)←((Ri))

3）以工作寄存器 Rn 为目的操作数的指令：

MOV　Rn, A   ; Rn←(A)
MOV　Rn, #data   ; Rn←data
MOV　Rn, direct   ; Rn←(direct)

4）以寄存器间接地址为目的操作数的指令：

MOV　@Ri, A   ; (Ri)←(A)
MOV　@Ri, #data   ; (Ri)←data
MOV　@Ri, direct   ; (Ri)←(direct)

5）数据指针赋值指令：

MOV　DPTR, #data16　　DPH←data$_{15\sim8}$, DP1←data$_{7\sim0}$

（2）片外 RAM 数据传送指令

MOVX A, @Ri   ; A←((Ri))
MOVX A, @DPTR   ; A←((DPTR))
MOVX @Ri, A   ; (Ri)←(A)
MOVX @DPTR, A   ; (DPTR)←(A)

（3）程序存储器数据传送指令

MOVC A, @A+PC   ; (PC)+1→PC, A←((A)+(PC))
MOVC A, @A+DPTR   ; (PC)+1→PC, A←((A)+(DPTR))

（4）交换指令

1）整字节交换指令：

XCH A, direct   ; (A)↔(direct)
XCH A, Rn   ; (A)↔(Rn)
XCH A, @Ri   ; (A)↔((Ri))

2）半字节交换指令：

XCHD A, @Ri   ; (A)$_{3\sim0}$↔((Ri))$_{3\sim0}$

3）累加器高低半字节交换指令：

SWAP A   ; (A)$_{7\sim4}$↔(A)$_{3\sim0}$

（5）堆栈操作指令

PUSH direct   ; SP←(SP)+1, SP←(direct)
POP direct   ; direct←(SP), SP←(SP)-1

【注意】：在 MCS-51 系列单片机的片内 RAM 中，可以设定一个先进后出、后进先出的区域，称其为堆栈。在特殊功能寄存器中有一个堆栈指针 SP，它指示栈顶的位置。

进栈指令的功能是：首先将堆栈指针 SP 的内容加 1，然后将直接寻址单元中的内容送入 SP 所指示的片内 RAM 单元。

出栈指令的功能是：将 SP 所指示的片内 RAM 单元的内容送入直接寻址单元中，接着将 SP 的内容减 1。

2. 算术运算类指令

算术运算类指令共有 24 条，包括加、减、乘、除 4 种基本算术运算指令，用到的助记符共有 8 种：ADD、ADDC、INC、SUBB、DEC、DA、MUL 和 DIV。

【注意】：算术运算类指令能对 8 位无符号数进行直接运算，借助溢出标志位，可对带符号数进行补码运算;借助进位标志位,可实现多精度的加、减运算,同时还可对 BCD 码进行运算,其运算功能较强。算术运算指令执行结果将影响进位标志位(CY)、辅助进位标志位(AC)、溢出标志位(OV),但是加1和减1指令不影响这些标志位。

(1) 加法指令

1) 不带进位标志位的加法指令:

ADD A, #data   ; A←(A) + data
ADD A, direct   ; A←(A) + (direct)
ADD A, Rn   ; A←(A) + (Rn)
ADD A, @Ri   ; A←(A) + ((Ri))

【注意】:这组指令的功能是将累加器 A 的内容与第二操作数相加,其结果放在累加器 A 中。若相加过程中位 7 (D7)有进位,则进位标志位 CY 置"1",否则清"0";若位 3(D3)有进位,则辅助进位标志位 AC 置"1",否则清"0"。当位 6 及位 7 不同时发生进位时,溢出标志位 OV 置"1",否则清"0"。

2) 带进位标志位的加法指令:

ADDC A, #data   ; A←(A) + data + (CY)
ADDC A, direct   ; A←(A) + (direct) + (CY)
ADDC A, Rn   ; A←(A) + (Rn) + (CY)
ADDC A, @Ri   ; A←(A) + ((Ri)) + (CY)

【注意】:这组指令的功能与不带进位标志位的加法指令类似,唯一的不同之处是,在执行加法时,还要将进位标志位 CY 的内容也一起加进去,对于标志位的影响也与不带进位标志位的加法指令相同。

3) 加 1 指令:

INC A   ; A←(A) +1
INC direct   ; direct←(direct) +1
INC Rn   ; Rn←(Rn) +1
INC @Ri   ; (Ri)←((Ri)) +1
INC DPTR   ; DPTR←(DPTR) +1

【注意】:这组指令的功能是将指令中指出的操作数的内容加1。若原来的内容为 FFH,则加1后将产生溢出,使操作数的内容变成 00H,但不影响任何标志位。

最后一条指令是对 16 位的数据指针寄存器 DPTR 执行加 1 操作,在指令执行时,先对低 8 位指针 DPL 的内容加 1,当产生溢出时就对高 8 位指针 DPH 加 1,但不影响任何标志位。只有"INC A"指令对奇偶标志位有影响。

4) 十进制调整指令:

DA A;若$(A)_{3\sim0} > 9 \vee (AC) = 1$,则 $A_{3\sim0} \leftarrow (A)_{3\sim0} + 6$
    若$(A)_{7\sim4} > 9 \vee (CY) = 1$,则 $A_{7\sim4} \leftarrow (A)_{7\sim4} + 6$

【注意】:这条指令对 BCD 码加法运算所获得的 8 位结果进行十进制调整,使累加器 A 中的内容调整为两位压缩型 BCD 码数。使用时必须注意,它只能跟在加法指令之后,不能对减法指令的结果进行调整,且其结果不影响溢出标志位。

(2) 减法指令

1) 带进位标志位的减法指令：
```
SUBB A, #data          ; A←(A)-data-(CY)
SUBB A, direct         ; A←(A)-(direct)-(CY)
SUBB A, Rn             ; A←(A)-(Rn)-(CY)
SUBB A, @Ri            ; A←(A)-((Ri))-(CY)
```
【注意】：这组指令的功能是将累加器 A 的内容与第二操作数及进位标志位相减，结果送回到累加器 A 中。若执行减法过程中位 7（D7）有借位，则进位标志位 CY 置"1"，否则清"0"；若位 3(D3)有借位，则辅助进位标志位 AC 置"1"否则清"0"。当位 6 及位 7 不同时发生借位时，溢出标志位 OV 置"1"，否则清"0"。若要进行不带进位标志位的减法操作，则必须先将 CY 清"0"。

2) 减 1 指令：
```
DEC A                  ; A←(A)-1
DEC direct             ; direct←(direct)-1
DEC Rn                 ; Rn←(Rn)-1
DEC @Ri                ; (Ri)←((Ri))-1
```
【注意】：这组指令的功能是将指令中指出的操作数内容减 1。若原来的操作数为 00H，则减 1 后将产生溢出，使操作数变成 FFH，但不影响任何标志位。

(3) 乘法指令
```
MUL AB                 ; BA←(A)×(B)
```
【注意】：这条指令的功能是将累加器 A 的内容与寄存器 B 的内容相乘，乘积的低 8 位存放在累加器 A 中，高 8 位存放在寄存器 B 中。若乘积超过 FFH，则溢出标志位 OV 置"1"，否则清"0"，进位标志位 CY 总是被清"0"。

(4) 除法指令
```
DIV AB                 ; A←(A)÷(B)的商, B←(A)÷(B)的余数
```
【注意】：这条指令的功能是将累加器 A 的内容除以寄存器 B 的 8 位无符号数，所得的商存放在累加器 A 中，余数存放在寄存器 B 中。若 B 中的内容为 0，则执行该指令后 A 与 B 的内容不确定，并将溢出标志位 OV 置"1"。在任何情况下，进位标志位 CY 总是被清"0"。

3. 逻辑运算类指令

逻辑运算指令共有 24 条，分为简单逻辑操作指令、逻辑与指令、逻辑或指令和逻辑异或指令。逻辑运算指令用到的助记符有：CLR、CPL、ANL、ORL、XRL、RL、RLC、RR 和 RRC。

(1) 逻辑与指令
```
ANL A, #data           ; A←(A)∧data
ANL A, direct          ; A←(A)∧(diret)
ANL A, Rn              ; A←(A)∧(Rn)
ANL A, @Ri             ; A←(A)∧((Ri))
ANL direct, A          ; direct←(A)∧(direct)
ANL direct, #data      ; direct←(direct)∧data
```
【注意】：这组指令的功能是将两个操作数的内容按位进行逻辑与操作，并将结果送回

目的操作数的单元中。

(2) 逻辑或指令

ORL A, #data	; A←(A) ∨ data
ORL A, direct	; A←(A) ∨ (direct)
ORL A, Rn	; A←(A) ∨ (Rn)
ORL A, @Ri	; A←(A) ∨ ((Ri))
ORL direct, A	; direct←(direct) ∨ (A)
ORL direct, #data	; direct←(direct) ∨ data

【注意】：这组指令的功能是将两个操作数的内容按位进行逻辑或操作，并将结果送回目的操作数的单元中。

(3) 逻辑异或指令

XRL A, #data	; A←(A)⊕data
XRL A, direct	; A←(A)⊕(direct)
XRL A, Rn	; A←(A)⊕(Rn)
XRL A, @Ri	; A←(A)⊕((Ri))
XRL direct, A	; direct←(direct)⊕(A)
XRL direct, #data	; direct←(direct)⊕data

【注意】：这组指令的功能是将两个操作数的内容按位进行逻辑异或操作，并将结果送回目的操作数的单元中。

(4) 清"0"指令

CLR A   ; A←0

(5) 取反指令

CP1 A   ; A←($\overline{A}$)

(6) 循环移位指令

RL A	; A_{n+1}←(A_n), A_0←(A_7)
RR A	; A_0←(A_{n+1}), A_7←(A_0)
RLC A	; A_{n+1}←(A_n), A_0←(CY), CY←(A_7)
RRC A	; A_n←(A_{n+1}), A_7←(CY), CY←(A_0)

【注意】：这组指令的功能是对累加器 A 的内容进行循环移位操作，前两条指令执行后不影响 PSW 的各位，后两条指令执行后影响进位标志位 CY 和奇偶标志位 P。图 B-1 可以帮助进一步理解循环移位指令。

4. 控制转移类指令

控制转移指令共有 17 条，用到的助记符共有 10 种：AJMP、LJMP、SJMP、JMP、ACALL、LCALL、JZ、JNZ、CJNE 和 DJNZ。

【注意】：控制转移类指令有 64KB 范围内的长调用、长转移指令，2KB 范围内的绝对调用和绝对转移指令，有全空间的长相对转移指令和一页范围内的短相对转移指令，还有多种条件转移指令。MCS-51 系列单片机提供了较丰富的控制转移指令，使编程相当灵活方便。

(1) 无条件转移指令

1) 绝对转移指令：

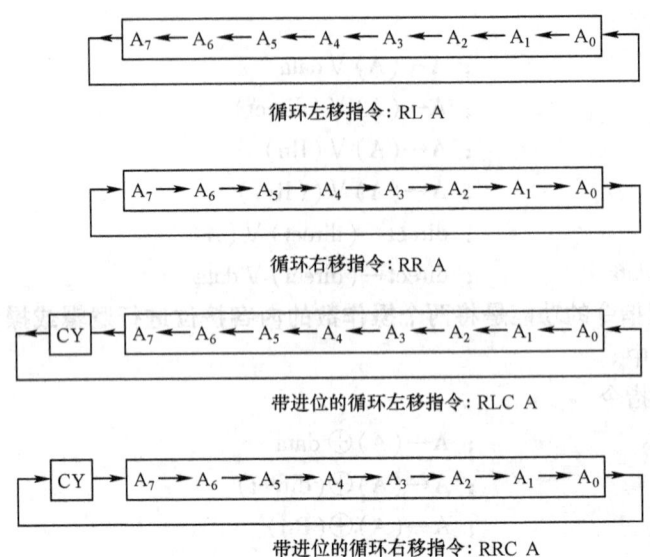

图 B-1 循环移位指令示意图

AJMP addr11　　　　　　　;P←(PC)+2, $PC_{10\sim0}$←addr11
指令代码：

| A_{10} | A_9 | A_8 | 0 | 0 | 0 | 0 | 1 | A_7 | A_6 | A_5 | A_4 | A_3 | A_2 | A_1 | A_0 |

【注意】：这是 **2 KB** 范围内的无条件转移指令，执行该指令时，先将 **PC** 加 2，然后将 **addr11** 送入 $PC_{10} \sim PC_0$，而 $PC_{15} \sim PC_{11}$ 保持不变，这样得到转移的目的地址。需要注意的是，目标地址与 **AJMP** 下一条指令的第一个字节必须在同一个 **2KB** 的存储器区域内。

2）相对转移指令：
SJMP rel　　　　　　　　　;PC←(PC)+2, PC←(PC)+rel

【注意】：执行指令时，先将 **PC** 加 2，再把指令中带符号的偏移量加到 **PC** 上，得到转移的目的地址送入 **PC**，即

目的地址 = 源地址 + 2 + rel

源地址是 SJMP 指令所在的地址。相对偏移量 rel 是一个用补码表示的 8 位带符号数，转移范围为当前 PC 值的 -128 ~ +127，共 256 个单元。

若偏移量 rel 取值为 FEH(-2 的补码)，则目标地址等于源地址，相当于动态停机，程序终止在这条指令上，停机指令在调试程序时很有用。MCS-51 系列单片机没有专用的停机指令，若要求动态停机，则可用 SJMP 指令来实现。

HERE：SJMP　HERE　　　　;动态停机(80H, FEH)
或写成 SJMP　$　　　　　　;"$"表示本指令首字节所在单元的地址

3）长转移指令：
LJMP addr16　　　　　　　;PC←addr16

【注意】：执行该指令时，将 **16 位目标地址 addr16** 送入 **PC**，程序无条件转向指定的目标地址。转移的目标地址可在 **64KB** 程序存储器地址空间的任何地方，不影响任何标志位。

4) 间接转移指令：
JMP @ A + DPTR   ；PC←(A) + (DPTR)

【注意】：这条指令的功能是把累加器 A 中的 8 位无符号数与数据指针 DPTR 的 16 位数相加，相加之和作为转移目标地址送入 PC 中，不改变 A 和 DPTR 的内容，也不影响标志位。

间接转移指令采用变址方式实现无条件转移，其特点是转移地址可以在程序运行中加以改变。例如，当把 DPTR 作为基地址且确定时，根据 A 的不同值就可以实现多分支转移，故一条指令可完成多条条件转移指令功能。这种功能称为散转功能，所以间接转移指令又称为散转指令。

(2) 条件转移指令

JZ rel   ；若(A) = 0，则 PC←(PC) + 2 + rel；若(A)≠0，则 PC←(PC) + 2
JNZ rel   ；若(A)≠0，则 PC←(PC) + 2 + rel；若(A) = 0，则 PC←(PC) + 2

【注意】：这两条指令是根据累加器 A 的内容是否为 0 来确定转移的条件转移指令。条件满足时转移(相当于一条相对转移指令)，条件不满足时则顺序执行下一条指令。转移的目标地址在以下一条指令的起始地址为中心的 256B 范围之内(-128 ~ +127B)。

(3) 比较转移指令

CJNE A, #data, rel   ；若(A) = data，则 PC←(PC) + 3，CY←0
若(A) > data，则 PC←(PC) + 3 + rel，CY←0
若(A) < data，则 PC←(PC) + 3 + rel，CY←1
CJNE A, direct, rel   ；若(A) = (direct)，则 PC←(PC) + 3，CY←0
                            若(A) > (direct)，则 PC←(PC) + 3 + rel，CY←0
                            若(A) < (direct)，则 PC←(PC) + 3 + rel，CY←1
CJNE Rn, #data, rel   ；若(Rn) = data，则 PC←(PC) + 3，CY←0
                            若(Rn) > data，则 PC←(PC) + 3 + rel，CY←0
                            若(Rn) < data，则 PC←(PC) + 3 + rel，CY←1
CJNE @ Ri, #data, rel；   若((Ri)) = data，则 PC←(PC) + 3，CY←0
                            若((Ri)) > data，则 PC←(PC) + 3 + rel，CY←0
                            若((Ri)) < data，则 PC←(PC) + 3 + rel，CY←1

【注意】：这组指令的功能是比较两个操作数的大小，若它们的值不相等，则转移；若第一操作数小于第二操作数，则进位标志位 CY 置"1"，否则清"0"，但不影响任何操作数的内容。

(4) 减 1 不为 0 转移指令

DJNZ direct, rel   ；direct ←(direct) - 1
                            若(direct)≠0，则 PC←(PC) + 3 + rel
                            若(direct) = 0，则 PC←(PC) + 3
DJNZ Rn, rel   ；Rn←(Rn) - 1
                            若(Rn)≠0，则 PC←(PC) + 2 + rel
                            若(Rn) = 0，则 PC←(PC) + 2

这两条指令把源操作数减 1，结果送回到源操作数中去，若结果不为 0，则转移。

(5) 调用及返回指令 在程序设计中，通常把具有一定功能的公用程序段编成子程序，当主程序需要使用子程序时，用调用指令，而在子程序的最后安排一条子程序返回指令，以便执行完子程序后能返回主程序继续执行。

1) 绝对调用指令：

ACALL addr11　　　　　　　；$PC \leftarrow (PC) + 2$
　　　　　　　　　　　　　　$SP \leftarrow (SP) + 1, (SP) \leftarrow (PC)_{7 \sim 0}$
　　　　　　　　　　　　　　$SP \leftarrow (SP) + 1, (SP) \leftarrow (PC)_{15 \sim 8}$
　　　　　　　　　　　　　　$PC_{10 \sim 0} \leftarrow addr11$

指令代码：

A_{10}	A_9	A_8	1	0	0	0	1	A_7	A_6	A_5	A_4	A_3	A_2	A_1	A_0

【注意】：其目标地址的形成与 AJMP 指令类似。

2) 长调用指令：

LCALL addr16　　　　　　　；$PC \leftarrow (PC) + 3$
　　　　　　　　　　　　　　$SP \leftarrow (SP) + 1, (SP) \leftarrow (PC)_{7 \sim 0}$
　　　　　　　　　　　　　　$SP \leftarrow (SP) + 1, (SP) \leftarrow (PC)_{15 \sim 8}$
　　　　　　　　　　　　　　$PC \leftarrow addr16$

【注意】：执行该指令时，先将 PC 加 3 以获得下条指令的首地址，并把它压入堆栈（先低字节后高字节），SP 内容加 2，然后将指令中的 16 位地址送入 PC 中，转去执行以该地址为入口的程序。LCALL 指令可以调用 64 KB 范围内任何地方的子程序。指令执行后不影响任何标志位。

3) 子程序返回指令：

RET　　　　　　　　　　　　；$PC_{15 \sim 8} \leftarrow (SP), SP \leftarrow (SP) - 1$
　　　　　　　　　　　　　　$PC_{7 \sim 0} \leftarrow (SP), SP \leftarrow (SP) - 1$

【注意】：子程序返回指令是把栈顶相邻两个单元的内容弹出，送到 PC，SP 的内容减 2，程序返回 PC 值所指的指令处执行。RET 指令通常安排在子程序的末尾，使程序能从子程序返回到主程序。

4) 中断返回指令：

RETI　　　　　　　　　　　；$PC_{15 \sim 8} \leftarrow ((SP)), SP \leftarrow (SP) - 1$
　　　　　　　　　　　　　　$PC_{7 \sim 0} \leftarrow ((SP)), SP \leftarrow (SP) - 1$

这条指令的功能与 RET 指令相类似，通常安排在中断服务程序的最后。

(6) 空操作指令

NOP　　　　　　　　　　　　；$PC \leftarrow (PC) + 1$

【注意】：空操作指令，不进行任何操作，只消耗一个机器周期的时间，常用于程序的等待或时间的延迟。

5. 位操作指令

位操作指令包括位变量传送、位逻辑运算、位控制转移等指令，共有 17 条指令，所用到的助记符有：MOV、CLR、CPL、SETB、ANL、ORL、JC、JNC、JB、JNB 和 JBC 共 11 种。

【**注意**】：**MCS-51 系列单片机内部有一个性能优异的位处理器，它有自己的位变量操作运算器、位累加器（借用进位标志位 CY）和存储器（位寻址区中的各位）等。**

MCS-51 系列单片机指令系统加强了对位变量的处理能力，具有丰富的位操作指令。位操作指令的操作对象是片内 RAM 的位寻址区，即字节地址为 20H~2FH 单元中连续的 128 位（位地址为 00H~7FH），以及特殊功能寄存器中可以进行位寻址的各位。

在布尔处理机中，进位标志位 CY 的作用相当于一般 CPU 中的累加器 A，通过 CY 完成位的传送和逻辑运算。指令中位地址的表达方式有以下几种：

1）直接地址方式：如 0A8H。
2）点操作符方式：如 IE.0。
3）位名称方式：如 EX0。
4）用户定义名方式：如用伪指令 BIT 定义 K BIT EX0，经定义后，允许指令中使用 K 代替 EX0。

以上 4 种方式都是指中断允许控制寄存器 IE 中的位 0（外部中断 0 允许位 EX0），它的位地址是 0A8H，而位名称为 EX0，用户定义名为 K。

(1) 位数据传送指令

MOV C, bit   ; CY←(bit)
MOV bit, C   ; bit←(CY)

这两条指令的功能是把源操作数指出的布尔变量送到目的操作数指定的位地址单元中，其中一个操作数必须为进位标志位 CY，另一个操作数可以是任何可直接寻址位。

(2) 位修正指令

CLR C   ; CY←0
CLR bit   ; bit←0
CP1 C   ; CY←($\overline{CY}$)
CP1 bit   ; bit←($\overline{bit}$)
SETB C   ; CY←1
SETB bit   ; bit←1

这组指令对操作数所指出的位进行清"0"、取反、置"1"操作，不影响其他标志位。

(3) 位逻辑与指令

ANL C, bit   ; CY←CY∧(bit)
ANL C, $\overline{bit}$; CY←CY∧($\overline{bit}$)

这两条指令的功能是：若源位的布尔值是逻辑 0，则将进位标志清 0；否则，进位标志保持不变，不影响其他标志。

(4) 位逻辑或指令

ORL C, bit   ; CY←CY∨(bit)
ORL C, $\overline{bit}$; CY←CY∨($\overline{bit}$)

这两条指令的功能是：若源位的布尔值是逻辑 1，则将进位标志置 1；否则，进位标志保持不变，不影响其他标志。

(5) 位判断转移指令

JC rel   ; 若(CY)=1，则 PC←(PC)+2+rel

```
JNC rel              ; 若(CY)=0,则PC←(PC)+2
                       若(CY)=0,则PC←(PC)+2+rel
                       若(CY)=1,则PC←(PC)+2
JB bit,rel           ; 若(bit)=1,则PC←(PC)+3+rel
                       若(bit)=0,则PC←(PC)+3
JNB bit,rel          ; 若(bit)=0,则PC←(PC)+3+rel
                       若(bit)=1,则PC←(PC)+3
JBC bit,rel          ; 若(bit)=1,则PC←(PC)+3+rel,bit←0
                       若(bit)=0,则PC←(PC)+3
```

这组指令的功能是：当某一条件满足时，执行转移操作；当条件不满足时，顺序执行下一条指令。前面 4 条指令在执行中不改变条件位的值，最后一条指令在转移后将 bit 清"0"。

附录 C 单片机伪指令

伪指令并不是真正的指令，也不产生相应的机器码，它们只是在计算机将汇编语言转换为机器码时，指导汇编过程，告诉汇编程序如何进行汇编。下面介绍 MCS-51 系列单片机汇编程序常用的伪指令。

1. 汇编起始指令 ORG

ORG 16 位地址

功能：规定程序块或数据块存放的起始地址。

2. 汇编结束指令 END

END

功能：结束汇编。

汇编程序遇到 END 伪指令后即结束汇编，对于处于 END 之后的程序，汇编程序不予处理。END 伪指令通常放在程序的末尾，表示程序结束。

3. 赋值指令 EQU

字符名称 EQU 表达式

功能：将表达式(地址或数据)赋给字符名称。

【注意】：这里使用的"字符名称"不是标号，不能用":"来作分隔符；其中的"表达式"可以是一个数值，也可以是一个已经有定义的名字或可以求值的表达式。该指令的功能是将一个数或特定的汇编符号赋予规定的字符名称。用 EQU 指令赋值以后的字符名称可以用作数据地址、代码地址、位地址或直接当做一个立即数使用。因此，给字符名称所赋的值可以是 8 位二进制数，也可以是 16 位二进制数。

4. 定义字节指令 DB

[标号:] DB 字节常数或 ASCII 码字符

功能：从指定的地址单元开始定义若干个字节的数值或 ASCII 码字符，各数据之间用逗号分隔，常用于定义数据常数表。在数据为 ASCII 字符时，需加单引号。

5. 定义字指令 DW

[标号:] DW 字常数或 ASCII 码字符

功能：从指定地址开始定义若干个字数据。一个字占 2 个存储单元，其中，高 8 位存入低地址单元，低 8 位存入高地址单元。

6. 定义位地址指令 BIT

位名称　　BIT　　位地址

功能：将位地址赋给位名称。

7. 定义存储空间指令 DS

DS 表达式

功能：从指定的地址单元开始定义表达式的值所规定的若干个空存储单元。

附录 D　指令机器码表

类别	助记符	机器码	字节数	机器周期数
数据传送指令	MOV　A, #data	74, data	2	1
	MOV　A, direct	E5, direct	2	1
	MOV　A, Rn	E8 ~ EF	1	1
	MOV　A, @Ri	E6 ~ E7	1	1
	MOV　Rn, A	F8 ~ FF	1	1
	MOV　Rn, #data	78 ~ 7F, data	2	1
	MOV　Rn, direct	A8 ~ AF, direct	2	2
	MOV　direct, A	F5, direct	2	1
	MOV　direct, #data	75, direct, data	3	2
	MOV　direct1, direct2	85, direct2, direct1	3	2
	MOV　direct, Rn	88 ~ 8F, direct	2	2
	MOV　direct, @Ri	86 ~ 87, direct	2	2
	MOV　@Ri, A	F6 ~ F7	1	1
	MOV　@Ri, #data	76 ~ 77, data	2	1
	MOV　@Ri, direct	A6 ~ A7, direct	2	2
	MOV　DPTR, #data16	90, data16	3	2
	MOVX A, @Ri	E2 ~ E3	1	2
	MOVX A, @DPTR	E0	1	2
	MOVX @Ri, A	F2 ~ F3	1	2
	MOVX @DPTR, A	F0	1	2
	MOVC A, @A+PC	83	1	2
	MOVC A, @A+DPTR	93	1	2
	XCH A, direct	C5, direct	2	1
	XCH A, Rn	C8 ~ CF	1	1
	XCH A, @Ri	C6 ~ C7	1	1
	XCHD A, @Ri	D6 ~ D7	1	1
	SWAP A	C4	1	1
	PUSH direct	C0, direct	2	2
	POP direct	D0, direct	2	2

（续）

类别	助记符	机器码	字节数	机器周期数
算术运算指令	ADD A, #data	24, data	2	1
	ADD A, direct	25, direct	2	1
	ADD A, Rn	28~2F	1	1
	ADD A, @Ri	26~27	1	1
	ADDC A, #data	34, data	2	1
	ADDC A, direct	35, direct	2	1
	ADDC A, Rn	38~3F	1	1
	ADDC A, @Ri	36~37	1	1
	INC A	04	1	1
	INC direct	05, direct	2	1
	INC Rn	08~0F	1	1
	INC @Ri	06~07	1	1
	INC DPTR	A3	1	2
	DA A	D4	1	1
	SUBB A, #data	94, data	2	1
	SUBB A, direct	95, direct	2	1
	SUBB A, Rn	98~9F	1	1
	SUBB A, @Ri	96~97	1	1
	DEC A	14	1	1
	DEC direct	15, direct	2	1
	DEC Rn	18~1F	1	1
	DEC @Ri	16~17	1	1
	MUL AB	A4	1	4
	DIV AB	84	1	4
逻辑运算指令	ANL A, #data	54, data	2	1
	ANL A, direct	55, direct	2	1
	ANL A, Rn	58~5F	1	1
	ANL A, @Ri	56~57	1	1
	ANL direct, A	62, direct	2	1
	ANL direct, #data	53, direct, data	3	2
	ORL A, #data	49 data	2	1
	ORL A, direct	45, direct	2	1
	ORL A, Rn	48~4F	1	1
	ORL A, @Ri	46~47	1	1
	ORL direct, A	42, direct	2	1
	ORL direct, #data	43, direct, data	3	2
	XRL A, #data	64, data	2	1
	XRL A, direct	65, direct	2	1
	XRL A, Rn	68~6F	1	1
	XRL A, @Ri	66~67	1	1
	XRL direct, A	62, direct	2	1
	XRL direct, #data	63, direct, data	3	2
	CLR A	E4	1	1
	CPL A	F4	1	1
	RL A	23	1	1

(续)

类别	助记符	机器码	字节数	机器周期数
逻辑运算指令	RLC A	33	1	1
	RR A	03	1	1
	RRC A	13	1	1
控制转移指令	LJMP addr16	02，addr16	3	2
	AJMP addr11	*	2	2
	SJMP rel	80，rel	2	2
	JMP @ A + DPTR	73	1	2
	JZ rel	60，rel	2	2
	JNZ rel	70，rel	2	2
	CJNE A，#data，rel	B4，data，rel	3	2
	CJNE A，direct，rel	B5，direct，rel	3	2
	CJNE Rn，#data，rel	B8～BF，data，rel	3	2
	CJNE @ Ri，#data，rel	B6～B7，data，rel	3	2
	DJNZ direct，rel	D5，direct，rel	3	2
	DJNZ Rn，rel	D8～DF，rel	2	2
	LCALL addr16	12，addr16	3	2
	ACALL addr11	*	2	2
	RET	22	1	2
	RETI	32	1	2
	NOP	00	1	1
位操作指令	MOV C，bit	A2，bit	2	1
	MOV bit，C	92，bit	2	2
	CLR C	C3	1	1
	CLR bit	C2，bit	2	1
	CPl C	B3	1	1
	CPl bit	B2，bit	2	1
	SETB C	D3	1	1
	SETB bit	D2，bit	2	1
	ANL C，bit	82，bit	2	2
	ANL C，$\overline{\text{bit}}$	B0，bit	2	2
	ORL C，bit	72，bit	2	2
	ORL C，$\overline{\text{bit}}$	A0，bit	2	2
	JC rel	40，rel	2	2
	JNC rel	50，rel	2	2
	JB bit，rel	20，bit，rel	3	2
	JNB bit，rel	30，bit，rel	3	2
	JBC bit，rel	10，bit，rel	3	2

注：*号标注的 AJMP 和 ACALL 指令的机器码请参阅附录 B 中相应指令的有关知识。

参 考 文 献

[1] 李秀忠. 单片机应用技术[M]. 北京：人民邮电出版社，2007.
[2] 朱蓉. 单片机技术与应用[M]. 北京：机械工业出版社，2011.
[3] 徐萍. 单片机技术项目教程[M]. 北京：机械工业出版社，2009.
[4] 张建军. 单片机应用基础(项目教程)[M]. 北京：机械工业出版社，2008.
[5] 李秀忠. 单片机应用技术(汇编语言)[M]. 北京：中国劳动社会保障出版社，2006.
[6] 郝瑞生. 单片机原理及接口技术[M]. 北京：中国劳动社会保障出版社，2004.